工程法律实务丛书

让工程回款不再难

——建设工程价款债权执行实务120问

主　编　朱树英
副主编　顾增平

中国建筑工业出版社

图书在版编目（CIP）数据

让工程回款不再难：建设工程价款债权执行实务 120 问 / 朱树英主编；顾增平副主编. -- 北京：中国建筑工业出版社, 2024. 11.（2024.12 重印）--（工程法律实务丛书）.

ISBN 978-7-112-30598-8

Ⅰ. D922.297.4

中国国家版本馆 CIP 数据核字第 20243DX818 号

本书针对建设工程价款债权执行案件中高频、多发法律实务问题，结合法律法规以及人民法院案例库中相关案例裁判观点，采用提出问题、实务要点和要点解析、法律依据、案例解析的体例编写，主要包括执行依据、执行申请、执行当事人、执行调查、执行措施、清偿与分配、执行和解、执行担保、执行中债务加入、执行制裁措施、终结本次执行程序、执行救济、执行与破产的衔接、执行外救济途径、执行与保交楼（房）的统筹等。

本书根据建设工程价款债权执行案件正常所涉程序展开，同时紧扣当前建设工程价款债权执行实务中的热点、难点问题，如建设工程价款债权转让、建设工程价款优先受偿权与其他优先权发生冲突如何处理、执行中的以物抵债、案外人执行异议、财务审计、如何追究被执行人拒不执行判决、裁定罪等，以期共同推动建设工程价款债权案件的顺利执行，解决建设工程价款债权案件执行周期长、回款率低的难题。让工程回款不再难！

读者阅读本书过程中如发现问题，可与编辑联系。微信号：13683541163，邮箱：5562990@qq.com

责任编辑：周娟华

文字编辑：孙晨淏

责任校对：李美娜

工程法律实务丛书

让工程回款不再难——建设工程价款债权执行实务 120 问

主　编　朱树英

副主编　顾增平

*

中国建筑工业出版社出版、发行（北京海淀三里河路 9 号）

各地新华书店、建筑书店经销

国排高科（北京）人工智能科技有限公司制版

建工社（河北）印刷有限公司印刷

*

开本：787 毫米 × 1092 毫米　1/16　印张：24¾　字数：599 千字

2024 年 11 月第一版　2024 年 12 月第二次印刷

定价：**88.00** 元

ISBN 978-7-112-30598-8

（43916）

— 本书编委会 —

主　编：朱树英

副主编：顾增平

编　委：（按姓氏笔画排序）

吕　尚　杨启之　陈子睿　林柏杨

赵伟锋　高　翔　唐　亮

PREFACE
序

近年来，受疫情、部分房地产企业暴雷以及经济转型升级等多方因素影响，建筑业正面临建设工程价款债权回收难和欠付分包商、材料商债务化解双重压力。党的二十届三中全会指出“要统筹好发展和安全，落实好防范化解房地产、地方政府债务、中小金融机构等重点领域风险的各项举措”，就建筑业而言，尤其要落实好建设工程价款债权回收的相关举措。

法治是中国式现代化的重要保障。建设工程价款债权回收难，其中最重要的是解决好建设工程价款债权执行难的问题。建设工程价款债权执行难，难在被执行的财产难以寻找，难在对被执行财产处置程序多、流程复杂、处置周期长，难在执行异议多，特别是执行标的异议，难在该类执行案件专业性强，既涉及建设工程专业法律，又涉及执行专业法律。越来越多的当事人开始关注债权案件的执行，希望案件执行周期短，执行回款多，早日收回债权；越来越多的律师开始关注执行法律服务，执行不再是法院依法采取执行措施即可，执行也会涉及越来越多的实体法律问题，执行异议、执裁分离需要专业律师参与。建设工程价款债权的执行更需要“懂建设工程”+“懂执行”的专业律师参与。

正是在这样的背景下，上海市建纬律师事务所组建了“应对当前经济下行工程款回款难”研究课题组，由建纬研究院朱树英院长担任课题组总负责人，由高级合伙人顾增平律师担任课题组执行负责人，组织总分所 60 余名专业律师对该课题进行研究。课题组在长期从事建设工程法律专业服务的基础上，结合实践亲历案例中所遇到的实务问题，进行总结，专门研究，最终形成《让工程回款不再难——建设工程价款债权执行实务 120 问》这本专著，有效回应了建筑业迫切的法治需求。

当下关于建设工程价款债权执行实务类书籍的出版发行较少，这本建设工程价款债权执行实务问答，其内容是超前的、务实的。本书的显著特色在于其高度的针对性。本书根据执行的基本流程，针对建设工程价款债权执行所涉重点、难点问题，既涉及执行专业问题，又涉及建工专业问题，内容均围绕建设工程价款债权执行展开。本书还具有很强的实用性。本书通过问答、解析、案例解析等，一一回应，既增强了建筑企业主要负责人对建设工程价款债权执行的深刻认识，又第一时间为建筑业从业人员答疑解惑，更为建筑业从业人员提供了切实可行的操作指南和应对策略。

相信，无论是建筑企业的管理人员、法务人员，还是律师、法官等法律从业者，都会从本书中获得些许有益的启示和帮助，也希望越来越多的专业律师加入到建设工程价款债权执行法律服务队伍中来，共同推进建设工程价款债权的执行，为建筑业的高质量发展贡献力量。

2024年9月22日

FOREWORD
前言

近年来，房地产暴雷、经济下行，政府投资项目和国有企业投资项目应收账款周期长等因素叠加，建筑企业面临建设工程应收账款骤增和下游分包商、材料商纷纷诉讼挤兑引发债务危机的双重压力。为加大工程价款债权清收力度，建筑企业就部分暴雷房地产项目通过诉讼或仲裁途径主张建设工程价款，现相当一部分项目已取得判令建设单位支付工程款的生效法律文书，并进入强制执行程序。经检索中国裁判文书网显示，输入“建设工程价款”和“执行”两个关键词，截至2024年8月底，裁判文书数量已高达8.5万余篇，这其中既有裁决执行的文书，也有权利发生冲突如何执行的文书，更有执行监督的文书等。可见，关乎建设工程价款执行类的案件数量之多，争议之多。如何将建设工程价款执行到位，既是司法解决执行难的迫切需要，更是建筑企业能否及时实现工程回款、化解债务、活下去的基本诉求，关乎建筑企业的生死存亡。建设工程价款债权类执行案件，标的额大，财产多为房地产，执行处置时间长，衍生的执行异议、执行异议之诉多，既涉及程序方面的规定，也涉及实体方面的规定等。这就需要建筑企业、代理律师、执行法官等形成合力，方能破解建设工程价款案件执行难问题。基于此，我们特别编著了该书。

一、为什么写这本书

执行难，建设工程价款债权执行案件更难。其一，难在财产难以查找。该类案件被执行人的财产除房地产外，其他财产线索难以查找，而房地产大多数已被对外销售给小业主，预售监管资金多数已被其挪用转移，且大多数房地产企业为项目公司。其二，难在财产处置程序多、流程复杂，处置周期长。该类案件被执行的财产一般为房地产或对外投资形成的股权，涉及需要对房地产、股权进行评估、拍卖、变卖等，涉及程序多，处置流程复杂，处置周期长。其三，难在该类执行案件衍生出的执行异议和执行异议之诉多。该类案件执行处置房地产或股权时，衍生出的执行异议和执行异议之诉多，而真正进入强制执行，对相关财产采取拍卖变卖等措施，一般需等待执行异议或执行异议之诉审理终结后方才进行。其四，难在该类执行案件专业性强，既涉及建设工程专业方面的法律法规，又涉及执行专业方面的法律法规，既有实体问题，又有程序问题，相关问题交错重叠，十分复杂。另一方面，当前建筑企业涉及的建设工程价款债权案件数量多，标的额巨大，执行周期和执行回款两大指标将直接影响建筑企业工程价款债权的回收，影响建筑企业的资金流、资产流，影响建筑企业对下游分包商、材料商和其他合作商的债务化解，甚至会影响到建筑企业的正常运转和能不能“活下去”。因此，我们认为很有必要专门就建设工程价款债权执行编著一本紧扣该类执行案件中的热点、难点问题，兼顾程序和实体内容，既有实务要点又有解析，同时辅以法律规定和相关案例的实务专著，以期帮助建筑企业和为建筑企业提供法律服务的专业人员全面、系统地了解建设工程价款债权执行所涉的程序、路径、措施和要点等，共同破解建设工程价款债权案件执行难问题。

二、这本书的架构和主要内容

本书根据建设工程价款债权执行案件正常所涉程序编著，共十三章 120 问，采用提出问题、实务要点和要点解析、法律依据、案例解析的体例编写。主要包括执行依据、执行申请、执行当事人、执行调查、执行措施、清偿与分配、执行和解、执行担保、执行中债务加入、执行制裁措施、终结本次执行程序、执行救济、执行与破产的衔接、执行外救济途径、执行与保交楼（房）的统筹等方面的内容。

其中第一章执行依据，需要特别关注的是如何申请强制执行履行以房抵债协议类的判决。第二章执行申请，涉及如何写好强制执行申请书、执行管辖法院和执行时效等内容。第三章执行当事人，需要特别关注的是建筑企业通过债权转让方式将建设工程价款债权转让的，受让人可否直接申请强制执行；一份生效法律文书确认的建设工程价款债权能否分割转让；除法律文书确定的债务人外，申请执行人在执行程序中依法可以直接申请追加哪些主体为被执行人等内容。第四章执行调查，主要关注律师申请调查令及调查哪些方面的内容，如何申请财务审计和悬赏执行。第五章执行措施，涉及查封、冻结及轮候查封、冻结，预查封、正式查封和登记查封、公告查封的区别，如何评估、拍卖、变卖，何时可以申请以物抵债等内容。本章中需要特别关注的是不动产的执行中以物抵债、到期及未到期债权执行和股权执行等内容。第六章清偿与分配，涉及清偿顺序、建设工程价款优先受偿权的分配顺位、建设工程价款优先受偿权与土地使用权抵押权的冲突如何解决、多份生效法律文书确认对同一建设工程项目享有优先受偿权如何分配、分配方案和分配方案异议之诉等内容。第七章执行和解、执行担保、执行中债务加入，涉及债务人不履行和解协议是恢复执行还是另案诉讼，执行担保与执行中债务加入，申请执行人是否需要审查担保人或债务加入公司的公司章程和股东会决议，执行担保与执行中债务加入法院采取执行措施的区别等内容。第八章执行制裁措施，涉及迟延履行期间加倍支付利息、失信被执行人、限制高消费、罚款、拘留和拒不执行判决、裁定罪，需要特别关注的是被执行人拒不执行判决、裁定涉嫌刑事犯罪，公安机关不予立案的，申请执行人能否申请检察监督、能否提起刑事自诉等内容。第九章终结本次执行程序，主要涉及终结本次执行程序的相关内容。第十章执行救济，主要涉及执行行为异议、执行标的异议和案外人执行异议之诉等内容，特别是案外人提起执行标的异议和执行异议之诉时，申请执行人如何应对和破解债务人与第三人之间虚假交易、逃废债务的恶意行为。第十一章执行与破产的衔接，主要涉及部分被执行人破产的，可否继续执行其他被执行人、主债务人破产的，对保证人的利息是否也停止计算等。第十二章执行外救济途径，主要包括债权人撤销权诉讼、代位权诉讼、追加其他债务人诉讼等，申请执行人通过该类诉讼，可以进一步增加被执行人的责任财产，让次债务人直接清偿债务、增加承担债务的主体等，提高建设工程价款债权清偿率。第十三章执行与保交楼（房）的统筹，进一步厘清实践中对法治化保交楼（房）的认识。

三、这本书能解决什么问题

这是一本专注于当前建设工程价款债权执行实务的书籍，内容既涉及建设工程价款债权执行的程序问题，又关注到建设工程价款债权执行的实体问题，同时还特别关注到建设工程价款债权执行实务中的热点问题，如建设工程价款债权转让、建设工程价款优先受偿权与其他优先权发生冲突如何处理、执行中的以物抵债、案外人执行异议、财务审计、如何追究被执行人拒不执行判决、裁定罪等。编著体例采用有问有答有解析，有法律依据有案例的方式编写，易读易懂易操作。每一问除编著有实务要点、要点解析外，还列有法律依据，并辅以以人民法院案例库中案例为主的案例解析，旨在帮助所有关注建设工程价款债权执行实务的读者进一步加深对该疑问的理解，并迅速提升其实务操作能力，将相关专业知识及时运用到具体的案件中去。我们期望通过这本书能够让建筑企业主要负责人、高管、各分公司负责人等知晓建设工程价款债权案件执行的难点、痛点及解决方案，从而重视建设工程价款债权案件的执行，并予以全过程关注；也期望专业从事执行特别是专业从事建设工程价款执行实务的企业法务、专业律师和执行法官能够对本书多提批评指正意见、指点迷津，从而共同推动建设工程价款债权案件的顺利执行和破解建设工程价款债权案件中执行难点、痛点。

四、关于我们

上海市建纬律师事务所成立于 1992 年 12 月，组建以来坚持“超前、务实、至诚、优质”的服务理念，始终致力于为建设工程、房地产、城市基础设施及公用事业、不动产金融等领域提供法律服务，是一家具有专业特色的律师事务所，目前在全国开设有 31 家分所。

我们拥有一支专门服务于建筑企业、专门从事建设工程法律专业服务的律师团队。团队积极参与工程行业法律法规政策司法解释的制订、修订工作，先后参与过住房和城乡建设部《房屋建筑和市政基础设施项目工程总承包管理办法》《建设项目工程总承包合同（示范文本）》等起草、修订工作。团队时刻关注建筑行业热点难点问题，就疫情、房地产暴雷等突发事件对建筑行业产生的影响及应对，积极开展专业讲座百余场，助力建筑行业及时化解重大法律风险。房地产暴雷以来，团队代表建筑企业先后参与过江苏、浙江、上海、安徽、广东、广西、海南、贵州、云南、四川、重庆、湖南、山西、山东、河南、河北、天津、内蒙古、新疆等近二十省市的百余个暴雷房地产项目的诉讼与非诉讼事务。

两年前，我们开始关注建设工程价款债权的执行问题，并具体参与到大量的建设工程价款债权执行案件中。我们发现建设工程价款债权执行案件专业性强，需要建设工程法律专业知识、实务能力和执行法律专业知识、实务能力的叠加，方能提供高效优质的专业服务。而我们本就具有从事建设工程法律专业服务的能力和实务经验，仅需补强执行专业板块。于是，我们便有了编著本书的想法，编著本书既是对执行法律法规的梳理、归纳、总结，也是对我们已有执行案件的实务经验的总结、提升。同时，更多的是我们对建设工程价款债权执行案件所涉热点难点问题的思考、破局。

由于时间紧迫，总想在第一时间将本书与大家见面，加之才识浅陋，本书相关内容如有不当或错误，敬请海谅并批评指正！

最后愿我们共同努力，坚守专业，依据法律规定，共同推动建设工程价款债权执行案件的规范化、专业化，早日帮助建筑企业收回工程价款债权！

2024 年 9 月 22 日

ABBREVIATIONS
法律法规全称简称对照表

序号	法律法规全称	简称
1	《中华人民共和国民事诉讼法（2023 修正）》	《民诉法（2023）》
2	《中华人民共和国民法典》	《民法典》
3	《中华人民共和国公司法（2023 修订）》	《公司法（2023）》
4	《中华人民共和国企业破产法》	《破产法》
5	《中华人民共和国刑法（2023 修正）》	《刑法（2023）》
6	《最高人民法院关于适用〈中华人民共和国民事诉讼法〉的解释（2022 修正）》	《民诉法解释（2022）》
7	《最高人民法院关于适用〈中华人民共和国民法典〉合同编通则若干问题的解释》	《民法典合同编通则司法解释》
8	《最高人民法院关于适用〈中华人民共和国公司法〉若干问题的规定（二）（2020 修正）》	《公司法司法解释二（2020）》
9	《最高人民法院关于适用〈中华人民共和国公司法〉若干问题的规定（三）（2020 修正）》	《公司法司法解释三（2020）》
10	《最高人民法院关于适用〈中华人民共和国保险法〉若干问题的解释（三）（2020 修正）》	《保险法司法解释三（2020）》
11	《最高人民法院关于适用〈中华人民共和国企业破产法〉若干问题的规定（二）（2020 修正）》	《破产法司法解释二（2020）》
12	《最高人民法院关于适用〈中华人民共和国企业破产法〉若干问题的规定（三）（2020 修正）》	《破产法司法解释三（2020）》
13	《最高人民法院关于审理建设工程施工合同纠纷案件适用法律问题的解释（一）》	《建工合同案件司法解释一（2020）》

续表

序号	法律法规全称	简称
14	《最高人民法院关于人民法院民事调解工作若干问题的规定（2020 修正）》	《民事调解规定（2020）》
15	《最高人民法院关于适用〈中华人民共和国民事诉讼法〉执行程序若干问题的解释（2020 修正）》	《民诉法执行程序解释（2020）》
16	《最高人民法院关于人民法院执行工作若干问题的规定（试行）（2020 修正）》	《执行若干问题规定（2020）》
17	《最高人民法院关于在执行工作中规范执行行为切实保护各方当事人财产权益的通知》	《规范执行保护当事人的通知》
18	《最高人民法院关于人民法院办理执行案件若干期限的规定》	《执行案件期限规定》
19	《最高人民法院关于民事执行中变更、追加当事人若干问题的规定（2020 修正）》	《变更追加当事人规定（2020）》
20	《最高人民法院关于执行和解若干问题的规定（2020 修正）》	《执行和解规定（2020）》
21	《最高人民法院关于执行担保若干问题的规定（2020 修正）》	《执行担保规定（2020）》
22	《最高人民法院关于民事执行中财产调查若干问题的规定（2020 修正）》	《执行财产调查规定（2020）》
23	《最高人民法院关于公布失信被执行人名单信息的若干规定（2017 修订）》	《失信名单规定（2017）》
24	《最高人民法院关于限制被执行人高消费及有关消费的若干规定（2015 修正）》	《限制高消费规定（2015）》
25	《最高人民法院关于审理拒不执行判决、裁定刑事案件适用法律若干问题的解释（2020 修正）》	《拒执案件司法解释（2020）》
26	《全国人民代表大会常务委员会关于〈中华人民共和国刑法〉第三百一十三条的解释》	《刑法第三百一十三条立法解释》
27	《最高人民法院关于依法制裁规避执行行为的若干意见》	《制裁规避执行意见》
28	《最高人民法院关于人民法院办理执行异议和复议案件若干问题的规定（2020 修正）》	《执行异议和复议规定（2020）》

续表

序号	法律法规全称	简称
29	《最高人民法院关于对人民法院终结执行行为提出执行异议期限问题的批复》	《执行行为异议期限批复》
30	《最高人民法院关于人民法院办理财产保全案件若干问题的规定（2020 修正）》	《财产保全规定（2020）》
31	《最高人民法院关于人民法院民事执行中查封、扣押、冻结财产的规定（2020 修正）》	《民事执行查扣冻规定（2020）》
32	《最高人民法院关于网络查询、冻结被执行人存款的规定》	《网络查询冻结存款规定》
33	《最高人民法院关于首先查封法院与优先债权执行法院处分查封财产有关问题的批复》	《首先查封和优先债权法院处分财产的批复》
34	《最高人民法院 住房和城乡建设部 中国人民银行关于规范人民法院保全执行措施 确保商品房预售资金用于项目建设的通知》	《确保预售资金用于项目建设通知》
35	《最高人民法院关于查封法院全部处分标的物后轮候查封的效力问题的批复》	《处分标的物后轮候查封效力批复》
36	《最高人民法院关于银行贷款账户能否冻结的请示报告的批复》	《银行贷款账户能否冻结批复》
37	《最高人民法院关于正确处理轮候查封效力相关问题的通知》	《轮候查封效力通知》
38	《最高人民法院、中国银行业监督管理委员会关于联合下发〈人民法院、银行业金融机构网络执行查控工作规范〉的通知》	《网络执行查控规范》
39	《最高人民法院、中国银行业监督管理委员会关于进一步推进网络执行查控工作的通知》	《推进网络执行查控通知》
40	《最高人民法院、自然资源部关于开展“总对总”不动产网络查封登记试点工作的通知》	《总对总网查登记试点通知》
41	《最高人民法院 人力资源社会保障部 中国银保监会关于做好防止农民工工资专用账户资金和工资保证金被查封、冻结或者划拨有关工作的通知》	《防止农民工工资账户被查冻扣通知》
42	《最高人民法院关于人民法院民事执行中拍卖、变卖财产的规定（2020 修正）》	《执行拍卖变卖规定（2020）》

续表

序号	法律法规全称	简称
43	《最高人民法院关于人民法院委托评估、拍卖工作的若干规定》	《委托评估拍卖规定》
44	《最高人民法院关于人民法院委托评估、拍卖和变卖工作的若干规定》	《委托评估拍卖和变卖规定》
45	《人民法院委托评估工作规范》	《委托评估规范》
46	《最高人民法院关于人民法院确定财产处置参考价若干问题的规定》	《财产处置参考价规定》
47	《最高人民法院关于人民法院网络司法拍卖若干问题的规定》	《网络司法拍卖规定》
48	《最高人民法院关于进一步规范人民法院网络司法拍卖工作的通知》	《规范网络司法拍卖通知》
49	《最高人民法院关于认真做好网络司法拍卖与网络司法变卖衔接工作的通知》	《做好网络司法拍卖于变卖衔接通知》
50	《最高人民法院关于人民法院司法拍卖房产竞买人资格若干问题的规定》	《司法拍卖竞买人资格规定》
51	《最高人民法院关于人民法院强制执行股权若干问题的规定》	《执行股权规定》
52	《最高人民法院关于人民法院办理仲裁裁决执行案件若干问题的规定》	《仲裁裁决执行规定》
53	《最高人民法院关于在执行工作中如何计算迟延履行期间的债务利息等问题的批复》	《计算迟延履行债务利息的批复》
54	《最高人民法院关于执行程序中计算迟延履行期间的债务利息适用法律若干问题的解释》	《计算迟延履行债务利息司法解释》
55	《关于就修订〈最高人民法院关于执行程序中计算迟延履行期间的债务利息适用法律若干问题的解释〉征求意见的函》	《修订计算迟延履行债务利息司法解释征求意见函》
56	《最高人民法院关于商品房消费者权利保护问题的批复》	《商品房消费者保护批复》
57	《最高人民法院关于刑事裁判涉财产部分执行的若干规定》	《刑事涉财产部分执行规定》

续表

序号	法律法规全称	简称
58	《最高人民法院关于审理涉执行司法赔偿案件适用法律若干问题的解释》	《涉执行司法赔偿司法解释》
59	《全国法院民商事审判工作会议纪要》	《九民纪要》
60	《最高人民法院关于在执行工作中进一步强化善意文明执行理念的意见》	《文明执行理念意见》
61	《关于“转变执行作风、规范执行行为”专项活动中若干问题的解答》	《规范执行行为专项活动解答》
62	《最高人民法院关于人民法院立案、审判与执行工作协调运行的意见》	《立审执工作协调意见》
63	《最高人民法院关于执行案件立案、结案若干问题的意见》	《执行立案结案意见》
64	《最高人民法院关于严格规范终结本次执行程序的规定（试行）》	《终本执行规定》
65	《最高人民法院、中国人民银行关于依法规范人民法院执行和金融机构协助执行的通知》	《规范执行及协助执行通知》
66	《最高人民法院、中国银行业监督管理委员会印发〈关于人民法院与银行业金融机构开展金融理财产品网络执行查控的意见〉的通知》	《金融理财产品查控意见》
67	《最高人民法院、国土资源部、建设部关于依法规范人民法院执行和国土资源房地产管理部门协助执行若干问题的通知》	《规范执行和国土房管部门协执通知》
68	《最高人民法院关于转发住房和城乡建设部〈关于无证房产依据协助执行文书办理产权登记有关问题的函〉的通知》	《转发无证房产办证函的通知》
69	《最高人民法院、国土资源部关于推进信息共享和网络执行查询机制建设的意见》	《网络执行查询机制意见》
70	《最高人民法院关于认真贯彻实施民事诉讼法及相关司法解释有关规定的通知》	《贯彻实施民诉法及其司法解释通知》
71	《最高人民法院印发〈关于执行案件移送破产审查若干问题的指导意见〉的通知》	《移送破产指导意见》

续表

序号	法律法规全称	简称
72	《最高人民法院答复〈关于破产申请受理前已经划扣到执行法院账户尚未支付给申请执行人的款项是否属于债务人财产及执行法院收到破产管理人中止执行告知函后应否中止执行问题的请示〉的复函》	《尚未支付执行款在破产后应否中止执行复函》
73	《最高人民法院关于办理申请执行监督案件若干问题的意见》	《执行监督意见》
74	《最高人民法院、最高人民检察院印发〈关于民事执行活动法律监督若干问题的规定〉的通知》	《执行监督问题规定》
75	《最高人民法院关于执行款物管理工作的规定》	《执行款物管理规定》
76	《最高人民法院印发〈关于充分发挥司法职能作用助力中小微企业发展的指导意见〉的通知》	《司法助力中小微企业发展意见》
77	《江苏省高级人民法院〈关于执行内容不明确如何执行有关问题的通知〉》	《江苏高院执行内容不明如何执行通知》
78	《江苏省高级人民法院关于正确理解和适用参与分配制度的指导意见》	《江苏高院理解适用参分制度指导意见》
79	《江苏省高级人民法院关于执行案件使用调查令的实施意见（试行）》	《江苏高院执行调查令实施意见》
80	《关于印发〈上海市高级人民法院执行局、执行裁判庭联席会议纪要（二）〉的通知》	《上海高院执行局执裁庭会议纪要（二）》
81	《浙江省高级人民法院关于执行程序与破产程序衔接若干问题的纪要》	《浙江高院执行破产衔接问题纪要》
82	《最高人民法院关于适用〈中华人民共和国民法典〉有关担保制度的解释》	《民法典担保制度解释》

CONTENTS
目录

第一章

执行依据

1. 建设工程价款债权申请强制执行的依据主要是什么?

【实务要点】

建设工程价款债权申请强制执行的依据主要是人民法院作出的生效民事判决、调解书以及仲裁机构作出的仲裁裁决和调解书。上述生效法律文书是申请强制执行的必备材料。

【要点解析】

执行依据，是指记载债权人和债务人姓名（名称）及债权债务关系、具有给付内容和执行力、人民法院据以执行的生效法律文书。生效法律文书是申请执行的依据，是法院立案审查和强制执行的主要文件。

依据民事判决书或调解书申请执行时，需要注意的是，一审裁判文书应附生效证明；二审改判的，执行依据是二审判决；二审维持的，执行依据是二审判决，二审维持判决是生效证明。发回重审的，执行依据是生效的重审裁判文书；决定再审的，执行依据是生效的再审裁判文书。依据仲裁机构作出的仲裁裁决或调解书申请执行时，需要提交裁决或调解书送达证明。

【法律依据】

《执行若干问题规定（2020）》

2. 执行机构负责执行下列生效法律文书：

1）人民法院民事、行政判决、裁定、调解书，民事制裁决定、支付令，以及刑事附带民事判决、裁定、调解书，刑事裁判涉财产部分；

2）……

3）我国仲裁机构作出的仲裁裁决和调解书，人民法院依据《中华人民共和国仲裁法》有关规定作出的财产保全和证据保全裁定；

……

2. 生效法律文书确定的建设工程价款债权执行内容不明确时，执行机构如何处理？

【实务要点】

生效法律文书确定的给付内容不明确时，执行机构可向作出机关或机构书面征求意见，通过说明、裁定补正等方式明确；也可由当事人自行协商确定或执行人员组织当事人协商确定；或由执行机构根据生效法律文书中已查明的事实和说理中的认定等合议研究后确定执行内容。通过以上方式仍无法确定的，执行申请会被执行机构驳回，申请执行人可以就驳回裁定申请复议或通过诉讼、仲裁等方式取得新的执行依据后申请执行。

【要点解析】

建设工程价款债权法律文书中，给付内容不明确的情形主要包括工程款或进度款数额不明确，利息或违约金计算基数、计算标准和起止时间不明确，以房抵债方式下交付房屋的名称、数量、坐落位置不明确，以及交付时间不明确，承包人对建设工程是否享有优先权不明确，如果是判决继续履行以房抵债协议的，还有可能出现继续履行的合同内容和方式的不明确。相关情形，均列举规定在《立审执工作协调意见》第11条及《仲裁裁决执行规定》第三条中。《江苏高院执行内容不明如何执行通知》更为详细地列示了给付内容不明确的情形。

针对上述给付内容不明确的情形，执行机构应当书面向法院或仲裁机构等案件审理部门征求意见。该程序遵循同级原则，例如上级法院作出的生效法律文书，由上级执行机构向上级法院审判部门征求意见，其他法院作出的生效法律文书，由其他法院执行机构向该法院审判部门征求意见。

在《江苏高院执行内容不明如何执行通知》及《上海高院执行局执裁庭会议纪要（二）》中，还规定了由当事人自行协商、执行人员组织当事人协商、执行法官可以根据生效法律文书中已查明事实和说理中的认定合议研究确定执行内容后，予以执行的处理方式。

如案件审理部门不予答复，或经执行机构解释、当事人协商后仍无法明确执行内容的，法院可以裁定驳回执行申请，对该裁定不服，可以提起复议，也可通过诉讼、仲裁等方式取得新的执行依据后申请执行。

【法律依据】

《民诉法解释（2022）》

第四百六十一条　当事人申请人民法院执行的生效法律文书应当具备下列条件：

（一）权利义务主体明确；

（二）给付内容明确。

法律文书确定继续履行合同的，应当明确继续履行的具体内容。

《立审执工作协调意见》

11. 法律文书主文应当明确具体：

（1）给付金钱的，应当明确数额。需要计算利息、违约金数额的，应当有明确的计算基数、标准、起止时间等；

（2）交付特定标的物的，应当明确特定物的名称、数量、具体特征等特定信息，以及交付时间、方式等；

……

（5）继续履行合同的，应当明确当事人继续履行合同的内容、方式等；

……

15. 执行机构发现本院作出的生效法律文书执行内容不明确的，应书面征询审判部门的意见。审判部门应在15日内作出书面答复或者裁定予以补正。审判部门未及时答复或者不予答复的，执行机构可层报院长督促审判部门答复。

执行内容不明确的生效法律文书是上级法院作出的，执行法院的执行机构应当层报上级法院执行机构，由上级法院执行机构向审判部门征询意见。审判部门应在15日内作出书面答复或者裁定予以补正。上级法院的审判部门未及时答复或者不予答复的，上级法院执行机构层报院长督促审判部门答复。

执行内容不明确的生效法律文书是其他法院作出的，执行法院的执行机构可以向作出生效法律文书的法院执行机构发函，由该法院执行机构向审判部门征询意见。审判部门应在15日内作出书面答复或者裁定予以补正。审判部门未及时答复或者不予答复的，作出生效法律文书的法院执行机构层报院长督促审判部门答复。

《仲裁裁决执行规定》

第三条　仲裁裁决或者仲裁调解书执行内容具有下列情形之一导致无法执行的，人民法院可以裁定驳回执行申请；导致部分无法执行的，可以裁定驳回该部分的执行申请；导致部分无法执行且该部分与其他部分不可分的，可以裁定驳回执行申请。

（一）权利义务主体不明确；

（二）金钱给付具体数额不明确或者计算方法不明确导致无法计算出具体数额；

（三）交付的特定物不明确或者无法确定；

（四）行为履行的标准、对象、范围不明确。

仲裁裁决或者仲裁调解书仅确定继续履行合同，但对继续履行的权利义务，以及履行的方式、期限等具体内容不明确，导致无法执行的，依照前款规定处理。

第四条　对仲裁裁决主文或者仲裁调解书中的文字、计算错误以及仲裁庭已经认定但在裁决主文中遗漏的事项，可以补正或说明的，人民法院应当书面告知仲裁庭补正或说明，或者向仲裁机构调阅仲裁案卷查明。仲裁庭不补正也不说明，且人民法院调阅仲裁案卷后执行内容仍然不明确具体无法执行的，可以裁定驳回执行申请。

《江苏高院执行内容不明如何执行通知》

一、执行立案后，执行实施过程中发现生效法律文书确定的执行内容不明确的，执行人员应通过以下方式，尽可能使执行内容明确后予以执行：

1. 由当事人自行协商或者执行人员组织当事人协商，尽可能通过协商一致使执行内容明确；

2. 以函询形式征求作出生效法律文书的承办人及其合议庭成员意见，函中应明确 15 日内对执行内容予以补正或者说明，使执行内容明确；

3. 与当事人沟通，力争使当事人达成执行和解并履行。

二、生效法律文书主文确定的执行内容不明确，但生效法律文书在事实认定及裁判说理部分中对有关给付内容已进行认定的，视为执行内容明确，执行法官可以根据生效法律文书中已查明事实和说理中的认定，经合议研究后予以执行。

三、凡生效法律文书主文内容有下列情形之一的，经采取第一条中的方式仍无法执行的，根据《最高人民法院关于适用〈中华人民共和国民事诉讼法〉的解释》第四百六十三条和《最高人民法院关于执行案件立案、结案若干问题的意见》第二十条规定，可以裁定驳回执行申请：

1. 判决被告在欠付工程款范围内承担清偿责任，但是否拖欠工程款及欠多少工程款不明确；

2. 判决合同继续履行，但继续履行的具体内容不明确；

3. 判决或调解被告返还原告土地并恢复原状，但原状是什么不明确；

……

5. 判决被告向原告交付水面或土地，但水面或土地的面积及四至未明确；

……

9. 判决被告某公司于某年某月某日前为原告办理房产证，逾期未办理支付违约金，但支付违约金的标准未明确；

10. 判决被告向原告移交按照国家有关规定应当移交的工程竣工资料，但究竟应移交哪些资料未明确；

……

四、对于生效法律文书确定的给付内容不明确的处理，执行实施过程中，应当裁定驳回执行申请，不得裁定不予执行。

五、裁定驳回执行申请前，承办法官应向当事人释明执行内容不明确无法执行，其可以通过另行诉讼或其他途径明确执行内容后申请执行。释明内容应记录入卷。

经释明后，申请执行人自愿撤回（撤销）执行申请的，裁定终结执行；未撤回（撤销）执行申请或仍坚持要求执行的，执行法院可以裁定驳回执行申请。

七、驳回执行申请裁定应以书面形式作出，并送达申请执行人和被执行人。

申请执行人对驳回执行申请裁定不服的，可以自裁定送达之日起十日内向上一级人民法院申请复议。

执行法院应当在驳回执行申请裁定中告知申请执行人申请复议的权利和期限。

上一级法院经复议审查后认为可以执行的，应当裁定撤销原裁定，执行法院应当继续执行。

《上海高院执行局执裁庭会议纪要（二）》

12. 据以执行的生效法律文书主文不明确的，如何处理？

答：根据《上海市高级人民法院关于完善立案、审判、执行工作衔接机制的意见》第30条，执行部门应当根据据以执行的生效法律文书主文的文义，结合其所认定的事实、理由，考量当事人请求及抗辩，依据日常生活经验法则进行解释。通过上述方法仍无法解释的，执行部门应当书面要求作出生效法律文书的有关部门就不明确的主文作出解释。有关部门应当作出书面意见。确无执行可能的，执行部门应当与立案部门、有关部门沟通、研究后，采取补救措施，尽可能充分保障当事人的合法权益。

案例解析

山东某房地产公司与江西某建设公司执行复议案【（2021）鲁执复160号，入库编号：2024-17-5-202-043】

• 基本案情

山东某房地产公司与江西某建设公司建设工程施工合同纠纷一案，山东威海中院判决：江西某建设公司向山东某房地产公司交付竣工资料并协助办理工程竣工验收手续。判决发生法律效力后，经山东某房地产公司申请，威海中院立案执行。执行过程中，山东某房地产公司申请执行的事项为江西某建设公司于判决生效后三十日内交付竣工资料并协助办理工程竣工验收手续。但民事判决关于该判项的内容并不明确，威海中院多次组织双方当事人协商，双方不能就交付竣工资料的名称、数量等达成一致意见。

威海中院认为，申请执行人山东某房地产公司申请执行的民事判决书主文确定的交付竣工资料的名称、数量等执行内容不明确，遂裁定驳回山东某房地产公司的执行申请。山东某房地产公司不服，向山东高院申请复议。山东高院以执行程序不当裁定撤销威海中院执行裁定。

• 裁判要旨

案件进入执行程序后，执行机构发现执行内容不明确的，应当书面征询审判部门的意见。未经书面征询审判部门意见即裁定驳回执行申请，应当认定为执行程序不当。

3. 建设工程价款债权诉讼和债权人撤销权诉讼的法律文书生效后，债权人可否一并申请强制执行？

【实务要点】

建设工程价款债权人发现债务人通过无偿、明显不合理的价格转让或受让资产，实施互易财产、以物抵债等影响或损害债权人债权实现的情形时，可以提起债权人撤销权诉讼。建设工程价款债权人获得建设工程价款债权诉讼和债权人撤销权诉讼的生效法律文书后，可以以债务人和债务人的相对人为被执行人向法院申请强制执行，请求强制执行相对人向债务人承担责任以实现债权人的债权。另一种方案是在建设工程价款债权强制执行案件中，申请对相对人应当向债务人返还的财产采取查封、冻结等强制执行措施，并予以拍卖、变卖或折价补偿等最终实现债权。前一种处理方式在《民法典合同编通则司法解释》中作了具体规定，也更有利于提高执行效率，确保债权人实现债权。

【要点解析】

实践中，建设单位即债务人通过无偿、明显不合理的价格转让或受让资产，实施互易财产、以物抵债等影响或损害债权人债权实现的情形时有发生，建筑企业作为建设工程价款债权人可以及时通过债权人撤销权诉讼，要求法院确认债务人和相对人之间上述民事行为或民事合同无效或撤销上述民事行为或民事合同。在债权人撤销权纠纷判决中，一般会判决明确债务人的相对人应向债务人返还被转移财产的名称、数量和期限，或者是无法返还、折价补偿的金额和期限，此类判决符合一般生效执行依据所应具备的给付内容明确的要件。只要符合一般执行依据的可强制执行要件，建设工程价款债权人作为申请人即可就其与债务人的判决以及撤销权产生的生效法律文书一并申请法院强制执行。

另根据《民事执行查扣冻规定（2020）》第二条第三款规定，第三人书面确认属于债务人的财产，可以采取强制执行措施，加上生效的债权人撤销权判决系涉案财产的权属证明材料，或者解释为债权人撤销权判决的形成效力导致所转移财产的权属回归到转移发生之前，所应返还之财产在法律上应归属于债务人，第三人的占有已失去合法的基础法律关系，应当返还，故债权人当然的可以对归属于债务人的责任财产采取强制执行措施以实现债权。基于此，《民法典合同编通则司法解释》明确规定，债权人依据其与债务人的诉讼、撤销权诉讼产生的生效法律文书申请强制执行的，人民法院可以就债务人对相对人享有的权利采取强制执行措施以实现债权人的债权。债权人在撤销权诉讼中，申请对相对人的财产采取保全措施的，人民法院依法予以准许。上述规定体现了债权人撤销权诉讼的本意，也避免了债务人接受相对人履行债务后再次恶意转移资产，有利于债权人实现债权。

另外，相对人履行义务的标准应当包括让债权人知晓并有机会采取债权实现措施以实现债权，例如相对人向债务人返还无偿受赠的金钱的，应当在返还前通知债权人，使其有必要时间对债务人接收返还款项的账户采取冻结、查封措施，或者相对人直接向执行法院交付应返还的款项，由法院进行提存，并作为债务人的财产予以执行；否则，相对人自行向债务人履行返还义务，若债务人再次恶意转移返还，将致使债权人丧失申请法院采取查封、冻结等措施的机会，其撤销权诉讼目的将无法实现，相对人的履行行为有可能会被认定为生效判决未能得到有效履行，需继续承担履行责任。

【法律依据】

《民法典合同编通则司法解释》

第四十六条　……

债权人依据其与债务人的诉讼、撤销权诉讼产生的生效法律文书申请强制执行的，人民法院可以就债务人对相对人享有的权利采取强制执行措施以实现债权人的债权。债权人在撤销权诉讼中，申请对相对人的财产采取保全措施的，人民法院依法予以准许。

《民事执行查扣冻规定（2020）》

第二条　……

对于第三人占有的动产或者登记在第三人名下的不动产、特定动产及其他财产权，第三人书面确认该财产属于被执行人的，人民法院可以查封、扣押、冻结。

案例解析

东北某某公司与某某公司、沈阳某某公司等执行复议案【（2017）最高法执复27号，最高院指导案例118号】

• 基本案情

沈阳某某公司曾向某某公司借款，但未能按约还本付息。债权人某某公司将债务人沈阳某某公司诉至法院后，发现沈阳某某公司有转移资产的行为，遂又提起债权人撤销权诉讼。后借款诉讼、撤销权诉讼并案处理，最高院判令：沈阳某某公司偿还某某公司借款本金及利息、罚息等；撤销东北某某公司以其对外享有的对外债权及利息与沈阳某某公司持有的股权进行股权置换的合同，撤销沈阳某某公司以股权与东北某某公司持有的股权进行置换的合同。

判决生效后，经某某公司申请，北京高院立案执行，向东北某某公司送达了执行通知，责令其履行义务。被执行人东北某某公司向北京高院提交了《关于履行最高人民法院（2008）民二终字第23号民事判决的情况说明》，表明东北某某公司已通过支付股权对价款的方式履行完毕生效判决确定的义务。北京高院经调查认定，对东北某某公司已经支付完毕款项的说法未予认可。此后，北京高院裁定终结本次执行程序。

2013年7月1日，某某公司向北京高院第二次申请强制执行，要求执行东北某某公司因不能返还股权而按照判决应履行的赔偿义务，请求控制东北某某公司相关财产，并为此提供保证。对此，东北某某公司提出执行异议，主张其已经按本案生效判决之规定履行完毕向沈阳某某公司返还股权的义务。

执行过程中，执行法院认为相对人东北某某公司未履行判决项下返还义务，冻结了其名下财产。东北某某公司不服，提出执行异议，主张某某公司无申请执行人资格且自己已履行返还义务。北京高院审查后认为，现有证据无法证明东北某某公司已履行股权返还义务，故裁定驳回其异议申请。东北某某公司不服，向最高院申请复议，最高院裁定认为第一次履行时，虽然款项打入了沈阳某某公司账户，但最终又辗转打回东北某某公司账户，属闭环交易；第二次履行时，股权虽然转至沈阳某某公司名下，但未通知债权人，且股权很快被转至另一公司，因此驳回其复议申请。

• 裁判要旨

债权人撤销权诉讼的生效判决撤销了债务人与受让人的财产转让合同，并判令受让人向债务人返还财产，受让人未履行返还义务的，债权人可以债务人、受让人为被执行人申请强制执行。

受让人未通知债权人，自行向债务人返还财产，债务人将返还的财产立即转移，致使债权人丧失申请法院采取查封、冻结等措施的机会，撤销权诉讼目的无法实现的，不能认定生效判决已经得到有效履行。债权人申请对受让人执行生效判决确定的财产返还义务的，人民法院应予支持。

4. 以房抵债案件中，如何申请强制执行要求被执行人继续履行以房抵债协议、交付房屋、办理房屋权属登记的判决？

【实务要点】

以房抵债案件中，建设工程价款债权人取得要求继续履行以房抵债协议、交付房屋、办理房屋权属登记的生效判决后，如债务人在履行期内不履行上述义务的，则可直接向法院申请强制债务人履行交付、权属登记等义务。如债务人不履行，则由法院对其采取罚款、拘留等惩罚措施。

【要点解析】

1. 要求被执行人继续履行以房抵债协议的判决没有确认抵债房屋所有权的法律效力。要求继续履行以房抵债协议、交付房屋、办理房屋权属登记的判决仍然属于给付判决，即需要债务人履行相应行为义务。依据《民法典》关于物权的相关规定，能够直接导致物权变动的法律文书指形成性文书，给付性文书和确认性文书不能导致物权变动，形成性文书对应的是形成之诉，是指一方请求法院、仲裁机构变动或消灭其与对方当事人之间现存的民事法律关系的诉，例如依据合同的法定解除条件，请求解除以房抵债协议。而请求继续履行以房抵债协议属于典型的行为给付之诉，这类法律文书确定的交付、办理登记是基于债权请求权，其权利基础为债权不具有物权变动的效力，此时执行标的所有权仍属于被执行人，需要债务人依判决履行并办理权属登记后，债权人方才取得物权即所有权。

2. 要求被执行人继续以房抵债协议判决的履行过程。对于类似请求继续履行以房抵债协议的给付型生效法律文书的执行，现行法律规定上并无详细规定，仅仅要求债务人在不履行的情况下，对其采取拘留、罚款等限制人身自由或增加金钱负担的方式，迫使债务人履行；而不同于可替代履行行为，因为办理房屋权属登记的相应材料由债务人掌握，以及相关的程序要求只能由债务人或授权的受托人亲自到场，故以房抵债协议的继续履行属于不可替代行为，无法采取由他人直接代为履行、收取相应费用的方式替代履行。故对该类行为给付的判决，需通过法院强制执行，包括采取强制措施促使债务人履行债务。

建筑企业签订以房抵债协议通常也是基于债务人欠付其建设工程价款所达成，在司法实践中，部分法院在债务人不予配合时也有通过拍卖、变卖等方式实现债权，在拍卖、变卖均无果的情形下，作出抵债裁定的方式，解决以房抵债所涉房地产的权属转移登记问题。

【法律依据】

《民诉法（2023）》

第一百一十四条　诉讼参与人或者其他人有下列行为之一的，人民法院可以根据情节轻重予以罚款、拘留；构成犯罪的，依法追究刑事责任：

……

（六）拒不履行人民法院已经发生法律效力的判决、裁定的。

人民法院对有前款规定的行为之一的单位，可以对其主要负责人或者直接责任人员予以罚款、拘留；构成犯罪的，依法追究刑事责任。

《民法典合同编通则司法解释》

第二十七条　债务人或者第三人与债权人在债务履行期限届满后达成以物抵债协议，不存在影响合同效力情形的，人民法院应当认定该协议自当事人意思表示一致时生效。债务人或者第三人履行以物抵债协议后，人民法院应当认定相应的原债务同时消灭；债务人或者第三人未按照约定履行以物抵债协议，经催告后在合理期限内仍不履行，债权人选择请求履行原债务或者以物抵债协议的，人民法院应予支持，但是法律另有规定或者当事人另有约定的除外。前款规定的以物抵债协议经人民法院确认或者人民法院根据当事人达成的以物抵债协议制作成调解书，债权人主张财产权利自确认书、调解书生效时发生变动或者具有对抗善意第三人效力的，人民法院不予支持。债务人或者第三人以自己不享有所有权或者处分权的财产权利订立以物抵债协议的，依据本解释第十九条的规定处理。

第二章

执行申请

5. 如何写好一份建设工程价款债权强制执行申请书？

【实务要点】

建设工程价款债权强制执行申请书一般分为三个部分。首先，要写明的是申请人与被执行人的基本信息。其次，明确执行请求，执行请求一般根据生效法律文书裁决项相关内容明确给付的内容，涉及逾期付款利息及迟延履行利息的，要明确计算方法，涉及建设工程价款优先受偿权的，一并在执行请求中明确。事实理由部分首先简要概括一下案件所涉审理程序及主要判决项内容，同时简要写明财产保全（如有）已采取保全措施的财产和已知晓的财产线索。

【要点解析】

1. 当事人基本信息。被执行人的户籍所在地、注册经营地与实际住址、住所地、实际经营地不一致的，列明其实际住址和经营地，便于执行程序中找到被执行人。尽可能全面、准确地提供被执行人的联系方式，电话通知被执行人到庭是最为高效的方式。另外，被执行人的手机号码如果是特殊号码，有可能成为可变现的财产。

2. 如执行依据中有金钱给付或支付利息的裁判内容，应按照法律文书确定的利息计算方式，以申请执行日为截止日，计算出利息数额，作为申请标的金额一并申请，并且应当包括迟延履行期间的加倍部分债务利息，最好是附上详细的计算过程及计算结果，以表格等形式作为附件随申请书提交，以保证在后续执行过程中查封、冻结措施所涉标的最大化。

3. 与诉讼费不同，执行费无须申请执行人预交，且按照相关法律规定，即便未在执行请求中写明执行费的承担方式，执行费也需由被执行人承担，法院在执行中将一并予以执行，并在到位后予以扣除。

4. 执行申请书中对诉讼过程或仲裁过程中查明的事实无须赘述，但需要明确案件审理的相关程序及生效法律文书裁决项涉及的内容。例如法院执行的一般为本院一审的民商事案件，为避免因二审生效文书所确定的权利义务有所变化导致立案时遗漏，在事实和理由中可简要写明二审的判决、调解情况。

5. 如在诉讼或仲裁过程中，进行了财产保全，可将保全到的财产在申请书中列明或作为附件，便于执行人员快速掌握案涉被执行人财产采取执行措施的情况；对于被执行人隐名持有的财产权益、在第三人处的债权、登记在他人名下的共同财产等难以通过执行系统查询到的财产，申请执行人可提供相关线索，并在执行申请中着重予以说明。

【法律依据】

《执行若干问题规定（2020）》

18. 申请执行，应向人民法院提交下列文件和证件：

（1）申请执行书。申请执行书中应当写明申请执行的理由、事项、执行标的，以及申请执行人所了解的被执行人的财产状况。

申请执行人书写申请执行书确有困难的，可以口头提出申请。人民法院接待人员对口头申请应当制作笔录，由申请执行人签字或盖章。

……

6. 生效法律文书确认的建设工程价款债权申请强制执行，哪些法院有管辖权？

【实务要点】

如执行依据为人民法院作出的判决书或调解书，则由第一审人民法院或者与其同级的被执行的财产所在地人民法院执行。如执行依据为仲裁机构作出的仲裁裁决或仲裁调解书，由被执行人住所地或者被执行的财产所在地的中级人民法院执行。两个以上人民法院都有管辖权的，当事人可以向其中一个人民法院申请执行；当事人向两个以上人民法院申请执行的，由最先立案的人民法院管辖。

【要点解析】

在建设工程价款债权的执行中，绝大多数被执行财产为房产、土地，如果执行依据为生效的民事判决书或民事调解书，则可以向第一审人民法院或与一审法院同级的房产或土地所在地人民法院申请执行。如果执行依据为仲裁裁决书或仲裁调解书，则由被执行人住所地或被执行人房产或土地所在地的中级人民法院执行。如果房产、土地尚未进行权属登记的，则以其客观存在地为其所在地。其他财产如股权，股权对应的目标公司所在地为被执行的财产所在地；如银行存款，银行账户开户行所在地为被执行的财产所在地。因此，如被执行的财产所在地在不同的地区，则可能涉及两个以上的法院对某案强制执行申请均有管辖权，此时申请人可向其中任一人民法院申请执行；如申请人同时向两个以上有管辖权的法院申请执行，则由最先立案的法院负责执行。例如，a 市 a 区人民法院作出民事判决书并生效，某被执行人持有某公司股权，某公司所在地登记在 b 市 a 区，并且其名下在 b 市 b 区还有一处房地产，则申请执行人可向a市a区、b市a区或b市b区人民法院申请执行，假设其同时向三个法院申请执行，且b市b区人民法院最先立案受理，则由该法院负责整案执行，而非仅针对房产执行。

【法律依据】

《民诉法（2023）》

第二百三十五条　发生法律效力的民事判决、裁定，以及刑事判决、裁定中的财产部分，由第一审人民法院或者与第一审人民法院同级的被执行的财产所在地人民法院执行。

法律规定由人民法院执行的其他法律文书，由被执行人住所地或者被执行的财产所在地人民法院执行。

《民诉法执行程序解释（2020）》

第一条　申请执行人向被执行的财产所在地人民法院申请执行的，应当提供该人民法院辖区有可供执行财产的证明材料。

《仲裁裁决执行规定》

第二条　当事人对仲裁机构作出的仲裁裁决或者仲裁调解书申请执行的，由被执行人住所地或者被执行的财产所在地的中级人民法院管辖。

符合下列条件的，经上级人民法院批准，中级人民法院可以参照民事诉讼法第三十八条的规定指定基层人民法院管辖：

（一）执行标的额符合基层人民法院一审民商事案件级别管辖受理范围；

（二）被执行人住所地或者被执行的财产所在地在被指定的基层人民法院辖区内；

被执行人、案外人对仲裁裁决执行案件申请不予执行的，负责执行的中级人民法院应当另行立案审查处理；执行案件已指定基层人民法院管辖的，应当于收到不予执行申请后三日内移送原执行法院另行立案审查处理。

《人民法院办理执行案件规范（第二版）》

3.【“被执行的财产所在地”的确定】

被执行的财产为不动产的，该不动产的所在地为被执行的财产所在地。

被执行的财产为股权或者股份的，该股权或者股份的发行公司住所地为被执行的财产所在地。

被执行的财产为商标权、专利权、著作权等知识产权的，该知识产权权利人的住所地为被执行的财产所在地。

被执行的财产为到期债权的，被执行人的住所地为被执行的财产所在地。

《执行若干问题规定（2020）》

13. 两个以上人民法院都有管辖权的，当事人可以向其中一个人民法院申请执行；当事人向两个以上人民法院申请执行的，由最先立案的人民法院管辖。

案例解析

连云港某某公司与江苏某某建设公司建设工程施工合同纠纷案【(2015)苏执复字第00016号】

• 基本案情

连云港某某公司与江苏某某建设公司建设工程施工合同纠纷一案，连云港仲裁委裁决：江苏某某建设公司支付连云港某某公司工程款 40 万元及逾期付款利息。到期后江苏某某建设公司未自觉履行上述义务，连云港某某公司向连云港中院申请执行，连云港中院于 2014 年 9 月 1 日立案执行。

执行过程中，连云港中院扣划江苏某某建设公司连云港连云分公司在中国银行股份有限公司连云港中山路支行账户内银行存款 393900 元。

江苏某某建设公司以连云港中院对该案的执行没有管辖权等为由向连云港中院提出执行异议，连云港中院驳回异议，江苏某某建设公司遂向江苏高院申请复议，江苏高院驳回复议，维持连云港中院执行裁定。江苏高院和连云港中院均认为江苏某某建设公司连云港连云分公司不具有法人资格，银行存款属于江苏某某建设公司所有，而开户行所在地为连云港市，故连云港中院对本案执行有管辖权。

• 裁判要旨

被执行人分支机构的财产所在地也可视为被执行人财产所在地，执行法院可据此取得执行案件管辖权。

7. 取得建设工程价款债权生效法律文书后，应于何时向法院申请强制执行？

【实务要点】

取得建设工程价款债权生效法律文书后，向人民法院申请强制执行的时间，根据法律文书的判决或调解涉及的给付内容是否分期履行而有所不同，如法律文书确定为一次履行的，应在法律文书规定的履行期间的最后一日起两年内申请强制执行；如法律文书确定为分期履行的，则应该在法律文书规定的最后一期履行期限届满之日起两年内申请强制执行；如生效法律文书未确定履行期，则应在法律文书生效之日起两年内申请强制执行。

【要点解析】

依《民诉法（2023）》规定，申请执行的期间为二年，同时申请执行时效的中止、中断，

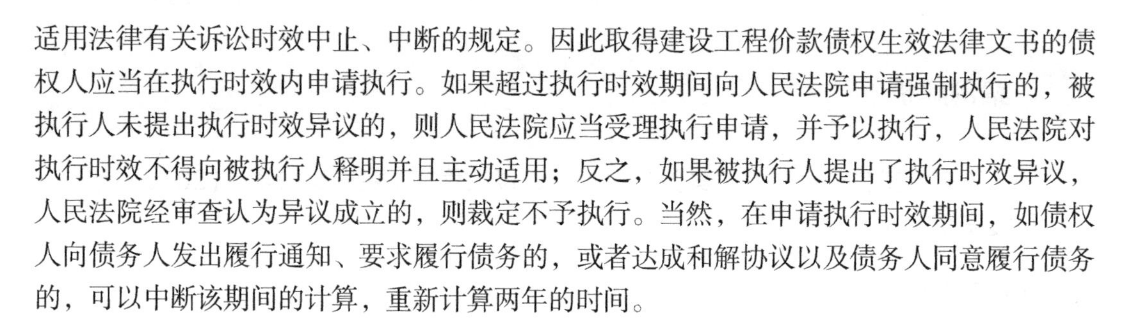
适用法律有关诉讼时效中止、中断的规定。因此取得建设工程价款债权生效法律文书的债权人应当在执行时效内申请执行。如果超过执行时效期间向人民法院申请强制执行的，被执行人未提出执行时效异议的，则人民法院应当受理执行申请，并予以执行，人民法院对执行时效不得向被执行人释明并且主动适用；反之，如果被执行人提出了执行时效异议，人民法院经审查认为异议成立的，则裁定不予执行。当然，在申请执行时效期间，如债权人向债务人发出履行通知、要求履行债务的，或者达成和解协议以及债务人同意履行债务的，可以中断该期间的计算，重新计算两年的时间。

【法律依据】

《民诉法（2023）》

第二百五十条　申请执行的期间为二年。申请执行时效的中止、中断，适用法律有关诉讼时效中止、中断的规定。

前款规定的期间，从法律文书规定履行期间的最后一日起计算；法律文书规定分期履行的，从最后一期履行期限届满之日起计算；法律文书未规定履行期间的，从法律文书生效之日起计算。

《民诉法解释（2022）》

第四百八十一条　申请执行人超过申请执行时效期间向人民法院申请强制执行的，人民法院应予受理。被执行人对申请执行时效期间提出异议，人民法院经审查异议成立的，裁定不予执行。

被执行人履行全部或者部分义务后，又以不知道申请执行时效期间届满为由请求执行回转的，人民法院不予支持。

《民诉法执行程序解释（2020）》

第二十条　申请执行时效因申请执行、当事人双方达成和解协议、当事人一方提出履行要求或者同意履行义务而中断。从中断时起，申请执行时效期间重新计算。

案例解析

江油某某汽修厂、四川省江油某某冶金公司执行审查案【（2020）川执监176号】

• 基本案情

四川省江油市人民法院于2016年4月11日作出就江油某某汽修厂与江油某某冶金公司确认合同效力纠纷一案，作出民事调解书，协议约定：江油某某冶金公司于2016年6月21日前协助江油某某汽修厂办理案涉土地使用权的转移登记手续，办理转移登记时产生的税费依法各自承担。因江油某某冶金公司未履行上述调解书确定的义务，江油某某汽修厂于2016年11月1日申请执行。在执行过程中，江油某某汽修厂于2016年12月2日申请撤回强制执行申请，执行法院于2016年12月5日，以销案方式结案。

2019年2月28日，江油某某汽修厂再次申请执行，要求江油某某冶金公司履行民事调解书。执行法院于2019年7月1日作出执行通知书，责令江油某某冶金公司在收到本通知后15天内协助江油某某汽修厂办理案涉土地使用权及附属房屋所有权转移登记，并负担应由其公司缴纳的税费等。

江油某某冶金公司收到执行通知书后，以江油某某汽修厂申请执行已超过执行时效为由向执行法院提出执行异议，四川省江油市人民法院审查后认为，虽已超过二年申请执行时效期间，但本案是请求办理权属登记事宜，其具有物权请求权性质，因而不应适用申请执行时效的规定，故裁定驳回其执行异议。江油某某冶金公司不服，向四川省绵阳市中级人民法院申请复议。绵阳市中院审查后认为，本案执行时效已过，未发生中止、中断，应当不予执行，裁定撤销执行通知书。江油某某汽修厂不服，向四川高院申请执行监督，四川高院审查后认为，江油某某汽修厂于2019年2月28日再次申请执行，确已超过申请执行时效期间，其并未提供证据证明存在执行时效中止、中断的情况，故裁定驳回其申诉请求。

• 裁判要旨

申请执行时效期间为两年，如超过此期间则被执行人可以提出时效抗辩。申请执行人若无法举证存在期间中止、中断情形，法院审查后认为被执行人抗辩成立的，则裁定驳回申请执行人的执行申请，已作出执行文书应当撤回，对执行依据不予执行。

8. 先后取得支持建设工程价款债权和质保金返还的生效法律文书，申请人分别应在何时向法院申请强制执行？

【实务要点】

如果先行取得裁判支持请求给付建设工程价款的法律文书，尚未申请强制执行，而后又取得工程质保金返还的法律文书，申请人应该分别根据两份法律文书确定的给付工程价款的履行期限届满和工程质保金返还的履行期限届满后两年内申请强制执行，两份生效法律文书的申请执行期间互不影响，各自独立计算。

【要点解析】

建设工程质量保证金通常是指发包人与承包人在建设工程承包合同中约定，从应付的工程款中预留，用以保证承包人在缺陷责任期内对建设工程出现的缺陷进行维修的资金。如承包人拒不维修或不承担维修费用，或者建设工程虽经维修，但质量仍不合格，发包人有权依据合同约定从建设工程质量保证金中扣除。实践中，质量保证金一般从应付的工程款中预留，但质量保证金起到的是工程出现缺陷需要进行维修时的资金担保作用，支付时间需待质保期结束，发包人是否应当支付和支付的具体金额与工程的质量、承包人是否承担维修义务等密切相关。质保金虽属于建设工程价款的一部分，但由于建设工程价款债权和质保金返还债权是通过两次不同诉讼取得的生效法律文书所确认，并非同一生效法律文书项下确定的债务分期履行，因此应分别计算申请执行时效。

【法律依据】

《民诉法（2023）》

第二百五十条　申请执行的期间为二年。申请执行时效的中止、中断，适用法律有关诉讼时效中止、中断的规定。

前款规定的期间，从法律文书规定履行期间的最后一日起计算；法律文书规定分期履行的，从最后一期履行期限届满之日起计算；法律文书未规定履行期间的，从法律文书生效之日起计算。

案例解析

济南某某公司与茌平某某公司执行监督案【（2023）最高法执监128号，入库编号：2024-17-5-203-050】

• 基本案情

济南某某公司与茌平某某公司建设施工合同纠纷一案，聊城仲裁委于2017年7月26日裁决被申请人茌平某某公司支付给申请人济南某某公司工程款。2022年5月5日，济南某某公司向山东聊城中院申请执行，该院于5月11日立案执行。

被执行人茌平某某公司向聊城中院提出书面异议，以本案已经超过二年申请强制执行的时效为由，请求依法驳回济南某某公司的强制执行申请，裁定不予执行。

聊城中院查明，济南某某公司于2020年9月20日向聊城仲裁委员会提出仲裁申请，请求裁决茌平某某公司向济南某某公司支付质量保证金。聊城仲裁委于2020年10月21日作仲裁调解确认茌平某某公司同意向济南某某公司支付质量保证金。

聊城中院审查后认为，工程款案的执行时效不因保证金案诉讼而中断，现时效已经过，故裁定对其执行申请不予受理。济南某某公司不服，向山东高院申请复议，山东高院审查后认为两笔债权的时效互不影响，聊城中院裁定正确，驳回其复议申请。济南某某公司仍不服，向最高院申请执行监督，最高院审查后认为主张工程款案件的执行时效因质量保证金案诉讼而中断没有法律依据，故驳回其再审申请。

• 裁判要旨

申请执行时效的中止、中断，适用法律有关诉讼时效中止、中断的规定。对时效中断事由的认定，质量保证金与工程款并不相同，不能简单地将两者认定为同一债权，故裁决在先的工程款债权的申请执行时效不因质量保证金诉讼而产生中断效力。

9. 申请强制执行后撤销申请的，应在何时向法院再次申请强制执行？

【实务要点】

申请强制执行后撤销申请的，应当自申请强制执行之日起两年内再次申请强制执行。例如：2024 年 1 月 1 日向人民法院申请强制执行，2024 年 2 月 1 日撤销强制执行申请，2024 年 3 月 1 日，人民法院作出准许撤回强制执行申请的裁定并送达，则再次申请执行时效应自 2024 年 1 月 1 日起算两年。

【要点解析】

申请强制执行作为中断申请执行时效的法定事由，在中断申请执行时效后，申请执行时效自中断之日起重新计算两年时间，而非不再计算，所以在撤销申请后，仍然要在两年时间内申请执行。但需要注意的是，不同于诉讼时效的中断和重新起算，执行时效中断发生后，立即重新起算，而并不是从人民法院对执行程序作出终结裁定并送达相关法律文书之时才重新起算。

【法律依据】

《民诉法解释（2022）》

第五百一十八条　因撤销申请而终结执行后，当事人在民事诉讼法第二百四十六条规定的申请执行时效期间内再次申请执行的，人民法院应当受理。

案例解析

某银行支行与山东某甲公司、山东某某集团执行监督案【(2021)最高法执监504号，入库编号：2023-17-5-203-019】

• 基本案情

济南中院在执行某银行支行与山东某甲公司、山东某某集团借款合同纠纷一案过程中，某银行支行向济南中院申请撤销执行申请。济南中院于2003年8月1日裁定终结执行。山东某乙公司受让案涉债权后，于2018年7月27日向济南中院申请恢复执行，济南中院于2018年8月22日立案恢复执行，并向山东某丙公司（原山东某某集团）发出执行通知书和限制消费令。山东某丙公司对此提出执行异议，主张民事判决已经终结执行，山东某乙公司申请恢复执行已经超过两年时效规定，不应恢复执行，请求撤销执行通知书及限制消费令。

济南中院认为，自2003年8月1日至今已长达十多年之久，山东某乙公司申请恢复执行已超过执行时效期间。济南中院裁定撤销执行通知书、限制消费令。山东某乙公司不服，向山东高院申请复议。山东高院审查后认同济南中院裁判观点，故裁定驳回山东某乙公司的复议请求。某某（山东）公司受让山东某乙公司案涉债权后，向最高院申诉，最高院审查后认为，撤销执行申请后申请恢复执行受到两年执行时效限制，现某某（山东）公司已超过执行时效，故裁定驳回某某（山东）公司的申诉请求。

• 裁判要旨

根据《民诉法解释（2022）》第518条规定，因撤销申请而终结执行后，当事人如再次申请执行，应受两年时效要求的限制。若原申请执行人未在法定期限内再次申请执行，则执行案件已经终结的不应恢复。

10. 建设工程价款债权申请执行案件被人民法院裁定终结本次执行程序后，应在何时向人民法院申请恢复执行？

【实务要点】

人民法院裁定终结本次执行程序后，只要发现被执行人有财产的，或者经过申请变更、追加被执行人后，均可以申请恢复执行，不受申请执行时效期间的限制。

【要点解析】

法院裁定终结本次执行程序后，申请执行人仍然可以继续查找被执行人的财产线索，法院在此期间，也会通过查控系统，定期对被执行人财产进行查询，终结本次执行程序前所做的执行措施继续有效。可见终结本次执行程序仅仅是一种结案方式，不同于撤回执行申请或执行完毕等执行案件终结情形，并非执行案件的终结，终结本次执行程序后发现财产线索可申请恢复执行，不受执行时效期间的限制。同时，在终结本次执行程序后，依法申请变更、追加被执行人的，同样可以申请恢复执行，亦不受执行时效期间的限制。

【法律依据】

《民诉法解释（2022）》

第五百一十七条　经过财产调查未发现可供执行的财产，在申请执行人签字确认或者执行法院组成合议庭审查核实并经院长批准后，可以裁定终结本次执行程序。

依照前款规定终结执行后，申请执行人发现被执行人有可供执行财产的，可以再次申请执行。再次申请不受申请执行时效期间的限制。

《执行立案结案意见》

第十六条

……

人民法院裁定终结本次执行程序后，发现被执行人有财产的，可以依申请执行人的申请或依职权恢复执行。申请执行人申请恢复执行的，不受申请执行期限的限制。

《终本执行规定》

第九条　终结本次执行程序后，申请执行人发现被执行人有可供执行财产的，可以向执行法院申请恢复执行。申请恢复执行不受申请执行时效期间的限制。执行法院核查属实的，应当恢复执行。

终结本次执行程序后的五年内，执行法院应当每六个月通过网络执行查控系统查询一次被执行人的财产，并将查询结果告知申请执行人。符合恢复执行条件的，执行法院应当及时恢复执行。

第十六条

……

终结本次执行程序后，当事人、利害关系人申请变更、追加执行当事人，符合法定情形的，人民法院应予支持。变更、追加被执行人后，申请执行人申请恢复执行的，人民法院应予支持。

案例解析

贵州某甲公司等民事申请再审审查案【(2023)最高法民申2250号】

• 基本案情

贵州某甲公司与贵州某乙公司借款合同纠纷执行一案，贵阳中院于2015年12月2日作出（2015）筑执字第318-1号执行裁定，终结该案的本次执行程序。此后，贵州某乙公司、贵州某甲公司、某某煤矿、王某某于2016年11月25日达成《执行和解协议》，但和解协议并未完全履行。贵阳中院依贵州某乙公司的申请，先后扣划了贵州某甲公司的部分款项。

贵州某甲公司向贵州中院提出执行异议，认为终结本次执行后至本次恢复执行，已经过执行时效，应当不予恢复，贵州中院审查后认为，终结本次执行后，经贵州某乙公司申请扣划贵州某甲公司的款项，本案中将另案执行款进行扣划的行为视为贵州某乙公司申请执行，故裁定驳回其异议申请。贵州某甲公司不服，向贵阳中院提起执行异议之诉，被同样的理由驳回。后贵州某甲公司向贵州高院提起上诉，贵州高院审查后认同贵阳中院裁判观点，裁定驳回其诉请。贵州某甲公司仍不服，向最高院申请再审，最高院审查后认为，终结本次执行程序后，恢复执行的，不受执行时效限制，故裁定驳回其再审申请。

• 裁判要旨

根据《终本执行规定》第九条的规定，终结本次执行程序后，申请恢复执行，不受执行时效限制。

第三章

执行当事人

11. 哪些主体可以作为建设工程价款债权的申请执行人？

【实务要点】

可以作为建设工程价款债权的申请执行人大致可以分为两类：一是经生效法律文书确认享有建设工程价款债权的当事人；二是继受了生效法律文书确认的建设工程价款债权的权利承受人。

【要点解析】

经生效法律文书确认的当事人可以作为建设工程价款的申请执行人自然无须赘言。除此之外，常见的可以作为建设工程价款债权的申请执行人的有：一是通过债权转让方式受让生效法律文书确定的建设工程价款债权转让的受让人；二是建设工程价款债权人发生终止、合并、分立、撤销或破产清算等情形时，依法或依协议约定确定的权利承受主体。如建设工程价款债权人为企业法人，企业法人依法进行分立或合并，此时依分立协议或合并协议确定的建设工程价款债权承受主体即可成为申请执行人。

【法律依据】

《变更追加当事人规定（2020）》

第四条　作为申请执行人的法人或非法人组织终止，因该法人或非法人组织终止依法承受生效法律文书确定权利的主体，申请变更、追加其为申请执行人的，人民法院应予支持。

第五条　作为申请执行人的法人或非法人组织因合并而终止，合并后存续或新设的法人、非法人组织申请变更其为申请执行人的，人民法院应予支持。

第六条　作为申请执行人的法人或非法人组织分立，依分立协议约定承受生效法律文书确定权利的新设法人或非法人组织，申请变更、追加其为申请执行人的，人民法院应予支持。

第七条　作为申请执行人的法人或非法人组织清算或破产时，生效法律文书确定的权利依法分配给第三人，该第三人申请变更、追加其为申请执行人的，人民法院应予支持。

第八条 作为申请执行人的机关法人被撤销，继续履行其职能的主体申请变更、追加其为申请执行人的，人民法院应予支持，但生效法律文书确定的权利依法应由其他主体承受的除外；没有继续履行其职能的主体，且生效法律文书确定权利的承受主体不明确，作出撤销决定的主体申请变更、追加其为申请执行人的，人民法院应予支持。

第九条 申请执行人将生效法律文书确定的债权依法转让给第三人，且书面认可第三人取得该债权，该第三人申请变更、追加其为申请执行人的，人民法院应予支持。

12. 建设工程价款债权法律文书生效后，通过债权转让方式受让债权的，受让人可否直接向法院申请强制执行？

【实务要点】

法律文书生效后，通过债权转让方式受让债权的，受让人可以直接向法院申请强制执行。

【要点解析】

根据《执行若干问题规定（2020）》第十六条及第十八条的规定，债权人在法律文书生效后，申请强制执行前，与第三人签订债权转让协议，将生效法律文书确认的债权转让给第三人的，第三人可以通过提交债权转让协议及相关债权文件等证明其已合法承受了生效法律文书确定的债权，并依据生效法律文书向人民法院申请执行，而不需要原债权人先向法院申请执行，且不受是否向债务人履行了通知义务的影响。

值得注意的是，部分地区法院要求原债权人先申请强制执行后，再通过申请变更申请执行人的程序来实现债权受让人对债务人进行强制执行的目的，很显然是忽略了《执行若干问题规定（2020）》第十六条中申请执行人可以是生效法律文书确定的债权的权利承受人的规定，仅仅注意到了《变更追加当事人规定（2020）》第九条中受让生效法律文书债权的第三人可以申请变更为申请执行人的规定。

【法律依据】

《执行若干问题规定（2020）》

16. 人民法院受理执行案件应当符合下列条件：

……

（2）申请执行人是生效法律文书确定的权利人或其继承人、权利承受人；

……

人民法院对符合上述条件的申请，应当在七日内予以立案；不符合上述条件之一的，应当在七日内裁定不予受理。

18. 申请执行，应向人民法院提交下列文件和证件：

……

（4）继承人或权利承受人申请执行的，应当提交继承或承受权利的证明文件。

……

案例解析

1. 李某甲、李某丙申请执行某洋公司、某实业公司执行复议案【（2012）执复字第26号，指导性案例34号】

• 基本案情

2011年6月8日，某公司将其对某洋公司、某实业公司的债权转让给李某甲、李某丙，并签订《债权转让协议》。2012年1月11日，最高法院作出判决，判令某实业公司应偿还某公司借款本金及利息，某公司对某洋公司名下土地使用权享有抵押权。2012年4月19日，李某甲、李某丙依据上述判决和《债权转让协议》向福建高院申请执行。2012年4月24日，福建高院向某洋公司、某实业公司发出执行通知，主要内容为某公司已将本案债权转让给李某甲、李某丙，本院已立案执行，请其立即履行法律文书确定的义务。

被执行人某洋公司不服执行通知，向福建高院提出执行异议。福建高院认为，福建高院受理执行申请后未裁定变更申请执行主体即向被执行人发出执行通知，程序不当，裁定撤销执行通知，李某甲向最高法院申请复议，最高院认为，李某甲和李某丙作为债权人受让人，根据法律规定可直接申请执行，故裁定撤销福建高院裁定，由福建高院向两被执行人重新发出执行通知书。

• 裁判要旨

生效法律文书确定的权利人在进入执行程序前合法转让债权的，债权受让人即权利承受人可以作为申请执行人直接申请执行，无须执行法院作出变更申请执行人的裁定。

2. 天津某某饮料公司与某农公司执行监督案【（2023）津执监90号，入库编号：2024-17-5-203-034】

• 基本案情

天津某某建设公司与天津某某饮料公司建设工程施工合同纠纷一案，天津滨海法院判决天津某某饮料公司给付天津某某建设公司工程款。该判决送达后，天津某某建设公司不服向天津三中院提起上诉，天津三中院审理该案件后作出判决驳回上诉。

天津某某建设公司于2023年7月28日，将上述判决所确定的债权全部转让给某农公司，并通知了天津某某饮料公司。

某农公司于2023年8月1日向滨海法院申请强制执行。执行过程中，滨海法院裁定冻结或划扣天津某某饮料公司银行存款。天津某某饮料公司不服，提出执行异议，认为本案的执行依据系判令天津某某饮料公司向天津某某建设公司履行义务，如因债权转让变更申请执行人，应当适用执行异议程序审查债权转让的真实性与合法性。

天津滨海法院审查后认为，按照规定确应通过变更申请执行人程序进行申请执行人，原执行裁定错误，故裁定撤销上述执行裁定。某农公司不服，向天津三中院申请复议，天津三中院审查后认为，债权受让人直接申请执行符合《最高人民法院关于人民法院执行工作若干问题的规定（试行）》第十六条第二款、第十八条第四款的规定，故裁定撤销天津滨海法院作出的执行异议裁定，驳回天津某某饮料公司的复议请求。天津某某饮料公司不服，向天津市高级人民法院申诉，天津高院同天津三中院裁判观点，驳回天津某某饮料公司的申诉请求。天津某某饮料公司最终向最高院申请执行监督，最高院审查后同天津三中院裁判观点，遂驳回其申诉请求。

• 裁判要旨

在执行立案之前，第三人已经合法取得债权人对债务人的债权的，第三人可通过提交债权转让的证明直接向人民法院申请立案执行，无须通过法院裁定变更执行主体。

13. 强制执行过程中，通过债权转让方式受让债权的，债权受让人可否申请变更为申请执行人？

【实务要点】

强制执行过程中，通过债权转让方式受让债权的，债权受让人可以申请变更为申请执行人。

【要点解析】

第三人与申请执行人签订债权转让协议并且申请执行人出具书面材料，认可第三人取得债权，第三人可以向法院提交相应债权转让材料，申请变更其为申请执行人。

申请变更为申请执行人通常需要提交的材料包括第三人身份主体材料、债权转让协议、申请执行人出具的确认函、原执行案件执行依据及执行裁定、已通知被执行人的材料等。

需要注意的是，如果申请执行人是另案被执行人，或者申请执行人与第三人恶意串通，转让债权的目的是规避被执行，又或者第三人以非合理价格甚至无偿受让债权的，可能会被人民法院认定为违反诚实信用原则、损害利害相关人利益或规避执行，而不予准许变更申请执行人。对债权转让的审查，法院一般不主动审查，也不行实质性审查，如案外人或被执行人提出异议，则法院会依法进行审查。如法院经审查从形式上即可发现可能存在规避执行行为，侵害其他债权人权益的，则会裁定不予变更。

【法律依据】

《变更追加当事人规定（2020）》

第一条　执行过程中，申请执行人或其继承人、权利承受人可以向人民法院申请变更、追加当事人。申请符合法定条件的，人民法院应予支持。

第二十八条　申请人申请变更、追加执行当事人，应当向执行法院提交书面申请及相关证据材料。

除事实清楚、权利义务关系明确、争议不大的案件外，执行法院应当组成合议庭审查并公开听证。经审查，理由成立的，裁定变更、追加；理由不成立的，裁定驳回。

执行法院应当自收到书面申请之日起六十日内作出裁定。有特殊情况需要延长的，由本院院长批准。

案例解析

某强公司与某茂公司、某利公司、陈某某、张某执行复议案【（2023）最高法执复54号，入库编号：2024-17-5-202-004】

• 基本案情

张某与某太公司、某利公司、屠某某建设工程施工合同纠纷一案，安徽高院判决张某对某利公司享有工程款债权。张某、某利公司均不服提起上诉，最高院判决维持原判。2023年5月28日，张某将判决确认的部分债权转让给某强公司。2023年5月30日，某强公司向安徽高院申请强制执行，安徽高院立案受理并将该案指定合肥中院执行，后合肥中院立案执行。

此外，某茂公司与丁某某、张某、某太公司民间借贷纠纷一案，阜阳颍泉法院判决某茂公司对丁某某、张某享有债权。张某不服提起上诉，阜阳中院判决驳回上诉，维持原判。颍泉法院对某茂公司强制申请予以受理并立案执行。后某茂公司的债权未得到清偿，遂提出执行异议，认为某强公司与张某隐瞒事实，导致张某与某强公司签订的债权转让协议得以强制执行，侵犯了其合法权益，请求撤销该债权转让协议。

安徽高院审查后认为，该债权转让直接损害了张某的偿债能力，损害了某茂公司的债权，故裁定撤销上述执行裁定，驳回某强公司的执行申请。某强公司不服，向最高院申请复议，最高院审查后认为在张某有大量被执行案件的情况下，转让其债权有逃避执行嫌疑，故裁定驳回其复议请求。

• 裁判要旨

民事主体从事民事活动，应当遵循诚信原则。执行程序中一方当事人转让生效法律文书确认的债权，关涉原生效法律文书实体权利的重大变化，关涉到其他重大利害关系人的合法权益。故对能否允许当事人转让债权并变更申请执行主体，应同时审查债权转让合同的有效性及债权转让原因的合法性。债权转让如果从形式上即可发现可能存在规避执行行为，侵害其他债权人权益的，则不宜直接将受让人作为申请执行人。

14. 法院裁定终结本次执行程序后，通过债权转让方式受让债权的，可否申请变更为申请执行人？

【实务要点】

法院裁定终结本次执行程序后，通过债权转让方式受让债权的，债权受让人可以申请变更为申请执行人。

【要点解析】

在被执行人无财产可供执行等情形下，法院依《终本执行规定》的相关规定，可裁定终结本次执行程序。终结本次执行程序并非终结执行，执行案件仍在执行办理过程中，当事人通过债权转让方式受让债权的，受让人可依法申请变更为申请执行人。

【法律依据】

《变更追加当事人规定（2020）》

第九条　申请执行人将生效法律文书确定的债权依法转让给第三人，且书面认可第三人取得该债权，该第三人申请变更、追加其为申请执行人的，人民法院应予支持。

案例解析

某资产公司与某石油公司执行监督案【(2022)最高法执监202号，入库编号：2024-17-5-203-064】

• 基本案情

某银行支行与某石油公司借款纠纷一案，河南安阳文峰公证处赋予强制执行效力的公证书：某石油公司应归还贷款及应计利息。

因某石油公司未履行还款义务，某银行支行向河南安阳中院申请强制执行，河南安阳中院裁定依法对被执行人某石油公司抵押的全部财产予以查封、评估、变卖，被执行人的财产被变卖后已无财产可供执行，河南安阳中院遂裁定终结执行。

2021年10月15日，某资产公司以债权转让为由向安阳中院申请变更为本案的申请执行人，并提供了债权转让协议等证据。安阳中院以执行程序已经结束，申请人某资产公司申请变更其为该案的申请执行人，不符合《变更追加规定》要求的申请变更、追加当事人必须在“执行过程中”的规定，裁定驳回某资产公司变更执行申请人的申请。某资产公司不服，向河南高院申请复议，河南高院审查后认为，应当先由某银行支行申请恢复执行后，再由某资产公司申请变更申请执行人，故裁定驳回其复议申请。某资产公司不服，向最高院提出申诉，最高院审查后认为，本案属于终结本次执行程序，而非终结执行，故在此期间可申请变更申请执行人，故裁定撤销上述驳回某资产公司的执行裁定，由安阳中院继续审查。

• 裁判要旨

对于人民法院根据被执行人无财产可供执行等原因而裁定终结执行，实际属于终结本次执行程序的，在终结本次执行程序期间，当事人、利害关系人可以向人民法院申请变更、追加执行当事人；对于符合法律规定的变更、追加执行当事人的申请，人民法院应予支持，不得仅以本案处于执行终结状态且尚未恢复执行为由裁定驳回变更、追加执行当事人的申请。

15. 一份生效法律文书确认的建设工程价款债权被拆分为多份债权转让的，各债权受让人能否以自己的名义申请执行？

【实务要点】

债权依法可以全部或部分转让给第三人。同时，申请执行人是生效法律文书确定的权利人或其继承人、权利承受人，故一份生效法律文书确认的建设工程价款债权被拆分为多份债权转让的，各债权受让人均可以自己的名义申请执行。

【要点解析】

1. 债权部分转让后直接申请执行的可行性。根据《民法典》第五百四十五条规定，债权人可以将债权的部分转让给第三人，是债权可分割性的具体体现，既然彼此可分、相互独立，当然也可以独立地向债务人主张，而经生效法律文书确认的债权具有强制执行效力，经分割后的各部分债权亦均应当具有强制执行效力，在最高院（2019）最高法执复120号案例中，最高院认为原债权人转让的是部分债权，对其未转让的债权仍可以向法院申请执行；而根据《执行若干问题规定（2020）》第16条和第18条的规定，权利承受人有权以自己的名义申请执行，只要向人民法院提交承受权利的证明文件，证明自己是生效法律文书确定的权利承受人的，即符合受理执行案件的条件。

2. 债权分割应当尽量明确。以建设工程价款债权为例，一般包括建设工程价款本金以及相应利息，在分割转让时，应当明确转让的是本金部分还是利息部分，还是本息同比例转让。如果仅约定单独转让本金债权，按照从债权随主债权的原则，本金债权相对应的利息债权也一并转让给受让人，或本息按照一定的比例进行分割一并转让。

【法律依据】

《民法典》

第五百四十五条　债权人可以将债权的全部或者部分转让给第三人，但是有下列情形之一的除外：

（一）根据债权性质不得转让；

（二）按照当事人约定不得转让；

（三）依照法律规定不得转让。

当事人约定非金钱债权不得转让的，不得对抗善意第三人。当事人约定金钱债权不得转让的，不得对抗第三人。

案例解析

赵某某、李某某股权转让纠纷执行审查类案【（2019）最高法执复120号】

• 基本案情

某甲公司与某某基业公司、大连某甲公司、某房地产公司、赵某某、李某某及第三人某某资产公司股权转让纠纷一案，辽宁高院判决……某房地产公司返还某甲公司收购款；赵某某、李某某返还某甲公司收购款……某甲公司不服上诉至最高院，最高院判决驳回上诉。

某甲公司向辽宁高院申请执行，请求被执行人某房地产公司返还款项，辽宁高院依法受理，经审查裁定本案由抚顺中院执行。执行过程中，因被执行人某房地产公司履行了义务，某甲公司向执行法院提交书面申请，申请法院终结执行。

某甲公司将判决中的对赵某某、李某某收购款债权转让给某乙公司。某乙公司向辽宁高院申请强制执行，请求被执行人赵某某、李某某返还款项。辽宁高院立案受理，裁定该案由抚顺中院执行。同时，该裁定认定 2018 年 6 月 15 日某乙公司与某甲公司签订债权转让协议，某甲公司将判决书确认的部分债权及相关权利转让给某乙公司。2018 年 11 月 6 日，某甲公司收到了转让金后出具了收条，并同时出具了合同履行确认书。赵某某、李某某对该案执行提出执行异议，主张上述为虚假的债权转让且未经变更申请执行人程序，辽宁高院经审查后认为，虚假债权转让的主张没有证据证明，新债权人可以直接申请强制执行，故驳回其异议申请。赵某某、李某某对此不服，向最高院提出复议，最高院经审查后认为，某乙公司已受让某甲公司对赵某某、李某某的部分债权，依法可以以自己身份申请强制执行，故驳回其复议申请。

• 裁判要旨

申请执行人转让的是部分债权，对其未转让的债权仍可以向法院申请执行，二者并不矛盾，没有否定债权转让合同履行确认书的真实性，不违反法律规定。根据《执行规定》第 18 条、第 20 条的规定，权利承受人有权以自己的名义申请执行，只要向人民法院提交承受权利的证明文件，证明自己是生效法律文书确定的权利承受人的，即符合受理执行案件的条件。

16. 建设工程价款债权人转让生效法律文书项下的债权，未通知债务人的，债权受让人是否可以申请强制执行或申请变更为申请执行人？

【实务要点】

建设工程价款债权人转让债权未通知债务人的，并不影响债权转让人与债权受让人之间债权转让的效力，其仅是对债务人不发生效力，债务人仍可向原债权人即债权转让人履行债务。债权受让人依法可以申请强制执行；债权转让人已申请执行的，债权受让人可申请变更为申请执行人。

【要点解析】

债权人转让债权应当通知债务人，但是该通知并不影响债权转让本身的效力。向债务人通知的意义在于，使债务人知晓债权转让的事实，避免债务人重复履行、错误履行或者加重履行债务负担，并于此后负有向债权受让人履行债务的义务。即使转让人未就债权转让事宜通知债务人，其后果只是该债权转让对债务人不发生效力，该债务人可以继续向原债权人清偿，而一旦债权转让通知到达该债务人，即对该债务人发生效力，其不得再向原债权人清偿，但是无论是否通知债权人，均不影响债权转让本身的效力。同时，在基于债权转让可以变更申请执行人的司法解释中也并未将转让通知送达到债务人作为审查的重点。因此，债权人转让生效文书项下的债权，未通知债务人的，债权受让人有权直接向法院申请强制执行，债权转让人已申请执行的，债权受让人可申请变更其为申请执行人。

【法律依据】

《民法典》

第五百四十六条　债权人转让权利的，应当通知债务人。未经通知，该转让对债务人不发生效力。

案例解析

遵义某房地产公司与重庆某信托公司等执行复议案【(2019)最高法执复91号，入库编号：2023-17-5-202-002】

• 基本案情

重庆某信托公司申请执行遵义某房地产公司等借款合同纠纷一案，在执行过程中，重庆某经贸公司向执行法院重庆市高级人民法院（以下简称重庆高院）申请变更其为申请执行人。重庆某经贸公司提供了原债权人重庆某信托公司与该公司签订的《债权转让合同》、重庆某信托公司出具的同意变更申请执行人的函件、重庆某信托公司向债务人履行了告知义务的债权转让通知书，用以证明重庆某经贸公司受让了重庆某信托公司在（2016）渝民初16号民事判决书中确认的债权。

重庆高院于2017年5月7日作出（2019）渝执异21号执行裁定，变更重庆某经贸公司为该案的申请执行人。遵义某房地产公司不服重庆高院上述裁定，向最高人民法院申请复议，认为重庆某信托公司未向生效执行依据确定的全部债务人履行债权转让的告知义务，其债权转让程序不符合法律规定。最高人民法院经审查后认为，即使债权转让未通知被执行人，也不影响债权转让效力，基于债权转让变更申请执行人符合法律法规，故驳回遵义某房地产公司的复议申请。

• 裁判要旨

申请执行人依法转让债权后，未将债权转让情况通知被执行人或不能确认是否通知的，不影响债权受让人向执行法院申请变更其为申请执行人。

17. 建设工程价款债权转让后，被执行人仍向原债权人清偿债务的，有何后果？

【实务要点】

建设工程价款债权转让后，被执行人仍向原债权人清偿的，以债权转让是否通知被执行人判断是否发生债务清偿的法律后果。如果已通知被执行人，则不发生债务清偿，债权受让人仍然可以要求被执行人履行债务；如果未通知被执行人，则发生债务清偿的法律效果，债权受让人无法基于受让债权而要求被执行人再次履行已履行部分，但可基于债权转让协议向原债权人要求给付被执行人该部分款项或要求原债权人承担相应的违约责任。

【要点解析】

债权转让一经通知债务人，即对债务人发生法律效力，原债权人即不再是权利主体，即丧失以自己的名义再向债务人主张权利的资格。债务人此时只能向受让人履行债务。实践中，在债权转让后，债务人也可能会收到人民法院发送的要求协助查封原债权人的债权或履行到期债权的通知，此时，对于债务人来说，应及时在收到履行通知或协助执行通知后十五日内向发出到期债权履行通知或协助执行通知的执行法院提出异议，而不能简单根据上述通知要求仍向原债权人清偿债务。

【法律依据】

《民法典》

第五百四十六条　债权人转让债权，未通知债务人的，该转让对债务人不发生效力。

债权转让的通知不得撤销，但是经受让人同意的除外。

《执行工作规定（2020）》

47. 第三人在履行通知指定的期间内提出异议的，人民法院不得对第三人强制执行，对提出的异议不进行审查。

案例解析

徐州某公司与陈某某执行监督案【（2023）最高法执监 322 号，入库编号：2024-17-5-203-048】

• 基本案情

2018 年 10 月 29 日，浙江某公司与陈某某签订债权转让协议书，将浙江某公司对徐州某公司享有的涉案工程款债权转让给陈某某，并书面通知徐州某公司。后陈某某向徐州仲裁委申请仲裁。2022年3月2日，徐州仲裁委对陈某某与徐州某公司建设工程施工合同纠纷一案：徐州某公司于裁决生效之日起十日内给付陈某某工程款并支付相应利息。因徐州某公司未履行，陈某某向徐州中院申请强制执行。徐州中院于2022年4月13日立案执行，并冻结了徐州某公司多个银行账户及多处房产。

2020年12月至2022年3月期间，贵州仁怀法院、上海闵行法院等多家法院向徐州某公司送达执行裁定和协助执行通知书，以其执行案件中的被执行人浙江某公司对徐州某公司享有到期债权等为由，裁定扣划或提取徐州某公司应当向浙江某公司支付的款项。徐州某公司于2022年5月根据上述协助执行通知书的要求陆续向相关法院转入相应款项。此后徐州某公司以此为由向徐州中院提出执行异议，认为其已经实际履行了本案中的支付义务，无须再向申请执行人陈某某支付任何款项，应当终止（2022）苏03执188号案件的执行。

徐州中院审查后认为，徐州某公司应当将协助执行事宜向本院说明，而非直接履行，故驳回其异议请求。徐州某公司不服，向江苏高院申请复议，江苏高院审查后认为徐州某公司明知于浙江某公司对其债权已转让给陈某某的情况下，仍履行以浙江某公司对其享有债权为基础的协助执行通知义务，不能认定已履行本案债务，故驳回其复议申请。徐州某公司不服，向最高院申诉，最高人民法院认为，徐州某公司在明知债权已转让的情况下，仍向原债权人的债权人履行债务，不能消灭其对陈某某的债务，故裁定驳回其申诉请求。

• 裁判要旨

原债权人依法转让债权并通知债务人后，债务人应当向债权受让人履行才能消灭债务。债权转让后债务人又收到其他法院的执行裁定和协助执行通知书，要求扣划或提取其应当向原债权人支付的相应款项，实际上属于对原债权人到期债权的执行，债务人有权提出异议。债务人在明知涉案债权已经转让且债权受让人已申请执行的情况下，既未向发出协助执行通知书的其他法院提出异议，亦未请求本案的执行法院予以协调，而是径行向其他法院支付款项，存在明显过错，不能消灭其对债权受让人的债务。债务人请求终结本案执行的，不予支持。

18. 建设工程价款债权执行案件中，哪些主体可以在执行程序中被追加为被执行人？

【实务要点】

在建设工程价款债权的执行程序中，可以被追加为被执行人的主体一般包括：①被执行人被合并后存续或新设的公司；②被执行人分立后新设的公司；③被执行人分支机构对应的法人，其他分支机构；④未缴纳或未足额缴纳出资的股东或出资人；⑤抽逃出资的股东或出资人及依《公司法（2023）》规定对该出资承担连带责任的发起人；⑥未依法履行出资义务即转让股权的被执行人公司原股东；⑦不能证明被执行人公司财产独立于自己的财产的一人有限责任公司股东；⑧未经清算即办理被执行人公司注销登记且导致公司无法进行清算的有限责任公司的股东或股份有限公司的董事和控股股东；⑨无偿接受被执行人公司的财产导致无遗留财产或遗留财产不足以清偿债务的股东或出资人或主管部门；⑩书面承诺对被执行人的债务承担清偿责任的第三人；⑪向执行法院书面承诺自愿代被执行人履行生效法律文书确定的债务的第三人；⑫依行政命令得到无偿调拨、划转的被执行人财产的第三人等。

【要点解析】

建设工程价款债权中的被执行人主体通常都是企业法人，按照可追加的不同类型，大致可以分为三类：一类依据其本身的性质可追加的，如被执行人的分支机构，该类追加不以其他因素为要件即可追加；第二类是被执行人的主体发生了变化，例如合并（包括新设合并和吸收合并两种类型）、分立后的新设或存续的公司；第三类则是因未履行相应义务或承诺履行相应义务而在一定责任范围内承担责任的主体，例如未履行出资义务或抽逃出资的股东、与一人有限责任公司财产混同的股东以及承诺代为履行债务的第三人等。

追加被执行人遵循法定原则，除以上列举情形外，如与被执行人财产混同的股东或出资人、对抽逃出资造成损失负有责任的董监高等高级管理人员等，这些是需要通过提起相应诉讼，才能要求相应主体对案涉债务承担责任的，不能在执行程序中直接申请追加。

【法律依据】

《变更追加当事人规定（2020）》

第十一条　作为被执行人的法人或非法人组织因合并而终止，申请执行人申请变更合并后存续或新设的法人、非法人组织为被执行人的，人民法院应予支持。

第十二条　作为被执行人的法人或非法人组织分立，申请执行人申请变更、追加分立后新设的法人或非法人组织为被执行人，对生效法律文书确定的债务承担连带责任的，人民法院应予支持。但被执行人在分立前与申请执行人就债务清偿达成的书面协议另有约定的除外。

第十五条　作为被执行人的法人分支机构，不能清偿生效法律文书确定的债务，申请执行人申请变更、追加该法人为被执行人的，人民法院应予支持。法人直接管理的责任财产仍不能清偿债务的，人民法院可以直接执行该法人其他分支机构的财产。

作为被执行人的法人，直接管理的责任财产不能清偿生效法律文书确定债务的，人民法院可以直接执行该法人分支机构的财产。

第十八条　作为被执行人的营利法人，财产不足以清偿生效法律文书确定的债务，申请执行人申请变更、追加抽逃出资的股东、出资人为被执行人，在抽逃出资的范围内承担责任的，人民法院应予支持。

第十九条　作为被执行人的公司，财产不足以清偿生效法律文书确定的债务，其股东未依法履行出资义务即转让股权，申请执行人申请变更、追加该原股东或依公司法规定对该出资承担连带责任的发起人为被执行人，在未依法出资的范围内承担责任的，人民法院应予支持。

第二十条　作为被执行人的一人有限责任公司，财产不足以清偿生效法律文书确定的债务，股东不能证明公司财产独立于自己的财产，申请执行人申请变更、追加该股东为被执行人，对公司债务承担连带责任的，人民法院应予支持。

第二十一条　作为被执行人的公司，未经清算即办理注销登记，导致公司无法进行清算，申请执行人申请变更、追加有限责任公司的股东、股份有限公司的董事和控股股东为被执行人，对公司债务承担连带清偿责任的，人民法院应予支持。

第二十二条　作为被执行人的法人或非法人组织，被注销或出现被吊销营业执照、被撤销、被责令关闭、歇业等解散事由后，其股东、出资人或主管部门无偿接受其财产，致使该被执行人无遗留财产或遗留财产不足以清偿债务，申请执行人申请变更、追加该股东、出资人或主管部门为被执行人，在接受的财产范围内承担责任的，人民法院应予支持。

第二十四条　执行过程中，第三人向执行法院书面承诺自愿代被执行人履行生效法律文书确定的债务，申请执行人申请变更、追加该第三人为被执行人，在承诺范围内承担责任的，人民法院应予支持。

第二十五条　作为被执行人的法人或非法人组织，财产依行政命令被无偿调拨、划转给第三人，致使该被执行人财产不足以清偿生效法律文书确定的债务，申请执行人申请变更、追加该第三人为被执行人，在接受的财产范围内承担责任的，人民法院应予支持。

案例解析

宁某、安徽某公司等借款合同纠纷执行监督案【(2023)最高法执监438号】

• 基本案情

淮南中院于2001年11月24日对某银行与某医药公司、某制药厂借款合同纠纷一案作出判决：某医药公司偿还某银行借款本金及利息，某制药厂承担连带清偿责任等。因债务人未履行，某银行向淮南中院申请执行。淮南中院裁定：除已履行部分外，二被执行人的资产均抵押在其他银行，无财产可供执行，只要被执行人有财产可供执行，债权人可随时持债权凭证请求再执行，遂裁定终结本次执行程序。后某合伙企业受让了本案债权，并向淮南中院申请变更为申请执行人。淮南中院裁定准许。

另外，淮南市政府、国家药品监督管理局等先后作出多份批复，主要内容是同意将某制药厂的全部资产通过整体划拨方式进入某集团公司，某制药厂成为某集团公司的全资附属企业。1999 年以某集团公司作为发起人成立某药业股份公司，将某制药厂经评估确认的全部经营性净资产及相应的负债作为某集团公司的出资投入到该公司，由某集团公司享有股东权益。2009 年 6 月 16 日，某制药厂提出注销申请，申请注销，注销后的债权债务由某集团公司承担，人员由某集团公司统一安置。某制药厂现已被注销。

某合伙企业向淮南中院提出执行异议，申请变更、追加某集团公司为本案被执行人。淮南中院审查后认为，本案符合变更、追加当事人规定第二十五条规定，裁定变更某集团公司为本案被执行人。某集团公司不服，向安徽高院申请复议，安徽高院审查后认为，现有证据无法证明某制药厂的财产被无偿划转给某集团公司，关于某制药厂注销后债权债务的承受，并非某集团公司的意思表示，故裁定支持其复议申请。某合伙企业不服，向最高院申诉，最高人民法院审查后认为，现有证据足以证明某制药厂财产被无偿划转，并且作为某集团公司的对某药业股份公司的出资，符合追加被执行人规定的情形，故裁定执行某合伙企业的申诉请求。

• 裁判要旨

另案生效裁判已确认被执行人的财产通过行政批复等方式无偿划转给第三人这一基本事实，在变更、追加该第三人为被执行人的审查程序中，除非有相反证据足以推翻该事实，执行法院即应予认定。案涉债权债务关系形成于案涉资产无偿划转之前，并在无偿划转之后进入执行程序，因被执行人无财产可供清偿，执行法院作出终结本次执行程序裁定的，可以认定因无偿划转行为导致被执行人的财产不足以清偿生效判决确定的债务。执行法院可根据《变更追加当事人规定（2020）》第二十五条的规定变更、追加该第三人为被执行人。如果第三人举证证明已在另案中因同样理由替被执行人实际清偿了部分债务的，则在执行中应予以相应扣减，以防止重复清偿。

19. 一人公司的股东，先后变更过数次，是否均可以被追加为被执行人？

【实务要点】

一人公司的股东，先后变更过数次，原股东无法证明在其持股期间，其个人财产独立于公司的，以及现股东无法证明其个人财产独立于公司的，均可以被追加为被执行人，原股东对其持股期间所产生的公司债务承担责任，现任股东对公司所有未清偿债务承担责任。

【要点解析】

1. 区分不同股权转让情形

（1）股权转让后仍然是一人公司，原股东和现股东均可追加为被执行人。《变更追加当事人规定（2020）》第二十条规定，作为被执行人的一人有限责任公司，财产不足以清偿生效法律文书确定的债务，股东不能证明公司财产独立于自己的财产，申请执行人申请变更、追加该股东为被执行人，对公司债务承担连带责任的，人民法院应予支持。该条明确规定被追加主体为“股东”，按照文义解释应当理解为现股东，但不能就此认定无法追加历史股东为被执行人。一人有限责任公司股东的理解仅局限于现任股东，则无异于鼓励一人有限责任公司股东滥用其对公司的绝对掌控，在与公司财产混同的情况下，恶意转让股权以逃避责任。明显与前述法律规定宗旨相悖。因此，根据上述法律规定的内容及宗旨，一人有限责任公司股东如不能证明其担任股东期间财产独立于公司，则均应当对公司发生于该期间的债务及因该债务逾期履行所产生的相应责任应承担连带责任。

对于原股东，因债务是发生在股权转让前，所以原股东对本人持股期间发生的债务情况是明知的。如果不能举证证明股权转让前公司财产独立于自己财产的，可推定其存在滥用权利、逃避债务、严重损害债权人利益的行为，原股东须对公司旧债承担连带责任。

对于新股东，如不能举证证明股权转让后公司财产独立于其财产的，同样会存在股权转让后公司向包括旧债在内的全体债权人偿债能力不足的风险。如新股东疏于审查即受让股权，可推定其对相关情况是应知的，并愿意接受原公司和股东的对外风险，故新股东不能以不知道旧债为由抗辩。

在（2021）粤0117民初7422号一案民事判决中，广州从化法院认为，《变更追加当事人规定（2020）》第二十条规定的追加被执行人法定事由的成立，并不以一人有限责任公司的股东对该公司的涉案债务知情为前提，且陈某某既然选择投资某某公司，并成为该公司的唯一股东，就必然要承担因此而产生的投资风险。在（2019）津民再43号民事判决书中，天津高院认为，基于维护正常交易秩序、防止以转让股权来逃避债务等因素考虑，对《公司法（2023）》第六十三条中“一人有限责任公司的股东”不宜仅理解为现任股东，而应理解为公司债务形成、存续期间担任过一人有限责任公司股东的人员。当然，如该人员成功举证证明公司财产独立于自己的财产，可依法免予承担连带责任。

（2）股权转让后，一人公司变为多人公司，原一人股东仍可被追加为被执行人。法院多认为人格混同下的股东连带责任系法定之债，除非债权人同意免除，否则作为一人公司的股东如不能提供充分证据证明期间公司的财产独立于该股东的财产，该股东应对其作为一人公司股东期间公司产生的债务承担连带责任。该连带责任并不因股权转让而消灭，故通常准许追加股东为被执行人。在（2021）鲁民再280号再审判决书中，山东省高院认为：公司人格否认是指在法定条件下否认公司的独立人格，而直接追索公司背后股东的责任。因此，公司人格否定后，公司股东所承担的连带责任是其自身所应承担的债务清偿责任，而非基于公司股东身份代替公司清偿，所以此种连带责任并不因为股权的转让而消灭。

2. 举证责任倒置给股东

无论是追加一人公司的现股东还是原股东，均适用举证责任倒置的规则，即由股东举证证明其财产独立于被执行人公司财产，无法证明承担不利后果。再进一步分析证明标准的问题，根据《九民纪要》规定：认定公司人格与股东人格是否存在混同，最根本的判断标准是公司是否具有独立意思和独立财产，最主要的表现是公司的财产与股东的财产是否混同且无法区分。在认定是否构成人格混同时，应当综合考虑以下因素：①股东无偿使用公司资金或者财产，不作财务记载的；②股东用公司的资金偿还股东的债务，或者将公司的资金供关联公司无偿使用，不作财务记载的；③公司账簿与股东账簿不分，致使公司财产与股东财产无法区分的；④股东自身收益与公司盈利不加区分，致使双方利益不清的；⑤公司的财产记载于股东名下，由股东占有、使用的等。在部分案例中，对判断标准做了更为详细的分析，如最高人民法院在（2020）最高法民终479号案中认为，一人有限责任公司如股东和公司能举证证明，其股东财产与公司财产上做到分别列支列收，单独核算，利润分别分配和保管，风险分别承担，应认定公司和股东财产的分离。在（2020）最高法民申356号案中，认为股东已提交《公司董会决议证明》《独立核数师报告》及人民法院委托会计师事务所作出的专项审计报告等证据，可以证明其财产与公司财产相互独立。

【法律依据】

《公司法（2023）》

第二十三条 ……

只有一个股东的公司，股东不能证明公司财产独立于股东自己的财产的，应当对公司债务承担连带责任。

《变更追加当事人规定（2020）》

第二十条 作为被执行人的一人有限责任公司，财产不足以清偿生效法律文书确定的债务，股东不能证明公司财产独立于自己的财产，申请执行人申请变更、追加该股东为被执行人，对公司债务承担连带责任的，人民法院应予支持。

案例解析

1. 张某、原某执行异议之诉再审审查与审判监督【（2020）最高法民申2827号】

• 基本案情

2016年4月，张某受让他人的股权，成为某某公司的唯一股东，某某公司变更为一人公司。历下财政评审中心与某某公司签订房屋租赁合同具有租赁合同关系。2017年5月，济南仲裁委员会作出裁决书，裁决某某公司向历下财政评审中心支付租金、违约金及仲裁费等。2017年5月，张某与其母亲原某签订股权转让协议，张某将全部股权转让给原某。某某公司没有按照裁决确定的期限向评审中心履行债务，评审中心向法院申请执行，并申请追加张某、原某为被执行人。执行法院经审查后认为，符合追加一人公司股东为被执行人的规定，故裁定追加其二人为被执行人。二人不服向济南中院提起案外人执行异议之诉，主张其个人财产与公司财产不存在混同，济南中院经审查认为张某与某某公司账户之间频繁进行银行转账，彼此财产无法区分，故驳回其诉请。二人向山东高院上诉，山东高院审查后认同济南中院裁判观点，驳回其上诉。二人遂向最高院申请再审，最高院认为现有证据足以证明张某与某某公司财产混同，驳回其二人的再审申请。

• 裁判要旨

涉案公司为一人有限责任公司，仲裁期间，张某将其持有的公司全部股权转让给其母原某，二人先后为公司唯一股东，故二人应对其财产独立于公司财产承担举证证明责任，否则应对公司债务承担连带责任。

2. 泰安某公司诉铁岭某公司、陈某、谢某买卖合同纠纷案【(2022)鲁09民终3392号，入库编号：2024-08-2-084-004】

• 基本案情

铁岭某公司系一人有限责任公司（自然人独资），原股东为谢某，2021年4月7日，股东由谢某变更为陈某。铁岭某公司与泰安某公司共签订五份购销合同，其中2020年签订四份，2021年4月18日股权变更后签订一份。合同签订后，铁岭某公司未按照合同约定完全履行义务，有剩余购销款项未付，故泰安某公司诉至法院。

山东省宁阳县人民法院判决：铁岭某公司支付泰安某公司货款及违约金……陈某、谢某对铁岭某公司的上述债务承担连带责任。宣判后，铁岭某公司、陈某提起上诉。山东泰安中院审查后认为陈某和谢某都没举证证明其财产独立于铁岭某公司的财产，故判决驳回上诉。

• 裁判要旨

1. 一人有限责任公司的原股东，是公司原投资者和所有者，对其持股期间发生的债务情况明知且熟悉，股权转让行为既不能免除其应当承担的举证证明责任，也不能产生债务消灭或者责任免除的法律后果。原股东如不能证明股权转让前公司财产独立于自己财产的，应对其持股期间即股权转让前的债务承担连带责任；股权转让后，原股东退出公司的投资和管理，对于公司股东变更后发生的债务，不负有清偿责任。

2. 一人有限责任公司的现股东，对股权受让后公司债务的承担，直接适用《公司法》第六十三条的规定进行认定；对股权受让前公司债务的承担，如不能证明公司财产独立于其个人财产，亦应对公司债务承担连带责任。首先，虽然公司债务形成于股权受让前，但公司的债务始终存在、并未清偿，公司内部股权、资本变更并不影响公司的主体资格，相应的权利义务应由变更后的主体概括承受；其次，现股东作为公司新的投资者和所有者，在决定是否受让股权前，有能力且应当对公司当前的资产负债情况包括既存债务及或有债务情况予以充分了解，以便对是否受让股权、受让股权之对价、公司债务承担规则做出理性决定和妥善安排，而对于债权人等公司外部人来说，现股东对受让股权前已经存在的公司债务应视为已经知晓；最后，结合《民法典》第六十三条的条文规定和立法本意，该条文赋予债权人在特定条件下刺破公司面纱的权利，同时将证明股东财产与公司财产分离的举证责任分配给股东，系对公司股东与债权人之间风险与利益的合理分配，现股东如认为不应承担责任，可依据该条规定进行救济。综上所述，一人有限责任公司的现股东，如不能证明股权受让后公司财产独立于自己的财产，对股权受让前后的公司债务均应承担连带责任。

20. 如何追加未出资、抽逃出资的股东为被执行人？

【实务要点】

向人民法院申请追加未出资或抽逃出资的股东为被执行人，法院依法审查后裁定将未出资、抽逃出资的股东追加为被执行人。

【要点解析】

能否追加未出资或抽逃出资的股东为被执行人的关键在于能否提供股东未出资或抽逃出资的证据。判断股东是否存在出资不实，要区分不同的出资形式。如以现金货币出资的，应当具有相应的缴款凭证，包括现金缴存单据、银行账户入账记录等，如以动产出资的，例如机器设备、生产原材料等，应当具有相应交付证明，包括签收单、交付单以及交接现场照片或视频记录等，如以可转让类财产权益包括商标权、专利权、股权等、不动产或航空器、船舶等特殊动产出资的，应当持有相应权属变动登记的证明材料。另外，如果是以非现金货币类出资的，应当注意是否有相应的评估报告，是否存在评估价值虚高、评估机构不具有合法资格、评估作价程序违法、评估方法不当等情况，如有则同样属于出资未到位的情形。以上这些材料均应登记备案于被执行人公司的工商登记档案中，包括设立和增资档案中。值得注意的是，如果是以登记为权属变动要件的财产作为出资的，虽然未进行变更登记，但已实际交付给公司的，也可以认定为已出资到位。值得关注的是，2024年7月1日生效的新《公司法（2023）》规定股东可以用债权出资。由于债权属于非货币出资，因此应当进行评估作价，但是否需要聘请会计师事务所或资产评估事务所等专业机构进行评估作价，还是股东与公司可以自行协商评估作价，并没有明确的规定。鉴于如果评估确定的价额显著低于公司章程所定价额的，则股东可能未依法全面履行出资义务。

股东抽逃出资主要包括以下情形：通过虚假财务会计报告虚增利润进行分配、虚构债权债务关系、利用关联交易等方式将注册资金全部或者部分直接转走或者抽走或将实物投资部分变相转移、股东名为收回公司债权实为抽逃出资、违法以单独给个别股东分红的方式实现买断股权、以减资方式变相抽逃资金等。

【法律依据】

《变更追加当事人规定（2020）》

第十七条　作为被执行人的营利法人，财产不足以清偿生效法律文书确定的债务，申请执行人申请变更、追加未缴纳或未足额缴纳出资的股东、出资人或依公司法规定对该出资承担连带责任的发起人为被执行人，在尚未缴纳出资的范围内依法承担责任的，人民法院应予支持。

第十八条　作为被执行人的营利法人，财产不足以清偿生效法律文书确定的债务，申请执行人申请变更、追加抽逃出资的股东、出资人为被执行人，在抽逃出资的范围内承担责任的，人民法院应予支持。

第十九条　作为被执行人的公司，财产不足以清偿生效法律文书确定的债务，其股东未依法履行出资义务即转让股权，申请执行人申请变更、追加该原股东或依公司法规定对该出资承担连带责任的发起人为被执行人，在未依法出资的范围内承担责任的，人民法院应予支持。

案例解析

1. 中国某资产管理公司河北省分公司与张某、刘某某、胡某某等变更追加被执行人异议之诉案【（2022）冀民终336号，入库编号：2024-07-2-472-004】

• 基本案情

中国某资产管理公司河北省分公司与河北某实业公司、河北某科技公司、李某甲、李某乙借款合同纠纷一案，石家庄中院判决：河北某实业公司应向中国某资产管理公司河北省分公司偿还垫款本金及利息，河北某科技公司对此承担连带清偿责任。在执行过程中中国某资产管理公司河北省分公司提出书面申请，请求追加河北某科技公司的原股东张某、刘某某、胡某某及现股东侯某某、曹某某为被执行人，石家庄中院裁定驳回中国某资产管理公司河北省分公司追加被执行人的申请。后中国某资产管理公司河北省分公司提起执行异议之诉。

法院查明，河北某科技公司于2013年3月6日成立，注册资本1000万元。

2014年11月，河北某科技公司决定增资8000万元，资产评估事务所进行评估后作出评估报告书，确定资产总价值为8019.80万元。2014年12月16日，会计师事务所对河北某科技公司增资依法进行验资，截至2014年12月16日，河北某科技公司已经收到股东新增的实物出资。对于股东实物出资部分，没有办理原始产权登记及权属变更登记，在评估报告及验资报告中有股东将出资财产交付给河北某科技公司的相关记载。

石家庄中院判决驳回中国某资产管理公司河北省分公司的诉讼请求。中国某资产管理公司河北省分公司以河北某科技公司股东实物出资未办理产权变更登记不应认定出资到位等为由，提起上诉。河北高院审查后认为，验资报告、评估报告已反映真实的出资，充分证明张某、刘某某实际履行了出资义务，实物出资已交河北某科技公司使用，故判决驳回上诉。

• 裁判要旨

《中华人民共和国公司法》（2018年修正）第二十八条规定以非货币出资的，应依法办理财产权转移手续。对于实物出资到位并投入使用且客观上无法办理过户手续的，符合《公司法司法解释三（2020）》第十条“虽未办理权属变更手续但已实际交付使用的财产，其已为公司发挥资产效用，实质上也就达到了出资的目的”所规定的情形，应予认定完成了权属转移手续。

2. 王某甲、王某乙与河南某某建筑公司追加、变更被执行人异议之诉案【（2023）最高法民申383号】

• 基本案情

宋某某、王某甲、王某乙在2005年4月27日成立某某置业公司，注册资本为300万。某某置业公司账户信息、银行交易明细显示，2005年4月26日，宋某某出资120万元及王某甲、王某乙各自出资90万元缴存至某某置业公司账户，当日验资后于次日将上述300万元款项转至永城市某某农机公司。王某甲、王某乙在2006年将某某置业公司股权转让给他人，某某置业公司在2016年与河南某某建筑公司发生业务往来。2016年期间某某置业公司股权又发生多次转让。

河南某某建筑公司与某某置业公司建设工程施工合同纠纷一案，商丘中院调解确认：某某置业公司应退还河南某某建筑公司保证金并支付尚欠的工程款。随后河南某某建筑公司申请强制执行，某某置业公司经执行后无财产可供执行，河南某某建筑公司遂以抽逃出资为由提起追加王某甲、王某乙等人为被执行人的申请，被执行法院驳回。而后提起执行异议之诉，商丘中院审查后认为，无证据证明王某甲等人抽逃出资，且股权转让发生在本案债权产生之前，故判决驳回其诉请；上诉至河南省高院，河南高院经审查认为，验资后即将出资转走，王某甲等人未提供证据并作出合理解释，故改判支持追加王某甲等人为被执行人的申请。王某甲、王某乙不服，遂向最高院申请再审，最高院经审查后认为，即使已经转让股权，也不能免除其履行补足出资的义务，故裁定驳回其再审申请。

• 裁判要旨

股东不能证明其在转让股权前已经返还了抽逃的出资或者不能证明与其有关的注册资本已由受让人补足的，仍应承担抽逃出资的责任。

21 被执行人为企业法人，未经依法清算即注销，哪些主体可申请追加为被执行人？

【实务要点】

被执行人公司未经依法清算即注销，申请执行人可以将有限责任公司的股东、股份有限公司的董事和控股股东以及承诺对债务承担清偿责任的第三人申请追加为被执行人。

【要点解析】

1. 公司清算具体流程

通常情况下，公司办理注销登记前应当依法进行清算。公司清算基本流程为：①成立清算组。清算组由公司股东、董事、监事或者依法设立的律师事务所、会计师事务所、破产清算所组成；②通知、公告债权人。清算组应当自成立之日起 10 日内通知债权人，并于 60 日内在报纸上公告。债权人应当自接到通知书之日起 30 日内，未接到通知书的自公告之日起 45 日内，向清算组申报债权，清算组应当对债权进行登记，在申报债权期间，清算组不得对债权人进行清偿；③清理公司财产，编制资产负债表和财产清单；④制作并实施清算方案。清算组在清理公司财产、编制资产负债表和财产清单后，应当制定清算方案。清算方案制作完成后，应当报送确认。公司自行清算的，清算方案报送股东会或股东大会确认；法院指定清算的，清算方案报送人民法院确认；⑤办理登记注销。公司清算结束后，清算组应当制作清算报告，报股东会、股东大会或人民法院确认，并报送公司登记机关，申请注销公司登记，公告公司终止。

2. 具体调查方式

可以通过以下方式调查线索：①通过企业查询网站了解被执行公司是否已经被注销；②调取工商档案，了解被执行公司股东信息、高管信息，并了解被执行公司是否进行清算，若已经过清算，通过清算材料，分析清算人员组成、清算程序等是否合法，并通过工商档案核实办理公司注销的承诺人是公司股东还是第三人；③通过裁判文书网、中国执行信息公开网等查询承诺人的涉诉情况以及是否已经被法院限高或者列入失信人员名单，初步掌握承诺人是否具备偿还能力，以评估后续是否追加为被执行人。

3. 其他注意事项

（1）被执行人公司股东确实在注销前已经组织清算组、依法作出了清算报告、履行了清算程序的，就无法满足追加条件，但仍可以履行清算责任不符合上述法定程序为理由，在法院驳回追加被执行人申请后，通过执行异议之诉或另行提起股东损害公司债权人利益责任纠纷诉讼解决；

（2）第三人承诺担责的情形。对于清算程序有合法性要求，瑕疵清算、虚假清算等都属于“未经依法清算”，此时，如有第三人的清偿承诺，即可追加。在企业简易注销制度下，“未经依法清算”的情形可能普遍存在。一方面，因为简易注销登记制度仅适用于未发生债权债务或已将债权债务清偿完结的市场主体，一旦投资人在注销登记时对债权债务问题出现错误认识、作出偿债承诺，就有可能符合追加条件。

【法律依据】

《变更追加当事人规定（2020）》

第二十三条 作为被执行人的法人或非法人组织，未经依法清算即办理注销登记，在登记机关办理注销登记时，第三人书面承诺对被执行人的债务承担清偿责任，申请执行人申请变更、追加该第三人为被执行人，在承诺范围内承担清偿责任的，人民法院应予支持。

《公司法（2023）》

第二百三十二条 公司因本法第二百二十九条第一款第一项、第二项、第四项、第五项规定而解散的，应当清算。董事为公司清算义务人，应当在解散事由出现之日起十五日内组成清算组进行清算。

清算组由董事组成，但是公司章程另有规定或者股东会决议另选他人的除外。

清算义务人未及时履行清算义务，给公司或者债权人造成损失的，应当承担赔偿责任。

第二百三十八条 清算组成员履行清算职责，负有忠实义务和勤勉义务。

清算组成员怠于履行清算职责，给公司造成损失的，应当承担赔偿责任；因故意或者重大过失给债权人造成损失的，应当承担赔偿责任。

案例解析

1. 四川某物流公司诉某局建设公司申请执行人执行异议之诉案【（2021）川民再256号，入库编号：2023-08-2-471-002】

• 基本案情

四川某物流公司与某成都公司、四川某现代物流公司占有物返还纠纷一案，四川新津法院判决某成都公司返还四川某物流公司位于新津县普兴镇的房屋并且支付占有上述房屋的使用费。某成都公司不服，提起上诉。四川成都中院判决驳回上诉，维持原判。因某成都公司未履行生效判决，2017年10月18日四川某物流公司向法院申请执行。

某成都公司成立于1997年12月23日，某局建设公司系其唯一股东。2017年5月10日，某局建设公司作出股东决定：……清算组成立之日起十日内通知各债权债务人，并于六十日内登报公告相关事宜。同日，某成都公司向工商登记机关申请登记备案。2017年5月24日，某成都公司清算组在《天府早报》刊登《注销公告》。2017年11月30日，清算组作出《某成都公司注销清算报告》，载明"……清偿了所有债务，公司净资产为2341561.28元……"同日，某局公司作出公司股东决定：……《清算报告》内容真实、合法、有效，如有虚假，股东愿承担一切法律责任。

四川某物流公司向四川成都新津法院申请追加某局建设公司为被执行人，被裁定驳回异议申请。后四川某物流公司遂向四川成都新津法院起诉，法院审查后认为某局建设公司未尽到通知申报债权的义务，存在虚假陈述，故判决追加某局建设公司为被执行人。某局建设公司不服，提起上诉，四川成都中院审查后认为，本案不构成未经清算即注销导致公司无法清算的情形，故改判驳回四川某物流公司全部诉讼请求。四川某物流公司不服，申请再审。四川省高级人民法院再审后认为，某局公司提供虚假清算报告后注销公司，符合未经清算即注销并导致公司无法清算的情形，故判决支持四川某物流公司诉请。

• 裁判要旨

有限责任公司的股东明知公司负有未清偿债务，仍以虚假清算材料注销公司，应认定为未经清算即办理注销登记。申请执行人申请变更、追加有限责任公司的股东为被执行人，人民法院应予支持。

2. 王某与杨某某某执行复议案【(2021)沪02执复277号，入库编号：2024-17-5-202-027】

• 基本案情

杨某某某诉上海某某公司、刘某欠款纠纷一案，上海黄浦法院判令：上海某某公司、刘某给付杨某某某欠款。由于被执行人上海某某公司经营场所不明，名下无其他可供执行的银行存款、证券、车辆等财产，上海黄浦法院裁定本次执行程序终结。申请人杨某某某经工商查询得知，被执行人上海某某公司在注销登记时向工商局提交的清算报告明确写明："股东会确认上述清算报告，股东承诺：公司债务已清偿完毕，若有未了事宜，股东愿意承担责任。"因被执行人上海某某公司未经依法清算即办理注销登记，在注销时股东承诺对债务承担清偿责任，故申请人杨某某某提出追加被执行人上海某某公司股东王某为案件被执行人的申请。

经查，2013年10月28日，被执行人上海某某公司股东会决议作出解散公司的决定，并成立清算组。同年12月16日，上海某某公司清算组作出《注销清算报告》，载明：……股东会确认上述清算报告，股东承诺：公司债务已清偿完毕，若有未了事宜，股东愿意承担责任。王某、刘某在股东签字、盖章处签名。被执行人上海某某公司于2014年1月3日注销。

上海黄浦法院审查后认为，王某注销上海某某公司的行为符合未经清算即注销、第三人承诺偿债的情形，故裁定追加被申请人王某为案件的被执行人，王某不服上述裁定，申请复议。上海二中院审查后认同黄埔法院裁判观点，故裁定驳回王某的复议申请。

• **裁判要旨**

股东在注销公司时向工商管理部门提交的《注销清算报告》等相关材料上作出的“公司债务已清偿完毕，若有未了事宜，股东愿意承担责任”的承诺，应当视为对公司注销时未了债务承担清偿责任的保结承诺，属于《变更追加当事人规定（2020）》第二十三条规定的“第三人书面承诺对被执行人的债务承担清偿责任”的情形。在公司未能清偿执行债务且公司注销时未经依法清算的情况下，可以追加作为保结责任人的股东为被执行人。

22. 是否可以追加怠于履行清算义务的相关责任人为被执行人？

【实务要点】

当公司的股东、高管怠于履行清算义务的，不可以直接追加其为被执行人，应当在满足以下两种特定情形时，另案诉讼要求公司股东以及高管承担赔偿或连带责任后，再对其申请强制执行：

1. 作为有限责任公司的股东、股份有限公司的董事和控股股东，未在被执行人公司出现依法被吊销营业执照、责令关闭或者被撤销等解散情形后 15 日内成立清算组对公司进行清算，导致公司财产贬值、流失、毁损或者灭失的，应当在造成损失范围内对公司债务承担赔偿责任。

2. 作为有限责任公司的股东、股份有限公司的董事和控股股东，因故意拖延清算等怠于履行清算义务的消极不作为行为，造成公司主要财产、账册、重要文件等灭失，无法进行清算，应当对公司债务承担连带责任。

【要点解析】

1. 不能直接追加怠于履行清算责任的公司股东、高管为被执行人。追加第三人为被执行人需要符合法定原则，因《变更追加当事人规定（2020）》并未规定追加怠于履行清算责任的公司股东、高管为被执行人的情形，应当通过《公司法（2023）》及《公司法司法解释二（2020）》的相关规定起诉相关责任主体后再行强制执行。

2. 清算义务主体及应当进行清算的情形。根据现行的《公司法司法解释二（2020）》第十八条规定，清算义务主体包括有限责任公司的股东、股份有限公司的董事和控股股东。应当注意公司的实际控制人并非清算义务主体，因为实际控制人不是法定的清算义务人，组织清算不是其法定义务，其仅负有不得阻碍清算或者不因其原因导致未及时清算的义务。值得注意的是在《公司法（2023）》第二百三十二条中对于清算义务人明确规定清算义务人为董事，其应当在公司解散事由出现后及时成立清算组以启动清算程序。

根据《公司法（2023）》第二百二十九条、第二百三十一条规定，公司因以下情形解散时，应当进行清算：①公司章程规定的营业期限届满或者公司章程规定的其他解散事由出现；②股东会决议解散；③依法被吊销营业执照、责令关闭或者被撤销；④公司经营管理发生严重困难，继续存续会使股东利益受到重大损失，通过其他途径不能解决的，持有公司百分之十以上表决权的股东请求人民法院解散公司。实践中，较为常见的第①和③种情形。

3. 区分“可以清算”和“不能清算”两种情形。

（1）《公司法司法解释二（2020）》第十八条第一款规定，有限责任公司的股东、股份有限公司的董事和控股股东未在法定期限内成立清算组开始清算，导致公司财产贬值、流失、毁损或者灭失，债权人主张其在造成损失范围内对公司债务承担赔偿责任的，人民法院应依法予以支持。该条规定的股东等清算义务人“未在法定期间内成立清算组”的行为只是导致公司财产贬损，但仍可以清算，而不是导致公司无法进行清算。虽然公司财产发生贬损，但只要公司仍然可以进行清算，公司还应当进行清算，清算后因财产贬损而使债权人无法受偿的，清算义务人才在造成损失的范围内承担补充赔偿责任。根据《商事审判若干疑难问题的探讨——在全国法院商事审判工作会议上的讲话（摘录）》，清算义务人具体承担责任的范围，由债权人在经强制执行债务人财产后不能获得清偿的部分确定。但如果清算义务人能举证证明该减少的财产不是其不作为所造成，而是非人为原因造成，则不承担补充赔偿责任。需要特别注意的是，根据《指导案例9号〈上海存亮贸易有限公司诉蒋志东、王卫明等买卖合同纠纷案〉的理解与参照》，如果是要求实际控制人承担补充赔偿责任，则需要债权人举证证明实际控制人的行为与其债权不能清偿具有因果关系。

（2）《公司法司法解释二（2020）》第十八条第二款规定，有限责任公司的股东、股份有限公司的董事和控股股东因怠于履行义务，导致公司主要财产、账册、重要文件等灭失，无法进行清算，债权人主张其对公司债务承担连带清偿责任的，人民法院应依法予以支持。

该条规定的是清算义务人怠于启动清算程序的行为导致了公司事实上无法进行清算，此时清算义务人就应当对公司债务直接承担连带责任。

根据《九民纪要》第 14 条的规定，“怠于履行清算义务”是指在法定清算事由出现后，在能够履行清算义务的情况下，故意拖延、拒绝履行清算义务，或者因过失导致无法进行清算的消极行为。如清算义务人能够证明其已为履行清算义务采取了积极措施，或确有其他证据可证明客观上无法履行清算义务，则法院可能支持该项抗辩，认定清算义务人不存在主观过错。例如部分法院认为，如清算义务人在清算义务发生时处于被羁押、监禁或服刑状态，则其客观上无法进行清算工作，不构成怠于履行清算义务。

“公司主要财产、账册、重要文件等灭失”的情况包括清算义务人或主要责任人下落不明，公司重要会计账簿、交易文件灭失，无法查明公司资产负债情况；公司主要财产灭失无法合理解释去向；公司财务制度不规范无法确定公司账簿真实性和完整性而无法清算等。但如果导致上述情况的原因并非清算义务人怠于履行义务，例如因客观的自然灾害、第三人损害等非清算义务人原因导致的，则清算义务人不承担相应责任。例如，如果公司债务发生于解散事由出现之前，且在其他案件中经采取执行措施已经认定无财产可供执行，那么可以推定股东“因怠于履行义务”的消极不作为与“公司主要财产、账册、重要文件等灭失，无法进行清算”的结果之间没有因果关系，若无其他证据证明公司彼时仍有可供清偿的财产，股东不应因怠于履行清算义务对公司债务承担连带清偿责任；再如，根据《九民纪要》第 14 条规定，如果小股东有证据证明，公司主要财产、账册、重要文件均由大股东及其所派人员掌握、控制，其已尽到了积极请求清算的行为，或其既不是公司董事会或者监事会成员，也没有选派人员担任该机关成员，且从未参与公司经营管理，此种情况下，应当认定该股东没有“怠于履行义务”，可以认定小股东与“公司主要财产、账册、重要文件等灭失，无法进行清算”的结果之间不存在因果关系。

对“无法进行清算”的认定，法院在破产清算或者强制清算程序中作出的无法清算或无法依法全面清算的终结裁定具有当然、充分的证据效力。无须债权人另行举证证明。但强制清算或破产清算并非前置条件，只要债权人能够举证证明由于上述清算义务人怠于履行义务，导致无法进行清算的，认可作出相应认定，例如：在公司注册地、主要营业地查找不到公司机构或清算义务人、主要责任人下落不明；公司主要财产因无人管理或疏于管理而贬值、流失、毁损、灭失；公司注册资金、流动资金、登记资产等查找不到或无法合理解释去向；公司账簿真实性、完整性缺失导致无法据以进行审计；公司重要会计账簿、交易文件灭失，无法查明公司资产负债情况等。

在最终承担责任的类型上，区别于未及时清算导致公司财产贬损的情形，该情形下，清算义务人造成的损害结果更为严重，公司已无法进行清算，故需要承担比补充赔偿责任更为严重的连带责任。

4. 诉讼时效限制。请求怠于履行清算义务的股东或高管承担补充赔偿或连带责任，本质上是侵权责任纠纷，故应当适用诉讼时效规定。在具体适用上，应当以《公司法司法解释二（2020）》的施行时间2018年5月19日为界，此前就已发生怠于履行清算义务行为的，从2018年5月19日开始计算诉讼时效。

【法律依据】

《公司法（2023）》

第二百二十九条　公司因下列原因解散：

（一）公司章程规定的营业期限届满或者公司章程规定的其他解散事由出现；

（二）股东会决议解散；

……

（四）依法被吊销营业执照、责令关闭或者被撤销；

（五）人民法院依照本法第二百三十一条的规定予以解散。

……

第二百三十一条　公司经营管理发生严重困难，继续存续会使股东利益受到重大损失，通过其他途径不能解决的，持有公司百分之十以上表决权的股东，可以请求人民法院解散公司。

《公司法司法解释二（2020）》

第十八条　有限责任公司的股东、股份有限公司的董事和控股股东未在法定期限内成立清算组开始清算，导致公司财产贬值、流失、毁损或者灭失，债权人主张其在造成损失范围内对公司债务承担赔偿责任的，人民法院应依法予以支持。

有限责任公司的股东、股份有限公司的董事和控股股东因怠于履行义务，导致公司主要财产、账册、重要文件等灭失，无法进行清算，债权人主张其对公司债务承担连带清偿责任的，人民法院应依法予以支持。

上述情形系实际控制人原因造成，债权人主张实际控制人对公司债务承担相应民事责任的，人民法院应依法予以支持。

《九民纪要》

14.【怠于履行清算义务的认定】公司法司法解释（二）第18条第2款规定的"怠于履行义务"，是指有限责任公司的股东在法定清算事由出现后，在能够履行清算义务的情况下，故意拖延、拒绝履行清算义务，或者因过失导致无法进行清算的消极行为。股东举证证明其已经为履行清算义务采取了积极措施，或者小股东举证证明其既不是公司董事会或者监事会成员，也没有选派人员担任该机关成员，且从未参与公司经营管理，以不构成"怠于履行义务"为由，主张其不应当对公司债务承担连带清偿责任的，人民法院依法予以支持。

案例解析

1. 王某某、车某某诉范某某股东损害公司债权人利益责任纠纷案【(2019)川民申 721 号，入库编号：2023-08-2-277-005】

• 基本案情

车某某、王某某二人为某矿业公司股东，其中车某某、王某某的投资比例分别为 10%、90%。2014 年 9 月 11 日，法定代表人由王某某变更为吴某某。2013 年 10 月 26 日，范某某向某矿业公司出借借款。借款到期后，范某某经催收未果，遂向法院起诉某矿业公司偿还借款及利息。法院判决支持范某某诉请。某矿业公司不服，提起上诉，法院判决驳回上诉。

经法院执行，某矿业公司无财产可供执行。2016 年 11 月 2 日，某矿业公司被吊销营业执照，吊销原因为无正当理由超过 6 个月未开业的，或者开业后自行停业连续 6 个月以上。至今，某矿业公司未成立清算组开始清算。而后范某某向四川成都高新区法院起诉请求车某某、王某某对某矿业公司的债务承担连带赔偿责任。

四川成都高新区法院经审理后认为，王某某、车某某怠于履行清算义务，且无证据证明其怠于履行清算义务与某矿业公司财产贬值之间不存在因果关系，应推定因果关系成立，造成范某某损失，判决王某某、车某某对某矿业公司向范某某所负债务承担连带赔偿责任。王某某、车某某不服判决，向成都中院提起上诉。成都中院认为一审判决认定事实清楚、法律适用正确，驳回上诉。王某某、车某某不服判决，向四川高院申请再审，四川省高级人民法院经审查认为二审判决正确，故裁定驳回再审申请。

• 裁判要旨

公司债权人，其并不参与公司的经营管理，不掌握公司的财务账册。而作为清算义务人的股东，则通常参与公司经营管理，掌握公司的财务资料并了解公司资产状况。因此，对于作为清算义务人的股东怠于清算是否导致公司的财产流失或灭失的举证责任，债权人应限于提供合理怀疑的证据，而对于反驳该合理怀疑的举证责任，应由作为清算义务人的股东承担。

2. 某资产管理公司诉某实业公司、某公司股东损害公司债权人利益责任纠纷案【(2013)沪二中民四(商)终字第 1387 号，入库编号：2024-08-2-277-001】

• 基本案情

某度假村公司系于 1992 年 11 月成立的中外合资有限责任公司，某实业公司、某公司系该公司其中两股东，出资比例分别为8.3%及25%。1999年11月22日上海长宁法院判令某度假村公司偿还中行某某支行欠款，因某度假村公司无可供执行的财产，中止执行。2001年6月某资产管理公司通过协议受让了上述全部债权。2004年1月某度假村公司因未申报年检，被吊销了营业执照，某实业公司、某公司自行进行了清算。

1998年至2000年期间，某度假村公司作为债务人涉及多项诉讼，根据法院生效法律文书，某度假村公司的财产被强制清偿了部分债务或公开进行了拍卖，因某度假村公司已无可供执行的财产，遂中止执行。另外，某资产管理公司曾于2012年8月29日起诉某实业公司、某公司要求承担清算赔偿责任，嗣后撤回起诉。

2013年3月26日，某资产管理公司再次起诉要求某实业公司、某公司承担清算赔偿责任，上海黄浦法院审查认为，虽然某实业公司、某公司怠于履行清算责任，但与某资产管理公司的损失没有因果关系，且本案已超诉讼时效，故判决驳回其全部诉请。某资产管理公司不服提起上诉，上海二中院审查后认为一审判决适用法律正确，从《公司法司法解释二（2020）》施行之日，即2008年5月19日起计算诉讼时效，故判决驳回上诉。

• 裁判要旨

股东清算赔偿责任属于侵权赔偿责任，请求权应当适用诉讼时效的规定，从债权人知道或应当知道其权利受到侵害时起算。

23. 生效法律文书判决部分当事人承担补充或赔偿责任，申请执行人对该部分承担补充或赔偿责任的当事人如何申请强制执行？

【实务要点】

司法实践中，部分生效法律文书会判决确定部分当事人在主债务人不能清偿范围内承担补充责任，申请执行人在首次申请强制执行时可将该部分当事人列为被执行人，以避免超过执行时效未申请对其执行产生争议。但只有在对主债务人严格按照终结本次执行的条件，采取强制执行措施，其无法清偿债权，或有财产但无法执行，执行法院作出终结本次执行程序裁定后，方才对承担补充责任的被执行人采取强制执行措施。

【要点解析】

1. 常见的补充赔偿责任。包括以下类型：《最高人民法院关于适用〈中华人民共和国公司法〉若干问题的规定（三）（2020修正）》第十三条第二款规定的未出资股东的补充赔偿责任，第十四条第二款规定的抽逃出资的股东及协助抽逃出资的其他股东、董事、高级管理人员或者实际控制人的补充赔偿责任,《破产法司法解释二（2020）》第三十三条第一款规定的故意或者重大过失管理人或者相关人员的补充赔偿责任，保证担保无效后保证人的赔偿责任,《公司法（2023）》第五十四条和《九民纪要》第 6 条未届出资期限股东出资加速到期从而在未出资范围内对公司不能清偿的债务承担补充赔偿责任等。

2. 首次申请执行时是否可将补充或赔偿责任承担人列为被执行人。司法实践中，反对将补充责任承担者列为被执行人的案例认为，根据补充责任的法律规定，补充赔偿责任人承担责任的基础和前提是主债务人“不能清偿”到期债务。在对主债务人强制执行程序结束前，补充责任的具体金额无法确定。同时根据《执行若干问题规定（2020）》第 16 条关于法院受理执行案件的条件的规定，法院很可能以尚未对主债务人进行执行、无法确定补充责任人的执行金额、不符合申请强制执行条件为由，要求变更执行申请请求，否则不予立案，如（2020）最高法执监 41 号一案。

而对于后续对补充责任人的执行，执行法院会以执行通知书的形式告知补充责任人，例如（2023）最高法执监 216 号案。该种做法虽然具有一定程度上的合理性，但是可能会存在部分承担补充或赔偿责任的当事人利用该时间差转移财产逃避执行，还有可能产生将来申请对该部分当事人执行时，对方会提出执行时效抗辩，例如（2018）最高法执监 141 号案。由此引申出对补充或赔偿责任承担人申请强制执行的执行时效起算点如何计算的问题，对此可以一般保证责任请求权诉讼时效为参考，根据《民法典》第六百八十七条、第六百九十四条之规定，在主合同纠纷经审判或者仲裁，并就债务人财产依法强制执行仍不能履行债务后，起算一般保证责任请求权的诉讼时效，则对补充或赔偿责任承担人申请强制执行的执行时效起算点可类推为就债务人财产依法强制执行仍不能履行债务时，至于何为“就债务人财产依法强制执行仍不能履行债务”，详见下文。

另一方面，支持将补充责任承担者列为被执行人的案例则认为，因判决书已经确定补充责任人需要承担责任，因此从立案而言，并不存在障碍，同时对补充责任人的财产采取控制性措施，如查封房屋、冻结银行存款，但并不实际处置，避免补充责任人转移财产。例如（2023）最高法执监 388 号案，虽然该案焦点问题讨论的是对补充责任人采取执行措施的条件，但该案中即在诉讼保全阶段冻结了承担补充责任之当事人的存款，并且在执行立案时即为被执行人。实践中部分补充赔偿责任人就此提出执行行为异议，认为依据补充责任相关法律规定，在未对主债务人作出不能清偿的认定前，不能对其进行执行，更不能控制其财产。法院一般以该处置措施并未实质损害补充赔偿责任人的财产权益裁定驳回其异议。

3. 对补充或赔偿责任承担人采取直接强制措施实现债权的条件。按照上述关于是否将补充或赔偿责任承担人列为被执行人的讨论，即使是支持之案例也仅仅是允许采取查封、冻结等限制措施，而不得采取拍卖、变卖或划扣等直接实现债权之执行措施，由此引出采取该等直接实现债权之执行措施的条件为何的问题。

以最典型的未出资股东或抽逃出资股东的补充赔偿责任为例，责任人承担责任范围均为“公司债务不能清偿的部分”，关键点在于如何判断“不能清偿”。根据（2020）最高法执监41号的裁判观点，参考《最高人民法院关于适用〈中华人民共和国担保法〉若干问题的解释》第一百三十一条的规定，“不能清偿”是指如果对主债务人启动了强制执行程序，对能够执行的财产已经执行完毕，而债务仍未全部得到清偿。同时又根据（2013）豫法执复字第00031号、（2017）最高法执复38号案的裁判观点，如被执行人虽有财产，但不便执行时，亦满足“不能清偿”之条件。而在（2023）最高法执监388号案中，最高院将“终结本次执行程序”等同于“不能清偿”。

【法律依据】

《最高人民法院关于适用〈中华人民共和国担保法〉若干问题的解释（已失效）》

第一百三十一条　本解释所称“不能清偿”指对债务人的存款、现金、有价证券、成品、半成品、原材料、交通工具等可以执行的动产和其他方便执行的财产执行完毕后，债务仍未能得到清偿的状态。

《公司法司法解释三（2020）》

第十三条　……

公司债权人请求未履行或者未全面履行出资义务的股东在未出资本息范围内对公司债务不能清偿的部分承担补充赔偿责任的，人民法院应予支持；未履行或者未全面履行出资义务的股东已经承担上述责任，其他债权人提出相同请求的，人民法院不予支持。

……

第十四条　……

公司债权人请求抽逃出资的股东在抽逃出资本息范围内对公司债务不能清偿的部分承担补充赔偿责任、协助抽逃出资的其他股东、董事、高级管理人员或者实际控制人对此承担连带责任的，人民法院应予支持；抽逃出资的股东已经承担上述责任，其他债权人提出相同请求的，人民法院不予支持。

《破产法司法解释二（2020）》

第三十三条　管理人或者相关人员在执行职务过程中，因故意或者重大过失不当转让他人财产或者造成他人财产毁损、灭失，导致他人损害产生的债务作为共益债务，由债务人财产随时清偿不足弥补损失，权利人向管理人或者相关人员主张承担补充赔偿责任的，人民法院应予支持。

……

《公司法（2023）》

第五十四条，公司不能清偿到期债务的，公司或者已到期债权的债权人有权要求已认缴出资但未届出资期限的股东提前缴纳出资。

《九民纪要》

6.【股东出资应否加速到期】在注册资本认缴制下，股东依法享有期限利益。债权人以公司不能清偿到期债务为由，请求未届出资期限的股东在未出资范围内对公司不能清偿的债务承担补充赔偿责任的，人民法院不予支持。但是，下列情形除外：

（1）公司作为被执行人的案件，人民法院穷尽执行措施无财产可供执行，已具备破产原因，但不申请破产的；

（2）在公司债务产生后，公司股东（大）会决议或以其他方式延长股东出资期限的。

案例解析

1. 厦门某公司与四川某公司、天津某公司执行监督案【（2023）最高法执监388号，入库编号：2024-17-5-203-027】

• 基本案情

招行某分行与四川某公司、天津某公司金融借款合同纠纷一案，经天津高院一审判决，最高人民法院二审判决，最终判决主要内容如下：一、四川某公司偿还招行某分行借款本金及利息，依法强制执行四川某公司财产后仍不足以赔偿招行某分行损失的，天津某公司在相应范围内向招行某分行承担补充赔偿责任。本案诉讼期间，天津高院即保全冻结天津某公司银行存款，由中信银行天津某支行协助冻结。该案立案执行后，天津高院指定天津三中院执行。招行某分行曾向该院提交《扣划账户存款申请书》，申请扣划已被法院冻结的天津某公司账户下存款，但法院未作答复。

2020年11月19日，经该院执行，暂未发现四川某公司可供执行财产线索，轮候冻结、查封了四川某公司股权、房产后，裁定终结本次执行程序。同日，招行某分行再次申请法院及时发还天津某公司账户款项。后天津三中院裁定变更厦门某公司为该案申请执行人。2021年12月，厦门某公司申请恢复执行，并要求将已经冻结的天津某公司账户资金扣划支付给申请执行人。天津三中院未予答复。2022年3月，厦门某公司向天津三中院提出书面异议申请称，其曾提交了《恢复执行申请书》，至今没有恢复，现请求恢复执行，并划扣被执行人天津某公司名下结算账户内存款。

天津三中院裁定驳回厦门某公司的异议申请。厦门某公司不服，向天津高院申请复议。天津高院驳回厦门某公司的复议申请。厦门某公司不服，向最高人民法院申诉，最高人民法院撤销天津高院、天津三中院的执行裁定，并裁定由天津三中院恢复执行。

• 裁判要旨

执行法院对主债务人作出终本裁定后，可以视为主债务人不具有可供执行的财产，表明补充责任人承担补充责任的条件已成就，执行法院可执行补充责任人的财产。

2. 某某银行与某担保公司执行复议案【(2013)豫法执复字第00031号，入库编号：2024-17-5-202-018】

• 基本案情

某担保公司与某某公司、某某银行等借款、保证合同纠纷一案，河南高院作出二审判决，就某担保公司于2007年3月30日向某某公司提供的1000万元借款，某某银行对某某公司不能清偿部分的三分之一承担赔偿责任。判决生效后，某担保公司于2013年1月11日申请执行，郑州中院执行后查明：截至2012年6月9日，另有其他法院执行某某公司作为被执行人的案件共28件，执行标的4.2亿元。某某公司的房地产、机器设备等资产已设定抵押，且也已被其他法院查封。而后执行法院以某某公司已无可供执行的财产为由，作出执行裁定，冻结、划拨被执行人某某银行的银行存款，同时告知某某银行，某某公司无可供执行的财产，责令其依照生效判决的内容承担赔偿费用。某某银行以某某公司不能清偿债务的条件未成就及执行裁定超出了判决的范围等为主要理由向执行法院提出执行异议。

郑州中院审查后认为，某某公司经执行后被发现已经严重资不抵债，已满足执行承担补充赔偿责任的某某银行的条件，遂驳回其异议申请。某某银行不服，向河南高院申请复议。河南高院审查认为，虽然某某公司名下有财产，但均已设定抵押且被其他法院查封，暂无其他方便执行财产，故可执行某某银行，故驳回某某银行的复议申请。

• 裁判要旨

在执行程序中，承担补充赔偿责任的必要条件是主债务人不能清偿到期债务。执行法院经穷尽执行措施，发现主债务人确无财产可供执行或者虽然发现了财产，但不方便执行的，可以认定主债务人不能清偿到期债务。

3. 某某担保公司与某某建设公司、某某置业公司执行复议案【(2017)最高法执复38号，指导性案例120号】

• 基本案情

青海高院在审理某某建设公司与某某置业公司建设工程施工合同纠纷一案期间，依某某建设公司申请采取财产保全措施，冻结某某置业公司账户存款并查封该公司土地使用权。之后，某某置业公司以需要办理银行贷款为由，申请对账户予以解封，并由担保人宋某某以银行存款提供担保。青海高院予以准许并照此执行。2014 年 5 月 22 日，某某担保公司向青海高院提供担保书，承诺某某置业公司无力承担责任时，愿承担某某置业公司应承担的责任，并申请解除对宋某某担保存款的冻结措施。青海高院予以准许。

执行过程中青海高院调查，被执行人某某置业公司除已经抵押的土地使用权及在建工程外，无其他可供执行财产。保全阶段冻结的账户，因提供担保解除冻结后，进出款 8900 余万元。执行中，青海高院作出执行裁定，要求某某担保公司在三日内清偿某某置业公司债务，并扣划某某担保公司银行存款。某某担保公司对此提出异议称，某某置业公司尚有在建工程及相应的土地使用权，请求返还已扣划的资金。青海高院经审查认为，虽然某某置业公司仍有土地使用权和在建工程，但均不便执行，故可视为无可供执行财产，可对某某担保公司担保财产予以执行，驳回其异议申请。某某担保公司不服，向最高院申请复议，最高院经审查后同青海高院裁判观点，故驳回某某担保公司复议申请。

- 裁判要旨

在案件审理期间保证人为被执行人提供保证，承诺在被执行人无财产可供执行或者财产不足清偿债务时承担保证责任的，执行法院对保证人应当适用一般保证的执行规则。在被执行人虽有财产但严重不方便执行时，可以执行保证人在保证责任范围内的财产。

第四章

执行调查

24. 申请执行人申请执行时可以提供哪些财产线索？

【实务要点】

申请执行人申请法院强制执行时，可以通过先行自行调查，提供被执行人的财产线索，填写财产调查表，包括诉讼保全已采取查封、冻结措施的财产。常见的被执行人财产线索包括被执行人名下的土地使用权、房屋等不动产、被执行人占有的动产、被执行人名下的机动车辆、银行存款、股权、知识产权、对第三人享有的债权等。

【要点解析】

采用不同调查方式可以调查到被执行人不同类别的财产。

1. 通过企查查、天眼查以及国家企业信用信息公示系统查询：①被执行人的对外投资，即股权，对有价值股权可申请冻结；②被执行人的土地信息；③被执行人的财产询价评估、司法拍卖信息，可能存在被执行人财产曾经或正在被司法处置的线索；④被执行人的股东信息，如果是一人公司，则可考虑执行追加股东为被执行人；⑤被执行人的行政许可信息、资质证书，例如被执行人预售许可证、建设规划许可证等建设、开发房产项目信息等，从而考虑查封预售房源等。

2. 通过企查查、天眼查以及中国裁判文书网等网站查询被执行人的涉诉信息，梳理、提取以下财产线索：①其他被执行案件，部分另案的查封裁定中会显示被执行人房产、车辆、银行账户等财产情况；②被执行人起诉第三人的案件，系被执行人享有对第三人的到期债权，可申请法院向第三人发出《履行到期债务通知书》协助执行；③第三人针对被执行人转让其财产或债权的行为提起的债权人撤销权诉讼，可以关注案件执行情况，申请参与分配。以上这三种方式获取的财产线索均为可执行的财产线索。

3. 通过市场监督管理局或行政审批局、政务服务中心等调取被执行人的工商登记档案，进行梳理、提取：①股东出资、验资情况，关注出资时间、出资形式，判断是否出资期限届满，如果有不动产出资，进一步需要查询权属变动情况，是否出资到位、是否实缴，如发现以上情况可考虑追加出资未到位的股东为被执行人；②如果被执行人已注销的，查找是否有股东或其第三人出具的清偿承诺文件，如有，可考虑追加为被执行人；③如果有减资的情况，关注减资时间、减资是否符合法定程序、是否已通知债权人，如发现违法减资情况的，可考虑追加其股东或董事等人为被执行人；④财务年报中的应收账款明细，属于可冻结的到期债权（全国建筑市场监管服务平台以及中国招标投标公共服务平台可专门查询建设工程价款债权）。

4. 通过司法拍卖网站查询被执行人正在或者历史的被拍卖资产信息。

5. 向法院申请开具调查令，可以查询到被执行人的以下财产信息：①银行账户开户信息、账户交易明细（交易对手名称、账户等）；②住建局的预售房源信息（包括网签备案情况）、预售资金监管账户信息；③不动产登记中心的房产、土地信息，包括抵押、查封、预查封、预抵押、预告登记、权属变动等信息；④中央证券登记结算公司或其上海或深圳分公司的股票，以及全国中小企业股份转让系统有限责任公司的“三板”股票情况；⑤中央国债登记结算有限责任公司的基金份额情况，以及上海、深圳两个证券交易所的证券登记公司的其他有价证券；⑥中国信托登记有限责任公司的信托受益权信息等。

【法律依据】

《执行财产调查规定（2020）》

第一条　执行过程中，申请执行人应当提供被执行人的财产线索；被执行人应当如实报告财产；人民法院应当通过网络执行查控系统进行调查，根据案件需要应当通过其他方式进行调查的，同时采取其他调查方式。

《执行案件期限规定》

第六条　申请执行人提供了明确、具体的财产状况或财产线索的，承办人应当在申请执行人提供财产状况或财产线索后5日内进行查证、核实。情况紧急的，应当立即予以核查。

申请执行人无法提供被执行人财产状况或财产线索，或者提供财产状况或财产线索确有困难，需人民法院进行调查的，承办人应当在申请执行人提出调查申请后10日内启动调查程序。

根据案件具体情况，承办人一般应当在1个月内完成对被执行人收入、银行存款、有价证券、不动产、车辆、机器设备、知识产权、对外投资权益及收益、到期债权等资产状况的调查。

《执行立案结案意见》

……本条第一款第（三）（四）（五）项中规定的“人民法院穷尽财产调查措施”，是指至少完成下列调查事项：

（一）被执行人是法人或其他组织的，应当向银行业金融机构查询银行存款，向有关房地产管理部门查询房地产登记，向法人登记机关查询股权，向有关车管部门查询车辆等情况；

（二）被执行人是自然人的，应当向被执行人所在单位及居住地周边群众调查了解被执行人的财产状况或财产线索，包括被执行人的经济收入来源、被执行人到期债权等。如果根据财产线索判断被执行人有较高收入，应当按照对法人或其他组织的调查途径进行调查……

25. 被执行人应当如何进行财产报告？

【实务要点】

如果被执行人未履行生效法律文书确定的金钱给付义务，法院立案执行后，被执行人应当按照法院发出的《报告财产令》报告财产，报告的财产应当包括收入、银行存款、现金、理财产品、有价证券；土地使用权、房屋等不动产；交通运输工具、机器设备、产品、原材料等动产；债权、股权、投资权益、基金份额、信托受益权、知识产权等财产性权利；其他应当报告的财产等财产情况，被执行人逾期不申报、漏报或虚假申报，人民法院可以对其采取罚款、拘留等惩戒措施，构成犯罪的，追究刑事责任。

【要点解析】

1. 被执行人应当报告的财产一般包括四大类。一是银行存款和现金，由于当前支付宝、微信等移动支付较为普遍，所以包括支付宝、微信等账户内所涉资金也属于这一类；二是不动产，包括房屋、土地使用权等；三是动产，包括机动车、机器设备、珠宝首饰等；四是财产性权利，比如债权、股权和知识产权等。

2. 财产报告的范围包括财产变动情况。被执行人自收到执行通知之日前一年至提交书面财产报告之日，其财产情况发生变动的也要报告，比如转让、出租财产的，在财产上设立担保物权等权利负担的，放弃债权或者延长债权清偿期的，支出大额资金等。同时，根据《执行财产调查规定（2020）》第七条的规定，报告财产后如财产情况发生变动、影响债务清偿的，仍然应当在十日内向人民法院补充报告。总之，影响债权实现的财产变动都要报告。

3. 被执行人不履行报告财产义务包括三种情形。一是拒绝报告，二是虚假报告，三是无正当理由逾期报告。被执行人不履行报告财产义务，人民法院可以根据情节轻重对被执行人或者其法定代理人、有关单位的主要负责人或者直接责任人员予以罚款、拘留。同时，人民法院还应当依照相关规定将其纳入失信被执行人名单。

4. 经司法惩戒措施处罚后仍不履行的可追究刑事责任。如果被执行人没有报告或虚假报告财产，且经采取罚款或者拘留等强制措施后仍拒不执行的，无论其实际上是否具有履行能力，申请执行人均可以向人民法院提起刑事自诉或向人民法院申请将被执行人涉嫌拒不执行判决、裁定罪的犯罪线索移送公安机关侦查，追究被执行人拒不执行判决、裁定罪的刑事责任。实践中，申请执行人可以根据《执行财产调查规定（2020）》第八条的规定，申请查询被执行人的财产情况、查阅执行卷宗，查看被执行人是否按照财产报告令报告财产，收集拒不报告或虚假报告的相关事实。

【法律依据】

《民诉法（2023）》

第二百五十二条　被执行人未按执行通知履行法律文书确定的义务，应当报告当前以及收到执行通知之日前一年的财产情况。被执行人拒绝报告或者虚假报告的，人民法院可以根据情节轻重对被执行人或者其法定代理人、有关单位的主要负责人或者直接责任人员予以罚款、拘留。

《执行财产调查规定（2020）》

第三条　人民法院依申请执行人的申请或依职权责令被执行人报告财产情况的，应当向其发出报告财产令。金钱债权执行中，报告财产令应当与执行通知同时发出。

人民法院根据案件需要再次责令被执行人报告财产情况的，应当重新向其发出报告财产令。

……

第五条　被执行人应当在报告财产令载明的期限内向人民法院书面报告下列财产情况：

（一）收入、银行存款、现金、理财产品、有价证券；

（二）土地使用权、房屋等不动产；

（三）交通运输工具、机器设备、产品、原材料等动产；

（四）债权、股权、投资权益、基金份额、信托受益权、知识产权等财产性权利；

（五）其他应当报告的财产。

被执行人的财产已出租、已设立担保物权等权利负担，或者存在共有、权属争议等情形的，应当一并报告；被执行人的动产由第三人占有，被执行人的不动产、特定动产、其他财产权等登记在第三人名下的，也应当一并报告。

被执行人在报告财产令载明的期限内提交书面报告确有困难的，可以向人民法院书面申请延长期限；申请有正当理由的，人民法院可以适当延长。

第六条　被执行人自收到执行通知之日前一年至提交书面财产报告之日，其财产情况发生下列变动的，应当将变动情况一并报告：

（一）转让、出租财产的；

（二）在财产上设立担保物权等权利负担的；

（三）放弃债权或延长债权清偿期的；

（四）支出大额资金的；

（五）其他影响生效法律文书确定债权实现的财产变动。

第七条　被执行人报告财产后，其财产情况发生变动，影响申请执行人债权实现的，应当自财产变动之日起十日内向人民法院补充报告。

第八条　对被执行人报告的财产情况，人民法院应当及时调查核实，必要时可以组织当事人进行听证。

申请执行人申请查询被执行人报告的财产情况的，人民法院应当准许。申请执行人及其代理人对查询过程中知悉的信息应当保密。

第九条　被执行人拒绝报告、虚假报告或者无正当理由逾期报告财产情况的，人民法院可以根据情节轻重对被执行人或者其法定代理人予以罚款、拘留；构成犯罪的，依法追究刑事责任。

人民法院对有前款规定行为之一的单位，可以对其主要负责人或者直接责任人员予以罚款、拘留；构成犯罪的，依法追究刑事责任。

第十条　被执行人拒绝报告、虚假报告或者无正当理由逾期报告财产情况的，人民法院应当依照相关规定将其纳入失信被执行人名单。

《最高人民法院关于审理拒不执行判决、裁定刑事案件适用法律若干问题的解释（2020）》

第二条　负有执行义务的人有能力执行而实施下列行为之一的，应当认定为全国人民代表大会常务委员会关于刑法第三百一十三条的解释中规定的“其他有能力执行而拒不执行情节严重的情形”：

（一）具有拒绝报告或者虚假报告财产情况、违反人民法院限制高消费及有关消费令等，拒不执行行为，经采取罚款或者拘留等强制措施后仍拒不执行的；

……

《人民法院办理执行案件规范（第二版）》

250.【其他有能力执行而拒不执行、情节严重的情形】

负有执行义务的人有能力执行而实施下列行为之一的，应当认定为本规范第249条第1款第5项规定的“其他有能力执行而拒不执行，情节严重的情形”：

（一）具有拒绝报告或者虚假报告财产情况、违反人民法院限制高消费及有关消费令等拒不执行行为，经采取罚款或者拘留等强制措施后仍拒不执行的；

……

案例解析

徐某某拒不执行判决、裁定案【（2017）苏09刑终283号，2018年最高法发布打击拒不执行判决、裁定罪典型案例之三】

• 基本案情

陆某某诉徐某某、某某油脂厂股权转让纠纷一案，江苏响水县法院调解确认徐某某及某某油脂厂给付陆某某投资款。因徐某某及某某油脂厂未履行还款义务，陆某某向响水县法院申请强制执行。执行中，徐某某代表某某油脂厂与某某建设公司就某某油脂厂的拆迁补偿签订协议，某某建设公司将该款项分两笔先后转给徐某某个人银行卡内，徐某某随即取现。

2016 年 5 月 10 日，响水县法院作出执行裁定书，裁定徐某某、某某油脂厂偿还陆某某投资款，徐某某拒绝签收该执行裁定书。2016 年 5 月 11 日，该院要求徐某某对其个人财产情况进行申报，徐某某对其领取的拆迁补偿款的去向作出虚假申报。2016 年 9 月 21 日、10 月 5 日，因徐某某仍拒不执行裁定，分别被法院拘留十五日，但其仍拒不执行裁定。

响水县法院将徐某某涉嫌拒不执行判决、裁定罪的线索移送公安机关，公安机关依法立案侦查，并对徐某某采取强制措施。经公诉机关提起公诉，响水县法院于 2017 年 5 月 9 日作出判决，认定被告人徐某某犯拒不执行判决、裁定罪，判处有期徒刑三年。徐某某不服提起上诉，盐城中院裁定，驳回上诉，维持原判。

• 裁判要旨

被执行人在执行过程中获得现金财产，但其将现金财产取走，不用于履行生效裁定确定的义务，同时虚假申报个人财产，在执行法院对其实施两次拘留后仍不履行，属于有能力履行生效判决、裁定而拒不履行，情节严重，构成拒不执行判决、裁定罪。

26. 法院调查的被执行财产包括哪些范围？

【实务要点】

人民法院可以通过网络执行查控系统（“总对总”查控系统）查询被执行人全国范围内的 16 类 25 项信息：不动产（自然资源部不动产登记信息）、存款（中国人民银行开户信息以及中、工、建、交、平安、光大等二十余家全国性商业银行开户账户信息）、金融理财产品、保险（中国银行业监督管理委员会保存的保险理财资产信息）、船舶、车辆、证券（中央证券登记结算公司或其上海或深圳分公司的股票信息）、网络资金等（财付通账户存款信息、支付宝账户财产信息、京东金融平台财产信息）、全国公民身份证号码查询服务中心身份证号码信息、税务信息（国家税务总局保存的纳税、退税、税务登记以及领取税票信息）等等。

另外，人民法院还可以通过“点对点”网络查控系统查询本省辖区内被执行人的相关财产信息，包括被执行人在本辖区内的部分城商行、农商行等账户信息，位于本地的房地产信息等。

【要点解析】

1.“总对总”系统是由最高人民法院建立的网络查控系统，通过与公安部、民政部、自然资源部、交通运输部、人民银行、中国银行业监督管理委员会等16家单位和3900多家银行业金融机构联网，可以查询被执行人全国范围内的不动产、存款、金融理财产品、船舶、车辆、证券、网络资金等信息。

“点对点”系统是各省高级人民法院在辖区内建设三级联网的网络查控系统，是对“总对总”网络查控系统的有力补充。

“总对总”系统是面向全国查询的网络查控系统，而“点对点”则面对省内或本地查询，所以“总对总”查询范围相对统一，而“点对点”则可能会有差异。两个系统集成嵌套在人民法院执行案件信息管理系统中的“网络查控”当中。

2. 网络执行查控系统的局限性。

（1）特殊情形及特别类型财产无法查询。如住建部门管理的房地产开发企业开发建设的在建及预售房产项目信息，以及被执行人转移权属登记的不动产（权属变动信息）；银行账户内的交易流水明细；对第三人的到期债权或招标投标信息；被执行人的知识产权以及购买的私募基金产品等。

（2）无法实现实时操作反馈。目前查控系统还不能直接进入金融等系统进行查询、冻结和划扣，而是需要向协查单位提交相应的通知书。若是查询资产，人民法院需向金融机构提交电子协助查询通知书；若为冻结或划扣财产，人民法院应向金融机构提交电子冻结裁定书和协助冻结存款通知书；而当人民法院提交了上述通知书后，需要等待各银行或其他单位的反馈。

（3）不能持续监控财产变化情况。由于人民法院不能直接查询或冻结被执行人财产，只能被动地等待相关部门的反馈，因此《财产查询反馈汇总表》只能反映被执行人某一时点的资产查询结果。

【法律依据】

《网络执行查询机制意见》

一、……已建立“点对点”网络执行查询机制的地区，要严格按照最高人民法院、国土资源部联合制定的《人民法院网络查询不动产登记信息技术规范（试行）》要求改造系统，尽快完成与最高人民法院网络执行查控系统的对接，建立“点对总”网络执行查控机制，最高人民法院统一汇总全国各级人民法院的查询申请，通过专线提交至相应地区的不动产登记机构进行查询。……

二、……各级人民法院与国土资源主管部门通过专线或其他方式建立网络查询通道，依法查询被执行人的不动产登记信息。……国土资源主管部门对人民法院的查询申请进行统一查询和反馈，反馈的结果主要包括不动产权利人和不动产坐落、面积、位置等基本情况，以及抵押、查封、地役权等信息。提供的查询结果要符合不动产统一登记相关政策、技术要求。

《推进网络执行查控通知》

一、21家银行（中国工商银行、中国农业银行、中国银行、中国建设银行、交通银行、中国光大银行、中国民生银行、华夏银行、招商银行、广发银行、浦发银行、中国农业发展银行、中信银行、平安银行、渤海银行、浙商银行、兴业银行、恒丰银行、中国邮政储蓄银行、中国进出口银行、北京银行）在2018年3月31日前上线银行存款网络冻结功能和网络扣划功能。

二、有金融理财产品业务的19家银行（中国工商银行、中国农业银行、中国银行、中国建设银行、交通银行、中国光大银行、中国民生银行、华夏银行、招商银行、广发银行、浦发银行、中信银行、平安银行、渤海银行、浙商银行、兴业银行、恒丰银行、中国邮政储蓄银行、北京银行）在2018年3月31日前上线金融理财产品网络冻结功能。

《总对总网查登记试点通知》

一、……“总对总”不动产网络查封登记试点工作适用于全国各级人民法院查封试点地区的不动产，试点地区为北京、上海、天津、重庆、江苏、浙江、山东、甘肃等8个省（区、市），时间为2024年1月至2024年12月。全国各级人民法院查封试点地区不动产的，应优先采取“总对总”不动产网络查封登记渠道办理，逐步减少异地执行，最终推动实现全流程线上办理。……

《网络查询冻结存款规定》

第一条　人民法院与金融机构已建立网络执行查控机制的，可以通过网络实施查询、冻结被执行人存款等措施。

……

第三条　人民法院通过网络查询被执行人存款时，应当向金融机构传输电子协助查询存款通知书。多案集中查询的，可以附汇总的案件查询清单。

对查询到的被执行人存款需要冻结或者续行冻结的，人民法院应当及时向金融机构传输电子冻结裁定书和协助冻结存款通知书。

……

第十条　人民法院与工商行政管理、证券监管、土地房产管理等协助执行单位已建立网络执行查控机制，通过网络执行查控系统对被执行人股权、股票、证券账户资金、房地产等其他财产采取查控措施的，参照本规定执行。

27. 申请执行人委托的律师如何向法院申请调查令？

【实务要点】

申请执行人的代理律师可以提交书面的调查令申请书向法院申请律师调查令，调查令申请书应当包括持令人信息（律师姓名、律所名称及律师执业证号）、申请人信息、明确所需调查的信息及具体范围、本案基本信息（申请执行人、被执行人、案号）、事实与理由（无法自行调取的原因、所需调查材料与本案执行的关联性、调取材料的作用、目的等）、协助调查单位（接受调查人）名称。

经人民法院批准、签发，取得调查令后，律师应持调查令及律师证，在调查令载明的有效期内到协助单位调取相关材料。

【要点解析】

1. 律师调查令的适用情形。目前在全国范围内尚无统一的调查令适用司法解释或规定，各地方人民法院根据辖区内法院调查工作实际开展情况制定了地方性的律师调查令适用的有关意见，如根据《江苏高院执行调查令实施意见》第二条、第三条的规定，调查令的适用情形包括：（1）调查被执行人的基本情况（被执行人户籍登记、工商登记、税务登记、婚姻登记、护照信息、社会保障情况等）；（2）调查被执行人的财产情况（房地产登记、机动车登记、机器设备登记、船舶登记、航空器登记、知识产权登记、股权登记，以及股票、债券、基金等有价证券登记情况、拆迁补偿安置情况，银行存款、理财、支付宝、微信、京东、糯米等账户情况，被执行人的手机号码、电话号码）；（3）调查被执行人对外债权情况以及被执行人作为债权人的其他案件审理、执行情况等；（4）调查被执行人隐藏、转移、变卖、损毁财产等证据以及被执行人违反限制消费令、虚假报告财产、转移财产等情况；（5）调查能够证明被执行人有无履行能力的其他情况。

建设工程价款债权执行案件中，律师调查令被广泛应用于调取抽逃出资的银行流水、动产与不动产的登记信息、预售商品房登记备案信息、被执行人所涉诉讼及执行案件卷宗调取等。

2. 限制使用调查令的情形。根据《江苏高院执行调查令实施意见》第五条的规定，限制使用调查令的情形包括：涉及国家机密、商业秘密，与执行案件无关，其他不宜持令调查，证人证言、物证等形式的证据，已经向社会公开的政府信息或者其他信息，以及法律法规明确规定必须由人民法院执行人员调查收集的信息等。

3. 是否批准调查令的考虑因素。根据《江苏高院执行调查令实施意见》第七条的规定，是否批准调查令的考虑因素有：申请人的资格、申请的理由、申请调查证据的范围及与案件的关联性等。

4. 调查取证后的注意事项。根据《江苏高院执行调查令实施意见》第十六条的规定，代理律师持令调查取证后，应当将调查收集的所有证据于调查结束后五日内提交法院。未经法院允许，不得私自复印、拍照、备份等可能有害被执行人利益的行为，并且对于调取的证据或信息，代理律师应当承担保密责任，且仅限于本案执行目的使用，不得泄露或在其他事务中使用。而即使调查令因故未使用或失效过期，根据《江苏高院执行调查令实施意见》第十七条的规定，应当于调查令有效期限届满之日起七日内交还法院入卷。

【法律依据】

《执行财产调查规定（2020）》

第二条 ……

申请执行人确因客观原因无法自行查明财产的，可以申请人民法院调查。

第十二条　被执行人未按执行通知履行生效法律文书确定的义务，人民法院有权通过网络执行查控系统、现场调查等方式向被执行人、有关单位或个人调查被执行人的身份信息和财产信息，有关单位和个人应当依法协助办理。

人民法院对调查所需资料可以复制、打印、抄录、拍照或以其他方式进行提取、留存。

申请执行人申请查询人民法院调查的财产信息的，人民法院可以根据案件需要决定是否准许。申请执行人及其代理人对查询过程中知悉的信息应当保密。

《制裁规避执行意见》

2. 强化申请执行人提供财产线索的责任。各地法院可以根据案件的实际情况，要求申请执行人提供被执行人的财产状况或者财产线索，并告知不能提供的风险。各地法院也可根据本地的实际情况，探索尝试以调查令、委托调查函等方式赋予代理律师法律规定范围内的财产调查权。

《江苏高院执行调查令实施意见》

第二条　调查令适用于以下情形：

（一）调查被执行人的基本情况，包括被执行人户籍登记、工商登记、税务登记、婚姻登记、护照信息、社会保障情况等；

（二）调查被执行人的财产情况，包括房地产登记、机动车登记、机器设备登记、船舶登记、航空器登记、知识产权登记、股权登记，以及股票、债券、基金等有价证券登记情况、拆迁补偿安置情况；

（三）调查被执行人对外债权情况；

（四）调查被执行人隐藏、转移、变卖、损毁财产等证据；

（五）调查能够证明被执行人有无履行能力的其他情况。

第三条　被执行人的银行存款、理财、支付宝、微信、京东、糯米等账户情况，被执行人的手机号码、电话号码以及被执行人作为债权人的其他案件审理、执行情况等，持调查令的律师可以调查。持调查令不能调取的，可以申请人民法院调查收集。

第五条　属下列情形之一的，不得使用调查令：

（一）涉及国家秘密、商业秘密的；

（二）代理律师能够自行调查收集的；

（三）与本案执行无关的；

（四）其他不宜持调查令调查的。

第六条　申请使用调查令，必须提供下列材料：

（一）申请书。申请书应当载明代理律师身份情况、接受调查的个人姓名或单位名称、申请调查收集的证据名称、申请调查收集的目的，以及无法院调查令律师难以自行取得该证据的原因等。

（二）律师执业证复印件。

申请调查的事项应当具体列明，仅载明调查“案件相关资料”的，人民法院不予签发。

第七条　人民法院接到调查令申请后，由执行承办法官负责对申请人的资格、申请的理由、申请调查证据的范围及与案件的关联性等进行审查后，决定是否发放调查令。

……

第九条　调查令应当载明下列内容：

（一）执行案件案号、调查令编号；

（二）案件当事人的姓名（身份证号码）或者名称（组织机构代码或统一社会信用代码）；

（三）持令律师姓名、性别、律师执业证号和所在律师事务所名称；

（四）接受调查的单位名称或个人姓名；

（五）需要调查收集的事项；

（六）调查令的有效期间；

（七）拒绝或妨碍律师调查的法律后果；

（八）填发人、签发人、日期和院印。

填发人、签发人应当对调查令上填写的内容认真审核把关。因填写不全、填写错误等导致调查令在使用中造成不良后果的，由填发人、签发人根据过错大小承担责任。

第十五条　律师持调查令进行调查时，视同人民法院执行人员的调查，有关单位和个人不得拒绝。

有协助调查义务的单位和个人，无正当理由拒绝或妨碍持令律师调查取证的，持令律师应当及时向签发调查令的人民法院报告情况，由人民法院根据情节轻重，依照民事诉讼法第一百一十四条的规定以及其他有关规定予以处罚。

有协助调查义务的单位及公职人员拒不协助调查的，人民法院可以向监察机关或者有关机关提出予以纪律处分的司法建议。必要时，可以向当地党委、政府及有关部门通报反馈。

第十六条　代理律师持令调查取证后，应当将调查收集的所有证据于调查结束后五日内提交人民法院。未经人民法院允许，不得私自复印、拍照、备份等可能有害被执行人利益的行为。

对持令调查中获得的证据及信息，代理律师应当承担保密责任，且仅限于本案执行目的使用，不得泄露或在其他事务中使用。

第十七条　调查令因故未使用或过期失效的，应当于调查令有效期限届满之日起七日内交还人民法院入卷。

案例解析

江苏地区人民法院调查令格式

______人民法院执行调查令

（　）苏调查令号

__________________单位（个人）

本院立案执行申请执行人×××与被执行人×××（案由）纠纷一案，案号为_____，申请执行人因无法取得有关被执行人_____________证据，于______年___月___日向本院提出了调查被执行人有关_____________的申请，根据《中华人民共和国律师法》第三十五条、《最高人民法院关于民事执行中财产调查若干问题的规定》第一条、《最高人民法院关于依法制裁规避执行行为的若干意见》第二条的规定，本院审查决定，现授权_______律师事务所_______律师（律师证号：_________）来你（单位）处收集、调查以下证据：

1.

2.

3.

请你（单位）在核对持令律师身份证明、单位证明无误后，为持令律师查询并提供上述指定证据。不宜提供原件的，可提供复印件，在提供的证据材料上加盖起证明作用的单位骑缝章或印章，注明材料的总页数并由经办人签章。

对本调查令指定调查内容以外的证据，你（单位）有权拒绝向持令律师提供。

不能提供证据或无证据提供，应当在调查令上或以书面形式说明原因，由经办人签名、加盖单位印章后交持令调查的律师。

依据法律和司法解释规定，有义务协助调查令实施的单位或个人，应当积极协助持令人收集、调查证据。无正当理由拒绝或妨碍调查取证的，人民法院将根据情节轻重，依照《民诉法（2023）》第一百一十四条的规定以及其他有关规定予以处罚。

对有协助调查义务的单位或公职人员拒不协助的，人民法院可以向监察机关或者有关机关提出予以纪律处分的司法建议。必要时，可以向当地党委、政府及有关部门通报反馈。

本调查令有效期限为：　　年　月　日　至　　年　月　日

此令。

法院联系人：　　　　联系电话：

××××××人民法院

年　月　日

（院印）

28. 申请执行人如何申请法院对被执行人进行搜查？

【实务要点】

申请执行人发现被执行人不履行法律文书确定的义务，并隐匿财产或会计账簿等资料的，可以向人民法院提交搜查令申请书及相关线索的证据材料，请求人民法院对被执行人进行搜查。

【要点解析】

搜查是仅次于拘留的司法惩戒措施，适用条件较为苛刻，需要被执行人有明确的隐匿财产或会计账簿等资料情形时，才有可能采取搜查措施。

司法实践中，人民法院既可以依职权进行搜查，也可根据申请执行人的申请，决定采取搜查措施。申请执行人发现被执行人有隐匿财产或会计账簿情形的，应及时固定相应证据，并及时向法院提出申请，请求法院决定对被执行人采取搜查措施。人民法院在搜查过程中发现应当采取查封、扣押措施的财产，应依法采取查封、扣押措施。

【法律依据】

《民诉法（2023）》

第二百五十九条　被执行人不履行法律文书确定的义务，并隐匿财产的，人民法院有权发出搜查令，对被执行人及其住所或者财产隐匿地进行搜查。

采取前款措施，由院长签发搜查令。

《民诉法解释（2022）》

第四百九十四条　在执行中，被执行人隐匿财产、会计账簿等资料的，人民法院除可依照民事诉讼法第一百一十四条第一款第六项规定对其处理外，还应责令被执行人交出隐匿的财产、会计账簿等资料。被执行人拒不交出的，人民法院可以采取搜查措施。

第四百九十七条　搜查中发现应当依法采取查封、扣押措施的财产，依照民事诉讼法第二百五十二条第二款和第二百五十四条规定办理。

《执行财产调查规定（2020）》

第十四条　被执行人隐匿财产、会计账簿等资料拒不交出的，人民法院可以依法采取搜查措施。

人民法院依法搜查时，对被执行人可能隐匿财产或者资料的处所、箱柜等，经责令被执行人开启而拒不配合的，可以强制开启。

29. 建设工程价款债权执行案件中，申请执行人是否可以申请对被执行人进行司法审计？

【实务要点】

建设工程价款债权执行案件中，申请执行人认为被执行人有拒绝报告、虚假报告财产情况、转移财产等逃避债务情形，或者被执行人股东抽逃出资、出资不实、无偿接收或转移被执行人财产等情形的，可以书面申请法院委托专业机构对被执行人进行审计。

【要点解析】

审计调查是指人民法院在强制执行中，委托审计机构对被执行人的全部资产、负债、所有者权益等进行强制审查，以发现被执行人可供执行的财产、判定被执行人履行义务能力真实状况的一种财产调查方法。法律规定，被执行人不履行生效法律文书确定的义务时，具有拒绝报告、虚假报告财产情况、转移财产等逃避债务情形，或者被执行人股东抽逃出资、出资不实、无偿接收或转移被执行人财产等情形的，申请执行人可以申请法院委托专业机构对被执行人进行审计。经审计，如发现被执行人名下有可供执行财产的，可以直接予以强制执行；如发现被执行人对第三人享有到期债权的，可以对此申请冻结及协助执行，或者由申请执行人提起债权人代位权诉讼；如发现被执行人隐匿、转移财产的，申请执行人可以提起债权人撤销权诉讼；如发现被执行人股东存在抽逃出资、出资不实的，可以申请追加抽逃出资、出资不实的股东为被执行人，或者由申请执行人提起股东损害公司债权人利益责任纠纷诉讼等。通过审计调查，可以对被执行人采取进一步的强制执行措施，或者根据调查情况由申请执行人另案提起诉讼，其目的是保障申请执行人建设工程价款债权实现，制裁被执行人违法行为。

【法律依据】

《执行财产调查规定（2020）》

第十七条　作为被执行人的法人或非法人组织不履行生效法律文书确定的义务，申请执行人认为其有拒绝报告、虚假报告财产情况，隐匿、转移财产等逃避债务情形或者其股东、出资人有出资不实、抽逃出资等情形的，可以书面申请人民法院委托审计机构对该被执行人进行审计。人民法院应当自收到书面申请之日起十日内决定是否准许。

第十八条　人民法院决定审计的，应当随机确定具备资格的审计机构，并责令被执行人提交会计凭证、会计账簿、财务会计报告等与审计事项有关的资料。被执行人隐匿审计资料的，人民法院可以依法采取搜查措施。

第十九条　被执行人拒不提供、转移、隐匿、伪造、篡改、毁弃审计资料，阻挠审计人员查看业务现场或者有其他妨碍审计调查行为的，人民法院可以根据情节轻重对被执行人或其主要负责人、直接责任人员予以罚款、拘留；构成犯罪的，依法追究刑事责任。

第二十条　审计费用由提出审计申请的申请执行人预交。被执行人存在拒绝报告或虚假报告财产情况，隐匿、转移财产或者其他逃避债务情形的，审计费用由被执行人承担；未发现被执行人存在上述情形的，审计费用由申请执行人承担。

案例解析

1. 宁某、乐山某某制药公司等执行复议案【(2021)川执复264号】

• 基本案情

2007年3月16日，乐山中院判决乐山某某制药公司偿还某某资产管理公司成都办事处贷款及利息，四川某某公司对前述债务承担连带偿还责任。某某资产管理公司申请执行，后乐山中院作出裁定终结本次执行程序。随后申请执行人由某某资产管理公司成都办事处变更为宁某。2018年8月27日，该案经恢复执行后再次终结本次执行程序。2021年1月7日，宁某申请对四川某某公司进行司法审计。嗣后乐山高院告知宁某：因本案已终结本次执行程序，且被执行人下落不明，不予同意申请。

而后宁某不服，向四川省高院申请复议，四川省高院认为乐山中院未按照《执行财产调查规定(2020)》的规定进行审查，法律适用不当，故支持宁某的复议申请。

• 裁判要旨

审计调查是指人民法院在强制执行中，委托审计机构对被执行人的全部资产、负债、所有者权益等进行强制审查，以发现被执行人可供执行的财产、判定被执行人履行义务能力真实状况的一种财产调查方法。执行程序中，申请执行人提出书面审计调查申请的，人民法院应当依照《执行财产调查规定(2020)》第十七条、第二十条规定进行审查。法院未依照上述规定进行审查，而是以本案已终结本次执行程序，且被执行人下落不明为由，认定不具备审计条件，缺乏法律依据。

2. 天津某某投资公司、天津某某建筑公司执行审查案【(2021)津执复1号】

• 基本案情

天津某某建筑公司与天津某某投资公司建设工程施工合同纠纷一案，天津三中院经审理作出判决，判决天津某某投资公司向天津某某建筑公司支付工程款、违约金及相应利息。天津某某建筑公司不服，向天津高院提起上诉被驳回。判决生效后，因天津某某投资公司未履行生效判决确定的义务，天津某某建筑公司向三中院申请强制执行。三中院签发执行通知书、报告财产令并向天津某某投资公司邮寄送达，但天津某某投资公司仍未履行生效判决确定的义务。2020年9月26日，天津某某建筑公司向三中院提交司法审计申请书，请求对天津某某投资公司财务账目进行司法审计，并通知天津某某投资公司向三中院提交各期验资报告、审计报告、各年资产负债表、利润表、所有银行开户明细清单、银行对账单、调节表、应收和应付往来款项明细账等。天津三中院决定进行审计。天津某某投资公司对三中院决定对该公司进行审计的执行行为不服，向三中院提出书面异议。天津三中院认为，对天津某某投资公司进行司法审计符合相关规定，驳回其异议。天津某某投资公司对此提起复议，天津高院认为天津某某投资公司未积极履行法定义务，却将自有房产在不动产登记机关办理了抵押登记手续，且自2001年以来天津某某投资公司注册资本多次发生变动，故对其司法审计符合法律规定，最终驳回天津某某投资公司复议申请。

• 裁判要旨

执行审计是查明被执行人财产情况或线索，判断被执行人履行能力，从而保障执行工作的顺利进行的重要方法。当被执行人未履行法定义务，申请执行人认为其有拒绝报告、虚假报告财产情况，隐匿、转移财产等逃避债务情形或者其股东、出资人有出资不实、抽逃出资等情形时，执行法院即可根据申请执行人的申请，结合案件的具体情况启动执行审计程序。

30. 建设工程价款债权执行中，申请执行人是否可以向法院申请悬赏执行？

【实务要点】

被执行人不履行生效法律文书确定的义务，为查找人民法院未掌握的被执行人的财产线索，或者被执行人隐匿、转移的财产的，申请执行人可以向人民法院提交书面申请悬赏查找财产，申请书需明确悬赏金额或计算方式、自愿支付悬赏金承诺、悬赏金兑付时间和方式、悬赏执行期限等内容。人民法院决定是否准许，决定准许的，人民法院制作并发布悬赏公告。

【要点解析】

1. 悬赏公告申请书应包含的内容。申请书应当载明下列事项：悬赏金的数额或计算方法；有关人员提供人民法院尚未掌握的财产线索，使该申请执行人的债权得以全部或部分实现时，自愿支付悬赏金的承诺；悬赏公告的发布方式；其他需要载明的事项，例如兑现时间和方式、悬赏执行期限、拟刊登悬赏公告媒体等。

2. 申请悬赏公告的条件。依《执行财产调查规定（2020）》，被执行人未履行生效法律文书确定的义务，需要查找或征集人民法院未掌握的被执行人财产线索，以及被执行人有隐匿、转移财产线索等情形的，申请执行人即可申请悬赏执行。司法实践中，哪些情形下申请执行人可以申请悬赏执行，参考陕西高院《关于加强悬赏执行工作的实施办法（试行）》规定，以下五种情形，申请执行人可以申请悬赏公告：（一）被执行人、法定代表人、主要负责人、实际控制人、影响义务履行的人无法联系或下落不明，且无法查证被执行人财产状况的；（二）人民法院穷尽执行调查措施，未能查找到被执行人可供执行财产，或者查找到的财产不足以清偿全部债务的；（三）被执行人名下的车辆、船舶或其他动产被人民法院查封或采取其他限制措施后未能实际扣押的；（四）被执行人有转移、隐匿财产行为或嫌疑的；（五）被执行人被人民法院依法采取限制高消费或纳入失信名单的。

3. 法院审查及具体实施。人民法院应当自收到书面申请之日起十日内决定是否准许。如法院准许的，应当制作悬赏公告并在全国法院执行悬赏公告平台、法院微博、微信、抖音、媒体平台发布，或者在申请执行人自愿承担发布费用的其他媒体平台发布，也可以在执行法院公告栏或被执行人住所地、经常居住地等处张贴公布。

4. 悬赏金的金额限制及悬赏金的兑现。关于悬赏金的金额并无统一规定，陕西高院《关于加强悬赏执行工作的实施办法（试行）》第十条中规定，悬赏提供被执行人或法定代表人、负责人等人下落线索的，申请执行人一般应在1000元以上承诺支付酬金；悬赏提供人民法院尚未掌握的被执行人可供执行财产线索的，申请执行人应在不超过查扣财产价值10%的范围内承诺支付酬金，但单个案件的酬金不得少于1000元。

按照《执行财产调查规定（2020）》第二十四条规定，悬赏金从申请执行人应得执行款中扣减，只有在特定物交付执行或者其他无法扣减情形的，才由申请执行人另行支付。而陕西高院《关于加强悬赏执行工作的实施办法（试行）》第十二条则是区分了提供财产线索并执行到位和提供被执行人下落并实际控制被执行人两种情况进行不同规定，前一种情形下由申请执行人在发布悬赏公告前预交，后一种情形与《执行财产调查规定（2020）》第二十四条保持相同。

5. 线索提供人的身份限制。参考陕西高院《关于加强悬赏执行工作的实施办法（试行）》的规定，以下人员不得作为线索提供人：（1）申请执行人的代理人、申请执行人、被执行人；（2）申请执行人是单位的，申请执行人一方符合《公司法（2023）》意义上的公司高管人员（含董事长、董事、总经理、副总经理等）；（3）人民法院工作人员及其近亲属、利用职务便利获取线索的国家机关工作人员；（4）与上述人员串通的人员；（5）案件执行完毕后提供线索的人员，不得作为线索提供人。

【法律依据】

《执行财产调查规定（2020）》

第二十一条　被执行人不履行生效法律文书确定的义务，申请执行人可以向人民法院书面申请发布悬赏公告查找可供执行的财产。申请书应当载明下列事项：

（一）悬赏金的数额或计算方法；

（二）有关人员提供人民法院尚未掌握的财产线索，使该申请执行人的债权得以全部或部分实现时，自愿支付悬赏金的承诺；

（三）悬赏公告的发布方式；

（四）其他需要载明的事项。

人民法院应当自收到书面申请之日起十日内决定是否准许。

第二十二条　人民法院决定悬赏查找财产的，应当制作悬赏公告。悬赏公告应当载明悬赏金的数额或计算方法、领取条件等内容。

悬赏公告应当在全国法院执行悬赏公告平台、法院微博或微信等媒体平台发布，也可以在执行法院公告栏或被执行人住所地、经常居住地等处张贴。申请执行人申请在其他媒体平台发布，并自愿承担发布费用的，人民法院应当准许。

第二十四条　有关人员提供人民法院尚未掌握的财产线索，使申请发布悬赏公告的申请执行人的债权得以全部或部分实现的，人民法院应当按照悬赏公告发放悬赏金。

悬赏金从前款规定的申请执行人应得的执行款中予以扣减。特定物交付执行或者存在其他无法扣减情形的，悬赏金由该申请执行人另行支付。

有关人员为申请执行人的代理人、有义务向人民法院提供财产线索的人员或者存在其他不应发放悬赏金情形的，不予发放。

《制裁规避执行意见》

5. 建立财产举报机制。执行法院可以依据申请执行人的悬赏执行申请，向社会发布举报被执行人财产线索的悬赏公告。举报人提供的财产线索经查证属实并实际执行到位的，可按申请执行人承诺的标准或者比例奖励举报人。奖励资金由申请执行人承担。

案例解析

申请执行人陆某某与被执行人严某某、上海某某实业公司、韩某商品房委托代理销售合同纠纷一案悬赏公告

本院执行的申请执行人陆某某与被执行人严某某、上海某某实业有限公司、韩某商品房委托代理销售合同纠纷一案，被执行人尚未履行已经生效的上海徐汇法院作出的（2022）沪0104民初××××号民事调解书确定的义务，尚未履行金额为9933470元及相关利息。为切实维护权利人的合法权益，根据申请执行人陆某某的申请，依据相关法律规定，现向社会公开发布执行悬赏公告。

被执行人：上海某某实业有限公司，住所地上海市长宁区………………。法定代表人：王某，执行董事。统一社会信用代码：9131………………XF。

被执行人：韩某，男，某年某月某日出生，汉族，住上海市浦东新区…………，身份证号：…………。

被执行人：严某某，男，某年某月某日出生，汉族，住上海市黄浦区…………，身份证号：…………。

悬赏期限：一年，自2024年7月24日至2025年7月23日。若本案在2025年7月23日前依法执行完毕结案的，本悬赏公告自执行完毕时失效。

执行线索条件和奖金：

1. 举报人提供真实有效且本院尚未掌握的被执行人名下财产线索，一旦查明属实、具备执行条件并实际执行到位，陆某某承诺按照实际执行到位金额的10%予以奖赏，但悬赏金最高不超过5000元。

2. 悬赏奖金由陆某某承担，由法院在执行到位款中直接扣除，并向举报人支付。

两个以上举报人举报同一线索的，悬赏奖金由先举报的一方获得；联名举报的，由联名方共同获得、自行分配。申请执行人的代理人、有义务提供被执行人财产线索的人员、人民法院工作人员及其近亲属或者存在其他不应发放悬赏奖金情形的，不得领取悬赏奖金。

本院郑重承诺，对提供被执行人财产线索的人员身份及其提供线索的有关情况予以严格保密，但为发放悬赏奖金需要告知申请执行人的除外。严禁使用不正当的手段获取举报线索。

线索提供电话：…………，联系人：…………

特此公告。

2024年7月24日

上海市徐汇区人民法院

第五章

执行措施

31. 法院可以对被执行人以及其财产分别采取哪些执行措施？不同的执行措施有何区别？

【实务要点】

人民法院可以对被执行人的不动产、动产、第三人债权、工资收入、有价证券、存款等财产采取查封、冻结、扣押、扣留、强制管理、划拨或扣划、提取、变价的强制执行措施；可以对被执行人采取搜查、报告财产、财产查控、司法审计、强制迁出、强制交付、强制替代履行、限制消费、限制出境、拘传、罚款、拘留的强制执行措施。

【要点解析】

根据不同的对象，执行措施主要分为以下几类：

1. 财产限制类措施

（1）查封，一般是针对被执行人的土地、房屋等不动产，以及车辆、船舶、飞行器等不便移动的特殊动产采取的限制被执行人转移登记、设定权利负担的执行措施。对已办证不动产为查封，未办证不动产为预查封，未办证不动产办证后由预查封转为正式查封。与扣押的区别在于，查封并不转移执行财产的占有和控制，主要是起到限制财产权利转移、设立或变更的作用。

（2）冻结，是指针对存款账户、各类理财资金账户、各类有价证券账户、应收账款、第三人债权、股票、债券、微信和支付宝余额等抽象、无形的财产性权益所采取的限制账户内资金转出的执行措施。

（3）扣押，是指针对能够进行转移且流动性较强的动产采取的占有并控制的执行措施，例如车辆、产品、原材料等。

（4）扣留，是指对被执行人将来可能出现的收益如工资、分红、股息、股利、租金收入、偶然所得等采取的预先限制支取或要求协助执行单位不得支付给被执行人的措施。

（5）强制管理，主要是指人民法院在执行过程中，对于已查封的不动产，在无法拍卖或者变卖的情况下，经申请执行人同意，交付申请执行人管理，以管理所得的收益清偿债务的执行措施。

2. 财产查明类措施

（1）搜查，是指人民法院对被执行人有隐匿财产、会计账簿资料等情形，经责令后仍拒不交出的，就被执行人住所、经营场所、办公场所等地点进行搜查的执行措施。

（2）报告财产，是指人民法院对不履行生效法律文书的被执行人发出报告财产令，责令被执行人报告财产的执行措施。

（3）财产查控，是指人民法院利用网络查控系统对被执行人名下的各类财产进行查询、控制的执行措施。

（4）司法审计，是指人民法院在强制执行过程中依法委托审计机构，运用审计方法，对被执行人的全部资产、负债、所有者权益等进行强制审查，旨在调查被执行人的财产线索、认定被执行人的真实履行能力的执行措施。

3. 财产实现类措施

（1）划拨或扣划，是指对被执行人查实的银行账户内存款扣划回法院账户的执行措施。值得注意的是，在《民诉法（2023）》中，对于银行存款类财产均采用了“划拨”的表述，以及在《执行若干问题规定（2020）》第二十条、《执行公开规定》第八条、《确保预售资金用于项目建设通知》第五条、《防止农民工工资账户被查冻扣通知》、《计算迟延履行债务利息司法解释》等规定中亦是如此，而在《民诉法解释（2022）》第四百八十四条、《金融机构协助查询、冻结、扣划工作管理规定》、查冻扣证券及证券交易结算资金通知、网络查询冻结存款规定第九条等规定中，采用了“扣划”的表述，但是在《金融机构协助查询、冻结、扣划工作管理规定》第二条、《执行若干问题规定（2020）》第二十七条中同时出现了“扣划”“划拨”的表述。因此，按照“上位法优于下位法”“新法优于旧法”的基本原则，应当认为对存款类财产所采取的强制措施为“划拨”，但也可称之为“扣划”。

（2）提取，是指针对已存在于协助执行人处的款项收入、工资、分红、股息、股利等，要求协助执行人向法院划转的执行措施。注意与划拨的不同之处，划拨仅仅针对银行账户内存款，而提取的范围更为广泛。

（3）变价，包括拍卖、变卖，拍卖是指人民法院以公开的形式、竞争的方式，按最高的价格当场成交，出售被执行人财产的措施；变卖是指强制出卖被执行人的财产，以所得价款清偿债务的措施。

4. 对被执行人行为强制实现类措施

（1）强制迁出，是指被执行人拒不退出房屋或土地，由院长签发公告，责令被执行人在指定期间履行，被执行人逾期不履行的，由执行员强制执行的强制措施。

（2）强制交付，是指法律文书指定交付的财物或者票证，由执行员传唤双方当事人当面交付，或者由执行员转交，并由被交付人签收的强制措施。

（3）强制替代履行，是指被执行人不履行生效法律文书确定的、可由他人完成的行为义务，人民法院可以选定代履行人进行履行，并且由被执行人负担代履行费用的强制执行措施。

5. 对被执行人限制类措施

（1）限制消费，是指人民法院限制被执行人高消费及非生活或者经营必需的有关消费的强制措施。

（2）限制出境，是指人民法院限制被执行人出境的强制措施。

（3）拘传，是指人民法院强制经依法传唤无正当理由拒不到场的、必须接受调查询问的被执行人或被执行人的法定代表人、负责人或者实际控制人到场的措施。

6. 惩戒类措施

（1）罚款，人民法院对既不履行义务又拒绝报告财产或者进行虚假报告、拒绝交出或者提供虚假财务会计凭证的、拒不履行生效法律文书的被执行人，拒不协助执行或者妨碍执行的协助执行义务人，提出异议后又擅自向被执行人清偿到期债务的第三人等，罚以金钱款项的措施。

（2）拘留，人民法院对既不履行义务又拒绝报告财产或者进行虚假报告、拒绝交出或者提供虚假财务会计凭证的、拒不履行生效法律文书的被执行人，拒不协助执行或者妨碍执行的协助执行义务人，提出异议后又擅自向被执行人清偿到期债务的第三人等，将有关人员拘捕后强制限制其人身自由的措施。

【法律依据】

《民诉法（2023）》

第二百五十三条　被执行人未按执行通知履行法律文书确定的义务，人民法院有权向有关单位查询被执行人的存款、债券、股票、基金份额等财产情况。人民法院有权根据不同情形扣押、冻结、划拨、变价被执行人的财产。人民法院查询、扣押、冻结、划拨、变价的财产不得超出被执行人应当履行义务的范围。

……

第二百五十四条　被执行人未按执行通知履行法律文书确定的义务，人民法院有权扣留、提取被执行人应当履行义务部分的收入。但应当保留被执行人及其所扶养家属的生活必须费用。

……

第二百五十五条　被执行人未按执行通知履行法律文书确定的义务，人民法院有权查封、扣押、冻结、拍卖、变卖被执行人应当履行义务部分的财产。但应当保留被执行人及其所扶养家属的生活必需品。

采取前款措施，人民法院应当作出裁定。

第二百五十八条　财产被查封、扣押后，执行员应当责令被执行人在指定期间履行法律文书确定的义务。被执行人逾期不履行的，人民法院应当拍卖被查封、扣押的财产；不适于拍卖或者当事人双方同意不进行拍卖的，人民法院可以委托有关单位变卖或者自行变卖。国家禁止自由买卖的物品，交有关单位按照国家规定的价格收购。

第二百六十条　法律文书指定交付的财物或者票证，由执行员传唤双方当事人当面交付，或者由执行员转交，并由被交付人签收。

有关单位持有该项财物或者票证的，应当根据人民法院的协助执行通知书转交，并由被交付人签收。

有关公民持有该项财物或者票证的，人民法院通知其交出。拒不交出的，强制执行。

第二百六十一条　强制迁出房屋或者强制退出土地，由院长签发公告，责令被执行人在指定期间履行。被执行人逾期不履行的，由执行员强制执行。

……

第二百六十三条　对判决、裁定和其他法律文书指定的行为，被执行人未按执行通知履行的，人民法院可以强制执行或者委托有关单位或者其他人完成，费用由被执行人承担。

《民诉法解释 2022》

第四百八十二条　对必须接受调查询问的被执行人、被执行人的法定代表人、负责人或者实际控制人，经依法传唤无正当理由拒不到场的，人民法院可以拘传其到场。

……

第五百零一条　被执行人不履行生效法律文书确定的行为义务，该义务可由他人完成的，人民法院可以选定代履行人；法律、行政法规对履行该行为义务有资格限制的，应当从有资格的人中选定。必要时，可以通过招标的方式确定代履行人。

……

《限制高消费规定（2015）》

第一条　被执行人未按执行通知书指定的期间履行生效法律文书确定的给付义务的，人民法院可以采取限制消费措施，限制其高消费及非生活或者经营必需的有关消费。

纳入失信被执行人名单的被执行人，人民法院应当对其采取限制消费措施。

《失信名单规定（2017）》

第一条　被执行人未履行生效法律文书确定的义务，并具有下列情形之一的，人民法院应当将其纳入失信被执行人名单，依法对其进行信用惩戒：

（一）有履行能力而拒不履行生效法律文书确定义务的；

（二）以伪造证据、暴力、威胁等方法妨碍、抗拒执行的；

（三）以虚假诉讼、虚假仲裁或者以隐匿、转移财产等方法规避执行的；

（四）违反财产报告制度的；

（五）违反限制消费令的；

（六）无正当理由拒不履行执行和解协议的。

《执行若干问题规定（2020）》

44. 被执行人拒不履行生效法律文书中指定的行为的，人民法院可以强制其履行。

对于可以替代履行的行为，可以委托有关单位或他人完成，因完成上述行为发生的费用由被执行人承担。

对于只能由被执行人完成的行为，经教育，被执行人仍拒不履行的，人民法院应当按照妨害执行行为的有关规定处理。

《制裁规避执行意见》

15. 对规避执行行为加大民事强制措施的适用。被执行人既不履行义务又拒绝报告财产或者进行虚假报告、拒绝交出或者提供虚假财务会计凭证、协助执行义务人拒不协助执行或者妨碍执行、到期债务第三人提出异议后又擅自向被执行人清偿等，给申请执行人造成损失的，应当依法对相关责任人予以罚款、拘留。

案例解析

1. 北京某某投资管理中心诉潍坊某某餐饮管理有限公司、山东某某集团有限公司企业借贷纠纷执行监督案【(2018)最高法执监 487 号】

• 基本案情

申请执行人北京某某投资管理中心与被执行人山东某某集团有限公司借款合同纠纷一案，潍坊中院裁定：提取被执行人山东某某集团公司在潍坊某某餐饮管理有限公司处的租金 150 万元，并向潍坊某某餐饮管理有限公司送达了协助执行通知书，要求其收到协助执行通知书之日起 10 日内将上述款项汇入潍坊中院银行账户。协助执行人潍坊某某餐饮管理有限公司提出异议，潍坊某某餐饮管理有限公司与被执行人山东某某集团有限公司之间存在房屋租赁合同关系，应付而未付的房屋租金属于到期债权，而并不属于收入，应当撤销(2015)潍执字第 156-8 号执行裁定。山东高院支持其异议请求，最高院最终裁判予以维持。

• 裁判要旨

依照《民诉法(2023)》第二百四十三条和《执行规定》第 36 条之规定，“收入”系指自然人基于劳务等非经营性原因所得和应得的财物，主要包括个人的工资、奖金等。提取收入的执行措施仅适用于被执行人为自然人的情况。

2. 李某某与卞某某买卖合同纠纷执行监督案【(2014)执申字第 247 号】

• 基本案情

申请执行人李某某与被执行人卞某某、案外人某某公司强制执行一案，淮安中院裁定：提取卞某某在某某公司的工程款。同日，淮安中院向某某公司送达(2007)淮执字第 0183 号民事裁定书及协助执行通知书，要求某某公司协助提取卞某某在该公司的工程款，并将该款于 2012 年 10 月 20 日前付至淮安中院。某某公司于当日向淮安中院提出执行异议，认为其并不欠卞某某工程款。淮安中院经审查后认为，卞某某仅仅是借某某建设公司的名义承接某某公司的工程，对某某公司不享有工程款债权，故裁定支持某某公司的异议。李某某不服，向江苏高院申请复议，江苏高院审查后认为，虽然某某建设公司、卞某某均表示，某某建设公司对某某公司的债权已转让给卞某某，但并未通知某某公司、债权转让不生效，卞某某仍然没有对某某公司的债权，故裁定驳回李某某的复议申请。李某某不服，向最高院申请执行监督，最高院审查后认为，某某建设公司对某某公司享有的是到期债权，无法采取提取或扣划的执行措施，故裁定驳回申诉请求。

• 裁判要旨

工程款的性质属于到期债权，不是被执行人尚未支取的收入。从程序上讲，要对被执行人在第三人处的工程款采取执行措施，应当适用的是《最高人民法院关于人民法院执行工作若干问题的规定（试行）》第七部分“被执行人到期债权的执行”的相关规定，对第三人发出履行到期债务的通知，第三人在履行通知指定的期间内提出异议的，人民法院不得对第三人强制执行，对提出的异议不进行审查。而不应适用《最高人民法院关于人民法院执行工作若干问题的规定（试行）》第36条对被执行人尚未支取的收入予以执行的规定。

32. 如何申请对被执行财产续行采取执行措施？

【实务要点】

申请执行人应当在查封、扣押、冻结期限届满前七日（司法实践中，部分法院在保全告知书中明确在届满前一个月）向人民法院提出续行查封、扣押、冻结财产的申请，逾期申请或者不申请的，查封、扣押、冻结期限届满后，查封、扣押、冻结的效力消灭。

【要点解析】

1. 查封、扣押、冻结财产的期限。根据《民诉法解释（2022）》第四百八十五条的规定，冻结被执行人银行存款的期限不得超过一年，查封、扣押动产的期限不得超过两年，查封不动产、冻结其他财产权的期限不得超过三年。

2. 申请续行查封、扣押、冻结的方式。一般由申请执行人向人民法院提交续封、续冻申请书，申请书应载明申请执行人及被执行人信息、续封或续冻的财产（不动产的坐落和产权证号、银行账户账号等明确信息）、案件信息、原查封或冻结期限等。

3. 提交续行查封、扣押、冻结的时间。按照《人民法院办理执行案件规范（第二版）》465条规定，申请执行人应在查封、扣押或冻结期限届满前7日提出续行查扣冻的申请，但也有部分地区法院在财产保全告知书中载明应在查扣冻期限届满前两周或一个月提出申请，预留人民法院办理续行查扣冻手续材料的时间。查封、扣押或冻结期限均会在人民法院办理财产保全后的财产保全告知书或执行中查控财产后的执行裁定书中载明，申请执行人应关注期限届满时间。

4. 查封、扣押、冻结期限横跨诉讼及执行阶段情形下的处理。如诉讼中采取了保全措施，查封、扣押、冻结了被告的财产，在法律文书生效进入强制执行后，查封、扣押、冻结期限继续计算，在期限届满前需要继续查封、扣押、冻结的，应当向人民法院提交续行查扣冻的申请。

【法律依据】

《民事执行查扣冻规定（2020）》

第二十七条　查封、扣押、冻结期限届满，人民法院未办理延期手续的，查封、扣押、冻结的效力消灭。

《民诉法解释（2022）》

第一百六十八条　保全裁定未经人民法院依法撤销或者解除，进入执行程序后，自动转为执行中的查封、扣押、冻结措施，期限连续计算，执行法院无须重新制作裁定书，但查封、扣押、冻结期限届满的除外。

第四百八十五条　人民法院冻结被执行人的银行存款的期限不得超过一年，查封、扣押动产的期限不得超过两年，查封不动产、冻结其他财产权的期限不得超过三年。

申请执行人申请延长期限的，人民法院应当在查封、扣押、冻结期限届满前办理续行查封、扣押、冻结手续，续行期限不得超过前款规定的期限。

人民法院也可以依职权办理续行查封、扣押、冻结手续。

《终本执行规定》

第十六条　终结本次执行程序后，申请执行人申请延长查封、扣押、冻结期限的，人民法院应当依法办理续行查封、扣押、冻结手续。

《人民法院办理执行案件规范（第二版）》

464.【查封期限】

人民法院冻结被执行人的银行存款的期限不得超过一年，查封、扣押动产的期限不得超过两年，查封不动产、冻结其他财产权的期限不得超过三年。

申请执行人申请延长期限的，人民法院应当在查封、扣押、冻结期限届满前办理续行查封、扣押、冻结手续，续行期限不得超过前款规定的期限。

人民法院也可以依职权办理续行查封、扣押、冻结手续。

续行查封、扣押、冻结无需上级人民法院批准。

465.【续行查封的提起】

申请执行人申请续行查封、扣押、冻结财产的，应当在查封、扣押、冻结期限届满七日前向人民法院提出；逾期申请或者不申请的，自行承担不能续行查封、扣押、冻结的法律后果。

人民法院查封、扣押、冻结财产后，应当书面告知申请执行人明确的期限届满日以及前款有关申请续行查封、扣押、冻结的事项。

案例解析

王某某、周某某诉马某某采矿权纠纷一案【(2011)秦法执字第71-2号】

• 基本案情

王某某、周某某诉马某某采矿权纠纷一案经秦皇岛中院审理，作出判决：……马某某返还王某某、周某某735000元人民币。判决作出后，王某某、周某某不服，提起上诉。河北高院改判：……马某某返还王某某、周某某147万元人民币。后王某某、周某某向秦皇岛中院申请执行，案件进入执行程序。

本案在秦皇岛中院执行期间，执行法院依法查封了被执行人马某某名下位于秦皇岛市的房屋和土地。

2011年11月4日，最高院裁定指令河北高院再审，再审期间中止原判决的执行。秦皇岛中院收到最高院再审裁定后，案件中止执行。2012年12月10日，河北高院裁定：撤销原一、二审判决，本案发回秦皇岛中院重审。此时所查封的上述财产查封期限即将届满，申请执行人王某某、周某某向秦皇岛中院申请续封并提供担保。秦皇岛中院遂裁定续封。

被执行人马某某收到续封裁定后，提出执行异议，请求驳回申请执行人的财产保全请求，解除对其财产的查封。最终秦皇岛中院就该问题向河北省高院请示，河北省高院再向最高院请示，最高院最终答复意见支持继续查封的做法。

• 裁判要旨

关于原生效判决被再审撤销并发回重审后执行程序中查封的财产如何续封问题的答复【最高人民法院执行局编《执行工作动态》2014年第11期】

经再审裁定撤销原判决发回重审的，因当事人之间的实体权利义务关系尚未由新的生效法律文书最终确定，故依据原判决所采取的执行查控措施的效力并不当然消灭，而可视为自动转化为再审中的财产保全措施。但进入重审程序后，应当由审判部门依据财产保全的相关规定，对原执行程序中的查控措施是否继续维持、是否需由当事人提供担保、是否应当解除查控措施等问题作出处理决定。为了维护当事人的合法权益，执行部门应当做好查控措施的衔接工作，在原查封、扣押、冻结期限即将届满的情况下，根据当事人的申请，执行部门应当先行办理续行查封、扣押、冻结手续，之后移交审判部门处理。

33. 轮候查封、冻结被执行财产的，是否需要申请续行采取执行措施?

【实务要点】

轮候查封、冻结被执行财产的，需要申请续行采取轮候查封、冻结，尤其是在人民法院作出财产保全告知书、协助执行通知书或查封、冻结执行裁定书中明确载明轮候查封、冻结期限的，必须在轮候查封、冻结期限届满前向人民法院申请续行轮候查封、冻结。

【要点解析】

1. 轮候查封、冻结的效力。根据《民事执行查扣冻规定（2020）》第二十六条、《人民法院办理执行案件规范》第376条及377条、《处分标的物后轮候查封效力批复》、《规范执行和国土房管部门协执通知》第二十条、《轮候查封效力通知》第一条的规定，轮候查封、冻结的效力自正式查封、冻结解除时自动生效，在此之前不产生查封、冻结的效力。

2. 对轮候查封、冻结财产申请续行轮候限制措施的必要性。虽然根据现行法律法规，轮候查封、冻结不产生正式查封、冻结之效力，自正式查封、冻结解除时生效，但基于以下原因，仍然有必要在轮候查封、冻结期限届满前向人民法院申请续行采取轮候查封、冻结：

（1）根据最高院（2020）最高法执监312号案的裁判要旨，在人民法院作出轮候查封、冻结裁定时，所明确的轮候查封、冻结期限的不同，对应的法律效果亦不相同，如按照前述轮候查封、冻结生效时间规定表述为自转为正式查封、冻结之日起计算相应查封、冻结期限，则在正式查封、冻结失效前均具有限制处分的公示效力，如轮候查封、冻结期限表述为明确的时间段，则在所载明时间段经过后丧失相应公示效力，被限制财产得以自由处分。虽然我国并非判例法国家，但出于谨慎及利益保护原则，无论轮候查封、冻结期限采取何种表述，在轮候查封、冻结期限届满前提交申请请求续行轮候查封、冻结，均能最大限度地保证申请执行人利益；

（2）因各地人民法院、不动产登记中心、房屋管理部门或其他财产登记管理部门对于轮候查封、冻结公示、登记以及续行轮候查封、冻结的处理不一，在轮候查封、冻结申请执行人于限制期限届满前提出续行查封、冻结申请，可保留在出现被查控财产被处分后向有关责任主体要求赔偿的权利。

【法律依据】

《处分标的物后轮候查封效力批复》

……根据《最高人民法院关于人民法院民事执行中查封、扣押、冻结财产的规定》(法释〔2004〕15号)第二十八条第一款的规定，轮候查封、扣押、冻结自在先的查封、扣押、冻结解除时自动生效，故人民法院对已查封、扣押、冻结的全部财产进行处分后，该财产上的轮候查封自始未产生查封、扣押、冻结的效力。……

《人民法院办理执行案件规范(第二版)》

466.【轮候查封】

对已被人民法院查封、扣押、冻结的财产，其他人民法院可以进行轮候查封、扣押、冻结。查封、扣押、冻结解除的，登记在先的轮候查封、扣押、冻结即自动生效。

……

467.【轮候查封的期限起算】

轮候查封、扣押、冻结不产生正式查封、扣押、冻结的效力，裁定书及其协助执行通知书无须记载期限，不需要续行轮候查封、扣押、冻结。

裁定书及其协助执行通知书记载期限的，可以明确轮候查封、扣押、冻结自转为正式查封、扣押、冻结之日起开始计算查封、扣押、冻结期限；未予明确的，自送达之日起开始计算期限。

人民法院在办理轮候查封、扣押、冻结措施时，可以在协助执行通知书中载明轮候查封、扣押、冻结转为正式查封、扣押、冻结后的查封、扣押、冻结期限。

《民事执行查扣冻规定(2020)》

第二十六条　对已被人民法院查封、扣押、冻结的财产，其他人民法院可以进行轮候查封、扣押、冻结。查封、扣押、冻结解除的，登记在先的轮候查封、扣押、冻结即自动生效。

……

《轮候查封效力通知》

一、轮候查封具有确保轮候查封债权人能够取得首封债权人从查封物变价款受偿后剩余部分的作用。首封法院对查封物处置变现后，首封债权人受偿后变价款有剩余的，该剩余价款属于轮候查封物的替代物，轮候查封的效力应当及于该替代物，即对于查封物变价款中多于首封债权人应得数额部分有正式查封的效力。轮候查封债权人对该剩余价款有权主张相应权利。

《规范执行和国土房管部门协执通知》

二十、轮候查封登记的顺序按照人民法院送达协助执行通知书的时间先后进行排列。

查封法院依法解除查封的，排列在先的轮候查封自动转为查封；查封法院对查封的土地使用权、房屋全部处理的，排列在后的轮候查封自动失效；查封法院对查封的土地使用权、房屋部分处理的，对剩余部分，排列在后的轮候查封自动转为查封。

案例解析

1. 邢某某与某某公司福建分公司、北京某某公司等执行监督案【(2023)最高法执监 289 号，入库编号：2024-17-5-203-052】

• 基本案情

原告某某公司福建分公司诉被告北京某某公司等合同纠纷一案中，申请人某某公司福建分公司申请财产保全。福州中院于 2022 年 3 月 29 日依法作出（2022）闽 01 执保 58 号之一协助执行通知书、委托执行函，轮候查封了坐落于北京市某某区某某路的房屋。案外人邢某某向福州中院提出书面异议，请求中止对该房屋的执行，解除查封措施。

福州中院查明，北京石景山法院已查封涉案房产，查封期限自 2022 年 1 月 21 日起至 2025 年 1 月 20 日止。福州中院认为该院查封尚未产生正式查封的效力，案涉房产尚未成为本案可供执行的标的。案外人邢某对轮候查封标的提出的异议申请，不符合受理条件，遂驳回邢某某的异议申请。邢某某不服，向福建高院申请复议。福建高院经审查认为，在先的查封解除后，轮候查封才生效，如果在先查封的财产已被处分，则该财产上的轮候查封自始未产生查封的效力，故驳回邢某某的复议申请。邢某某不服，向最高人民法院申请执行监督。最高人民法院最终认为，福州中院的轮候查封并未产生查封效力，对此提出异议没有法律依据，故驳回邢某某的申诉请求。

• 裁判要旨

轮候查封对于特定标的物的查封效力是待定的。轮候查封生效的条件是在先的查封依法解除，生效的时间即在先查封解除的时间点。轮候查封并未实际产生查封的效果，未实际起到限制转移涉案房产权利或限制作其他处分的作用。

2. 白山市某某商贸公司、白山市某某煤业公司借款合同纠纷执行监督案【(2020)最高法执监 312 号】

• 基本案情

白山市某某商贸公司与白山市某某煤业公司借款合同纠纷执行一案，执行过程中，某某矿业公司提供执行担保，白山中院裁定：轮候冻结担保人某某矿业公司在国土资源厅的矿山环境恢复治理备用金及利息，冻结期限为一年。白山中院于2016年12月29日向协助执行义务机关自然资源厅送达了协助执行通知书，要求协助轮候冻结上述备用金及利息。冻结期限为一年。

另，白山中院在刘某与某某矿业公司等合同纠纷一案中，于2016年11月30日裁定冻结上述备用金及利息，冻结期限一年，为首次冻结。冻结期限到期后，该案未办理续行冻结手续。

2018年5月10日，自然资源厅向某某矿业公司支付了该笔环境恢复治理备用金。白山中院于2018年7月24日向自然资源厅发出责令协助单位追款通知书。到期后该笔款项并未追回，白山中院于2019年1月3日裁定自然资源厅在擅自支付而未能追回财产范围内，向白山市某某商贸公司承担责任。

自然资源厅向白山中院提出异议。白山中院审理后认为刘某与某某矿业公司等合同纠纷一案的首先查封未续封，本次轮候查封发生法律效力，故自然资源厅擅自处分冻结财产应承担相应责任，故驳回自然资源厅的异议请求。自然资源厅不服，向吉林高院申请复议，吉林高院审查后认为本案轮候查封未续封，已失效，不具有限制处分效力，故裁定支持其复议请求。白山市某某商贸公司不服，向最高院申请执行监督，最高院同吉林高院裁判观点，故驳回白山市某某商贸公司的申诉请求。

• 裁判要旨

《民事执行查扣冻规定（2020）》第二十八条第一款规定中的“自动生效”，是指轮候冻结的人民法院取得被冻结资金处置权的法律效力自动产生。轮候冻结裁定书及其协助执行通知书自送达之日起发生轮候冻结的法律效力，协助执行通知书载明的冻结日期或期间具有公示效力，对协助执行的单位具有拘束力；期间届满时如需要继续冻结，人民法院应当及时办理续行冻结手续。

34. 建设工程价款债权的申请执行人可否对轮候查封、冻结的财产进行处置？

【实务要点】

轮候查封、冻结财产的法院一般没有处置权，但如果首先查封法院系正在处理财产保全案件而作出查封，且查封一年后未进行财产处置的；或普通债权、顺位在后的优先债权执行法院首先查封，自首先查封之日起已超过60日，且就该查封财产尚未发布拍卖公告或者进入变卖程序的；或商品房消费者返还购房款请求权执行案件首先查封，无正当理由超过六个月未对查封财产进行处分的，建设工程价款债权的申请执行人可以申请轮候查封、冻结法院向首先查封、冻结法院发送商请移送执行函，请求移送轮候查封、冻结财产的处置权。

【要点解析】

根据首先查封法院采取财产查封、扣押、冻结措施时所处的诉讼程序不同，首先查封法院可以分为：保全查封的首先查封法院和执行查封的首先查封法院。根据查封财产的顺位不同，查封法院可以分为：普通债权查封法院和优先债权查封法院。按照以上分类的组合情形，不同情形下的被执行财产处置权处理如下：

1. 首先查封法院是保全查封法院，轮候查封法院是执行法院。根据《财产保全规定（2020）》第二十一条的规定，被保全财产不是争议标的，且首先查封法院查封之后超过一年未进行财产处置的，轮候查封法院无论是不是执行优先债权的法院，均可以商请取得处置权。

2. 首先查封法院是普通债权或顺位在后的优先债权执行法院，轮候查封法院是顺位在先的优先债权包括建设工程价款优先受偿权债权的执行法院。根据首先查封和优先债权法院处分财产的批复第一条规定，自首先查封之日起已超过 60 日，首先查封法院就该查封财产尚未发布拍卖公告或者进入变卖程序的，优先债权执行法院可以要求将该查封财产移送执行。

3. 首先查封法院是顺位在先的优先债权执行法院，轮候查封法院是普通债权或顺位在后的优先债权执行法院。对建设工程价款优先债权处置中，优先于此的仅有根据《商品房消费者保护批复》的商品房消费者返还购房款请求权，在此情形下，承办建设工程价款优先债权执行案的轮候查封法院能否取得处置权，没有法律和司法解释的明确规定，仅在人民法院执行办案指引第 86 条中作了以下规定：当首先查封法院无正当理由超过六个月未对查封财产进行处分，轮候查封法院可以商请首先查封法院将查封财产移送执行，但在财产变价后，应优先保障首封债权的实现。

4. 需要特别注意的是，虽然在上述情形下，作为建设工程价款优先债权的申请执行人在轮候查封、冻结时可以申请执行法院向首先查封、冻结的执行法院商请移送被执行财产处置权，但最终首先查封、冻结的执行法院是否同意移送，存在不确定性，当发生争议时，可以逐级报请双方共同的上级法院，在综合首先查封债权所处的诉讼阶段、查封财产的种类及所在地、各债权数额与查封财产价值之间的关系等案件具体情况后，如认为由首先查封法院执行更为妥当的，也可以决定由首先查封法院继续执行，并督促其在指定期限内处分查封财产。建设工程价款优先债权申请执行人可向其申请优先受偿分配。

【法律依据】

《财产保全规定（2020）》

第二十一条　保全法院在首先采取查封、扣押、冻结措施后超过一年未对被保全财产进行处分的，除被保全财产系争议标的外，在先轮候查封、扣押、冻结的执行法院可以商请保全法院将被保全财产移送执行。但司法解释另有特别规定的，适用其规定。

保全法院与在先轮候查封、扣押、冻结的执行法院就移送被保全财产发生争议的，可以逐级报请共同的上级法院指定该财产的执行法院。

《首先查封和优先债权法院处分财产的批复》

……

一、执行过程中，应当由首先查封、扣押、冻结（以下简称查封）法院负责处分查封财产。但已进入其他法院执行程序的债权对查封财产有顺位在先的担保物权、优先权（该债权以下简称优先债权），自首先查封之日起已超过60日，且首先查封法院就该查封财产尚未发布拍卖公告或者进入变卖程序的，优先债权执行法院可以要求将该查封财产移送执行。

……

三、财产移送执行后，优先债权执行法院在处分或继续查封该财产时，可以持首先查封法院移送执行函办理相关手续。

优先债权执行法院对移送的财产变价后，应当按照法律规定的清偿顺序分配，并将相关情况告知首先查封法院。

首先查封债权尚未经生效法律文书确认的，应当按照首先查封债权的清偿顺位，预留相应份额。

四、首先查封法院与优先债权执行法院就移送查封财产发生争议的，可以逐级报请双方共同的上级法院指定该财产的执行法院。

共同的上级法院根据首先查封债权所处的诉讼阶段、查封财产的种类及所在地、各债权数额与查封财产价值之间的关系等案件具体情况，认为由首先查封法院执行更为妥当的，也可以决定由首先查封法院继续执行，但应当督促其在指定期限内处分查封财产。

《人民法院执行办案指引》

86-2 首先查封法院系执行查封的情形

执行程序中，首先查封法院无正当理由超过六个月未对查封财产进行处分，轮候查封法院可以商请首先查封法院将查封财产移送执行。

案例解析

某某银行支行申请执行案执行协调案【(2016) 最高法执协5号】

• 基本案情

青岛中院在审理某某银行青岛支行与海南某某公司等金融借款合同纠纷中，对海南某某公司名下的土地使用权及其地上、地下建筑物予以保全查封，为首先查封。

此后海南高院在某某银行海口新华支行与海南某某公司金融借款合同纠纷强制执行一案办理过程中，轮候查封了上述土地使用权及地上、地下建筑物。根据该案判决，某某银行海口新华支行对上述查封财产享有抵押权，在18100万元内可以优先受偿。

2014年7月25日，青岛中院对上述案件作出裁判，但债权人某某银行青岛支行一年多仍未申请执行。执行过程中，海南高院向山东高院、青岛中院商请移送查封财产，但未能达成一致意见。海南高院遂提请最高院协调。最高院综合优先权、财产所在地等因素下，决定由海南高院负责处置该财产。

• 裁判要旨

轮候查封的申请执行人对查封标的享有优先债权，且已为生效法律文书所确认并已进入执行程序。首先查封债权人，在生效法律文书作出后，始终未申请强制执行，而且查封财产位于轮候查封执行法院所在地，因此，由轮候查封执行法院负责对两地法院争议不动产的执行，更为妥当。

35. 对被执行人的财产预查封与正式查封有何不同，预查封何时转化为正式查封？

【实务要点】

预查封，是人民法院对被执行人尚未在登记部门办理财产权属登记，但已进行了一定的批准或者备案等预登记手续的财产所采取的限制性措施，主要是针对不动产。

查封，是指人民法院对登记在被执行人名下或虽未登记在被执行人名下但登记权利人认可系被执行人的财产所采取的限制性措施。

在预查封期间，不动产登记到权利人名下时，预查封转为正式查封。

【要点解析】

1. 根据《规范执行和国土房管部门协执通知》第十三条、第十四条及第十五条的规定，预查封主要针对以下财产：①被执行人全部缴纳土地使用权出让金但尚未办理登记的土地使用权；②被执行人部分缴纳土地使用权出让金但尚未办理登记的、由国土资源管理部门按已缴付的土地使用权出让金确认的被执行人的土地使用权；③已办理了商品房预售许可证且尚未出售的房屋；④被执行人购买的已由房地产开发企业办理了房屋权属初始登记的房屋；⑤被执行人购买的办理了商品房预售合同登记备案手续或者商品房预告登记的房屋。在建设工程承包人申请执行房地产开发企业的建设工程价款债权案件中，最常涉及的类型应为前三种。

特别注意，房地产开发企业作为被执行人所建设但尚未达到预售条件的房产，根据《民事执行查扣冻规定（2020）》第八条的规定，人民法院可采用通知其管理人或者该建筑物的实际占有人，并在显著位置张贴公告的方式查封，也即公告查封。另依据人民法院案例库2023-17-5-203-038案例【（2021）最高法执监283号】的裁判要旨，人民法院也可以采取通过预查封土地使用权、相应预查封效力及于地上房屋的方式来达到一样的查封效果。

2. 预查封转化为正式查封的条件及预查封效力。不动产权属在预查封期间登记到被执行人名下时，预查封登记自动转为正式查封登记，预查封转为正式查封后，查封期限从预查封之日起开始计算。根据《规范执行和国土房管部门协执通知》第十八条规定以及（2021）最高法民终1298号案裁判要旨，预查封效力等同于正式查封，具体表现为两者在限制标的物转让的法律效力上是相同的，即执行标的一旦被人民法院查封（包括预查封、正式查封），非经人民法院允许，任何人不得对其进行毁损变动、设定权利负担等有违查封目的的处分。

3. 预查封期限及续行预查封。根据《规范执行和国土房管部门协执通知》第十七条规定，预查封期限为两年，仅可无限制条件进行一次续封，且续封期限仅为一年，而后再续行预查封的，需要所属高级人民法院批准，且每次续行查封期限不超过一年。而正式查封的期限最长可达到三年，且续行查封无次数、期限限制。

4. 对预查封财产的处置。根据《民诉法解释（2022）》第四百八十四条的规定，未对被执行财产查封、冻结的，不得处分。而预查封转化为正式查封需要预查封期间不动产登记至被执行人名下。同时根据《规范执行和国土房管部门协执通知》第二十一条、第二十二条的规定，预查封与查封都有限制权属变动或设定权利负担的效力。但从以上规定来看，对预查封财产无法进行处置，原因在于被执行人取得不动产权属的不确定性，其目的在于，避免最终处分案外人财产、损害案外人利益的情况出现，如土地出让协议被解除或认定无效、商品房预售合同被解除或认定无效等情形下，土地使用权或商品房所有权将不再归属于被执行人。

而另一方面，根据《转发无证房产办证函的通知》第二、三条的规定，暂时不具备初始登记条件的不动产，执行法院处置后可以向房屋登记机构发出《协助执行通知书》，并载明待房屋买受人或承受人完善相关手续，具备初始登记条件后，由房屋登记机构按照《协助执行通知书》予以登记；不具备初始登记条件的，原则上进行“现状处置”，即处置前披露房屋不具备初始登记条件的现状，买受人或承受人按照房屋的权利现状取得房屋。后续的产权登记事项由买受人或承受人自行负责。而且在《民事执行查扣冻规定（2020）》第二条中也有依据土地使用权的审批文件和其他相关证据确定未登记的建筑物和土地使用权权属的规定。

总之，实际执行过程中，是否可以对预查封房产进行处置，并不绝对，关键需要根据其他事实或证据材料确定能否判断出预查封的不动产归属于被执行人。如仅是因为暂未办理登记将来可以办理登记，可以参照暂不具备初始登记条件的不动产处置的方法申请对预查封房产进行处置。

最后，需要特别注意的是，关于暂时无法登记在被执行人名下的土地，在处置时具体如何操作并无法律法规明确，遇到此种情形时可以尝试申请参照《转发无证房产办证函的通知》中的精神执行。

【法律依据】

《规范执行和国土房管部门协执通知》

十三、被执行人全部缴纳土地使用权出让金但尚未办理土地使用权登记的，人民法院可以对该土地使用权进行预查封。

十四、被执行人部分缴纳土地使用权出让金但尚未办理土地使用权登记的，对可以分割的土地使用权，按已缴付的土地使用权出让金，由国土资源管理部门确认被执行人的土地使用权，人民法院可以对确认后的土地使用权裁定预查封。对不可以分割的土地使用权，可以全部进行预查封。

被执行人在规定的期限内仍未全部缴纳土地出让金的，在人民政府收回土地使用权的同时，应当将被执行人缴纳的按照有关规定应当退还的土地出让金交由人民法院处理，预查封自动解除。

十五、下列房屋虽未进行房屋所有权登记，人民法院也可以进行预查封：

（一）作为被执行人的房地产开发企业，已办理了商品房预售许可证且尚未出售的房屋；

（二）被执行人购买的已由房地产开发企业办理了房屋权属初始登记的房屋；

（三）被执行人购买的办理了商品房预售合同登记备案手续或者商品房预告登记的房屋。

十六、国土资源、房地产管理部门应当依据人民法院的协助执行通知书和所附的裁定书办理预查封登记。土地、房屋权属在预查封期间登记在被执行人名下的，预查封登记自动转为查封登记，预查封转为正式查封后，查封期限从预查封之日起开始计算。

十七、预查封的期限为二年。期限届满可以续封一次，续封时应当重新制作预查封裁定书和协助执行通知书，预查封的续封期限为一年。确有特殊情况需要再续封的，应当经过所属高级人民法院批准，且每次再续封的期限不得超过一年。

十八、预查封的效力等同于正式查封。预查封期限届满之日，人民法院未办理预查封续封手续的，预查封的效力消灭。

第二十二条　国土资源、房地产管理部门对被人民法院依法查封、预查封的土地使用权、房屋，在查封、预查封期间不得办理抵押、转让等权属变更、转移登记手续。

《民事执行查扣冻规定（2020）》

查封尚未进行权属登记的建筑物时，人民法院应当通知其管理人或者该建筑物的实际占有人，并在显著位置张贴公告。

《民诉法解释（2022）》

第四百八十四条　对被执行的财产，人民法院非经查封、扣押、冻结不得处分。对银行存款等各类可以直接扣划的财产，人民法院的扣划裁定同时具有冻结的法律效力。

《转发无证房产办证函的通知》

……

二、执行程序中处置未办理初始登记的房屋时，具备初始登记条件的。执行法院处置后可以依法向房屋登记机构发出《协助执行通知书》；暂时不具备初始登记条件的，执行法院处置后可以向房屋登记机构发出《协助执行通知书》，并载明待房屋买受人或承受人完善相关手续具备初始登记条件后，由房屋登记机构按照《协助执行通知书》予以登记；不具备初始登记条件的，原则上进行“现状处置”，即处置前披露房屋不具备初始登记条件的现状，买受人或承受人按照房屋的权利现状取得房屋。后续的产权登记事项由买受人或承受人自行负责。

案例解析

1. 蔡某某、黄某某等案外人执行异议之诉民事申请再审审查案【(2022)最高法民申373号】

• 基本案情

蔡某某、黄某某、某某包装公司在与欧某某的民间借贷纠纷案件中申请诉前财产保全，后由一审法院对由欧某某向云南某某房地产公司购买的房产进行预查封。上述案件所涉法律文书生效后，法院对预查封的房产强制执行，云南某某房地产公司作为房地产开发商，对此提出执行异议，认为即使一审时案涉房屋尚未竣工验收，也未原始取得该房屋的所有权，其系房屋所有权人，执行法院不应对案涉房产进行执行，一审法院审查后认为，现有证据可以证明案涉房产由欧某某购买，对其进行预查封具有法律依据，故裁定驳回其执行异议申请。云南某某房地产公司不服，遂提起执行异议之诉，仍被一审法院以同样理由驳回。云南某某房地产公司仍不服，向云南高院上诉，云南高院审查后认为云南某某房地产公司对案涉房产享有所有权，案涉房产系商铺而非居住用商品房，欧某某不享有物权期待权，且预查封下不能处置案涉房产，故改判支持云南某某房地产公司的诉请。蔡某某、黄某某、成至公司不服，向最高院提起再审，最高院审查后认同云南高院裁判观点，故裁定驳回其再审申请。

• 裁判要旨

人民法院的预查封仅系执行部门在房屋未办理产权登记之前，根据网签备案情况所作。预查封的对象是被执行人基于有效存续的房屋买卖合同所享有的债权，即房屋交付请求权和所有权移转登记请求权，旨在使被执行人保有该债权，以便将来实现该债权，取得该房屋的所有权，从而使预查封转化为正式查封，得以执行。但预查封不是正式查封，预查封的被执行人对未登记在其名下的房屋仅享有所有权期待利益，对能否成为真正的权利主体，尚处于不确定状态。在预查封阶段不能对案涉房产进行处置，只有完成过户登记，取得案涉房屋的物权，预查封转为正式查封后，才能对案涉房屋进行拍卖、变卖和折价。

2. 某某开发公司、国某借款合同纠纷执行监督案【（2021）最高法执监435号】

• 基本案情

国某与某某开发公司借款合同纠纷一案，白城中院判令某某开发公司给付国某借款及利息。判决生效后，经国某申请，白城中院立案执行。执行过程中，双方达成执行和解。因某某开发公司未按和解协议履行，国某申请恢复对原判决的执行。2017 年 10 月 11 日，白城中院对某某开发公司以出让方式取得的位于吉林省白城市某土地使用权进行拍卖。国某委托李某某参加竞买，并竞买成功。白城中院确认拍卖的案涉土地使用权转移给买受人国某并向某某开发公司的法定代表人石某某送达了该裁定。后白城中院裁定终结执行。

2020 年 3 月 18 日，某某开发公司向白城中院提出执行异议，以拍卖程序违法、某某开发公司未收到执行裁定等文书、执行方式不合理、国某虚构债权为由，请求撤销拍卖及成交的执行裁定。白城中院审查后认为拍卖程序合法有效，国某虚构债权并非执行异议审查范围，故裁定驳回其异议申请。某某开发公司不服，向吉林高院申请复议，吉林高院审查后认为，根据现有证据可以证明案涉土地使用权确是某某开发公司所有，并且拍卖成交裁定均已送达某某开发公司，故裁定驳回其复议申请。某某开发公司不服，向最高院申请执行监督，最高院审查后认同吉林高院裁判观点，故裁定驳回其申诉请求。

• 裁判要旨

《民事执行查扣冻规定（2020）》第 2 条第 2 款规定，被执行人通过出让取得案涉土地使用权，并已缴纳全部国有土地使用权出让金，虽然尚未取得土地使用权登记证书，但被执行人作为案涉土地使用权（包括案涉土地使用权）申报用地单位，填报了《建设用地审批表》和《国有土地使用权出让审批表》，相关行政管理部门在审批意见栏中加盖公章确认。据此认定案涉土地使用权是被执行人财产，在其未及时履行生效判决确定义务的情况下，依法处置案涉预查封土地使用权，并无不当。

36. 对被执行人的土地、房屋，采取查封、预查封和公告查封措施有何不同？

【实务要点】

对于登记在被执行人名下的不动产，人民法院可以办理查封，登记机关应当办理查封登记；对于尚未登记在被执行人名下满足特殊情形具备登记条件的不动产，人民法院可以进行预查封；对于尚未登记在被执行人名下暂不具备登记条件的不动产，人民法院可以进行公告查封。

【要点解析】

1. 查封、预查封、公告查封的不同适用情形。通常情况下，人民法院对不动产的查控措施为查封，根据《民事执行查扣冻规定（2020）》第二条的规定，对于登记在被执行人名下的不动产、特定动产及其他财产权，人民法院可以进行查封，也可同时采取张贴封条或者公告的现场查封方式。而对于未登记在被执行人名下的满足特殊情形的不动产，人民法院可以进行预查封；若土地、房屋权属在预查封期间登记在被执行人名下的，预查封登记自动转为查封登记，预查封转为正式查封后，查封期限从预查封之日起开始计算。对于既未办理首次登记、又不符合《规范执行和国土房管部门协执通知》第十五条关于预查封登记情形的不动产，例如房地产开发企业开发建设的不动产项目在竣工验收、办理商品房预售许可证前，属于在建工程，根据《民事执行查扣冻规定（2020）》第八条规定，人民法院可以对其进行公告查封。

2. 公告查封与查封的效力。根据《民事执行查扣冻规定（2020）》第七条、第八条的规定，原则上，对已登记的不动产应当进行登记查封，未办理登记手续的，不得对抗其他已经办理了登记手续的查封、扣押、冻结行为，也即仅采取了公告查封，未进行登记的，不得对抗已登记的查封。但对于无法办理登记查封的不动产，只能进行公告查封的情况下，根据《民事执行查扣冻规定（2020）》第一条的规定，查封在执行裁定及协助执行通知到达协助执行人时即发生法律效力。

3. 根据《民事执行查扣冻规定（2020）》二十一条的规定，查封地上建筑物的效力及于该地上建筑物使用范围内的土地使用权，查封土地使用权的效力及于地上建筑物，但土地使用权与地上建筑物的所有权分属被执行人与他人的除外。地上建筑物和土地使用权的登记机关不是同一机关的，应当分别办理查封登记。实务中，不动产登记中心在对房屋或土地使用权进行查封登记时，并不一定完全按照上述规定同时进行查封登记，故在申请查封土地使用权或房屋时，应当同时申请查封对应的房屋或土地使用权，分别办理查封登记。尤其是建设工程价款债权执行案件中，对于房地产开发企业尚未预售或已开始预售但商品房消费者尚未办理产权证的不动产项目，在对已完成建筑物进行查封的同时，申请法院一并对所涉土地使用权进行查封，避免对案涉房地产进行处置时，因对房产、土地采取查封措施分别为不同的法院而产生争执。

【法律依据】

《规范执行和国土房管部门协执通知》

十五、下列房屋虽未进行房屋所有权登记，人民法院也可以进行预查封：

（一）作为被执行人的房地产开发企业，已办理了商品房预售许可证且尚未出售的房屋；

（二）被执行人购买的已由房地产开发企业办理了房屋权属初始登记的房屋；

（三）被执行人购买的办理了商品房预售合同登记备案手续或者商品房预告登记的房屋。

十六、国土资源、房地产管理部门应当依据人民法院的协助执行通知书和所附的裁定书办理预查封登记。土地、房屋权属在预查封期间登记在被执行人名下的，预查封登记自动转为查封登记，预查封转为正式查封后，查封期限从预查封之日起开始计算。

《民事执行查扣冻规定（2020）》

第一条　……

采取查封、扣押、冻结措施需要有关单位或者个人协助的，人民法院应当制作协助执行通知书，连同裁定书副本一并送达协助执行人。查封、扣押、冻结裁定书和协助执行通知书送达时发生法律效力。

第二条　人民法院可以查封、扣押、冻结被执行人占有的动产、登记在被执行人名下的不动产、特定动产及其他财产权。

未登记的建筑物和土地使用权，依据土地使用权的审批文件和其他相关证据确定权属。

……

第七条　查封不动产的，人民法院应当张贴封条或者公告，并可以提取保存有关财产权证照。

查封、扣押、冻结已登记的不动产、特定动产及其他财产权，应当通知有关登记机关办理登记手续。未办理登记手续的，不得对抗其他已经办理了登记手续的查封、扣押、冻结行为。

第八条　查封尚未进行权属登记的建筑物时，人民法院应当通知其管理人或者该建筑物的实际占有人，并在显著位置张贴公告。

第二十一条　查封地上建筑物的效力及于该地上建筑物使用范围内的土地使用权，查封土地使用权的效力及于地上建筑物，但土地使用权与地上建筑物的所有权分属被执行人与他人的除外。

地上建筑物和土地使用权的登记机关不是同一机关的，应当分别办理查封登记。

案例解析

高某、郭某等借款合同纠纷执行监督案【(2022)最高法执监50号】

• 基本案情

驻马店中院在执行郭某与杨某、中某公司借款合同纠纷一案中，于2015年6月26日发出协助执行通知，对被执行人杨某购买的、由长城公司开发的、未办理产证的位于河南省驻马店市的案涉房产进行了预查封,并于2015年11月20日采取张贴公告的方式对案涉房产进行了公告查封。2018年11月6日，该院采取张贴公告的方式对上述房产进行了续查封。

驻马店中院在办理高某申请执行一案中，于2015年12月29日向驻马店房交所送达查封案涉房产的协助执行通知书和协助执行手续，该所均签收，并在相关登记簿上登记，登记时间为2016年1月12日。后驻马店市不动产登记服务中心向驻马店中院多次复函明确：原驻马店房交所不具有办理预查封的职能，因现在案涉房产至今未办理不动产首次登记（大证），现在仍不能办理正式查封。

高某对上述郭某强制执行杨某、中某公司一案中，查封涉案房产的执行行为不服，提出书面异议，认为其为申请执行人的案件查封本案争议房产的时间在先，应为顺位在先的查封。

驻马店中院受理后，裁定驳回高某的异议请求。高某对该裁定不服，向河南高院申请复议。河南高院裁定将本案发回驻马店中院重新审查。驻马店中院认为：在办理申请执行人为郭某的案件时，对本案争议的未进行权属登记的建筑物采取的公告查封合法有效，且查封行为在持续状态，高某异议称其为申请执行人的案件查封本案争议房产的时间在先的理由不能成立，裁定驳回高某的异议请求。高某不服，向河南高院申请复议，河南高院认为案涉房产不属于已登记房产，公告查封有效，裁定驳回其复议申请。高某不服，向最高院申请执行监督，最高院认为案涉房产确为未办理首次登记且无法办理预查封登记的房产类型，公告查封合法有效，可认定为顺位在先查封。

• 裁判要旨

根据《不动产登记暂行条例》第三条、《不动产登记暂行条例实施细则》第二十四条的规定，建筑物未办理不动产首次登记的，无法办理查封登记，同时又不属于《规范执行和国土房管部门协执通知》第十五条规定的可以预查封的情形的，亦无法办理预查封登记，因此不属于可在有关登记机关办理登记手续进行查封或预查封的房产，通过公告查封方式查封并进行续封，于法有据。

37. 建设工程价款债权执行案件中，被执行人的哪些财产不得采取查封、冻结等执行措施？

【实务要点】

在建设工程价款债权执行案件中，不得采取查封、冻结的财产有：被执行人的银行贷款账户内的资金；限制查封、冻结的财产有：商品房预售资金监管账户和农民工工资账户内的资金。

【要点解析】

1. 根据银行贷款账户能否冻结批复，银行开立的以被执行人为户名的贷款账户，是银行记载其向被执行人发放贷款及收回贷款情况的账户、其中所记载的账户余额为银行对被执行人享有的债权，属于贷款银行的资产，并非被执行人的资产，仅为被执行人对银行的负债，“冻结”被执行人银行贷款账户，实质是禁止银行自主地从法院查封、扣押、冻结的被执行人财产以外的财产中收回贷款的行为，故银行贷款账户不得冻结。

2. 商品房预售资金监管账户可以冻结，但房地产开发企业、商品房建设工程款债权人、材料款债权人、租赁设备款债权人等请求以预售资金监管账户资金支付工程建设进度款、材料款、设备款等项目建设所需资金，或者购房人因购房合同解除申请退还购房款，经项目所在地住房和城乡建设主管部门审核同意的，商业银行应当及时支付，并将付款情况及时向人民法院报告。

3. 根据《防止农民工工资账户被查冻扣通知》，农民工工资专用账户资金和工资保证金，是指有关单位在银行业金融机构开设的农民工工资专用账户和工资保证金账户（以下简称两类账户）中存储的专项用于支付为本项目提供劳动的农民工工资的资金。

允许对农民工工资专用账户资金和工资保证金进行处置的情形包括：支付为本项目提供劳动的农民工工资的；农民工工资专用账户中有明显超出工程施工合同约定并且明显超出足额支付该项目农民工工资所需全部人工费的资金，或者工资保证金账户中有超出工资保证金主管部门公布的资金存储规定部分的资金的。

【法律依据】

《民事执行查扣冻规定（2020）》

第三条　人民法院对被执行人下列的财产不得查封、扣押、冻结：

……

（八）法律或者司法解释规定的其他不得查封、扣押、冻结的财产。

《最高人民法院住房和城乡建设部中国人民银行关于规范人民法院保全执行措施确保商品房预售资金用于项目建设的通知》

……人民法院对预售资金监管账户采取保全、执行措施时要强化善意文明执行理念，坚持比例原则，切实避免因人民法院保全、执行预售资金监管账户内的款项导致施工单位工程进度款无法拨付到位，商品房项目建设停止，影响项目竣工交付，损害广大购房人合法权益。

除当事人申请执行因建设该商品房项目而产生的工程建设进度款、材料款、设备款等债权案件之外，在商品房项目完成房屋所有权首次登记前，对于预售资金监管账户中监管额度内的款项，人民法院不得采取扣划措施。

二、商品房预售资金监管账户被人民法院冻结后，房地产开发企业、商品房建设工程款债权人、材料款债权人、租赁设备款债权人等请求以预售资金监管账户资金支付工程建设进度款、材料款、设备款等项目建设所需资金，或者购房人因购房合同解除申请退还购房款，经项目所在地住房和城乡建设主管部门审核同意的，商业银行应当及时支付，并将付款情况及时向人民法院报告。

……

三、开设监管账户的商业银行接到人民法院冻结预售资金监管账户指令时，应当立即办理冻结手续。

商业银行对于不符合资金使用要求和审批手续的资金使用申请，不予办理支付、转账手续。商业银行违反法律规定或合同约定支付、转账的，依法承担相应责任。

《保障农民工工资支付条例》

第三十三条　除法律另有规定外，农民工工资专用账户资金和工资保证金不得因支付为本项目提供劳动的农民工工资之外的原因被查封、冻结或者划拨。

《防止农民工工资账户被查冻扣通知》

二、人民法院在查封、冻结或者划拨相关单位银行账户资金时，应当严格审查账户类型，除法律另有专门规定外，不得因支付为本项目提供劳动的农民工工资之外的原因查封、冻结或者划拨两类账户资金。

三、对农民工工资专用账户中明显超出工程施工合同约定并且明显超出足额支付该项目农民工工资所需全部人工费的资金，对工资保证金账户中超出工资保证金主管部门公布的资金存储规定部分的资金，人民法院经认定可依法采取冻结或者划拨措施。当事人及有关单位、个人利用两类账户规避、逃避执行的，应当依法承担责任。

四、人民法院可以依法对两类账户采取预冻结措施，在工程完工且未拖欠农民工工资，监管部门按规定解除对两类账户监管后，预冻结措施自动转为冻结措施，并可依法划拨剩余资金。

《最高人民法院关于进一步做好涉农民工工资案件执行工作的通知》

第四条　各级法院要严格落实《保障农民工工资支付条例》及《最高人民法院、人力资源社会保障部、中国银保监会关于做好防止农民工工资专用账户资金和工资保证金被查封、冻结或者划拨有关工作的通知》要求，除法律另有专门规定外，不得因支付为本项目提供劳动的农民工工资之外的原因查封、冻结或者划拨农民工工资专用账户资金和工资保证金。

《司法助力中小微企业发展意见》

第 14 条　对商品房预售资金监管账户、农民工工资专用账户和工资保证金账户内资金依法审慎采取保全、执行措施，支持保障相关部门防范应对房地产项目逾期交付风险，维护购房者合法权益，确保农民工工资支付到位。冻结商品房预售资金监管账户的，应当及时通知当地住房和城乡建设主管部门；除当事人申请执行因建设该商品房项目而产生的工程建设进度款、材料款、设备款等债权案件外，在商品房项目完成房屋所有权首次登记前，对于监管账户中监管额度内的款项，不得采取扣划措施，不得影响账户内资金依法依规使用。除法律另有专门规定外，不得以支付为本项目提供劳动的农民工工资之外的原因冻结或者划拨农民工工资专用账户和工资保证金账户资金；为办理案件需要，人民法院可以对前述两类账户采取预冻结措施。

《银行贷款账户能否冻结批复》

银行开立的以被执行人为户名的贷款账户，是银行记载其向被执行人发放贷款及收回贷款情况的账户、其中所记载的账户余额为银行对被执行人享有的债权，属于贷款银行的资产，并非被执行人的资产，而只是被执行人对银行的负债。……而所谓“冻结”被执行人银行贷款账户，实质是禁止银行自主地从法院查封、扣押、冻结的被执行人财产以外的财产中实现收回贷款的行为。这种禁止，超出执行的目的。将侵害银行的合法权益，如果确实存在银行在法律冻结被执行人存款账户之后，擅自扣收贷款的情况，则可以依法强制追回。

因此，在执行以银行为协助执行人的案件时，不能冻结户名为被执行人的银行贷款账户。

案例解析

1. 某某房地产集团有限公司等执行复议案【(2023) 京执复 160 号】

• 基本案情

某某信托公司与某某集团公司、某某置业公司合同纠纷财产保全一案过程中，被保全人某某置业公司向法院提出书面异议，称北京金融法院在保全执行过程中超标的额保全该公司名下财产，故请求解除对其名下超额保全资产的冻结、查封措施。

北京金融法院查明，在某某信托公司与某某置业公司、某某集团公司、某某（香港）投资有限公司［CreationVast（HK）InvestmentLimited］合同纠纷一案中，该院裁定冻结某某置业公司、某某集团公司的银行存款或者查封、扣押、冻结二者的其他等值财产，限额人民币325249744.45元，冻结了某某置业公司名下37个银行账户中的银行存款，共计97886129.52元；查封该公司名下房产140套。另查明，冻结的被保全人名下银行存款中，大部分款项属于商品房预售资金监管账户中存款。查封的房产为在建工程，尚未竣工验收。

经金融法院审理后认为，商品房预售资金监管账户并非有效保全，且在建工程不能按照建成房产价格计算价值，无法证明超标的查封，遂驳回某某置业公司的异议。某某置业公司不服，在向北京高院申请复议时提出，案涉查封房产为保交楼项目，应当解除查封。北京高院认为，该理由不是法院解除查封措施的法定事由，故最终驳回其复议申请。

• 裁判要旨

查封房产所在项目已纳入保交楼纾困范围内、为实现“保稳定、保民生、保交楼”的目标，允许被执行人正常销售房屋、以确保项目回款，并不是法院解除已采取的强制措施的法定事由，若被执行人能够提出既可以实现申请人保全目的、又可以降低其所受不利影响的更优方案，被执行人可以在相关案件审理中与保全申请人积极沟通协商，也可以向法院另行提出关于调整保全措施的申请。

2. 江西某公路建设集团有限公司、江西省某工程建设有限公司等其他案由执行监督【（2023）最高法执监34号】

• 基本案情

林某某、某公路公司、某集团公司、某担保公司、某建设公司、某地产公司与黄某、第三人谢某某借款合同纠纷一案，江西高院判决：林某于该判决生效之日起十五日内向黄某返还借款本金及利息，某公路公司、某集团公司、某担保公司、某建设公司、某地产公司承担连带清偿责任。执行中，赣州中院裁定变更某工程公司为本案的申请执行人，后裁定：冻结、扣划被执行人林某、某公路公司、某建设公司、某担保公司的银行存款总计9249万元或查封、扣押、冻结上述被执行人同等价值的其他财产。

2022年1月19日，赣州中院裁定冻结了某公路公司账户；2022年1月25日，裁定冻结了某公路公司账户；2022年1月24日，裁定冻结了某公路公司账户；2022年1月25日，裁定冻结了某公路公司账户，实际控制金额为988.03元；

2022年1月29日，裁定冻结了某公路公司账户，实际控制金额为14506.52元；2022年1月21日，裁定冻结了某公路公司账户。

某公路公司不服，向赣州中院提出书面异议，认为上述账户中有五个可证实为农民工工资专用账户，应当解除冻结。赣州中院经审查认为，尾号“89”“98”“80”“31”“00”等五个账号属于农民工工资专用账户，裁定解除冻结。某工程公司不服，向江西高院申请复议，江西高院认为，其中两个账户对应项目的农民工工资已发放完毕，另一账户已经混入该工程预付款或工程进度款，已实际注入农民工工资196万元，对于超出该农民工工资金额之外的部分存款，执行法院可以冻结。某公路公司不服，向最高院申请执行监督，最高院赞同江西高院观点，驳回某公路公司的监督申请。

• 裁判要旨

工程项目所涉及的农民工工资保证金已退款、工程已全部竣工，该项目农民工工资已发放完毕，解除保证金账户资金监管，而且对应工程标段的农民工资支付专用账户已经混入该工程预付款或工程进度款，已实际注入农民工工资等，依照《防止农民工工资账户被查冻扣通知》第四条的规定，可冻结农民工工资账户。

38. 被执行人是否可以提出保全资产的置换申请、超标的保全异议？

【实务要点】

被执行人提供其他等值担保财产且有利于执行的，可以提出保全财产的置换申请；超过执行标的额查封、扣押、冻结被执行人财产的，被执行人可以申请解除对超标的额部分财产的查封、扣押、冻结，或对法院作出的查封、扣押、冻结裁定提出异议。

【要点解析】

1. 申请保全资产置换的条件。根据《民诉法解释（2022）》第一百六十七条规定，被执行人或其他担保人提供担保财产的价值与法院已保全财产的价值等值，并且提供担保的财产易于执行，或者执行的成本要比处理先前保全财产的成本低，上述两个条件同时具备时，可以申请变更保全标的物。

2. 法院审查被保全资产置换申请的把握尺度。人民法院可以根据实际情况决定是否变更保全标的物为被执行人提供的担保财产，而非必须裁定变更。要以是否便捷、有利于实现债权人利益为要件，但并不以申请执行人同意为条件。司法实践中，多数法院会听取申请执行人的意见。

3. 对查封、扣押、冻结的财产价值发生争议时的处理。对于现金存款等价值明确的财产，可以非常明确判断是否超过执行标的；对于不动产等需要变价的被执行财产，往往对其价值存在争议，根据最高院（2015）执复字第47号案的裁判要旨以及《最高人民法院关于进一步完善执行权制约机制加强执行监督的意见》第15条的规定，当事人双方对查封财产价值产生争议时，法院应当委托评估机构对查封财产进行评估。对于被执行人自行委托评估而得到的评估报告，根据最高院（2020）最高法执复37号案件的裁判观点，不宜仅以此确定查封财产的价值。根据最高院（2020）最高法执复9号案的裁判观点，对于符合出售条件的不动产，可以将同一楼盘中已售房屋近期的实际交易价结合一方当事人提供的评估报告，确定查封财产的价值。即使是有评估报告后，并非一定以评估价值作为最终财产价值，根据最高院（2015）执复字第12号案的裁判观点，债务人财产经评估后要拍卖时需要以假定三次流拍后的降价价格作为查封标的物的价值，并以此降价后的价格判断是否构成超标的额查封。

4. 超标的查封、扣押、冻结的审查标准。根据《文明执行理念意见》第7条规定，针对冻结的股票价值，一般在不超过20%的幅度内合理确定。并且股票价值发生重大变化的，经当事人申请，人民法院可以追加冻结或者解除部分冻结。另外，根据最高院（2020）最高法执复9号、（2021）最高法执复69号、（2020）最高法执复66号案的裁判观点，针对查封不动产的价值范围，也采用查封数额不高于债权数额20%的标准。由此可见，查封、扣押、冻结的财产价值并非必须完全与执行标的一致。

除此之外，根据最高院（2015）执复字第51号、（2018）最高法执监202号、（2021）最高法执复24号、（2014）执复字第25号案的裁判观点，在确定查封、扣押、冻结的财产价值时，还应当综合考虑财产上已存在的优先权、执行费用、有关税费、市场价值以及其他查封执行案件的执行情况等因素后，判断是否存在超标的查封、扣押、冻结。

5. 在认定超标的查封不动产后的处理。根据《文明执行理念意见》第4条以及《最高人民法院关于进一步完善执行权制约机制加强执行监督的意见》第15条的规定，拟查封的不动产整体价值明显超出债权额的，应当对该不动产相应价值部分采取查封措施；相关部门以不动产登记在同一权利证书下为由提出不能办理分割查封的，人民法院在对不动产进行整体查封后，经被执行人申请，应当及时协调相关部门办理分割登记并解除对超标的部分的查封。

6. 即使超标的查封亦不解除超出标的部分查封的例外。根据《民事执行查扣冻规定（2020）》第十九条的规定，该财产为不可分物且被执行人无其他可供执行的财产或者其他财产不足以清偿债务的，以及根据《财产保全规定（2020）》第十五条的规定，被查封的不动产在使用上不可分或者分割会严重减损其价值的，不解除超出执行标的部分的查封、扣押、冻结。

【法律依据】

《民诉法解释（2022）》

第一百六十七条　财产保全的被保全人提供其他等值担保财产且有利于执行的，人民法院可以裁定变更保全标的物为被保全人提供的担保财产。

《民事执行查扣冻规定（2020）》

第十九条　查封、扣押、冻结被执行人的财产，以其价额足以清偿法律文书确定的债权额及执行费用为限，不得明显超标的额查封、扣押、冻结。

发现超标的额查封、扣押、冻结的，人民法院应当根据被执行人的申请或者依职权，及时解除对超标的额部分财产的查封、扣押、冻结，但该财产为不可分物且被执行人无其他可供执行的财产或者其他财产不足以清偿债务的除外。

《规范执行保护当事人的通知》

三、在采取查冻扣措施时注意把握执行政策。查封、扣押、冻结财产要严格遵守相应的适用条件与法定程序，坚决杜绝超范围、超标的查封、扣押、冻结财产，对银行账户内资金采取冻结措施的，应当明确具体冻结数额；对土地、房屋等不动产保全查封时，如果登记在一个权利证书下的不动产价值超过应保全的数额，则应加强与国土部门的沟通、协商，尽量仅对该不动产的相应价值部分采取保全措施，避免影响其他部分财产权益的正常行使。

《财产保全规定（2020）》

第十五条　人民法院应当依据财产保全裁定采取相应的查封、扣押、冻结措施。

可供保全的土地、房屋等不动产的整体价值明显高于保全裁定载明金额的，人民法院应当对该不动产的相应价值部分采取查封、扣押、冻结措施，但该不动产在使用上不可分或者分割会严重减损其价值的除外。

对银行账户内资金采取冻结措施的，人民法院应当明确具体的冻结数额。

第二十六条　申请保全人、被保全人、利害关系人认为保全裁定实施过程中的执行行为违反法律规定提出书面异议的，人民法院应当依照民事诉讼法第二百二十五条规定审查处理。

《文明执行理念意见》

4. 严禁超标的查封。强制执行被执行人的财产，以其价值足以清偿生效法律文书确定的债权额为限，坚决杜绝明显超标的查封。冻结被执行人银行账户内存款的，应当明确具体冻结数额，不得影响冻结之外资金的流转和账户的使用。需要查封的不动产整体价值明显超出债权额的，应当对该不动产相应价值部分采取查封措施；相关部门以不动产登记在同一权利证书下为由提出不能办理分割查封的，人民法院在对不动产进行整体查封后，经被执行人申请，应当及时协调相关部门办理分割登记并解除对超标的部分的查封。相关部门无正当理由拒不协助办理分割登记和查封的，依照民事诉讼法第一百一十四条采取相应的处罚措施。

7. 严格规范上市公司股票冻结。为维护资本市场稳定，依法保障债权人合法权益和债务人投资权益，人民法院在冻结债务人在上市公司的股票时，应当依照下列规定严格执行：

（1）严禁超标的冻结。冻结上市公司股票，应当以其价值足以清偿生效法律文书确定的债权额为限。股票价值应当以冻结前一交易日收盘价为基准，结合股票市场行情，一般在不超过20%的幅度内合理确定。股票冻结后，其价值发生重大变化的，经当事人申请，人民法院可以追加冻结或者解除部分冻结。

……

《最高人民法院关于进一步完善执行权制约机制加强执行监督的意见》

15. 严禁超标的查封、乱查封。强制执行被执行人的财产，以其价值足以清偿生效法律文书确定的债权额为限，坚决杜绝明显超标的查封。冻结被执行人银行账户内存款的，应当明确具体冻结数额，不得影响冻结之外资金的流转和账户的使用。需要查封的不动产整体价值明显超出债权额的，应当对该不动产相应价值部分采取查封措施；相关部门以不动产登记在同一权利证书下为由提出不能办理分割查封的，人民法院在对不动产进行整体查封后，经被执行人申请，应当及时协调相关部门办理分割登记并解除对超标的部分的查封。有多种财产的，选择对当事人生产生活影响较小且方便执行的财产查封。

……

一方当事人以超标的查封为由提出执行异议，争议较大的，人民法院可以根据当事人申请进行评估，评估期间不停止查封。

案例解析

1. 某某建设公司与萍乡某某汽车贸易公司执行复议案【(2020）赣执复134号】

• 基本案情

某某建设公司诉萍乡某某汽车贸易公司建设工程施工合同纠纷一案过程中，某某建设公司于2020年7月14日提出财产保全申请，并提供了担保。萍乡中院裁定冻结或查封、扣押相应价值的其他财产，并且查封被保全人萍乡某某汽车贸易公司名下位于萍乡市湘东区湘东镇五里村某国际汽车汽配城的房产（共94处）。而后萍乡某某汽车贸易公司以查封上述房产中有43处已经销售，查封该房产对企业生产经营造成重大影响为由，申请变更财产保全措施，解除对上述已销售房产的查封，同时申请法院另行查封3-7号楼相应价值未办理产权登记的商铺。

之后，萍乡中院解除上述94处中43处房产的查封，并且查封萍乡某某汽车贸易公司名下位于萍乡市湘东区湘东镇五里村赣湘国际汽车汽配城商铺（共74处)，某某建设公司不服，对此提出书面异议，萍乡中院认为变更保全标的物程序合法，裁定变更保全的标的物与解封财产价值一致，未损害申请执行人利益，故裁定驳回其异议请求。某某建设公司随后向江西高院申请复议，主张被执行人提供的换封证明材料未经审查确认，且换封的房产为在建工程、不便执行。江西高院审理后认为，换封财产的估价合理、具有参考性，且原查封房产已被出售，存在案外人利益，更不便于执行，故驳回某某建设公司的复议申请。

• 裁判要旨

被保全人提供的其他担保财产同时满足“等值”和“有利于执行”两个条件时，人民法院才可以裁定变更保全标的物，具体判断标准由法院依据职权根据具体案情进行审查。

2. 某某股份公司、某某营销公司等侵权责任纠纷案【(2019)粤民终2517号】

• 基本案情

某某营销公司在与某某股份公司和某某集团、某某物流公司、某甲公司、某乙公司、某某铜业公司等六当事人买卖合同纠纷一案中，请求保全了某某集团持有的某某股份公司的 2700 万股股权及账户，但没有保全某某股份公司的任何财产。某某集团提出以其持有的某某金融控股公司 55%的股权置换某某集团持有的某某股份公司的被保全股权，某某营销公司未同意，法院最终未裁定变更保全财产。

之后，某某股份公司以其在前案中被诉，以及某某集团持有的某某股份公司的股权和账户被查封，导致其上市受阻、融资成本提高、无形资产贬值为由，请求某某营销公司承担赔偿责任。经法院审理后，认为某某营销公司主观上存在利用保全损害某某股份公司利益的间接故意，并且保全行为与损害结果具有因果关系，故判决某某营销公司承担赔偿责任。某某营销公司不服，向广东省高院提起上诉，主张其在保全时已提供担保，并且某某股份公司不存在损害，广东高院审查认为，前案诉讼中某某营销公司没有同意变更保全财产合法合理，其并未保全任何某某股份公司的财产，本案并非因诉讼中财产保全损害责任纠纷，故撤销一审判决，驳回某某股份公司诉请。

• 裁判要旨

在前案诉讼过程中，被申请人等以财产保全影响其上市为由多次申请解除财产保全有其正当性，但申请人拒绝同意解除财产保全也是其诉讼权利。被申请人曾申请以其持有的某公司 55%的股权置换已被保全股权，申请人也未同意。根据《民诉法解释（2022）》第一百六十七条规定，被保全人提供的其他担保财产应当同时满足“等值”和“有利于执行”两个条件时，人民法院才可以裁定变更保全标的物。被保全股份可以挂牌交易，流动性明显高于申请置换的股权。据此，法院没有裁定置换保全财产是正当、正确的。

3. 某某投资公司、某甲置业公司、某甲房地产公司、王某甲与某乙置业公司、某某控股公司、王某乙、某乙房地产公司执行复议案【(2021)最高法执复 24 号，入库编号：2023-17-5-202-019】

• 基本案情

北京高院在诉讼过程中作出保全裁定，裁定以人民币 2 亿元为限，保全某某投资公司等七被保全人名下相应价值的财产或财产权益。依据该保全裁定，该院实际查封、冻结了①某某投资公司名下账户金额 100430.21 元。②某甲置业公司名下的 5 套房产。该房产上有两项一般抵押未注销，被担保主债权数额分别为 4.3亿元、4.4 亿元。③某甲房地产公司名下的 8 套房产。该房产上有两项抵押未注销，一项为一般抵押，被担保主债权数额为 2.035 亿元；一项为最高额抵押，被担保主债权数额 2 亿元。④王某甲持有的股权，出资额人民币 1200 万元。⑤某某投资公司持有的股权，出资额 10000 万元。⑥某某投资公司持有的股权，出资额 3500 万元。7.某甲置业公司持有的股权，出资额 6210 万元。

上述某某投资公司等四被保全人以超标的额保全查封为由向北京高院提出书面异议。北京高院异议审查后认为，异议人提供的证据并非查封房产价值的直接、有效证据，亦不足以证明该房屋尚未清偿抵押债权的确切金额，故不能认定本案构成明显超标的额保全，驳回异议人的异议请求。某某投资公司等四异议人不服，向最高院申请复议，主张其已举证证明被查封、冻结财产价值，明显超过执行标的，最高院审查后认为证据证实内容与异议人主张不符，即使按照股权出资额及持股比例计算价值也未超执行标的，故驳回其复议请求。

• 裁判要旨

判断是否存在明显超保全标的查封、扣押或冻结情形，应通过综合考量被保全财产的市场价值、其上是否附有其他优先受偿债权等权利负担情形，进行客观合理的价值估定。如果查封的财产价值明显超过法律文书确定的债权额及执行费用的，则构成超标的查封。

39. 如何评估、拍卖被执行财产？

【实务要点】

不同类型财产的评估拍卖程序基本一致，以被执行财产为不动产为例，经申请执行人申请，法院首先对不动产进行查封；查封后经申请执行人申请，法院会裁定拍卖不动产，并且出具腾房公告、送达责令履行通知书；法院启动确定财产处置参考价程序，当事人可以对参考价结果以及确定过程提出异议；法院对拍卖进行公告；法院在拍卖平台上或采取委托拍卖、其他方式进行拍卖；如经过一拍、二拍后，则可进入财产变卖程序或以物抵债程序。

【要点解析】

1. 财产处置参考价的确定

1）财产处置参考价的确定方式。包括当事人议价、定向询价、网络询价、委托评估等方式。

（1）当事人议价方式。适用条件：双方当事人协商，并在指定期限内提交议价结果。要求：议价结果一致，且不损害他人合法权益。

（2）定向询价。适用条件：议价不能或者不成，且财产有计税基准价、政府定价或者政府指导价，或者不经议价、经双方当事人一致要求。具体做法：由法院向确定参考价时财产所在地的有关机构询价。

（3）网络询价。适用条件：定向询价不能或者不成的，财产无须由专业人员现场勘验或者鉴定，且具备网络询价条件，或者不经前序程序、由双方当事人一致要求或者同意。具体操作：在司法网络询价平台上进行。

（4）委托评估。①应当委托评估的情形：法律、行政法规规定必须委托评估的；双方当事人要求；全部司法网络询价平台均未在期限内出具或者补正网络询价报告，且未申请延期的；涉及国有资产或者公共利益等事项的。②当事人从名单分库中协商确定三家评估机构以及顺序，在指定期限内协商不成或者一方当事人下落不明的，采取摇号方式随机确定，或由双方当事人一致要求在同一名单子库中随机确定。评估机构在规定期限内无正当理由不能完成评估的，将重新选择机构。③由法院组织进行评估现场勘验，评估机构认为无法进行评估或者影响评估结果的，由当事人提供材料或材料线索，否则由评估机构根据现有材料进行评估。④评估时限为三十日，若评估机构认为不能在期限内完成的，在期满五日前向法院提出不超过十五日的延期申请，法院三日内决定是否延期，延期申请可多次提出。⑤如发生：评估机构三十日内或者第一次延长期限内未完成评估，亦不申请延期的；当事人、利害关系人在收到评估报告后五日内对评估报告提出财产基本信息错误、超出财产范围或者遗漏财产的书面异议，且异议成立、评估机构在五日内未作说明或者补正的，或提出评估机构或者评估人员不具备相应评估资质、评估程序严重违法情形的书面异议，且异议成立的，需重新确定评估机构。

（5）无论采取何种方式确定参考价，其结果有效期均不得超过一年。法院在有效期内发布一拍拍卖公告或者直接进入变卖程序，拍卖、变卖时未超过有效期六个月的，无须重新确定参考价。

2）当事人、利害关系人对：①评估报告的参照标准；②计算方法；③评估结果等提出异议的，法院将交评估机构予以书面说明。评估机构在五日内未作说明或者当事人、利害关系人对说明仍有异议的，法院应当交由相关行业协会组织专业技术评审，并据此结论认定评估结果或者责令原评估机构予以补正。

如当事人、利害关系人有证据证明：①议价中存在欺诈、胁迫情形；②恶意串通损害第三人利益；③有关机构出具虚假定向询价结果；④前序异议处理结果确有错误，且在发布一拍拍卖公告或者直接进入变卖程序之前提出异议的，按照执行监督程序处理。

当事人、利害关系人未提异议，或异议经过处理的，法院以评估结果或者补正结果为参考价。

3）暂缓网络询价或者委托评估的情形：①案件暂缓执行或者中止执行；②评估材料与事实严重不符，可能影响评估结果，需要重新调查核实的。

4）撤回网络询价或者委托评估的情形：①申请执行人撤回执行申请；②生效法律文书确定的义务已全部执行完毕；③据以执行的生效法律文书被撤销或者被裁定不予执行；④双方当事人议价确定参考价或者协商不再对财产进行变价处理的；⑤其他应当撤回的情形。

2. 拍卖程序

（1）启动拍卖时限。参考价确定后十日内参照参考价启动拍卖。

（2）拍卖保留价、起拍价及加价幅度。一拍保留价为评估价；如采用网络拍卖的，拍卖保留价为起拍价，而起拍价不得低于评估价或者市价的百分之七十；未作评估的，参照市价确定，并征询当事人意见。流拍后再次拍卖的保留价不得低于前次保留价的百分之八十。

（3）拍卖处置的，优先以网络司法拍卖方式进行，但法律、行政法规和司法解释规定必须通过其他途径处置，或者不宜采用网络拍卖方式处置的除外。网络司法拍卖平台由申请执行人从名单库中选择；未选择或者多个申请执行人的选择不一致的，由法院指定。

（4）拍卖机构由法院采用随机方式确定。例外：①涉国有资产的司法委托拍卖由省级以上国有产权交易机构实施；②《中华人民共和国证券法》规定应当在证券交易所上市交易或转让的证券资产的司法委托拍卖，通过证券交易所实施。

确定拍卖机构时，各方当事人应到场，否则法院可将选择机构的情况，以书面形式送达当事人。拍卖机构期限内无正当理由不能完成拍卖的，法院重新选择拍卖机构。

（5）拍卖动产的，在拍卖七日前公告，网络司法拍卖的提前十五日；拍卖不动产或者其他财产权的，在拍卖十五日前公告，网络司法拍卖的提前三十日。但如网络司法拍卖二拍的，公告发布时限同普通拍卖。

（6）法院应当在拍卖五日前通知当事人和已知的担保物权人、优先购买权人或者其他优先权人于拍卖日到场，无法通知的，在网络司法拍卖平台公示并说明无法通知的理由，公示满五日视为已经通知，但权利人书面明确放弃权利的除外。经通知未到场的，视为放弃优先购买权。

（7）部分财产变价款足以清偿债务和支付其他费用的，停止拍卖剩余财产，但被执行人同意全部拍卖的除外。如拍卖的多项财产在使用上不可分，或者分别拍卖可能严重减损其价值的，应合并拍卖。

（8）流拍或者最高应价低于保留价，到场的申请执行人或者其他执行债权人可申请以物抵债。有两个以上执行债权人申请的，由受偿顺位在先的债权人优先承受，顺位相同的，抽签决定。承受人债权额低于抵债财产的价额的，应补交差额。

（9）应撤回拍卖委托的情形：①据以执行的生效法律文书被撤销的；②申请执行人及其他执行债权人撤回执行申请的；③被执行人全部履行了法律文书确定的金钱债务的；④当事人达成了执行和解协议，不需要拍卖财产的；⑤案外人对拍卖财产提出确有理由的异议的；⑥拍卖机构与竞买人恶意串通的。

暂缓执行或者中止执行的情形：被执行人在拍卖日之前向法院提交足额金钱清偿债务，

要求停止拍卖；或者当事人、利害关系人认为网络司法拍卖行为违法侵害其合法权益的。以上事由消失后，需要继续拍卖的，法院在十五日内通知拍卖机构恢复拍卖或五日内恢复网络司法拍卖。

裁定重新拍卖的情形：拍卖成交后买受人逾期未支付价款；以流拍的财产抵债后承受人逾期未补交差价。

（10）可撤销网络司法拍卖的情形：①由于拍卖财产的文字说明、视频或者照片展示以及瑕疵说明严重失实，致使买受人产生重大误解，购买目的无法实现的，但拍卖时的技术水平不能发现或者已经就相关瑕疵以及责任承担予以公示说明的除外；②由于系统故障、病毒入侵、黑客攻击、数据错误等原因致使拍卖结果错误，严重损害当事人或者其他竞买人利益的；③竞买人之间，竞买人与网络司法拍卖服务提供者之间恶意串通，损害当事人或者其他竞买人利益的；④买受人不具备法律、行政法规和司法解释规定的竞买资格的；⑤违法限制竞买人参加竞买或者对享有同等权利的竞买人规定不同竞买条件的。

（11）依据拍卖保留价计算，拍卖所得价款在清偿优先债权和强制执行费用后无剩余可能的，应在拍卖前通知申请执行人。重新确定大于该优先债权及强制执行费用总额的保留价后，申请执行人可申请继续拍卖。

（12）如果不动产或者其他财产权二拍流拍或者最高应价低于保留价，且到场的申请执行人或者其他执行债权人不申请以物抵债的，应在六十日内再行拍卖，如果是网络司法拍卖的，可进行变卖。

如果是动产二拍流拍，且申请执行人或者其他执行债权人拒绝抵债或者依法不能交付其抵债的，应当解除查封、扣押，并将该动产退还被执行人，如果是网络司法拍卖的，可进行变卖。

（13）三拍流拍且申请执行人或者其他执行债权人拒绝接受或者依法不能接受以物抵债，法院在三拍终结之日起七日内发出变卖公告。自公告之日起六十日内无人竞买的，且申请执行人、其他执行债权人仍不接受以物抵债的，应当解除查封、冻结后退还被执行人，但可以采取其他执行措施的除外。

【法律依据】

《规范网络司法拍卖通知》

《财产处置参考价规定》

《网络司法拍卖规定》

《委托评估规范》

《委托评估拍卖和变卖规定》

《委托评估拍卖规定》

《执行拍卖变卖规定（2020）》

案例解析

1. 某供应链公司、某配送公司与王某某、某贸易公司、邝某某执行监督案【(2021)最高法执监89号，入库编号：2023-17-5-203-035】

• 基本案情

东莞市中级人民法院在执行王某某申请执行某贸易公司、某配送公司、邝某某国内非涉外仲裁裁决纠纷执行一案中，于2019年2月28日以起拍价570万元对某配送公司名下的A7栋地上建筑物进行第一次网络拍卖并流拍，于2019年4月15日对上述建筑物以起拍价456万元进行第二次网络拍卖，后被某供应链公司竞得。申请执行人王某某曾于2019年3月5日向执行法院提交以物抵债申请书，请求对A7栋地上建筑物以第一次流拍价570万元抵偿被执行人部分债务。王某某对二次拍卖提出异议，东莞市中级人民法院撤销了2019年4月15日就案涉房产的第二次拍卖。某供应链公司、某配送公司不服东莞市中级人民法院异议裁定提起复议，广东省高级人民法院驳回某供应链公司、某配送公司复议申请。某供应链公司、某配送公司不服，提起本案申诉，申诉理由之一为，案涉地上建筑物所在土地为某配送公司租赁而来，A7栋地上建筑物并未取得房屋产权证及建设工程规划许可证，该建筑物依法不能以物抵债，亦不得转让，执行法院依法不得采取司法拍卖等执行措施，最高人民法院经审查裁定驳回申诉。

• 裁判要旨

1. 对于未办理权属登记的房屋，被执行人仍对其享有相关财产权益，经评估该权益具有相应的财产价值的，执行法院可以根据该执行标的物的现状依法进行处置。

2. 关于网络司法拍卖程序中一拍流拍后是否可以直接以物抵债的问题，应继续适用《执行拍卖变卖规定(2020)》中的相关规定，即在司法拍卖中，当拍卖财产流拍后，期间有申请执行人或者其他执行债权人申请或者同意以该次拍卖保留价抵债的，人民法院应予准许。

2. 郑某某申请执行监督案【(2021)最高法执监424号，入库编号：2023-17-5-203-058】

• 基本案情

云南省昆明市中级人民法院在立案执行云南省高级人民法院(2017)云民终729号民事调解书一案中，查封了被执行人杨某某名下位于昆明市正义路一层、负一层房产。经评估、拍卖，一层案涉房产以起拍价2893.50万元成交，负一层房产流拍。

后郑某某向执行法院提出执行异议，主张其系上述执行案涉房产的承租人，依法享有优先购买权和司法拍卖竞买权，但昆明市中级人民法院拍卖未进行任何形式的告知，程序严重违法，请求撤销拍卖。昆明市中级人民法院经审查，于2020年2月21日作出（2020）云01执异35号执行裁定，驳回异议请求。郑某某不服，向云南省高级人民法院申请复议，该院于2020年9月1日作出（2020）云执复266号执行裁定，驳回其复议申请。郑某某不服，向最高人民法院申诉，最高人民法院经审查后于2021年9月30日作出（2021）最高法执监424号执行裁定，驳回其申诉请求。

• 裁判要旨

在执行程序中，房屋承租人仅以没有接到司法拍卖通知导致其优先购买权受侵害为由，主张拍卖程序无效或要求撤销拍卖的，不应予以支持。

3. 陕西某担保公司与陕西某房地产公司、陕西某机械制造公司、刁某某、陕西某商贸公司、梁某执行监督案【（2021）最高法执监 384 号，入库编号：2023-17-5-203-036】

• 基本案情

在陕西某担保公司与刁某某、陕西某商贸公司、陕西某房地产公司、陕西某机械制造公司、梁某借款担保公证三案，西安市中级人民法院（以下简称西安中院）在执行过程中查封了被执行人陕西某房地产公司名下某商贸中心B座1层的酒店大厅及4层、5层、6层不动产。西安中院查明，该商贸中心4层为商业，5层为酒店客服部，6层为酒店餐饮部，1层的酒店大厅及4层、5层、6层均有独立的不动产权证书；1层的酒店接待大厅有两部电梯可直达5层、6层；另有中央空调、电梯、扶梯等设施设备为酒店经营所使用。因西安中院在处置上述资产时将1层酒店大厅与4层、5层、6层分开拍卖，且在拍卖上述房产时未包括中央空调、电梯、自动扶梯等设施设备。陕西某房地产公司等向西安中院提出执行异议，主张涉案标的物1层酒店大厅、设备与5、6层房产在使用上不可分割，属于一个整体，分别拍卖会严重减损其价值，要求撤销拍卖。

经西安中院执行异议、陕西省高级人民法院执行复议审查，均驳回陕西某房地产公司等的执行异议、复议请求。该公司不服，向最高人民法院申诉，最高人民法院于2021年12月20日作出（2021）最高法执监384号执行裁定：撤销执行异议、执行复议裁定，撤销西安中院相关拍卖行为。

• 裁判要旨

执行程序中对于被执行人的多项财产在使用上不可分，或者分别拍卖可能严重减损拍卖标的价值的，在执行拍卖过程中应当根据标的物的实际情况采取合并拍卖方式进行处置。避免因分开拍卖人为增加拍卖财产的瑕疵，影响潜在竞买人的竞买意愿，导致流拍或不合理低价成交等严重损害拍卖物所有权人利益的情形发生。

40. 何种情形下需要对被执行财产进行变卖？

【实务要点】

依相关规定，人民法院对被执行财产分为应当变卖和可以变卖情形，其中应当变卖的情形有：不动产或者其他财产权第三次拍卖流拍且申请执行人或者其他执行债权人拒绝接受或者依法不能接受抵债的，法院应当进行变卖。可以变卖的情形有：当事人双方及有关权利人同意变卖的、网络司法拍卖经二次拍卖流拍的、被执行人申请自行变卖查封财产清偿债务且确保能够控制相应价款的、被执行人申请对查封财产不经拍卖直接变卖且经申请执行人同意或者变卖款足以清偿所有执行债务的、被执行人以网络询价或评估价过低为由申请以不低于网络询价或评估价自行变卖查封财产清偿债务且法院经审查认为不存在被执行人与他人恶意串通低价处置财产情形的、对季节性商品或鲜活或易腐烂变质以及其他不宜长期保存的被执行财产且有必要的，法院可以进行变卖。

【要点解析】

1. 应进行变卖的情形：不动产或者其他财产权第三次拍卖流拍且申请执行人或者其他执行债权人拒绝接受或者依法不能接受抵债的。

2. 可以变卖的情形：①当事人双方及有关权利人同意变卖的；②网络司法拍卖经二拍流拍的；③被执行人申请自行变卖且确保能够控制相应价款的；④被执行人申请直接变卖且经申请执行人同意，或者变卖款足以清偿所有执行债务的；⑤被执行人以网络询价或评估价过低为由申请以不低于网络询价或评估价自行变卖且经审查认为不存在被执行人与他人恶意串通低价处置财产情形的（被执行人就网络询价或评估价提起异议后，又申请自行变卖的除外）；⑥属于季节性商品、鲜活、易腐烂变质以及其他不宜长期保存的被执行财产，且有必要的；⑦不及时变价会导致价值严重贬损的、保管困难或者保管费用过高的动产。

3. 变卖方式及价格的确定。应首先采取网络司法变卖方式，并在三十日内启动确定财产处置参考价程序。当事人双方及有关权利人对变卖财产的价格有约定的，按其约定；无约定但有市价的，变卖价格不得低于市价；无市价但价值较大、价格不易确定的，应当委托评估机构进行评估（同拍卖评估程序），参照评估参考价确定变卖价。

在议价、询价、评估结果有效期内进入变卖程序，且变卖时未超过有效期六个月的，无须重新确定参考价。按照评估价格变卖不成的，可以降低价格变卖，但最低的变卖价不得低于评估价的二分之一。

如变卖财产先行经过网络司法拍卖的，其变卖价为二拍流拍价。

4. 变卖平台的确定和变更。网络司法拍卖二拍流拍后，原则上沿用网拍程序适用的平台，但申请执行人也可在网拍二拍流拍后 10 日内书面要求更换为名单库中的其他平台。

5. 发布网络司法变卖公告的期限。网拍二拍流拍后，法院于 10 日内询问申请执行人或其他执行债权人是否接受以物抵债。不接受以物抵债的，法院于网拍二拍流拍之日起 15 日内发布网络司法变卖公告。如直接进行变卖的，应当在参考价确定后十日内启动财产变卖程序。

6. 网络司法变卖的变卖期、公告期。变卖期为 60 天，如由被执行人自行变卖的，变卖期限由法院根据财产实际情况、市场行情等因素确定，但最长不得超过 60 日。

变卖动产的，应当在变卖期开始 7 日前公告；变卖不动产或者其他财产权的，应当在变卖期开始 15 日前公告。

7. 网络司法变卖流程。变卖期开始后，自第一次出价开始进入 24 小时竞价程序，其他取得竞买资格的竞买人可以递增出价方式参与竞买。竞价程序内无其他人出价的，变卖财产由第一次出价的竞买人竞得，有其他人出价的，由最高出价者竞得。

8. 变卖流标后，且申请执行人或者其他执行债权人拒绝接受或者依法不能交付其抵债的，人民法院应当解除查封、扣押，并将该财产退还被执行人。

9. 当事人、利害关系人请求撤销网络司法变卖的情形，变卖程序的中止、暂缓和撤销，同网络司法拍卖。

【法律依据】

《民诉法解释（2022）》

第四百八十八条　人民法院在执行中需要变卖被执行人财产的，可以交有关单位变卖，也可以由人民法院直接变卖。

对变卖的财产，人民法院或者其工作人员不得买受。

《执行若干问题规定（2020）》

被执行人申请对人民法院查封的财产自行变卖的，人民法院可以准许，但应当监督其按照合理价格在指定的期限内进行，并控制变卖的价款。

《执行拍卖变卖规定（2020）》

第二十五条　……

第三次拍卖流拍且申请执行人或者其他执行债权人拒绝接受或者依法不能接受该不动产或者其他财产权抵债的，人民法院应当于第三次拍卖终结之日起七日内发出变卖公告。

自公告之日起六十日内没有买受人愿意以第三次拍卖的保留价买受该财产，且申请执行人、其他执行债权人仍不表示接受该财产抵债的，应当解除查封、冻结，将该财产退还被执行人，但对该财产可以采取其他执行措施的除外。

第三十条　在执行程序中拍卖上市公司国有股和社会法人股的，适用最高人民法院《关于冻结、拍卖上市公司国有股和社会法人股若干问题的规定》。

第三十一条　对查封、扣押、冻结的财产，当事人双方及有关权利人同意变卖的，可以变卖。

金银及其制品、当地市场有公开交易价格的动产、易腐烂变质的物品、季节性商品、保管困难或者保管费用过高的物品，人民法院可以决定变卖。

第三十二条　当事人双方及有关权利人对变卖财产的价格有约定的，按照其约定价格变卖；无约定价格但有市价的，变卖价格不得低于市价；无市价但价值较大、价格不易确定的，应当委托评估机构进行评估，并按照评估价格进行变卖。

按照评估价格变卖不成的，可以降低价格变卖，但最低的变卖价不得低于评估价的二分之一。

变卖的财产无人应买的，适用本规定第十六条的规定将该财产交申请执行人或者其他执行债权人抵债；申请执行人或者其他执行债权人拒绝接受或者依法不能交付其抵债的，人民法院应当解除查封、扣押，并将该财产退还被执行人。

《财产处置参考价规定》

第一条　人民法院查封、扣押、冻结财产后，对需要拍卖、变卖的财产，应当在三十日内启动确定财产处置参考价程序。

《网络司法拍卖规定》

第二十六条　网络司法拍卖竞价期间无人出价的，本次拍卖流拍。流拍后应当在三十日内在同一网络司法拍卖平台再次拍卖，拍卖动产的应当在拍卖七日前公告；拍卖不动产或者其他财产权的应当在拍卖十五日前公告。再次拍卖的起拍价降价幅度不得超过前次起拍价的百分之二十。

再次拍卖流拍的，可以依法在同一网络司法拍卖平台变卖。

第三十七条　人民法院通过互联网平台以变卖方式处置财产的，参照本规定执行。

《文明执行理念意见》

9. 适当增加财产变卖程序适用情形。要在坚持网络司法拍卖优先原则的基础上，综合考虑变价财产实际情况、是否损害执行债权人、第三人或社会公共利益等因素，适当采取直接变卖或强制变卖等措施。

（1）被执行人申请自行变卖查封财产清偿债务的，在确保能够控制相应价款的前提下，可以监督其在一定期限内按照合理价格变卖。变卖期限由人民法院根据财产实际情况、市场行情等因素确定，但最长不得超过60日。

（2）被执行人申请对查封财产不经拍卖直接变卖的，经执行债权人同意或者变卖款足以清偿所有执行债务的，人民法院可以不经拍卖直接变卖。

（3）被执行人认为网络询价或评估价过低，申请以不低于网络询价或评估价自行变卖查封财产清偿债务的，人民法院经审查认为不存在被执行人与他人恶意串通低价处置财产情形的，可以监督其在一定期限内进行变卖。

（4）财产经拍卖后流拍且执行债权人不接受抵债，第三人申请以流拍价购买的，可以准许。

（5）网络司法拍卖第二次流拍后，被执行人提出以流拍价融资的，人民法院应结合拍卖财产基本情况、流拍价与市场价差异程度以及融资期限等因素，酌情予以考虑。准许融资的，暂不启动以物抵债或强制变卖程序。

被执行人依照9（3）规定申请自行变卖，经人民法院准许后，又依照《最高人民法院关于人民法院确定财产处置参考价若干问题的规定》第二十二、二十三条规定向人民法院提起异议的，不予受理；被执行人就网络询价或评估价提起异议后，又依照9（3）规定申请自行变卖的，不应准许。

《执行款物管理规定》

第二十一条　对季节性商品、鲜活、易腐烂变质以及其他不宜长期保存的物品，人民法院可以责令当事人及时处理，将价款交付人民法院；必要时，执行人员可予以变卖，并将价款依照本规定要求交财务部门。

案例解析

1. 甘肃甲公司与甘肃乙公司、王某某借款合同纠纷执行监督案【（2020）最高法执监18号，入库编号：2023-17-5-203-021】

• 基本案情

甘肃甲公司与甘肃乙公司、王某某借款合同纠纷一案，兰州中院判令被告甘肃乙公司、王某某于该判决生效后十日内向原告甘肃甲公司偿还借款本金及利息。甘肃乙公司、王某某不服向甘肃高院提起上诉。甘肃高院经审理后判决驳回上诉，维持原判。在判决中确认，甘肃乙公司、王某某出具借条载明甘肃乙公司和王某某愿意以在甘肃甲公司的股份作为抵押担保，在到期无法偿还借款时，自愿放弃在甘肃甲公司的股份。

在执行过程中，兰州中院对依法查封、冻结的甘肃乙公司持有的甘肃甲公司的股权进行委托评估。甘肃甲公司复函兰州中院，经公司股东大会决议，上述股权由甘肃丙公司以评估价值19086785.75元，全部优先购买。后兰州中院裁定被执行人甘肃乙公司所持有的甘肃甲公司股权的所有权归甘肃丙公司，所有权自本裁定送达甘肃丙公司起转移。经甘肃甲公司的申请，该案终结执行。甘肃乙公司和王某某就此提出执行异议，认为甘肃甲公司系股份有限公司，不适用有关优先购买权的规定，且其他股东的优先购买权是在同等条件下的优先购买权，该案执行中未对涉案股权进行公开拍卖，亦未经被执行人同意，直接作出以物（股权）抵债的裁定，并同时作出终结执行的裁定，不符合相关法律规定。

兰州中院经审查后撤销原以物抵债执行裁定。甘肃甲公司不服，向甘肃高院申请复议，甘肃高院裁定撤销兰州中院的执行裁定。甘肃乙公司不服，向最高人民法院申诉，最高人民法院裁定撤销甘肃高院执行裁定，维持兰州中院的执行裁定。

• 裁判要旨

在执行程序中，人民法院对查封、冻结的财产进行变价处理时，应当首先采取拍卖的方式。而以拍卖方式处置财产的，应当采取网络司法拍卖方式，这一方式可以使潜在竞买人及时、准确获得信息，从而参与到司法拍卖竞价中来，通过充分竞价，使财产变价价格充分反映其市场价值。变价所得价款越高，越有利于实现债权，同时也有利于兼顾债务人的合法权益。基于此，如果要放弃拍卖方式而选择变卖方式，对双方当事人和有关权利人利益影响较大，应当经过其同意。因此，当事人双方及有关权利人没有明确向执行法院提出同意变卖的意见时，执行法院不得直接予以变卖。

2. 姚某、海南某有限公司民间借贷纠纷执行复议案【（2017）最高法执复74号】

• 基本案情

姚某诉海南某有限公司民间借贷纠纷一案，生效法律文书判决海南某有限公司向姚某偿还借款本金及利息，并且支付违约金。后海南某有限公司未履行债务，姚某申请法院强制执行，海南高院在执行过程中，查封了被执行人海南某有限公司名下房产及相应土地使用权。因海南某有限公司未履行生效法律文书确定的义务，海南高院裁定拍卖上述房产及相应土地使用权。经淘宝网司法拍卖网络平台进行两次拍卖均流拍，海南高院公示变卖公告明确：对上述财产进行公开变卖活动。后姚某认为变卖程序不合法，提出中止变卖申请。海南高院审查后，再次发布网络变卖公告，变更变卖期限。

姚某就海南高院的变卖程序提起执行异议，认为变卖未下变卖裁定而直接采取网络变卖的形式进行变卖违法，并且变卖期不足60天，请求撤销变卖公告；重新裁定及公告变卖。海南高院认为流拍后进行变卖的，法律没有规定要另行作出变卖裁定，故驳回姚某的异议申请。姚某不服，坚持以上异议意见，向最高院提出复议，最高院驳回复议申请。

• 裁判要旨

执行法院对经两次网络拍卖流拍后的房产进行网络变卖，是借助互联网平台进行的一个连续的财产处置流程。对此，《做好网络司法拍卖于变卖衔接通知》第2条规定："网拍二拍流拍后，人民法院应当于10日内询问申请执行人或其他执行债权人是否接受以物抵债。不接受以物抵债的，人民法院应当于网拍二拍流拍之日起15日内发布网络司法变卖公告。"执行法院据此未作出变卖裁定即发布变卖公告，并将变卖标的、期限、方式等信息进行公示告知，在程序上并无明显不妥，在结果上也未对复议申请人的利益造成损害，不应当被认定为严重违反程序且损害当事人或者竞买人利益的情形。

41. 被执行财产流拍，或无法拍卖、变卖的，可以如何处理？

【实务要点】

动产和不动产及其他财产权，第一次拍卖流拍后，可以由申请执行人以物抵债，申请执行人不同意的，应当再次拍卖，或第三人以保留价购买。

针对第二次拍卖流拍的动产，可以由申请执行人以物抵债，申请执行人不同意的，将解除查封、扣押，并将该动产退还被执行人。如果是网络司法拍卖二次流拍的，且申请执行人不同意以物抵债，应当进行变卖。

针对第二次拍卖仍流拍的不动产或者其他财产权，申请执行人可以申请以物抵债，申请执行人不同意的，应当在六十日内进行第三次拍卖；如果是网络司法拍卖二次流拍的，且申请执行人不同意以物抵债，应当进行变卖；第三次拍卖流拍且申请执行人或者其他执行债权人拒绝接受或者依法不能接受该不动产或者其他财产权抵债的，同样应当进行变卖。

动产和不动产及其他财产权，变卖流拍后，申请执行人、其他执行债权人仍不表示接受该财产抵债的或不同意交付其管理的，应当解除查封、冻结，将该财产退还被执行人，或重新启动（评估）拍卖程序。

【要点解析】

1. 执行财产第一次拍卖流拍后的处理。根据《执行拍卖变卖规定（2020）》第十六条的规定，申请执行人或者其他执行债权人可以申请以该次拍卖所定的保留价接受拍卖财产，如果有两个以上执行债权人申请以拍卖财产抵债的，由法定受偿顺位在先的债权人优先承受；受偿顺位相同的，以抽签方式决定承受人。承受人应受清偿的债权额低于抵债财产的价额的，人民法院应当责令其在指定的期间内补交差额。

如果申请执行人和其他执行债权人不同意接受抵债，且对该财产又无法采取其他执行措施的，根据《民事执行查扣冻规定（2020）》第二十八条的规定，法院应当作出解除查封、扣押、冻结裁定。

目前的执行程序中，根据《执行拍卖变卖规定（2020）》第二十三条的规定，如果申请执行人或者其他执行债权人不申请以该次拍卖所定的保留价抵债的，应当在六十日内再行拍卖；根据《网络司法拍卖规定》第二十六条规定，网络司法拍卖流拍的，应当在三十日内在同一网络司法拍卖平台再次拍卖；根据《文明执行理念意见》第9条第（4）项规定，可以允许第三人申请以流拍价购买的。

2. 执行财产第二次拍卖流拍后的处理。根据《执行拍卖变卖规定（2020）》第二十四条的规定，对于第二次拍卖仍流拍的动产，如果申请执行人或者其他执行债权人拒绝接受或者依法不能交付其抵债的，将解除查封、扣押，并将该动产退还被执行人。

针对第二次拍卖仍流拍的不动产或者其他财产权，根据《执行拍卖变卖规定（2020）》第二十五条规定，如果申请执行人或者其他执行债权人拒绝接受或者依法不能交付其抵债的，应当在六十日内进行第三次拍卖。但根据《网络司法拍卖规定》第二十六条、《做好网络司法拍卖与变卖衔接通知》第二条的规定，不区分动产和不动产及其他财产权，网络司法拍卖二次流拍的，可以依法在同一网络司法拍卖平台变卖。

另外，根据《文明执行理念意见》第9条第（5）项规定，网络司法拍卖第二次流拍后，被执行人提出以流拍价融资的，人民法院应结合拍卖财产基本情况、流拍价与市场价差异程度以及融资期限等因素，酌情予以考虑。

3. 不动产或者其他财产权第三次拍卖流拍后的处理。根据《执行拍卖变卖规定（2020）》第二十五条、第三十二条的规定，第三次拍卖流拍且申请执行人或者其他执行债权人拒绝接受或者依法不能接受该不动产或者其他财产权抵债的，法院应当于第三次拍卖终结之日起七日内发出变卖公告。自公告之日起六十日内没有买受人愿意以第三次拍卖的保留价买受该财产，且申请执行人、其他执行债权人仍不表示接受该财产抵债的，应当解除查封、冻结，将该财产退还被执行人，但对该财产可以采取其他执行措施的除外。

而根据《规范执行行为专项活动解答》第7条规定，不动产经三次拍卖流拍，不能依法变卖或以物抵债的，执行法院可以根据市场价格变化，重新启动（评估）拍卖程序。

4. 对于不宜变价或者无法变价财产的处理。根据《民诉法解释（2022）》第四百九十条的规定，被执行人的财产无法拍卖或者变卖的，经申请执行人同意，且不损害其他债权人合法权益和社会公共利益的，人民法院可以将该项财产作价后交付申请执行人抵偿债务，或者交付申请执行人管理；申请执行人拒绝接收或者管理的，退回被执行人。

【法律依据】

《民诉法解释（2022）》

第四百九十条　被执行人的财产无法拍卖或者变卖的，经申请执行人同意，且不损害其他债权人合法权益和社会公共利益的，人民法院可以将该项财产作价后交付申请执行人抵偿债务，或者交付申请执行人管理；申请执行人拒绝接收或者管理的，退回被执行人。

《民事执行查扣冻规定（2020）》

第二十八条 有下列情形之一的，人民法院应当作出解除查封、扣押、冻结裁定，并送达申请执行人、被执行人或者案外人：

……

（三）查封、扣押、冻结的财产流拍或者变卖不成，申请执行人和其他执行债权人又不同意接受抵债，且对该财产又无法采取其他执行措施的；

……

解除以登记方式实施的查封、扣押、冻结的，应当向登记机关发出协助执行通知书。

《执行拍卖变卖规定（2020）》

第十六条 拍卖时无人竞买或者竞买人的最高应价低于保留价，到场的申请执行人或者其他执行债权人申请或者同意以该次拍卖所定的保留价接受拍卖财产的，应当将该财产交其抵债。

有两个以上执行债权人申请以拍卖财产抵债的，由法定受偿顺位在先的债权人优先承受；受偿顺位相同的，以抽签方式决定承受人。承受人应受清偿的债权额低于抵债财产的价额的，人民法院应当责令其在指定的期间内补交差额。

第二十三条 拍卖时无人竞买或者竞买人的最高应价低于保留价，到场的申请执行人或者其他执行债权人不申请以该次拍卖所定的保留价抵债的，应当在六十日内再行拍卖。

第二十四条 对于第二次拍卖仍流拍的动产，人民法院可以依照本规定第十六条的规定将其作价交申请执行人或者其他执行债权人抵债。申请执行人或者其他执行债权人拒绝接受或者依法不能交付其抵债的，人民法院应当解除查封、扣押，并将该动产退还被执行人。

《做好网络司法拍卖与变卖衔接通知》

一、关于网络司法变卖平台选择的问题。网络司法拍卖二拍流拍后，人民法院采取网络司法变卖方式处置财产的……

二、关于发布网络司法变卖公告期限的问题。网拍二拍流拍后，人民法院应当于10日内询问申请执行人或其他执行债权人是否接受以物抵债。不接受以物抵债的，人民法院应当于网拍二拍流拍之日起15日内发布网络司法变卖公告。

《规范执行行为专项活动解答》

7. 案件清理过程中，不动产经三次拍卖流拍后，如果市场价格变化，是否可以重新拍卖？

答：不动产经三次拍卖流拍，不能依法变卖或以物抵债的，执行法院可以根据市场价格变化，重新启动（评估）拍卖程序。

案例解析

1. 某银行支行与某宏大公司、某江淮公司执行监督案【(2020)最高法执监253号】

• 基本案情

六安中院查明，某银行支行与某宏大公司、某江淮公司金融借款合同纠纷一案，该院判决某宏大公司偿还所欠某银行支行借款及其利息，某江淮公司在抵押财产范围内承担连带清偿责任。判决生效后，某宏大公司、某江淮公司未按判决主动履行义务，某银行支行申请强制执行，六安中院裁定查封了被执行人某宏大公司、某江淮公司名下的抵押资产，并且裁定拍卖某宏大公司所有的抵押财产。因无人参与竞买，上述财产经三次公开拍卖，并于2017年3月15日第三次流拍。2017年5月24日，某银行支行在同日向六安中院书面申请以第三次拍卖保留价接收抵债资产，该院裁定将前述房地产以第三次拍卖保留价交付某银行支行，以抵偿其部分债权。

某江淮公司对此提出书面异议认为某银行支行申请接受流拍资产抵债的时间已经超过法定期限，请求撤销六安中院以物抵债裁定。六安中院驳回其异议。某江淮公司不服，向安徽高院申请复议，该院裁定撤销原执行裁定，发回六安中院重新审查。六安中院重新审查认为本案未进入变卖程序，某银行支行申请以物抵债未超过法定期限。某江淮公司不服，向安徽高院申请复议，仍被以同样的理由驳回。某江淮公司遂向最高院申请执行监督，最高院审查后认为以物抵债仅仅超过法定时间两日，且以第三次拍卖保留价作为抵债价格进行以物抵债，并未实质损害某江淮公司的财产权益，故驳回其申诉请求。

• 裁判要旨

《拍卖变卖规定》第二十八条第二款规定的出发点是在依法及时实现债权与避免执行程序过于冗长而损害被执行人权益之间取得平衡。就避免执行程序过于冗长而损害被执行人权益而言，该款规定主要是从价格和期限两个方面进行了明确：第一，债权人接受以物抵债或者变卖财产的，价格不能低于第三次拍卖的保留价；第二，不能让被执行人的财产一直处于被查封控制状态，如果以物抵债及变卖均不能处置的，应及时退还给被执行人。

2. 长宁某银行与汪某等执行实施案【(2023)川1524执恢26号，入库编号：2024-17-5-101-003】

• 基本案情

长宁某银行诉汪某、宋某、陈某、温某、谢某金融借款合同纠纷一案，四川省长宁县人民法院判决，由汪某等五人向长宁某银行清偿贷款本金 4460000 元及利息等。判决生效后，因汪某等五人未履行生效判决确定的给付义务，长宁某银行遂向该法院申请强制执行。2022 年 2 月 21 日，该法院对抵押的资产进行网络司法拍卖，经一拍、二拍、变卖部分成交，长宁县某银行受偿 1473243 元，其他资产均流拍。2023 年 1 月 28 日，法院再次对抵押的剩余资产进行网络司法拍卖，经一拍、二拍、变卖均流拍。为了切实保障申请执行人的权益，将纸上权益及时变成“真金白银”，四川省长宁县人民法院积极探索资产处置新方式，通过实地勘察，摸清资产情况及周边营商环境，组织双方当事人磋商以“以租代拍”的方式进行资产处置，最终被执行人、承租人和申请执行人达成租赁协议，以“以租代拍”的形式处置了剩余案涉抵押房屋，被执行人减轻了偿债压力，申请执行人得到了租金，双方当事人均表示满意。

2023 年 3 月 28 日，四川省长宁县人民法院以申请执行人与被执行人就剩余资产处置达成执行和解为由，作出（2023）川 1524 执恢 26 号执行裁定，中止本案的执行。

• **裁判要旨**

被执行人的财产无法拍卖或者变卖的，经申请执行人同意，且不损害其他债权人合法权益和社会公共利益的，人民法院可以将该项财产交付申请执行人管理，以“以租代拍”方式进行资产处置，收取租金用于偿还被执行人履行生效法律文书确定的给付义务。

42. 被执行财产在哪些平台进行拍卖、变卖，如平台错误的，应当如何处理？

【实务要点】

目前，被执行财产一般在淘宝网，网址为 www.taobao.com；京东网，网址为 www.jd.com；人民法院诉讼资产网，网址为 www.rmfysszc.gov.cn；公拍网，网址为 www.gpai.net；中国拍卖行业协会网，网址为 www.caa123.org.cn；工商银行融 e 购（mall.icbc.com.cn）；北京产权交易所（www.cbex.com.cn）上进行拍卖、变卖。如拍卖、变卖平台错误的，应当撤销网络司法拍卖。

【要点解析】

1. 在进行网络司法拍卖时，需要由申请执行人从全国司法拍卖网络服务提供者名单库中选择网络服务提供者，或者由法院进行指定，目前进入名单库的共七个网络服务平台。拍卖平台错误的情形包括未在名单库中的拍卖平台进行拍卖，以及实际拍卖的平台与拍卖公告载明的拍卖平台不一致，均可依据《网络司法拍卖规定》第三十一条第（六）的规定，请求撤销该次网络司法拍卖。

2. 法院应当在最高人民法院名单库之内指定网络拍卖平台。虽然《网络司法拍卖规定》第五条中没有明确指明法院应当指定最高人民法院名单库中的网络服务提供者，但司法实践中，法院一般从最高人民法院名单库中指定网络服务提供者。

【法律依据】

《做好网络司法拍卖与变卖衔接通知》

一、关于网络司法变卖平台选择的问题。网络司法拍卖二拍流拍后，人民法院采取网络司法变卖方式处置财产的，应当在最高人民法院确定的网络服务提供者名单库中的平台上实施。原则上沿用网拍程序适用的平台，但申请执行人在网拍二拍流拍后10日内书面要求更换到名单库中的其他平台上实施的，执行法院应当准许。

《网络司法拍卖规定》

第四条　最高人民法院建立全国性网络服务提供者名单库。网络服务提供者申请纳入名单库的，其提供的网络司法拍卖平台应当符合下列条件：

（一）具备全面展示司法拍卖信息的界面；

（二）具备本规定要求的信息公示、网上报名、竞价、结算等功能；

（三）具有信息共享、功能齐全、技术拓展等功能的独立系统；

（四）程序运作规范、系统安全高效、服务优质价廉；

（五）在全国具有较高的知名度和广泛的社会参与度。

最高人民法院组成专门的评审委员会，负责网络服务提供者的选定、评审和除名。最高人民法院每年引入第三方评估机构对已纳入和新申请纳入名单库的网络服务提供者予以评审并公布结果。

第五条　网络服务提供者由申请执行人从名单库中选择；未选择或者多个申请执行人的选择不一致的，由人民法院指定。

《最高人民法院关于司法拍卖网络服务提供者名单库新增入库公告》

全国性拍卖平台：淘宝网、京东网、人民法院诉讼资产网、公拍网、中国拍卖行业协会网、工商银行融e购、北京产权交易所

案例解析

寿光市某木业公司与中国某银行股份有限公司某支行执行复议案【(2022)鲁执复157号，入库编号：2024-17-5-202-039】

• 基本案情

中国某银行股份有限公司某某支行与寿光市某木业公司等金融借款合同纠纷

一案，山东省寿光市人民法院作出的法律文书发生法律效力后进入执行程序，由山东省潍坊市中级人民法院提级执行。执行中，潍坊市中级人民法院依法对寿光市某木业公司名下位于某工业园国有土地使用权、房屋及地上附着物进行拍卖。

潍坊市中级人民法院依据申请执行人的申请，委托人民法院诉讼资产网公开拍卖案涉不动产。潍坊市中级人民法院在某某司法拍卖网络平台上发布关于涉案不动产第一、二次拍卖的公告，均载明涉案不动产将在潍坊市中级人民法院某某司法拍卖网络平台进行公开拍卖活动。

2022 年 1 月 2 日，某服饰公司在此次司法拍卖项目公开竞得涉案不动产。2022 年 1 月 7 日，潍坊市中级人民法院裁定涉案不动产所有权归买受人某服饰公司。被执行人寿光市某木业公司以未收到拍卖通知、未在潍坊市中级人民法院公告的网络拍卖平台上查询到涉案不动产的拍卖信息，拍卖程序违法为由提出本案异议，请求撤销本次拍卖并重新拍卖。潍坊市中级人民法院认为已按照法定程序公示拍卖公告、拍卖程序合法为由，裁定驳回其异议。被执行人寿光市某木业公司不服，向山东高院申请复议。山东高院审查后认为，潍坊市中级人民法院发布的两次拍卖公告公示的拍卖平台与实际进行拍卖的平台不一致，影响了拍卖的公开性，故裁定撤销潍坊市中级人民法院执行异议裁定及执行裁定。

• 裁判要旨

司法拍卖程序的核心价值在于通过公开竞价最大限度实现拍卖标的物的客观、真实价值。法院在拍卖公告中告知的拍卖平台与实际进行拍卖的平台不符，属于《网络司法拍卖规定》第三十一条第六项所规定的情形。当事人、利害关系人据此提出异议请求撤销网络司法拍卖的，人民法院应予支持。

43. 购买人资格是否影响被执行财产拍卖成交？

【实务要点】

购买人资格影响被执行财产拍卖成交：购买人虚构购买资格的且拍卖已成交的，当事人、利害关系人可以违背公序良俗为由主张该拍卖行为无效，或由法院直接审查后撤销。

【要点解析】

1. 购买人资格影响其参加拍卖。根据《司法拍卖竞买人资格规定》第一条、第三条，受房产所在地限购政策约束的竞买人无法申请参与竞拍，而且如购买人在参与竞拍时具有购买资格，在出具成交裁定书时丧失了购买资格的，同样无法获得法院出具的拍卖成交裁定。

2. 拍卖成交后被认定无效。如前序程序结束后，即拍卖成交裁定出具后，发现购买人资格材料系其虚构的，根据《司法拍卖竞买人资格规定》第四条，当事人、利害关系人可以违背公序良俗为由主张该拍卖行为无效。在具体程序上，根据《民诉法（2023）》第二百三十六条以及《执行异议和复议规定（2020）》第七条的规定，针对法院作出拍卖成交裁定的执行行为，当事人、利害关系人可以提出执行异议。值得注意的是，根据最高院指导性案例35号，法院也可依职权审查后作出相应撤销拍卖的裁定。

3. 拍卖成交前也可被撤销。根据《执行异议和复议规定（2020）》第二十一条以及《网络司法拍卖规定》第三十一条，买受人不具备法律规定的竞买资格的，当事人、利害关系人可提出异议请求撤销拍卖。

【法律依据】

《司法拍卖竞买人资格规定》

第一条　人民法院组织的司法拍卖房产活动，受房产所在地限购政策约束的竞买人申请参与竞拍的，人民法院不予准许。

第二条　人民法院组织司法拍卖房产活动时，发布的拍卖公告载明竞买人必须具备购房资格及其相应法律后果等内容，竞买人申请参与竞拍的，应当承诺具备购房资格及自愿承担法律后果。

第三条　人民法院在司法拍卖房产成交后、向买受人出具成交裁定书前，应当审核买受人提交的自其申请参与竞拍到成交裁定书出具时具备购房资格的证明材料；经审核买受人不符合持续具备购房资格条件，买受人请求出具拍卖成交裁定书的，人民法院不予准许。

第四条　买受人虚构购房资格参与司法拍卖房产活动且拍卖成交，当事人、利害关系人以违背公序良俗为由主张该拍卖行为无效的，人民法院应予支持。

依据前款规定，买受人虚构购房资格导致拍卖行为无效的，应当依法承担赔偿责任。

第五条　司法拍卖房产出现流拍等无法正常处置情形，不具备购房资格的申请执行人等当事人请求以该房抵债的，人民法院不予支持。

第六条　人民法院组织的司法拍卖房产活动，竞买人虚构购房资格或者当事人之间恶意串通，侵害他人合法权益或者逃避履行法律文书确定的义务的，人民法院应当根据情节轻重予以罚款、拘留；构成犯罪的，依法追究刑事责任。

第七条　除前六条规定的情形外，人民法院组织司法拍卖房产活动的其他事宜，适用《最高人民法院关于人民法院网络司法拍卖若干问题的规定》《最高人民法院关于人民法院民事执行中拍卖、变卖财产的规定》以及《最高人民法院关于适用〈中华人民共和国民事诉讼法〉的解释》的有关规定。

《执行异议和复议规定（2020）》

第二十一条　当事人、利害关系人提出异议请求撤销拍卖，符合下列情形之一的，人民法院应予支持：……

（二）买受人不具备法律规定的竞买资格的；

……

当事人、利害关系人请求撤销变卖的，参照前款规定处理。

案例解析

广东某乙公司、拍卖行委托拍卖执行复议案【(2012）执复字第6号，指导性案例35号)】

• 基本案情

广州某甲公司与广州某乙公司、广州某丙公司、广州某丁公司非法借贷纠纷一案，广东高院判令广州某乙公司、广州某丙公司共同清偿广州某甲公司借款及利息，广州某丁公司承担连带赔偿责任。

广东高院在执行前述判决过程中，查封了广州某乙公司名下的广丰大厦未售出部分，次日委托拍卖。同年10月17日，广东某甲将广丰大厦整栋拍卖给广东某戊公司。后广东高院根据有关部门的意见对该案复查后，认定拍卖行和买受人广东某乙公司的股东系亲属，存在关联关系、恶意串通行为，导致广丰大厦拍卖不能公平竞价、损害了购房人和其他债权人的利益，裁定拍卖无效，撤销该院拍卖成交裁定。对此，买受人广东某戊公司和拍卖行分别向广东高院提出异议。广东高院认为异议理由不成立，驳回异议。广东某戊公司和拍卖行不服，又向最高人民法院申请复议。主要复议理由为不存在拍卖行与买受人恶意串通、损害购房人和其他债权人利益的事实，广东高院推定竞买人与拍卖行存在恶意串通行为是错误的。最高院认为竞买人与拍卖行确有恶意串通，此次拍卖应当撤销。

• 裁判要旨

受人民法院委托进行的拍卖属于司法强制拍卖，其与公民、法人和其他组织自行委托拍卖机构进行的拍卖不同，人民法院有权对拍卖程序及拍卖结果的合法性进行审查。因此，即使拍卖已经成交，人民法院发现其所委托的拍卖行为违法，仍可以根据《中华人民共和国民法通则》第五十八条、《拍卖法》第六十五条等法律规定，对在拍卖过程中恶意串通，导致拍卖不能公平竞价、损害他人合法权益的，裁定该拍卖无效。

44. 如何处置被执行人名下的不动产?

【实务要点】

对被执行名下财产的处置方式包括拍卖、变卖，以物抵债和强制管理。

拍卖、变卖流程包括：执行立案、查封、拍卖或变卖、财产分配（如有）、发放执行款。

【要点解析】

1. 执行立案、查封、拍卖变卖环节，以及以物抵债的具体操作可以参考相应问答。

2. 财产分配

（1）参与分配的启动条件。并非每一个案件都涉及参与分配问题，根据《民诉法解释（2022）》第五百零六条、第五百零七条的规定，被执行人为公民或者其他组织的，在被执行人的其他已经取得执行依据的债权人，或者未取得执行依据的优先权、担保物权的债权人，发现被执行人的财产不能清偿所有债权的，在执行程序开始后，被执行人的财产执行终结前，向法院申请参与分配的，才会对财产进行分配。

（2）参与分配中的清偿顺序。根据《民诉法解释（2022）》第五百零八条规定，按照执行费用、优先受偿的债权、普通债权的顺序，而普通债权又按照其占全部申请参与分配债权数额的比例受偿。

（3）顺序清偿。根据《移送破产指导意见》第4条、《民诉法解释（2022）》第五百一十四条的规定，以及最高法（2019）最高法执监410号、（2019）最高法执监59号案的裁判观点，被执行人为法人的，执行法院就执行变价所得财产，按照执行费用、优先受偿的债权、普通债权的顺序清偿，针对普通债权，又按照财产保全和执行中查封、扣押、冻结财产的先后顺序清偿。

3. 执行款的发放。根据《执行款物管理规定》第十条的规定，执行人员应当在收到财务部门执行款到账通知之日起三十日内，完成执行款的核算、执行费用的结算、通知申请执行人领取和执行款发放等工作。

4. 强制管理。根据《民诉法解释（2022）》第四百九十条的规定，被执行人的财产无法拍卖或者变卖的，经申请执行人同意，且不损害其他债权人合法权益和社会公共利益的，法院可以将该项财产交付申请执行人管理。

一般来说，强制管理可分为三种形态：一是单纯的强制管理，主要指不动产经查封后，无须强制拍卖，直接就不动产进行强制管理，以收益清偿债权。该情形下强制管理不依附于强制拍卖，而是作为单独的执行措施。二是并行的强制管理，强制管理与强制拍卖同时进行，又可以分为先强制管理后强制拍卖，拍卖成功后撤销强制管理；以及先强制拍卖不成功后再启动强制管理。三是辅助的强制管理，只有拍卖、变卖等财产变现措施未能实现时，方能启动强制管理，即强调司法拍卖的有限性和自身的替补性，现行规定即采取该强制管理模式。

是否适用强制管理，应当以预期效果、过程状况、实际结果等综合评价，而不应简单以是否采取某种措施作为唯一衡量标准。当客观上拍卖不能保护债权人利益之实现时，应以执行效益最优为先，适用强制管理。此外，强制管理由申请执行人担任管理人，其实施管理行为应具体、明确、适当，并接受人民法院监督。在强制管理期间，如果出现适于拍卖的有利形势时，应当转换为拍卖程序。

目前的强制管理制度并不完善，还有诸如管理成本的支出和管理费用由谁负担、如何偿付，多个申请执行人申请强制管理的，应交由谁进行管理，以及管理人义务和职责履行情况如何监督等实际操作环节均需等待立法层面的进一步明确。

【法律依据】

《民诉法解释（2022）》

第五百零六条　被执行人为公民或者其他组织，在执行程序开始后，被执行人的其他已经取得执行依据的债权人发现被执行人的财产不能清偿所有债权的，可以向人民法院申请参与分配。

对人民法院查封、扣押、冻结的财产有优先权、担保物权的债权人，可以直接申请参与分配，主张优先受偿权。

第五百零七条　申请参与分配，申请人应当提交申请书。申请书应当写明参与分配和被执行人不能清偿所有债权的事实、理由，并附有执行依据。

参与分配申请应当在执行程序开始后，被执行人的财产执行终结前提出。

第五百零八条　参与分配执行中，执行所得价款扣除执行费用，并清偿应当优先受偿的债权后，对于普通债权，原则上按照其占全部申请参与分配债权数额的比例受偿。清偿后的剩余债务，被执行人应当继续清偿。债权人发现被执行人有其他财产的，可以随时请求人民法院执行。

第五百零九条　多个债权人对执行财产申请参与分配的，执行法院应当制作财产分配方案，并送达各债权人和被执行人。债权人或者被执行人对分配方案有异议的，应当自收到分配方案之日起十五日内向执行法院提出书面异议。

第五百一十四条　当事人不同意移送破产或者被执行人住所地人民法院不受理破产案件的，执行法院就执行变价所得财产，在扣除执行费用及清偿优先受偿的债权后，对于普通债权，按照财产保全和执行中查封、扣押、冻结财产的先后顺序清偿。

《移送破产指导意见》

第 4 条　……执行法院采取财产调查措施后，发现作为被执行人的企业法人符合企业破产法第二条规定的，应当及时询问申请执行人、被执行人是否同意将案件移送破产审查。申请执行人、被执行人均不同意移送且无人申请破产的，执行法院应当按照《最高人民法院关于适用〈中华人民共和国民事诉讼法〉的解释》第五百一十六条的规定处理，企业法人的其他已经取得执行依据的债权人申请参与分配的，人民法院不予支持。

《执行款物管理规定》

第十条　执行人员应当在收到财务部门执行款到账通知之日起三十日内，完成执行款的核算、执行费用的结算、通知申请执行人领取和执行款发放等工作。

案例解析

1. 张某、葛某某申请执行上海某医疗公司、双某某民间借贷纠纷案【(2022)沪0104执2536号】

• 基本案情

张某、葛某某与上海某医疗公司、双某某因民间借贷纠纷诉至法院。法院判决明确，某医疗公司、双某某应共同归还张某、葛某某借款本金及相应延期补偿款、利息损失和违约金。案件生效后，进入执行。执行中，法院依法查封被执行人双某某名下的不动产。经实地勘查，执行法官发现上述房产已与案外人的六套房产打通，整体租赁给培训学校作为教室使用。经进一步产权调查，该不动产另设有最高额抵押，抵押权人尚未起诉。

后法院向培训学校发出协助执行通知书，要求提取不动产租金收入至法院账户，并发还申请执行人。房屋承租人培训学校向法院反映，租赁合同即将到期，因产权人双某某未露面，上述房屋无法续租，但学校经营状况良好，已与其他五家业主续签合同，如本案房产未能续租，将极大影响运营。

经申请执行人同意，徐汇法院作出强制管理裁定，指定申请执行人张某、葛某某为执行财产管理人，禁止被执行人双某某处分涉案不动产及强制管理所取得的收益。强制管理裁定作出后，法院向申请执行人依法送达强制管理义务告知书，告知不动产租赁所获得的收益（扣除维修等必要费用外）将作为清偿执行款，并告知其在管理期间应负担交付前后监管及管理期满后的返还等义务。同时明确期限为还清本案全部债务为止，但因担保物权行使等客观原因导致强制管理终结的除外。张某、葛某某作为管理人与承租人培训学校签订《房屋租赁合同》。后陆续收取租金并支付给申请执行人。

• 裁判要旨

《民诉法解释（2022）》第四百九十条规定："被执行人的财产无法拍卖或者变卖的，经申请执行人同意，且不损害其他债权人合法权益和社会公共利益的，人民法院可以将该项财产作价后交付申请执行人抵偿债务，或者交付申请执行人管理……"并非意味着采取拍卖、变卖措施是适用强制管理的前置程序。具体适用时应当以预期效果、过程状况、实际结果等进行综合评价。由申请执行人担任管理人，其实施管理行为应具体、明确、适当，并接受人民法院监督。在强制管理期间，如果出现适于拍卖的有利形势时，应当及时转换为拍卖程序。

2. 太原某公司、吴某等其他案由执行监督案【(2023）最高法执监 28 号】

• 基本案情

2022 年 8 月 11 日，太原中院裁定对某公司名下房产的 2019、2020、2021 三年的管理收益价值进行审计，依法公开拍卖被执行人某公司三年的管理收益权。经两次拍卖后，所拍标的均因无人竞买而流拍。经申请执行人吴某申请，太原中院裁定：将被执行人某建材公司交付申请人吴某管理，以所得收益金额清偿债务。

被执行人某公司对此提出异议，认为尚有其持有的股权在拍卖，不符合法定强制管理条件，并且强制管理的对象不能是被执行人本身，而应当是被执行财产。太原中院认为，拍卖股权和强制管理被执行人财产并不矛盾，驳回被执行人某公司之异议。被执行人某公司向山西高院申请复议，山西高院认为强制管理裁定实质是将收益权交付强制管理，以租金收益清偿债务，并不违反法律规定及违背善意执行理念，驳回被执行人某公司的复议申请。被执行人某公司遂向最高院申请执行监督，最高院认为采取强制管理不违反相关规定，不损害其他债权人利益，予以维持。

• 裁判要旨

被执行人长期不履行生效法律文书，执行法院曾拍卖被执行人名下房产，但两次拍卖均流拍。目前，其名下虽仍有相关财产，但因公司本身涉及多起债务，相关财产或为其他债务提供担保或存在其他不适宜执行的情形，在采取多种执行措施未果的情况下，可根据《最高人民法院关于适用〈中华人民共和国民事诉讼法〉的解释》(2020 年修正）第四百九十二条的规定对被执行人的财产采取强制管理措施。

在被执行人长期未履行义务，且其财产上存在多项债权的情况下，法院按照本案实际情况，采取将被执行人主要财产交付申请执行人强制管理并以财产收益清偿债务的方式一定程度上平衡了双方的利益，符合善意执行的理念。

45. 建设工程价款债权执行案件中，申请执行人如何申请以物抵债?

【实务要点】

建设工程价款债权执行案件中，申请以物抵债的情形主要有：申请执行人与被执行人达成以物抵债合意的；或者被执行人财产无法拍卖变卖且经申请执行人同意以物抵债的；经过拍卖或变卖后流拍的，申请执行人申请以物抵债的。

【要点解析】

1. 根据《民诉法解释（2022）》第四百八十九条的规定，经申请执行人和被执行人同意，且不损害其他债权人合法权益和社会公共利益的，法院可以不经拍卖、变卖，直接将被执行人的财产作价交申请执行人抵偿债务。

2. 根据《民诉法解释（2022）》第四百九十条的规定，被执行人的财产无法拍卖或者变卖的，经申请执行人同意，且不损害其他债权人合法权益和社会公共利益的，人民法院可以将该项财产作价后交付申请执行人抵偿债务。

3. 根据《执行拍卖变卖规定（2020）》第十六条、第二十五条以及第三十二条的规定，无论是一拍、二拍、三拍或是变卖流拍后，均可由申请执行人接受以物抵债。

4. 如果申请执行人与被执行人自行达成以物抵债执行和解协议的，根据《执行和解规定（2020）》第6条规定，法院不得依据该协议作出以物抵债裁定。因以物抵债裁定可以直接导致物权变动，存在损害其他利害关系人合法权益的较大可能，且申请执行人和被执行人自行达成以物抵债很容易出现恶意串通的情况，如抵债财产作价过低，或者抵债财产上有共有人、承租人、抵押权人、优先权人等其他权利人时，以物抵债裁定将损害上述利害关系人的利益。如被执行人不履行和解协议，申请执行人可以申请执行原判决或就执行和解协议另行向执行法院提起诉讼。

【法律依据】

《民诉法解释（2022）》

第四百八十九条　经申请执行人和被执行人同意，且不损害其他债权人合法权益和社会公共利益的，人民法院可以不经拍卖、变卖，直接将被执行人的财产作价交申请执行人抵偿债务。对剩余债务，被执行人应当继续清偿。

《执行拍卖变卖规定（2020）》

第十六条　拍卖时无人竞买或者竞买人的最高应价低于保留价，到场的申请执行人或者其他执行债权人申请或者同意以该次拍卖所定的保留价接受拍卖财产的，应当将该财产交其抵债。

……

第三十二条　……

变卖的财产无人应买的，适用本规定第十六条的规定将该财产交申请执行人或者其他执行债权人抵债；申请执行人或者其他执行债权人拒绝接受或者依法不能交付其抵债的，人民法院应当解除查封、扣押，并将该财产退还被执行人。

《执行和解规定（2020）》

第六条　当事人达成以物抵债执行和解协议的，人民法院不得依据该协议作出以物抵债裁定。

案例解析

甲银行与乙公司、丙公司、王某等执行监督案【（2023）最高法执监277号，入库编号：2024-17-5-203-014】

• 基本案情

申请执行人甲银行与被执行人乙公司、丙公司、王某、杜某、李某金融借款、保证合同纠纷一案，被执行人应清偿申请执行人甲银行借款本金28695796.34元及利息、罚息、复利（按合同约定计算至2016年10月19日为21669211.01元，自2016年10月20日起按合同约定计算至实际支付之日止），以及律师费400000元、案件受理费587250元、财产保全费5000元。在执行过程中，丙公司于2020年3月26日给付甲公司借款本金28695796.34元，吉林省四平中院依法对主债务人乙公司的财产进行查封、评估，并分别于2020年11月26日、2020年12月16日进行两次司法网络拍卖，均已流拍，二拍流拍价为20738300.85元。四平中院于2021年1月21日向甲银行发出通知，告知案涉资产二拍流拍，其可申请以物抵债或申请变卖，并告知其在接到该通知后五个工作日内向四平中院出具书面意见，但甲银行未在通知的期限内出具书面意见。乙公司及丙公司均要求用拍卖财产清偿所欠债务，剩余债务由丙公司继续清偿。2021年4月15日，四平中院作出执行裁定，裁定将乙公司所有的案涉流拍资产以二拍流拍价20738300.85元以物抵债给申请执行人甲银行。

甲银行向四平中院以以物抵债未经其同意为由提出执行异议，请求撤销以物抵债裁定，四平中院审查后认为，以物抵债符合法定程序，故裁定驳回甲银行的异议请求。甲银行不服，向吉林高院申请复议，吉林高院审查后认为，以物抵债应当经过申请执行人同意，本案不符合这一法律要件，故裁定撤销四平中院执行异议裁定及以物抵债裁定。乙公司、王某不服，以被执行人可要求以物抵债为由向最高院申诉，最高院审查后认为吉林高院裁判理由合法有据，故裁定驳回乙公司、王某的申诉请求。

• 裁判要旨

被执行人的财产无法拍卖或者变卖的，经申请执行人同意，且不损害其他债权人合法权益和社会公共利益的，人民法院可以将该项财产作价后交付申请执行人抵偿债务，或者交付申请执行人管理；申请执行人拒绝接收或者管理的，退回被执行人。以物抵债需经申请执行人同意，执行法院仅向申请执行人发出可以申请以物抵债的通知，在申请执行人未明确表明同意以物抵债的情况下，执行法院直接作出以物抵债裁定，不符合法律规定。

46. 建设工程价款债权执行案件中，哪些情况下申请执行人与被执行人达成的以物抵债会被法院撤销？

【实务要点】

建设工程价款债权执行案件中，以下情形下申请执行人与被执行人达成的以物抵债裁定会被法院撤销：

1. 案外人针对以物抵债的执行标的提出执行异议并且经案外人执行异议之诉判决不得执行标的；

2. 同一被执行人在同一执行法院有多个案件终结本次执行，在没有查清被执行人是否存在财产不足以清偿全部债务的；

3. 执行法院未依法保障抵押权人的优先受偿权即将被执行人财产抵债给其他债权人的；

4. 在流拍之后，超过评估报告有效期后再以物抵债已不符合法律规定的以物抵债条件的；

5. 当事人在收到评估报告后提出异议，且在评估机构作出说明之后仍然提出异议，执行法院未按规定交由相关行业协会在指定期限内组织专业技术评审，直接依据评估报告启动拍卖，最终是以流拍价以物抵债的；

6. 执行法院在未取得财产处置权的情况下，即将其他法院首先查封财产通过出具以物抵债裁定的方式进行处置的；

7. 抵债意思表示不是抵债申请人的真实意思情况下作出抵债裁定的；

8. 以物抵债裁定在破产申请受理后作出的。

【要点解析】

1. 以物抵债裁定被撤销的原因大致可以分为以下几类：

第一类是损害其他利害关系人利益的，应当被撤销。根据最高院（2021）最高法民再141号、（2020）最高法执监550号以及（2021）最高法执监476号案裁判观点，案外人实际对抵债财产享有物权、抵债财产上存在抵押权等权利负担或者是被执行人财产不足清偿全部债务的，即实务要点中一至三的情形。

第二类是程序违法的，应予撤销的。根据最高院（2021）最高法执监427号、（2020）最高法执监486号以及（2019）最高法执监174号案的裁判观点，未在抵债财产评估报告有效期内以物抵债的、当事人对评估报告提出异议但法院未处理即拍卖的以及以物抵债的法院对抵债财产没有处置权的，即实务要点中四至六的情形。

第三类是与其他程序相冲突的，应予撤销，即以物抵债裁定在破产申请受理后作出的。

第四类是其他情形应予撤销的，例如拍卖流拍后未经申请执行人同意以物抵债法院裁定以物抵债的。

2. 通过何种程序撤销以物抵债裁定。除了第一种情形为对执行标的异议外，其余均为对执行行为异议。根据《执行异议和复议规定（2020）》第六规定，以物抵债情形下的执行标的异议应在执行程序终结之前提出，执行行为异议应当在执行程序终结之前提出，但对终结执行措施提出异议的除外。而根据最高院（2021）最高法民再48号案的裁判观点，执行程序终结系指生效法律文书确定的债权实现后执行程序完全终结，而非仅指某一小类执行程序结束，例如拍卖结束、以物抵债结束等。故无论基于执行行为或是执行标的提出异议，只要案件未被法院裁定终结执行，均可提出。

【法律依据】

《执行异议和复议规定（2020）》

第七条　当事人、利害关系人认为执行过程中或者执行保全、先予执行裁定过程中的下列行为违法提出异议的，人民法院应当依照民事诉讼法第二百二十五条规定进行审查：

（一）查封、扣押、冻结、拍卖、变卖、以物抵债、暂缓执行、中止执行、终结执行等执行措施；

……

案例解析

1. 南通某集团有限公司与日照某有限公司、日照某分公司执行复议案【（2021）最高法执复78号，入库编号：2024-17-5-202-005】

• 基本案情

南通某集团有限公司与日照某有限公司、日照某分公司建设工程施工合同纠纷一案，山东高院判令日照某有限公司、日照某分公司给付南通某集团有限公司工程欠款、逾期付款滞纳金，南通某集团有限公司对案涉建设工程享有优先受偿权等。

案件进入执行后，山东高院对日照某分公司名下的土地使用权（非建设工程所涉土地）进行评估并拍卖。第一次拍卖流拍后，经南通某集团有限公司申请，山东高院于2020年6月18日裁定将案涉土地使用权作价交付南通某集团有限公司抵偿部分建设工程施工款，南通某集团有限公司于2020年6月28日收到该裁定。2020年6月18日，威海中院裁定受理某税务局对日照某有限公司的破产清算申请。该裁定书载明“本裁定自即日起生效”。

日照某有限公司破产管理人向山东高院提出书面申请，请求中止本案执行程序，并解除对涉案财产的查封措施。山东高院作出执行裁定中止该案执行，解除对登记在日照某分公司名下财产的查封、冻结。针对上述以物抵债裁定，日照某有限公司、日照某分公司提出异议称，山东高院在向南通某集团有限公司送达以物抵债裁定时，日照某有限公司已被人民法院裁定破产清算，执行送达行为应当中止，以物抵债裁定依法应予纠正。

山东高院经审查后认为，案涉土地使用权在威海中院破产受理裁定生效时尚未发生权属转移，故裁定撤销以物抵债裁定。南通某集团有限公司不服，向最高人民法院申请复议，最高院审查后认为，破产裁定一经作出即生效，山东高院裁判理由合法充分，故裁定驳回南通某集团有限公司复议申请。

- 裁判要旨

破产程序中的破产受理裁定与执行程序中的以物抵债裁定同一天作出的情形下，应根据法律、司法解释规定，明确两份法律文书的生效时间，进而判断以物抵债裁定所涉财产是否属于破产财产。因破产受理裁定作出即生效，而以物抵债裁定送达后生效，且标的物所有权自以物抵债裁定送达买受人或者接受抵债物的债权人时转移，故虽然破产受理裁定与以物抵债裁定同一天作出，但以物抵债裁定晚于该日才送达的，应根据《破产法》第十九条、《破产法司法解释二（2020）》第五条之规定，撤销已经作出的以物抵债裁定。

2. 某某管理公司与某某集团公司执行复议案【（2023）最高法执监50号，入库编号：2024-17-5-203-021】

- 基本案情

某某管理公司与某某集团公司等金融借款合同纠纷一案，北京四中院裁定冻结某某集团公司等在银行的存款或者查封、扣押其相应价值的财产和权益，依法冻结了某某集团公司持有的某某金租公司的全部股权。

该案民事判决生效后，某某管理公司向北京四中院申请强制执行。该院立案执行后，对案涉股权在京东网络司法拍卖平台进行了二次拍卖，因无人竞买流拍，某某管理公司申请以拍卖的保留价30904万元接受上述财产抵债。该院裁定将被执行人某某集团公司持有的案涉股权作价交付申请执行人某某管理公司抵偿债务，并且向某某管理公司送达。后该院向某某金租公司出具协助执行通知书，要求某某金租公司协助将案涉股权过户到某某管理公司名下。以物抵债的同一日，湖南湘潭中院作出裁定受理某某公司对某某集团公司的破产清算申请。

某某集团公司对北京四中院以物抵债裁定不服，提出执行异议，请求予以撤销。理由是，以物抵债裁定生效的同一日，法院受理某某公司对某某集团公司的破产清算申请；申请执行人不具有受让案涉股权的资质。北京四中院裁定驳回某某集团公司的异议请求。某某集团公司不服，向北京高院申请复议。北京高院裁定撤销北京四中院的执行异议裁定及以物抵债裁定。某某管理公司不服，向最高人民法院申诉，最高院最终认为，以物抵债裁定和破产裁定同时作出的，以物抵债裁定应当撤销，案涉执行财产应当作为被执行人的破产财产，进行公平清偿，遂驳回某某管理公司的再审请求。

- **裁判要旨**

用以抵债的为被执行人所持有的某金融租赁公司的股权，按照相关金融监管规定，成为金融租赁公司的股东需要符合一定的条件，同时变更股份总额超过5%比例的股东，应当提前报经监管部门审批。申请执行人在接受以物抵债时并未取得相应资质亦未获得相关监管部门批准，执行法院直接作出以物抵债裁定不妥。同时在以物抵债裁定送达同日法院受理被执行人作为债务人的破产申请，综合相关情形，执行法院应当中止针对被执行人财产的执行行为，案涉股权应当作为破产程序中的债务人财产按照破产程序清偿债务。

3. 某煤矿、张某等案外人执行异议之诉民事再审案【（2021）最高法民再141号，最高人民法院公报2022年11期（总第315期）】

- **基本案情**

根据贵州省煤矿企业兼并重组实施方案，某煤矿与某公司相继签订了《矿业权股权转让合同》和《补充协议》，双方约定转让案涉采矿权。后某煤矿与某公司签订《协议书》，载明双方已进入煤矿企业兼并重组矿权交易变更阶段，双方就某公司暂时无法支付收购煤矿转让价款事宜达成协议，约定双方签订的煤矿收购协议继续生效，签订的《采矿权转让合同》作为办理煤矿采矿权兼并重组用，不作为采矿权交易付款的真实依据。后某公司办理了采矿许可证。

张某与某公司民间借贷纠纷一案，贵州高院判决某公司偿付张某借款及利息。该案执行程序中，一审法院对某公司名下包括案涉采矿权在内的部分采矿权进行了查封。后张某与某新煤矿对判项中的部分借款本金达成《债权转让协议》，某新煤矿向法院申请以二拍流拍价裁定案涉煤矿采矿权归某新煤矿所有；在张某提供执行担保的情况下，法院裁定将案涉采矿权作价交付某新煤矿。后某煤矿以其为案涉采矿权的实际权利人为由，向一审法院提出异议，请求中止对案涉采矿权的执行。一审法院认为案涉采矿权登记权利人为某公司，而非某煤矿，故驳回某煤矿所提执行异议。某煤矿不服，提起上诉，二审法院认为某煤矿就案涉采矿权不享有足以排除案涉强制执行的其他合法民事权益，故驳回其上诉。某煤矿不服，向最高院提出再审，最高院再审后认为，案涉采矿权虽然已交付申请执行人，但并未经变价程序，而是直接进行以物抵债，故而在案外人享有对案涉采矿权排除执行的实体权利时，如不涉及司法拍卖、变卖程序安定性和不特定第三人利益保护问题，应当支持其排除执行请求并撤销以物抵债裁定。

• 裁判要旨

虽然案涉财产在判决作出前已通过以物抵债裁定变更到申请执行人名下，但执行财产实际权利人经过执行异议后提起执行异议之诉，请求不得执行案涉财产的，人民法院经审理后认为实际权利人理由成立并判决不得执行该财产时，如不涉及维护司法拍卖、变卖程序安定性及不特定第三人利益保护等问题，则该判决的既判力范围及于该以物抵债裁定书，以物抵债裁定书应予以撤销，并解除对该财产的查封等强制执行措施。

4. 王某甲、邓某等借款合同纠纷执行监督案【(2021)最高法执监476号】

• 基本案情

遵化法院作出民事调解书，确认赵某与汤某、某甲公司、某乙公司之间自愿达成的调解协议：汤某偿还赵某借款及利息，某甲公司、某乙公司负连带责任。该案在审理过程中，经赵某提出财产保全申请，查封了汤某名下房产。

唐山中院在执行上述调解书过程中，依法对以上房产进行了价格评估，经过两次拍卖均流拍，变卖未成交，申请执行人同意以上房产抵偿相应欠款，裁定如下：被执行人汤某所有房产归赵某所有，用以抵偿汤某欠赵某全部借款本息。

唐山中院另查明，王某甲诉汤某、王某乙、某甲公司、某乙公司、孙某民间借贷纠纷一案，遵化法院裁定轮候查封登记在汤某名下房产，后该案移送河北高院，河北高院判令孙某给付王某甲、邓某本金及利息，汤某、王某乙、某甲公司、某乙公司承担连带还款责任。上诉后，最高人民法院维持上述判决。该判决由河北高院指定唐山中院执行。

自本案于 2015 年立案执行至唐山中院以物抵债裁定期间，唐山中院立案执行的涉及汤某为被执行人的执行案件有数十件，执行标的额达 3 亿余元，大部分案件因无财产可供执行已终结本次执行程序。

后王某甲对以物抵债裁定提出异议，认为以物抵债裁定损害了其债权，唐山中院支持了王某甲的意见，撤销了以物抵债裁定；后赵某不服，提起上诉，认为以物抵债裁定合法，请求撤销异议裁定，河北高院认为以物抵债程序合法，抵债财产作价未超过执行标的，撤销了异议裁定。后王某甲不服，向最高院申请执行监督，最高院认为在该房产存在多个轮候查封时，在未调查清楚被执行人财产是否不足清偿所有债务时即作出以物抵债裁定属于事实认定不清，应当发回重新审理。

• 裁判要旨

《民诉法解释（2022）》第五百零六条规定，被执行人为公民或者其他组织，在执行程序开始后，被执行人的其他已经取得执行依据的债权人发现被执行人的财产不能清偿所有债权的，可以向人民法院申请参与分配。第五百零八条规定，对于普通债权，原则上按照其占全部申请参与分配债权数额的比例受偿。根据本案查明的事实，被执行人存在多个债权人，其名下财产有多个查封、轮候查封，故被执行人存在财产不足以清偿全部债务的可能，执行法院应依法调查认定被执行人的财产是否足以清偿所有债权，是否应通过执行财产参与分配程序处置案涉财产。法院直接作出以物抵债裁定，属于认定事实不清。

5. 某乙公司、某甲公司等建设工程合同纠纷执行监督【（2021）最高法执监427号】

• 基本案情

某甲公司（以下简称某甲）与某乙公司（以下简称某乙）建设工程施工合同纠纷一案，商洛中院作出民事调解书，某乙支付某甲工程款、保证金。后因某乙未履行调解书确定义务，某甲向商洛中院申请执行。执行中，商洛中院裁定将被执行人某乙名下房屋交付给申请执行人某甲，用于抵偿其欠付的工程款。

利害关系人某丙公司以其系在先查封案涉房产债权人为由，对此提出异议，请求撤销抵债裁定，依据正常流程评估、拍卖，再依法作出抵债，且根据各地法院查封顺序对利害关系人偿债。商洛中院认为以物抵债未损害其利益，驳回了异议申请。某丙公司不服，坚持认为以物抵债损害其利益，提出复议，同样被河北高院驳回。某丙公司遂向最高院申请执行监督，最高院认为商洛中院对案涉房产没有处置权，且损害了其他债权人利益，应当撤销以物抵债裁定。

• 裁判要旨

执行法院在未取得财产处置权的情况下，即将其他法院首先查封财产通过出具以物抵债裁定的方式进行处置，该以物抵债裁定应当予以撤销。

47. 多个债权人申请执行同一被执行人的清偿顺序

【实务要点】

多个债权人申请执行同一被执行人清偿债务的，各申请执行人债权实现的顺序依照债权的性质进行确定，优先债权包括享有建设工程价款优先受偿权及担保物权的债权等在债务人财产变价范围内优先获得清偿；均为普通债权的，在先采取保全措施的债权优先获得清偿。但首封债权的优先性受到债务人责任财产能否清偿全部债务的限制，当债务人责任财产足以清偿全部债务时，首封债权具有优先性，由其他法院处置的，应当为首封债权留存份额；当债务人责任财产不足以清偿全部债务的，需区分被执行人为法人还是自然人、其他组织。被执行人为自然人或其他组织的，应适用参与分配程序，优先权获得清偿后普通债权按比例平等受偿；被执行人为法人的，在无法进入破产程序时，优先权获得清偿后一般债权依照查封先后顺序受偿。

债务人财产无法拍卖、变卖时，申请执行人可主张以拍卖、变卖的财产抵偿债务，以物抵债的顺序需依上述债权实现的顺序确定，足以清偿全部债务或被执行人为法人的，优先权 > 首封债权 > 普通债权；被执行人为自然人或其他组织且不足以清偿全部债务的，优先权 > 普通债权。处于同一顺位的多位债权人同时申请以物抵债的，以抽签方式确定受让人，债权低于抵债物价值的，补足差额。

【要点解析】

1. 普通债权与优先权之间的顺位

债务清偿的顺序，一般依执行法院采取执行措施的先后顺序确定。多个债权人的债权种类不同的，基于优先权和担保物权而享有的债权，优先于普通债权受偿。有多个担保物权的，按照各担保物权成立的先后顺序清偿。依照该规则，当债权人的债权性质属于抵押权、建设工程价款优先受偿权等具有法定优先性质的权利时，债权实现应当优先于普通债权。当优先权人与普通债权人同时主张以物抵债的，应当优先保障法定优先权债权人的权利实现。

2. 普通债权之间的顺位

依据债的平等性原则，多个债权人申请执行的债权均为普通债权的，债权应处于相同地位平等受偿。但标的物不足以区分的，依照抽签形式确定受让人，受让人根据标的物价值与抵债债权金额进行多退少补。

在多个普通债权申请执行中，如其中某一债权属于首封债权时，处理方式则会有所不同。此时，应当区分被执行人责任财产是否足以清偿全部债务，若责任财产足以清偿全部债务，则首封债权人应当优先受偿。若责任财产不足以清偿全部债务或被执行人为自然人或非法人组织，则应进入参与分配程序，优先权分配完毕后，其余普通债权按比例受偿。若被执行人是法人并进入破产程序，则应依照《破产法》规定的债务清偿顺序清偿；若未进入破产程序，依据目前《民诉法解释（2022）》及相关规定，法人在未进入破产程序时，优先债权获得清偿后一般债权依然按照查封的先后顺序获得清偿。司法实践中，被执行人为法人且明显不足以清偿全部债务时，是否能够适用《民诉法（2023）》关于自然人与非法人组织参与分配制度，将一般债权按照债权比例进行清偿，目前各地法院的做法不尽相同。上海、江苏地区法院即明确被执行人为企业法人的不适用参与分配制度；浙江、北京地区法院则认为原则上被执行人为法人的不适用参与分配制度，但例外规定已经取得执行依据的债权人一致同意适用参与分配的除外；山东地区法院则认为，无论被执行人是企业法人还是自然人、非法人组织，只要多个债权人申请分配执行财产的，均应启动分配程序，制作分配方案，只是分配规则有所不同。

【法律依据】

《执行若干问题规定（2020）》

第 55 条　多份生效法律文书确定金钱给付内容的多个债权人分别对同一被执行人申请执行，各债权人对执行标的物均无担保物权的，按照执行法院采取执行措施的先后顺序受偿。

多个债权人的债权种类不同的，基于所有权和担保物权而享有的债权，优先于金钱债权受偿。有多个担保物权的，按照各担保物权成立的先后顺序清偿。

《民诉法解释（2022）》

第五百零六条　被执行人为公民或者其他组织，在执行程序开始后，被执行人的其他已经取得执行依据的债权人发现被执行人的财产不能清偿所有债权的，可以向人民法院申请参与分配。

对人民法院查封、扣押、冻结的财产有优先权、担保物权的债权人，可以直接申请参与分配，主张优先受偿权。

第五百零八条　参与分配执行中，执行所得价款扣除执行费用，并清偿应当优先受偿的债权后，对于普通债权，原则上按照其占全部申请参与分配债权数额的比例受偿。清偿后的剩余债务，被执行人应当继续清偿。债权人发现被执行人有其他财产的，可以随时请求人民法院执行。

第五百一十四条　当事人不同意移送破产或者被执行人住所地人民法院不受理破产案件的，执行法院就执行变价所得财产，在扣除执行费用及清偿优先受偿的债权后，对于普通债权，按照财产保全和执行中查封、扣押、冻结财产的先后顺序清偿。

《移送破产指导意见》

4. 执行法院在执行程序中应加强对执行案件移送破产审查有关事宜的告知和征询工

作。执行法院采取财产调查措施后，发现作为被执行人的企业法人符合企业破产法第二条规定的，应当及时询问申请执行人、被执行人是否同意将案件移送破产审查。申请执行人、被执行人均不同意移送且无人申请破产的，执行法院应当按照《最高人民法院关于适用〈中华人民共和国民事诉讼法〉的解释》第五百一十六条的规定处理，企业法人的其他已经取得执行依据的债权人申请参与分配的，人民法院不予支持。

《最高法院：关于“对〈民事诉讼法〉司法解释疑问”的2个回复》

二、关于多个债权人申请执行同一被执行人的清偿顺序问题：本次司法解释修订过程中，为避免条文重复，删去了《执行工作若干问题的规定》原第89条、第90条、第92条至96条的规定，但保留了《执行工作若干问题的规定》第55条（原第88条）规定。第55条的三款条文确定了关于清偿顺序的三种处理原则：第1款规定多个债权人均具有金钱给付内容的债权，且对执行标的物均无担保物权的，按照执行法院采取执行措施的先后顺序受偿，即适用优先主义原则；第2款规定债权人的债权种类不同的，基于所有权和担保物权而享有的债权优先于金钱债权受偿，有多个担保物权的，按照各担保物权成立的先后顺序清偿；第3款规定一份生效法律文书确定金钱给付内容的多个债权人申请执行，执行财产不足以清偿债务，各债权人对执行标的物均无担保物权的，按照各债权数额比例受偿，即平等主义原则。

《关于正确理解和适用参与分配制度的指导意见》

第二部分“关于参与分配的适用条件与范围”的第3条　启动参与分配程序的条件“（1）被执行人为自然人或者其他组织”，第4条第1款，其他组织为“不具备企业法人资格”的情形。

《浙江高院执行破产衔接问题纪要》

第十五条　民诉法解释施行后，对企业法人为被执行人的执行案件，不再适用参与分配，但已取得执行依据的债权人一致同意适用参与分配的除外。

《北京市高、中级法院执行局（庭）长座谈会（第五次会议）纪要——关于案款分配及参与分配若干问题的意见》

第7条　适用参与分配程序的条件之一即为“（1）被执行人为自然人（包括外国人和无国籍人）或其他组织（指非法人组织）。”

《山东高院：执行疑难法律问题审查参考（六）——参与分配专题》

12. 被执行人为企业法人，执行法院在分配其财产时是否应制作分配方案？被执行人、债权人对被执行人为企业法人的分配方案提出实体性异议的，能否提起分配方案异议之诉？

参考意见：根据《最高人民法院关于适用〈中华人民共和国民事诉讼法〉执行程序若

干问题的解释》第十七条的规定，不论被执行人是企业法人还是公民、其他组织，只要多个债权人申请分配执行财产的，执行法院均应启动分配程序，制作分配方案，只是分配规则有所不同。被执行的企业法人在其财产不足以清偿所有债权且无法进入破产程序的，应赋予不服分配方案的债权人、被执行人提起分配方案异议之诉的权利。

案例解析

宋某某与临汾市某铸造厂、杜某某、刘某某执行监督案【（2021）最高法执监 59 号，入库编号：2023-17-5-203-032】

• 基本案情

2016 年 3 月 2 日，山西省临汾市中级人民法院（以下简称临汾中院）受理了宋某某与临汾市某铸造厂、刘某某、杜某某民间借贷纠纷执行一案。2016 年 4 月 6 日，该院将被执行人杜某某名下位于山西省临汾市尧都区某房屋（以下简称案涉房屋）予以查封。之后，临汾中院依法对查封房屋进行了评估，并于 2016 年 11 月 11 日、12 月 23 日分两次进行了拍卖，均流拍。2017 年 1 月 3 日，申请执行人宋某某书面同意以第二次拍卖的保留价接受房屋抵顶其部分债务。2017 年 1 月 9 日，该院作出（2016）晋 10 执 33 号（之五）以物抵债裁定。该案以终结本次执行程序结案。2017年 12 月 31 日，侯马某公司以其为首查封债权为由向临汾中院提出执行异议，请求撤销（2016）晋 10 执 33 号（之五）执行裁定，保留侯马某公司的优先受偿权。

临汾中院于 2019 年 11 月 12 日作出（2019）晋 10 执异 33 号执行裁定，撤销临汾中院（2016）晋 10 执 33 号（之五）执行裁定。宋某某不服，申请复议。山西高院于 2020 年 7 月 2 日作出（2020）晋执复 7 号执行裁定，驳回宋某某的复议申请，维持临汾中院（2019）晋 10 执异 33 号执行裁定。宋某某向最高人民法院申诉。最高人民法院于 2021 年 9 月 30 日作出（2021）最高法执监 59 号执行裁定，撤销山西高院（2020）晋执复 7 号执行裁定；撤销临汾中院（2019）晋 10 执异 33 号执行裁定、（2016）晋 10 执 33 号（之五）执行裁定；驳回侯马某公司主张保留其对该案享有优先受偿权的异议申请。

• 裁判要旨

《最高人民法院关于人民法院执行工作若干问题的规定（试行）》第 55 条第 1 款的前提条件系债务人的所有财产能够满足所有债权的情况，只有在此情况下，普通债权才会因首查封而成为优先受偿债权。相反，如果出现债务人财产不能满足所有债权之清偿，需要进入参与分配程序的，各债权应按比例平均受偿，采取首查封措施的普通债权不再具有优先受偿的地位。故本案仅以首查封为由认定普通债权为优先受偿债权错误。案涉以物抵债裁定固然应予撤销，但其撤销理由应是未依法启动参与分配程序，而非首查封债权为优先受偿债权。

48. 申请执行人不同意以物抵债，应当如何处理？

【实务要点】

人民法院将流拍及变卖不成的财产作价抵偿申请执行人债务的前提是申请执行人同意。如申请执行人不同意抵偿债务，被执行财产是动产的，二次流拍后返还被执行人；被执行财产是不动产的，三次流拍后，无法变卖，不能再次采取重新评估、拍卖、变卖的执行措施的，应当及时解除保全措施。

【要点解析】

被执行财产为动产时，经二次拍卖依然流拍，申请执行人均不同意以物抵债的，人民法院应当将该被执行财产解封后返还被执行人。被执行财产为不动产的，二次流拍后申请执行人均不同意以物抵债的，进行第三次拍卖，流拍后被执行财产无法变卖，而申请执行人又不同意抵债的，对被执行财产无法采取其他执行措施的，执行法院解除查封措施。对于其他执行措施，一般包括法院根据市场价格变化，重新启动评估、拍卖程序或由委托拍卖方式转为网络司法拍卖方式等，而非必须立即解除查封、冻结措施，亦非必须终结执行案件的本次执行程序。如河南省高院、广东省高院、山东省高院均规定，多次流拍后，申请人均不同意以物抵债的，人民法院可以依职权或经申请重新对被执行财产启动新一轮的估价、拍卖程序。对于不动产，还可由执行法院裁定交由申请执行人管理被执行财产收益权。

【法律依据】

《执行拍卖变卖规定（2020）》

第二十五条　对于第二次拍卖仍流拍的不动产或者其他财产权，人民法院可以依照本规定第十六条的规定将其作价交申请执行人或者其他执行债权人抵债。申请执行人或者其他执行债权人拒绝接受或者依法不能交付其抵债的，应当在六十日内进行第三次拍卖。

第三次拍卖流拍且申请执行人或者其他执行债权人拒绝接受或者依法不能接受该不动产或者其他财产权抵债的，人民法院应当于第三次拍卖终结之日起七日内发出变卖公告。自公告之日起六十日内没有买受人愿意以第三次拍卖的保留价买受该财产，且申请执行人、其他执行债权人仍不表示接受该财产抵债的，应当解除查封、冻结，将该财产退还被执行人，但对该财产可以采取其他执行措施的除外。

《河南省高级人民法院关于不动产评估、拍卖、变卖相关问题的工作指引（试行）》

10. 被执行人的财产经拍卖、变卖流拍未成交，且申请执行人、其他执行债权人不接受以物抵债的，执行法院应在拍卖、变卖流拍后三个月内根据市场价格变化，依职权或依申请重新对涉案标的物启动新一轮的评估、拍卖程序。

《广东省高级人民法院执行局关于执行程序法律适用若干问题的参考意见（2017年5月）》

问题十：委托拍卖的不动产及其他财产权经三次拍卖流拍，或者动产经两次拍卖流拍，网络拍卖的财产经两次拍卖流拍，不能依法变卖或者以物抵债的，能否重新拍卖？

处理意见：委托拍卖的不动产及其他财产权经三次拍卖流拍，或者动产经两次拍卖流拍，网络拍卖的财产经两次拍卖流拍，不能依法变卖或者以物抵债的，人民法院可以重新委托评估、拍卖。

《山东省高级人民法院执行局执行三庭执行疑难法律问题审查参考（五）——财产处置专题（2023年6月）》

7. 对被执行人财产的拍卖、变卖程序结束后，无人愿意以拍卖保留价买受该财产，申请执行人、其他执行债权人又不接受抵债的，能否对该财产重新进行评估拍卖？

参考意见：依照《最高人民法院关于人民法院民事执行中拍卖、变卖财产的规定》第二十五条的规定，拍卖、变卖财产流程结束后，没有买受人愿意以第三次拍卖的保留价买受该财产，申请执行人、其他执行债权人仍不表示接受该财产抵债的，应当解除查封、冻结，将该财产退还被执行人，但对该财产可以采取其他执行措施的除外。该规定中的“可以采取其他执行措施”包括对该财产进行重新拍卖。即便执行法院已将财产解封后退还给被执行人，也不意味着该财产成为豁免执行财产，如该财产在合理期限内具备变价可能时，可以再次对其查封、冻结并启动评估拍卖程序。

案例解析

广西某科技股份有限公司、包某股权转让纠纷案【（2019）最高法执复37号】

• 基本案情

贵州省高级人民法院在执行包某、方某申请执行广西某科技股份有限公司（以下简称某科技公司）股权转让纠纷一案中，对冻结的被执行人所持有的贵州某矿业投资开发有限责任公司98%股权，依法评估后经二次拍卖流拍，且变卖、以物抵债均不成，申请执行人上亿元的债权尚未执行到位，双方当事人对是否采纳原评估结论意见不一，在此情况下，贵州省高级人民法院采取重新评估（拍卖）措施。某科技公司认为案涉股权经两次拍卖流拍，也无法完成变卖，且申请执行人不接受案涉股权抵偿执行款时，贵州省高级人民法院不应重新评估。遂向贵州省高级人民法院提出书面异议。贵州省高级人民法院于 2018 年 9 月 10 日作出（2018）黔执异 39 号执行裁定，驳回某科技公司的异议请求。

某科技公司不服贵州高院（2018）黔执异 39 号执行裁定，向最高人民法院申请复议，请求撤销贵州高院（2018）黔执异 39 号执行裁定，停止案涉股权重新评估拍卖，并以变卖底价给予申请执行人抵债，减少执行额度。主要理由为：1. 贵州高院重新评估拍卖程序错误，依法应将案涉股权交予申请执行人抵债；2. 因采矿权有期限限制，重新评估因采矿权剩余期限减少，直接影响股权价值，申请执行人恶意拖延接受抵债，导致股权价值贬损，损害复议申请人的合法财产权益；3. 广西高院配合申请执行人低价取得股权，损害复议申请人合法权益；4. 执行法院应依照《民事执行查扣冻规定（2020）》第三十一条的规定，在查封、扣押、冻结的财产流拍或者变卖不成，申请执行人拒绝接受抵债的情况下，贵州高院应解除对案涉股权的冻结。最高人民法院经审查认为贵州省高级人民法院在案涉股权经两次网络司法拍卖均流拍、经变卖仍未成交，且申请执行人拒绝接受抵债的情形下，根据市场价格变化，重新启动评估、拍卖程序不违反相关司法解释的禁止性规定，裁定驳回某科技公司的复议申请。

• 裁判要旨

《执行拍卖变卖规定（2020）》第二十八条第二款规定，人民法院处置财产，变卖不成且申请执行人、其他执行债权人仍不表示接受该财产抵债的，应当解除查封、冻结，将该财产退还被执行人，但对该财产可以采取其他执行措施的除外。该规定中的其他执行措施，包括执行法院可以根据市场的具体情况，在不存在过分拖延程序，损害被执行人合法权益的前提下，及时重新启动评估、拍卖程序。

49. 被执行财产上存在租赁权的，如何执行？

【实务要点】

被执行财产上存在租赁权的，对财产的处置需要根据采取财产保全措施时间与签订租赁合同时间之间的先后顺序确定。承租人查封前租赁的，有权在承租期间继续使用租赁物，承租人与被执行人恶意串通的除外；承租人于查封后租赁的，无权对抗查封、执行措施。

【要点解析】

人民法院处置财产时，应当通知承租人并对其异议进行审查，通知的方式可以采用在房屋上张贴公告的形式告知承租人。承租人应当在公告期限内向人民法院提出异议，且只有执行措施可能或者已经妨害租赁权行使的时候，承租人才可以提起执行标的异议。人民法院收到承租人异议申请后不能仅依照租赁合同决定对财产带租拍卖，还应当审查租赁权发生的时间、租赁合同的效力等因素，综合判断租赁权与其他权利的顺位关系：若承租权发生于查封措施前，即便被执行财产的受让人受让不动产，承租人依然享有继续租赁的权利。但该租赁权利继续存在于拍卖财产上，对在先的担保物权或者其他优先受偿权的实现有影响的，人民法院应当依法将其除去后进行拍卖。承租人于标的物被查封后承租的，不得对抗人民法院的强制措施，亦不得要求被执行财产的受让人继续履行租赁合同，人民法院可以采用强制腾退方式清除被执行财产上的租赁权，以保证该财产的顺利拍卖。拍卖过程中，承租人有权对被执行标的主张“承租人优先购买权”，但无权以优先购买权遭受侵害为由，主张撤销拍卖或拍卖程序无效。

【法律规定】

《执行拍卖变卖规定（2020）》

第二十八条　拍卖财产上原有的担保物权及其他优先受偿权，因拍卖而消灭，拍卖所得价款，应当优先清偿担保物权人及其他优先受偿权人的债权，但当事人另有约定的除外。

拍卖财产上原有的租赁权及其他用益物权，不因拍卖而消灭，但该权利继续存在于拍卖财产上，对在先的担保物权或者其他优先受偿权的实现有影响的，人民法院应当依法将其除去后进行拍卖。

《民事执行查扣冻规定（2020）》

第二十四条　被执行人就已经查封、扣押、冻结的财产所作的移转、设定权利负担或者其他有碍执行的行为，不得对抗申请执行人。

第三人未经人民法院准许占有查封、扣押、冻结的财产或者实施其他有碍执行的行为的，人民法院可以依据申请执行人的申请或者依职权解除其占有或者排除其妨害。

人民法院的查封、扣押、冻结没有公示的，其效力不得对抗善意第三人。

《执行异议和复议规定（2020）》

第三十一条　承租人请求在租赁期内阻止向受让人移交占有被执行的不动产，在人民法院查封之前已签订合法有效的书面租赁合同并占有使用该不动产的，人民法院应予支持。

承租人与被执行人恶意串通，以明显不合理的低价承租被执行的不动产或者伪造交付租金证据的，对其提出的阻止移交占有的请求，人民法院不予支持。

案例解析

谭某、江门市某投资有限公司等借款合同纠纷执行监督执行案【（2021）最高法执监302号】

• 基本案情

2012年4月6日，兴某银行江门分行与中某公司签订了《最高额抵押合同》，中某公司将其名下案涉房产在建工程抵押给兴某银行江门分行。2012年4月12日，兴某银行江门分行与中某公司为案涉房产在江门市住房和城乡建设局办理了《广东省在建工程抵押登记证明》。2013年7月16日，案涉房产办理了房产登记。2013年11月12日，谭某取得案涉房产20年承租权，租赁期限自2013年11月12日起计算至20年租期届满。2014年10月30日，谭某将案涉房产转租给鸿某公司，租期自2014年11月1日至2020年10月30日止。在兴某银行江门分行与被执行人中某公司、维某公司、林某、肖某、李某、翁某借款合同纠纷一案中，依据江门中院作出的已发生法律效力的（2015）江中法民四初字第5号民事判决，被执行人中某公司应向兴某银行江门分行偿还借款本金4000万元以及支付借款本金7200万元的利息（含罚息、复利）。2018年9月25日，江门中院立（2018）粤07执541号案执行。在执行过程中，兴某银行江门分行将本案债权转让给某投资公司。江门中院经审查后，裁定变更某投资公司为本案申请执行人。2020年5月20日，江门中院作出（2018）粤07执541号之一执行裁定，拍卖案涉房产。利害关系人谭某对此不服，认为江门中院在裁定拍卖案涉房产未依法公示谭某为上述拍卖标的具有20年承租期的合法承租人的信息，损害了谭某的合法权利，向该院提出书面异议。2020年6月15日，江门中院作出（2020）粤07执异27号执行裁定，驳回谭某的异议请求。谭某对江门中院上述裁定不服，向广东高院申请复议。广东高院于2020年11月9日作出（2020）粤执复885号执行裁定，驳回谭某的复议申请，维持江门中院（2020）粤07执异27号执行裁定。谭某不服广东高院（2020）粤执复885号执行裁定，向最高人民法院申诉。最高人民法院审查后认为谭某取得租赁权晚于兴某银行江门分行抵押权的设立时间，由于在标的物上设立的租赁权等用益物权，将直接影响案涉标的物的处置，影响抵押权人担保物权的实现，本案抵押权人对谭某与中某公司的租赁合同亦不予认可，据此，执行法院涤除其租赁权拍卖案涉房产符合上述法律规定，谭某请求在拍卖公告中公示谭某为合法承租人的申诉请求，缺乏法律依据，本院不予支持。驳回谭某有的申诉请求。

• 裁判要旨

租赁权晚于其他权利设立并影响其他债权人权利实现的，处置财产时应当涤除租赁关系后，再进行拍卖、变卖。

50. 建设工程价款债权人对建设工程享有优先受偿权的，对已转让给案外人的涉案建设工程如何执行？

【实务要点】

建设工程价款优先受偿权系为保护将劳务、材料等成本物化到建设工程项目的承包人而设立的法定优先权，该种优先权依附于建设工程，工程转让不影响优先权的行使。人民法院依法可以对涉案建设工程采取强制执行措施，涉案建设工程拍卖、变卖的价款优先清偿建设工程价款债权。

【要点解析】

从建设工程价款优先受偿权的性质及创设目的来说，该制度属于法定优先权，赋予了承包人工程价款债权就该工程折价或者拍卖的价款优先受偿的权利，目的是对承包人雇佣的农民工等建筑工人的工资权益优先保护。从保护农民工等建筑工人权益的角度考量，如果工程转让后，承包人因此丧失就该工程折价或者拍卖的价款优先受偿的权利，必然导致发包人为逃避债务恶意转让工程项目的现象出现，也使得承包人权益落空，最终损害的是广大农民工等建筑工人的权益，显然有违公平正义。最高人民法院民事审判第一庭编著的《最高人民法院新建设工程施工合同司法解释（一）理解与适用》中明确，建设工程被转让，承包人的优先受偿权应当仍然存在。首先建设工程被转让，受让人实际取得发包人的地位。其次，法定优先权具有担保属性，具有一定的追及效力，其功能是担保工程款优先支付，该权利依附于所担保的工程而存在，即使被担保的工程发生转让，也不影响工程价款优先受偿权的实现。司法实践中，只要生效法律文书确认建设工程价款债权人对涉案建设工程享有建设工程价款优先受偿权，则人民法院即可依法对涉案建设工程采取强制执行措施，涉案建设工程拍卖、变卖的价款优先清偿建设工程价款债权。

案例解析

盘锦某实业集团有限责任公司、大连某建设集团有限公司再审审查与审判监督案【（2018）最高法民申1281号】

• 基本案情

大连某建设集团有限公司（以下简称某建设公司）为案涉集团办公楼、综合商场、培训中心的承包人，2010年10月18日，涉案集团办公楼工程经验收评定为合格，并于同年11月9日交付。综合商场、培训中心截至2010年11月停工已施工至主体封顶。因发包人盘锦某超级信息网格有限公司（以下简称某网格公司)、辽宁某超级信息网格有限公司(以下简称辽宁某网格公司)未能支付工程款，某建设公司诉讼解除合同并在欠付工程款范围内就上述三栋房产主张优先受偿权。2011年某建设公司于诉讼过程中申请对案涉房产中的综合商场二层进行了查封，并于2013年、2014年申请续封，2016年申请对涉案三栋建设工程进行了查封。2012年盘锦某实业集团有限责任公司（以下简称某实业公司）与某网格公司签订《资产转让协议》，于2012年5月完成资产交割。后辽宁省高级人民法院（2013）辽民一终字第265号民事判决依法确认某建设公司的建设工程价款优先受偿权。执行过程中，某实业公司提出执行异议及执行异议之诉，后因不服辽宁省高级人民法院（2017）辽民终710号民事判决，向最高人民法院申请再审称：①某实业公司受让案涉工程时某建设公司优先受偿权的判决尚未作出，某实业公司不是案件的当事人，无从得知某建设公司是否享有优先权；②某实业公司自2012年5月享有案涉房产的所有权，某建设公司虽然申请查封保全措施，但仅限于综合商场第二层，其优先权不及于其他建筑。最高人民法院经审查认为建设工程价款优先受偿权为法定优先权，自符合条件时设立，无须当事人另外明示，驳回某实业公司再审请求。

• 裁判要旨

建设工程价款优先受偿权为法定优先权，原则上自建设工程施工已竣工验收合格或因发包人原因停建，且不属于不宜折价、拍卖的范围等法定条件时起设立，而非依生效确权裁判确认后设立。

发包人未清偿欠付工程款即转让工程的，承包人债权未能获得清偿，建设工程价款优先受偿权并未消灭，债权人有权向受让人主张优先权。

51. 发包人将涉案建设工程转让给案外人，承包人在诉讼中应否追加该案外人为第三人？

【实务要点】

实践中，存在发包人在未全部清偿工程款之前将建设工程（非商品房项目）转让给第三人的情形，鉴于建设工程价款优先受偿权为法定优先权，具有物权追及效力，承包人提起建设工程价款债权诉讼时，应将建设工程受让人列为第三人参加诉讼，此举一为查明事实，二为将来法院对涉案建设工程采取强制执行措施，减少受让人提出执行异议带来讼累。

【要点解析】

发包人未付清工程价款便将建设工程项目转让的，因承包人对其施工的建设工程享有法定的建设工程价款优先受偿权，该权利附属于建设工程，性质上类似于“担保物权”，具有追及效力，不因建设工程的转让而消灭，承包人依然有权对相应工程主张优先权。

但案涉工程经过转让后，如承包人提起建设工程价款债权诉讼，要求法院确认对已转让的建设工程享有建设工程价款优先受偿权，在法院判决支持该项请求后，债权人申请执行时，则涉及一系列问题：是否需要将受让人列为被执行人；能否将受让人列为被执行人；受让人能否对涉及案涉工程的执行提起执行标的异议及执行行为异议等，这将极大地影响法院的执行效率。因此，承包人提起建设工程价款债权诉讼时，应将建设工程受让人列为第三人参加诉讼，此举一为查明事实，在法律文书中将其列为诉讼参与人，二为将来法院对涉案建设工程采取强制执行措施时，减少受让人提出执行异议等产生的讼累。

【法律依据】

《民诉法（2023）》

第五十九条　第二款

对当事人双方的诉讼标的，第三人虽然没有独立请求权，但案件处理结果同他有法律上的利害关系的，可以申请参加诉讼，或者由人民法院通知他参加诉讼。人民法院判决承担民事责任的第三人，有当事人的诉讼权利义务。

案例解析

某银行股份有限公司东洲支行、辽宁某投资集团有限公司金融借款合同纠纷执行复议案【（2021）辽执复 626 号】

• 基本案情

某银行股份有限公司东洲支行（以下简称某银行东洲支行）与辽宁某投资集团有限公司（以下简称某投资公司）金融借款合同纠纷经抚顺中院判决某银行东洲支行有权就某投资公司名下的辽（2017）抚开不动产证明第 0000889 号不动产登记证明项下的抵押物折价、拍卖、变卖所得价款优先受偿。某银行东洲支行申请强制执行，抚顺中院以（2021）辽 04 执 55 号立案执行。执行过程中，某消防工程有限公司（以下简称某消防公司）向抚顺中院提出对拍卖房屋折价或拍卖价款优先受偿。2021 年 9 月 9 日，抚顺中院作出（2021）辽 04 执 55 号执行裁定书，驳回某消防公司的优先受偿权申请，后消防公司向抚顺中院提出书面异议，请求撤销（2021）辽 04 执 55 号执行裁定，认为某消防公司就其施工建设的“锦绣澜湾”项目中的建筑物折价或拍卖价款优先受偿已经经过抚顺中院作出（2017）辽 04 民初 114 号民事判决书予以确认，即便该房产由原某房地产开发公司转让给某投资公司，也不影响优先受偿权的效力，建设工程价款优先受偿权优先于某银行东洲支行的抵押权，抚顺中院以原建设单位与被执行人某投资公司并非同一主体为由驳回异议申请无事实依据。另查明，2013 年 12 月 10 日某房地产开发公司将案涉房产转让给被执行人某投资公司。抚顺中院审查认为建设工程优先受偿权具有追及效力，且优先于抵押权，故某消防公司的建设工程优先受偿权具有法律依据，裁定撤销抚顺中院（2021）辽 04 执 55 号执行裁定。某银行东洲支行不服异议裁定，向辽宁省高院申请复议，理由之一即认为某消防公司优先受偿权的被执行人为某房地产开发公司而非某投资公司，两者并不相同。辽宁省高院经审查认为建设工程价款优先受偿权具有法定性及追及力，不因工程转让受影响为由驳回某银行东洲支行的复议申请。

• 裁判要旨

设工程款优先受偿权是一种法定的优先权，在履行施工合同过程中，由于承包人已将其物化到建筑工程上，随之产生优先受偿权。该权利有一定的追及效力，即使在建工程所有权发生转移承包人仍然可以依法行使该权利。

52. 建设工程价款债权执行案件中，如何执行被执行人不具备初始登记条件的无证房产？

【实务要点】

不具备初始登记条件的无证房产，被执行人依然对其享有相关财产权益，经评估该权益具有相应的财产价值的，执行法院可以根据该执行标的物的现状依法进行处置。

【要点解析】

被执行房产虽未办理权属登记，登记在被执行人名下，但被执行人对该执行标的实际行使占有、使用、收益等相关财产权益。故，是否办理权属登记均不改变该财产的归属。对不具备初始登记条件的，法院会向登记机构发出协助执行通知，待具备登记条件后进行登记；对于不具备初始登记的房屋，原则上按照“现状处置”。即处置前披露房屋不具备初始登记条件的现状，买受人或承受人按照房屋的权利现状取得房屋。后续的产权登记事项由买受人或承受人自行负责。

【法律依据】

《无证房产办证函的通知》

执行程序中处置未办理初始登记的房屋时，具备初始登记条件的。执行法院处置后可以依法向房屋登记机构发出《协助执行通知书》；暂时不具备初始登记条件的，执行法院处置后可以向房屋登记机构发出《协助执行通知书》，并载明待房屋买受人或承受人完善相关手续具备初始登记条件后，由房屋登记机构按照《协助执行通知书》予以登记；不具备初始登记条件的，原则上进行"现状处置"，即处置前披露房屋不具备初始登记条件的现状，买受人或承受人按照房屋的权利现状取得房屋。后续的产权登记事项由买受人或承受人自行负责。

案例解析

某供应链公司、某配送公司与王某某、某贸易公司、邝某某执行监督案【（2021）最高法执监 89 号，入库编号：2023-17-5-203-035】

• 基本案情

东莞市中级人民法院在执行王某某申请执行某贸易公司、某配送公司、邝某某国内非涉外仲裁裁决纠纷执行一案中，于 2019 年 2 月 28 日以起拍价 570 万元对某配送公司名下的 A7 栋地上建筑物进行第一次网络拍卖并流拍，于 2019 年 4 月 15 日对上述建筑物以起拍价 456 万元进行第二次网络拍卖，后被某供应链公司竞得。申请执行人王某某曾于 2019 年 3 月 5 日向执行法院提交以物抵债申请书，请求对 A7 栋地上建筑物以第一次流拍价 570 万元抵偿被执行人部分债务。王某某对二次拍卖提出异议，东莞市中级人民法院撤销了 2019 年 4 月 15 日就案涉房产的第二次拍卖。某供应链公司、某配送公司不服东莞市中级人民法院异议裁定提起复议，广东省高级人民法院驳回某供应链公司、某配送公司复议申请。某供应链公司、某配送公司不服，提起本案申诉，申诉理由之一为，案涉地上建筑物所在土地为某配送公司租赁而来，A7 栋地上建筑物并未取得房屋产权证及建设工程规划许可证，该建筑物依法不能以物抵债，亦不得转让，执行法院依法不得采取司法拍卖等执行措施，最高人民法院经审查裁定驳回申诉。

• 裁判要旨

①对于未办理权属登记的房屋，被执行人仍对其享有相关财产权益，经评估该权益具有相应的财产价值的，执行法院可以根据该执行标的物的现状依法进行处置。②关于网络司法拍卖程序中一拍流拍后是否可以直接以物抵债的问题，应继续适用《执行拍卖变卖规定（2020）》中的相关规定，即在司法拍卖中，当拍卖财产流拍后，期间有申请执行人或者其他执行债权人申请或者同意以该次拍卖保留价抵债的，人民法院应予准许。

53. 签订有商品房买卖合同并进行网签备案的商品房可否被保全及强制执行?

【实务要点】

被执行人就被执行的商品房与第三人签订买卖合同并进行网签备案的，不能发生物权变动的效果，该商品房仍属于被执行人财产，人民法院可以依法对房屋进行查封及进入执行程序。

买受人提出执行异议的，执行法院应当依照《执行异议复议规定》进行审查，申请人执行人若为一般债权人，买受人满足无过错条件时可排除执行措施；申请执行人为优先权人的，买受人仅在满足购房消费者条件时，才能排除执行。

【要点解析】

不动产物权的产生、变更、消灭均需履行法定的生效要件—登记，不动产权属登记系对物权的公示，而商品房买卖合同网签备案是对商品房预售合同的公示，属于政府部门规范房地产开发企业、房屋中介公司等相关主体进行商品房预售管理的网上备案登记行为，不发生物权变动的效力。被执行房屋登记在被执行人名下，依然属于被执行人财产，人民法院可以对该房屋采取查封措施、进入执行程序。商品房买受人对查封、执行措施提出异议的，人民法院应当依照《执行异议和复议规定（2020）》第二十八条、二十九条的规定审查商品房买受人是否属于无过错买受人或购房消费者。

1. 对第二十八条的审查要点

《执行异议与复议规定》第二十八条对无过错买受人的构成要件进行了明确的规定：①申请实现的债权应当仅限于金钱债权：对于非金钱债权的执行则不能简单套用该规定；②人民法院查封之前已经签订合法有效的书面合同：不动产买卖合同为要式合同，需存在有效的书面合同；③已经支付全部价款或者已经按照合同约定支付部分价款且将剩余价款按照人民法院的要求交付执行：买受人是否已经支付全部价款需要综合付款凭证、收据、银行回单等材料认定，受让价格同样需综合考察该房屋市场价、备案价、同区域房屋市场价等因素，避免被执行人以不合理低价出让财产，逃避执行；④人民法院查封之前已经合法占有不动产：占有在形式上可以通过拿到房屋钥匙、办理物业入住手续等判断买受人是否已经对房屋进行事实上的管理和支配；⑤非因买受人自身的原因未办理过户登记：能够归责于买受人的原因，可以分为三个层面，一是对他人权利障碍的忽略。例如，不动产之上设定有其他人的抵押权登记，而买受人没有履行合理的注意义务，导致登记时由于存在他人抵押权而无法登记。二是对政策限制的忽略。例如，明知某地限制购房，在不符合条件的情况下仍然购房导致无法办理过户手续。三是消极不行使登记权利。例如，有的交易当事人为了逃税等而故意不办理登记的，不应受到该原则的保护。对于是否可归责于买受人需结合客观事实综合判断。买受人满足上述条件时，可排除一般债权人的查封、执行申请。

2. 对第二十九条的审查要点

《执行异议与复议规定》第二十九条对购房消费者同样作出明确识别要件：①需为金钱债权的执行；②被执行人为房地产开发企业：消费者是相对于经营者的概念，只有从经营者处接受商品才能称为消费者；③在人民法院查封之前已签订合法有效的书面合同；④所购商品房系用于居住且买受人名下无其他用于居住的商品房：该要件明确指出系对消费者生存权益的保护，即所购房屋为满足基本的生存需要，公寓等不动产若为满足生存需要也属保护的范围，对于被执行房屋是否属于唯一住房，可通过在县域范围内是否有其他房屋进行判断，但唯一住房的判断并非静态，应当动态识别；⑤已经支付价款超过合同约定价款的百分之五十。但 2023 年 4 月 20 日施行的《商品房消费者保护批复》对上述规定实质有所调整，该批复第二条规定，商品房消费者若主张其房屋交付请求权优先于建设工程价款优先受偿权、抵押权以及其他债权的，应在一审法庭辩论终结前已实际支付完毕全部价款。满足上述条件的消费者可排除执行。也即买受人确属本条规定的购房消费者，也可以排除查封、执行措施。

3. 第二十八条、二十九条的适用差异

消费者优先权源于《关于建设工程价款优先受偿权问题的批复》，在价值保护位阶上，消费者生存权 > 优先权 > 一般债权。而无过错买受人相对于购房消费者买受人而言，适用的范围更加宽泛，两者虽同为物权期待权，但保护的目的却大不相同。对于无过错买受人而言，其所要实现的目的是对正当合法买受人的权利予以特殊保护，在适用“物权期待权”理论解释优先于一般债权时尚可接受，但将“物权期待权”优先于抵押权等担保物权时，则可能出现衔接上的问题，物权期待权并非物权，基于物权法定原则，物权的优先效力以登记状态作为判断。若“物权期待权”优先于物权，则不仅在法律之外创设了另一种权利，更是赋予了该权利超越一般物权的效力，显非合理。故，消费者权利虽立足于“物权期待权”，但其优先保护的理由更多依赖于对生存权利的保障，为使其能够对抗其他物权而做的特殊规定，不可扩大适用。因此，买受人主张其为二十八条规定的无过错买受人时，仅能阻却一般债权人的执行申请；买受人在满足二十九条的消费购房者要件时，则可以阻却优先权人的执行申请。

【法律依据】

《规范执行和国土房管部门协执通知》

十五、下列房屋虽未进行房屋所有权登记，人民法院也可以进行预查封：

（一）作为被执行人的房地产开发企业，已办理了商品房预售许可证且尚未出售的房屋；

（二）被执行人购买的已由房地产开发企业办理了房屋权属初始登记的房屋；

（三）被执行人购买的办理了商品房预售合同登记备案手续或者商品房预告登记的房屋。

《执行异议与复议规定》

第二十八条　金钱债权执行中，买受人对登记在被执行人名下的不动产提出异议，符合下列情形且其权利能够排除执行的，人民法院应予支持：

（一）在人民法院查封之前已签订合法有效的书面买卖合同；

（二）在人民法院查封之前已合法占有该不动产；

（三）已支付全部价款，或者已按照合同约定支付部分价款且将剩余价款按照人民法院的要求交付执行；

（四）非因买受人自身原因未办理过户登记。

第二十九条　金钱债权执行中，买受人对登记在被执行的房地产开发企业名下的商品房提出异议，符合下列情形且其权利能够排除执行的，人民法院应予支持：

（一）在人民法院查封之前已签订合法有效的书面买卖合同；

（二）所购商品房系用于居住且买受人名下无其他用于居住的房屋；

（三）已支付的价款超过合同约定总价款的百分之五十。

《商品房消费者保护批复》

二、商品房消费者以居住为目的购买房屋并已支付全部价款，主张其房屋交付请求权优先于建设工程价款优先受偿权、抵押权以及其他债权的，人民法院应当予以支持。

只支付了部分价款的商品房消费者，在一审法庭辩论终结前已实际支付剩余价款的，可以适用前款规定。

案例解析

刘某、邓某再审审查与审判监督案【（2018）最高法民申350号】

• 基本案情

天某公司与三某公司买卖合同纠纷一案德州市中级人民法院作出（2013）德中商初字第43号民事判决书，判决三某公司返还天某公司货款647万元，赔偿损失1072918元。德州市中级人民法院在执行（2013）德中商初字第43号民事判决时，查封了位于德州市德兴中大道699号天衢名郡1A号楼1单元16层1-5号楼房，刘某、邓某提出异议，德州市中级人民法院于2016年3月4日作出（2015）德中法执异字第9号执行裁定书予以驳回，刘某、邓某于2016年3月12日向德州市中级人民法院提起执行异议之诉，德州市中级人民法院经审查认为刘某、邓某购买案涉房屋后并办理了网签登记，该房屋属于刘某、邓某所有，裁定不得执行位于德州市德兴中大道699号天衢名郡1A号楼1单元16层1-5号房产。天某公司不服向山东省高级人民法院提起上诉，山东省高级人民法院经审理认为：商品房网签登记所登记的不是现实的不动产物权，而是行政机关对于商品房买卖合同进行管理的一项措施，网签登记并不直接产生不动产物权设立或变动的效力，刘某、邓某对涉案房产只享有债权请求权，而非物权请求权。从不动产物权公示的效果看，刘某、邓某并不享有涉案房产的所有权，撤销原一审判决。刘某、邓某不服向最高人民法院申请再审，最高人民法院经审查认为物权公示原则为法律规定的基本原则。对不动产物权而言，其设立、变更、转让和消灭，应当依照法律规定登记，网签备案不能产生物权效力，案涉房屋并非刘某、邓某财产不能排除执行，驳回刘某、邓某再审申请。

• 裁判要旨

商品房网签登记是政府部门依托其建立的商品房网上签约备案平台，规范房地产开发企业、房屋中介公司等相关主体进行商品房预售管理的网上备案登记行为，商品房网签登记并不具有物权变动性质，而是行政机关对于商品房买卖合同进行管理的一项措施，商品房网签登记并不直接产生不动产物权设立或变动的效力，不能以网签备案阻却执行。

54. 建设工程价款债权执行案件，被执行人名下土地使用权存在抵押权的，如何处置？

【实务要点】

土地使用权抵押后，抵押权人对该土地上新增的房屋不享有抵押权，建设工程价款债权人申请执行时，应当将土地与房屋一并处分，建设工程价款债权人与抵押权人分别就房屋与土地使用权拍卖、变卖财产享有优先受偿权。

【要点解析】

为获得开发建设资金，开发商在项目建设前通常将在建项目的土地使用权进行抵押以获得融资。享有建设工程价款优先受偿权（以下简称优先权人）的施工单位申请法院处置开发商名下房产时，经常会遇到标的房产所涉的土地使用权上设定有抵押权，基于“房地一体”原则，无论优先权人或抵押权人申请实现权利，均应将土地使用权与该土地上房屋一并处置，但此为处置上的一体性。在受偿时，通说认为建设工程优先受偿权的客体仅为建设工程范围，不应及于建设工程占有范围内的土地使用权；同样，依据《民法典》第四百一十七条之规定，抵押权人的权利也不及于抵押权设立后的新增建筑物。优先权人与抵押权人应分别就建设工程与土地使用权处置的价款优先受偿。实践中，法院一般会要求评估机构就该房产的土地价值和地上建筑物价值分别评估，以区分优先权人与抵押权人各自的权利范围。

【法律依据】

《民法典》

第四百一十七条　建设用地使用权抵押后，该土地上新增的建筑物不属于抵押财产。该建设用地使用权实现抵押权时，应当将该土地上新增的建筑物与建设用地使用权一并处分。但是，新增建筑物所得的价款，抵押权人无权优先受偿。

案例解析

某银行股份有限公司上海虹口支行、浙江某建设集团有限公司建设工程施工合同纠纷执行审查案【(2019)最高法执监470号】

• 基本案情

浙江某建设集团有限公司（以下简称某建设公司）与上海某实业有限公司（以下简称某实业公司）建设工程施工合同纠纷一案，上海仲裁委员会于2015年8月7日作出（2014）沪仲案字第0889号调解书，确认某实业公司就系争工程分期向某建设公司支付工程款共计人民币13620万元及相应利息；某建设公司对上述工程款债权享有就系争工程拍卖、变卖所得价款优先受偿的权利。仲裁调解书生效后，某建设公司向上海市第二中级人民法院（以下简称上海二中院）申请执行，执行中，该院经委托评估，确定涉案土地和在建工程的评估价总价为15300万元，起拍价为10710万元，经网拍一拍流拍。2018年9月6日，上海二中院发布第二次网拍公告，起拍价为8568万元，某建设公司以起拍价竞拍成交，并以其对某实业公司享有的工程款债权冲抵拍卖款。某银行不服向上海二中院提出异议称该行对案涉土地设定抵押权，并经上海市虹口区人民法院（2017）沪0109民初18759号民事调解书予以确认，故对土地拍卖价款享有优先受偿权。某建设公司对建设工程享有的优先受偿权不及于土地使用权，请求停止向某建设公司分配案涉土地使用权拍卖款项。上海二中院审查认为本案所涉在建工程在涉案土地上建造，无法独立存在。基于房地一体原则，二者各自的价值难以区分。故某银行提出的某建设公司享有的建设工程价款优先受偿权不及于涉案土地的主张不能成立，于2019年1月17日作出（2019）沪02执异5号执行裁定，驳回某银行异议请求。某银行不服向上海高院申请复议，理由与异议阶段一致。上海高院认为某建设公司对建设工程拍卖价款享有优先受偿权，该权利优先于某银行对涉案土地使用权享有的抵押权。基于房地一体原则，执行中对被执行人的房产和土地整体拍卖符合实际情况。于2019年5月15日作出（2019）沪执复29号执行裁定，驳回某银行的复议请求。某银行不服向最高人民法院申诉，最高人民法院经审查认为“房地一体”应当理解为针对处置环节，而不能将建筑物与土地使用权理解为同一财产。因此，虽然对房地产一并处分，但应当对权利人分别进行保护，裁定撤销上海市高级人民法院（2019）沪执复29号执行裁定，由上海市第二中级人民法院重新审查。

• 裁判要旨

建设工程的价款是施工人投入或者物化到建设工程中的价值体现，法律保护建设工程价款优先受偿权的主要目的是优先保护建设工程劳动者的工资及其他劳动报酬，维护劳动者的合法权益，而劳动者投入到建设工程中的价值及材料成本并未转化到该工程占用范围内的土地使用权中，“房地一体”应当理解为针对处置环节，而不能将建筑物与土地使用权理解为同一财产。因此，虽然对房地产一并处分，但应当对权利人分别进行保护。

55. 被执行人在其他法院有作为申请执行人的债权，建设工程债权申请执行人如何执行被执行人的该笔债权或另案中执行到位的款项？

【实务要点】

被执行人在其他法院作为债权人申请执行时，建设工程价款债权人可以请求通过执行法院对该债权进行查封，要求被执行人的债务人向其清偿债务；其他法院已经执行到位的款项，执行法院可向该法院发出执行裁定及协助执行通知的方式将相应款项划扣至建设工程债权申请执行人案件中进行清偿。

【要点解析】

被执行人在其他法院申请执行自己的债务人时，因该笔债权经人民法院生效判决、裁定确认，次债务人不得对该债权的真实性提出异议，建设工程债权人申请执行被执行人时，该笔债权属于被执行人财产，执行法院经建设工程债权人申请可向该次债务人发出查封及协执文书，要求被执行人的债务人向其清偿债务。若该笔债权已经经其他法院执行到位，负责建设工程价款债权执行的法院可以向该法院发出执行裁定及协助执行通知文书，要求接受款项的法院协助将相应款项交由其用于清偿建设工程价款债权。

【法律依据】

《民诉法（2023）》

第二百五十三条　被执行人未按执行通知履行法律文书确定的义务，人民法院有权向有关单位查询被执行人的存款、债券、股票、基金份额等财产情况。人民法院有权根据不同情形扣押、冻结、划拨、变价被执行人的财产。人民法院查询、扣押、冻结、划拨、变价的财产不得超出被执行人应当履行义务的范围。

人民法院决定扣押、冻结、划拨、变价财产，应当作出裁定，并发出协助执行通知书，有关单位必须办理。

《执行若干问题规定（2020）》

45. 被执行人不能清偿债务，但对本案以外的第三人享有到期债权的，人民法院可以依申请执行人或被执行人的申请，向第三人发出履行到期债务的通知(以下简称履行通知)。履行通知必须直接送达第三人。

案例解析

某信用担保有限公司与某证券股份有限公司等证券权益纠纷执行复议案【(2010)执复字第2号，入库编号：2014-18-5-202-003】

• 基本案情

某信用担保有限公司与某证券股份有限公司、某证券股份有限公司福州广达路证券营业部证券权益纠纷一案，福建省高级人民法院（以下简称福建高院）于2009年6月11日作出（2009）闽民初字第3号民事调解书。后某信用担保有限公司于2009年6月25日向福建高院申请执行。福建高院于同年7月3日立案执行，并于当月15日向被执行人某证券营业部、某证券公司发出（2009）闽执行字第99号执行通知书，责令其履行法律文书确定的义务。2009年6月12日北京市东城区人民法院向某证券公司发出履行到期债务通知书，要求其向某信用有限公司债权人潘某履行其对某信用担保有限公司所负的到期债务11222761.55元，该款汇入了北京东城法院账户；上海市第二中级人民法院（以下简称上海二中院）为执行上海某资产管理有限公司与某信用担保有限公司纠纷案，向某证券公司发出协助执行通知书，并于2009年6月22日扣划了某证券公司的银行存款8777238.45元。以上共计向某信用担保有限公司的债权人支付了2000万元。后某证券公司对福建高院(2009)闽执行字第99号执行通知书提出书面异议认为其已经向申请执行人的债权人履行债务，与申请人之间不存在债权债务关系，应当撤销该执行通知书，福建高院作出（2009）闽执异字第1号裁定书，认定被执行人异议成立，撤销（2009）闽执行字第99号执行通知书。申请执行人某信用担保公司不服，向最高人民法院提出了复议申请，最高人民法院经审查认为某证券公司收到有关法院通知及其协助有关法院执行的时间，是在福建高院向其发出执行通知之前。在其协助有关法院执行后，相应债务应当消灭，最终裁定驳回某信用担保公司复议请求，维持福建高院（2009）闽执异字第1号裁定。

• **裁判要旨**

被执行人向人民法院申请执行其债务人后，受理对被执行人申请执行的法院在先向受理被执行人的债务人发出履行到期债务的通知后，次债务人无权对该债权的存在提出异议，应当按照通知书的要求履行债务，其对被执行人的债务在履行范围内消灭。

56. 冻结、扣划被执行人的哪些存款会受到哪些限制？

【实务要点】

党费、工会经费、贷款资金账户内资金、封闭贷款结算专用中的资金、破产企业存款、国有企业下岗职工生活保障金等资金虽在被执行人名下，但上述资金并非被执行人财产或依法不得冻结扣划的，不得冻结划扣；信用证开证保证金、贷款保证金、银行承兑汇票保证金满足担保功能时可以冻结不可划扣，丧失担保功能时可以划扣；商品房预售监管资金、农民工工资账户资金用于支付工程款及农民工工资的可以冻结划扣。

【要点解析】

1. 不得冻结划扣的账户

（1）党费，《最高人民法院关于强制执行中不应将企业党组织的党费作为企业财产予以冻结或划拨的通知》【法〔2005〕209 号】：企业党组织的党费是该企业每位党员按月工资比例向党组织交纳的用于党组织活动的经费，不属于企业的责任财产，不得冻结、扣划，不得用党费偿还该企业债务。

（2）工会经费，《最高人民法院关于产业工会、基层工会是否具备社会团体法人资格和工会经费集中户可否冻结划拨问题的批复》【法释〔2020〕21 号】：工会经费包括工会会员缴纳的经费，建立工会组织的企业事业单位、机关按每月全部职工工资总额的百分之二的比例向工会拨缴的经费，以及工会所属企业、事业单位上缴的收入和支付的补助等，该经费并非所在企业的财产，在该企业欠债的情况下，不得冻结和扣划。

（3）破产企业的存款：法院受理破产申请后，对破产企业的存款不得冻结、扣划。如已采取保全措施的应当解除，执行程序应当中止。

（4）国有企业下岗职工基本生活保障资金，《最高人民法院关于严禁冻结或划拨国有企业下岗职工基本生活保障资金的通知》【法〔1999〕228 号】：下岗基本生活保障资金是企业、社会、财政各承担三分之一而筹集的，专项用于保障下岗职工生活，具有专用资金性质，不属于企业资产。

（5）贷款账户资金，《最高人民法院关于银行贷款账户能否冻结的请示报告的批复》【〔2014〕执他字第8号】：贷款账户资金系金融机构发放贷款的专用账户，其中资金不属于被执行人财产，不能采取强制措施。

（6）封闭贷款结算专户，《最高人民法院关于执行〈封闭贷款管理暂行办法〉和〈外经贸企业封闭贷款管理暂行办法〉中应注意的几个问题的通知》【法发〔2000〕4号】：封闭贷款是商业银行根据国家政策向特定企业发放的具有特定用途的贷款，为保证这项工作的顺利进行，使封闭贷款达到预期目的，不宜冻结、执行。

2. 可以冻结但不得划扣的账户

（1）信用证开证保证金，《最高人民法院关于人民法院能否对信用证开证保证金采取冻结和扣划措施问题的规定》【法释〔2020〕21号】：该保证金属于有进出口经营权的企业向银行申请对国外（境外）方开立信用证而备付的具有担保支付性质的资金，法院可以冻结但不得扣划。如有下列两种情形出现时，法院应当立即解除冻结措施：一是开证银行履行了对外支付义务，根据该银行的申请，应当立即解除对信用证开证保证金相应部分的冻结措施。二是如果申请开证人提供的开证保证金是外汇，当事人又举证证明信用证的受益人提供的单据与信用证条款相符时，法院也应当立即解除冻结措施。

（2）银行承兑汇票保证金，《规范执行及协助执行通知》：该保证金可以冻结，但不得扣划。如果金融机构已对汇票承兑或者已对外付款，根据该金融机构的申请，法院应当解除银行承兑汇票保证金相应部分的冻结措施。

（3）贷款保证金：该保证金账户通常为贷款金融机构实际控制，为贷款金额提供担保而设立的账户，具有质押的功能，可以冻结但不可执行。

（4）上述保证金账户在丧失担保功能时可以执行。

3. 具有法定原因可以冻结划扣的账户

（1）商品房预售资金监管账户：除债权人因建设该项目而产生的工程建设进度款、材料款、设备款等债权的情形，其他债权人无权对预售资金监管账户中的资金采取强制措施。同时，满足法定条件的行政机关、金融机构可提出执行异议。

（2）农民工工资专用账户：农民工工资专用账户系为保障农民工工资发放而专门设立的账户，不得因支付本项目农民工工资之外的原因被采取强制措施。

【法律依据】

《破产法》

第十九条　人民法院受理破产申请后，有关债务人财产的保全措施应当解除，执行程序应当中止。

《规范执行及协助执行通知》

第九条　人民法院依法可以对银行承兑汇票保证金采取冻结措施，但不得扣划。如果金融机构已对汇票承兑或者已对外付款，根据金融机构的申请，人民法院应当解除对银行承兑汇票保证金相应部分的冻结措施。银行承兑汇票保证金已丧失保证金功能时，人民法院可以依法采取扣划措施。

《网络执行查控规范》

第十二条 有权机关、金融机构或第三人对被执行人银行账户中的存款及其他金融资产享有质押权、保证金等优先受偿权的，金融机构应当将所登记的优先受偿权信息在查询结果中载明。执行法院可以采取冻结措施，金融机构反馈查询结果中载明优先受偿权人的，人民法院应在办理后五个工作日内，将采取冻结措施的情况通知优先受偿权人。优先受偿权人可向执行法院主张权利，执行法院应当依法审查处理。审查处理期间，执行法院不得强制扣划。

《工程建设领域农民工工资专用账户管理暂行办法》

第八条 除法律另有规定外，专用账户资金不得因支付为本项目提供劳动的农民工工资之外的原因被查封、冻结或者划拨。

《最高人民法院 住房和城乡建设部 中国人民银行关于规范人民法院保全执行措施确保商品房预售资金用于项目建设的通知》

第一条 ……

除当事人申请执行因建设该商品房项目而产生的工程建设进度款、材料款、设备款等债权案件之外，在商品房项目完成房屋所有权首次登记前，对于预售资金监管账户中监管额度内的款项，人民法院不得采取扣划措施。

第二条 商品房预售资金监管账户被人民法院冻结后，房地产开发企业、商品房建设工程款债权人、材料款债权人、租赁设备款债权人等请求以预售资金监管账户资金支付工程建设进度款、材料款、设备款等项目建设所需资金，或者购房人因购房合同解除申请退还购房款，经项目所在地住房和城乡建设主管部门审核同意的，商业银行应当及时支付，并将付款情况及时向人民法院报告。

……

案例解析

1. 临清某公司与许某执行异议案【(2022)鲁1581执异139号，入库编号：2024-17-5-201-004】

• 基本案情

许某与临清某公司等房屋拆迁合同及侵权纠纷一案，山东省临清市人民法院（以下简称临清法院）于2022年2月28日作出（2021）鲁1581民初4475号民事判决，判令：一、被告山东省临清市某村民委员会于本判决生效之日起十日内赔偿原告许某1251127.75元。二、被告临清某公司对第一项款项承担连带责任。三、驳回原告许某的其他诉讼请求。该判决送达后，许某不服向山东省聊城市中级人民法院提起上诉，该院经审理于2022年8月9日作出（2022）鲁15民终2185号民事判决，判令：驳回上诉，维持原判。

临清法院于2022年11月4日冻结了临清某公司名下银行账户。临清某公司对此提出执行异议，主张该账户系异议人因开发房地产项目而开立的商品房预售资金监管账户，系不得执行的专用账户，要求法院立即解除对该账户的冻结。临清法院查明，2020年3月19日，临清市住房和城乡建设局、异议人临清某公司（预售人）与山东临清某商业银行股份有限公司（监管银行）共同签订了《临清市商品房预售资金监管协议书》，载明监管项目为翠某苑二期，监管银行账号为××，即本案冻结的涉案账户。临清法院于2022年12月13日作出（2022）鲁1581执异139号执行裁定，驳回临清某公司异议请求。异议人未申请复议。

• 裁判要旨

商品房预售资金监管账户是预售人在竣工验收前出售其开发的商品房时，于该项目所在地的银行设立的专用账户，人民法院可以依法冻结商品房预售资金监管账户。

2. 李某与某某建设公司执行复议案【（2022）云01执复29号，入库编号：2024-17-5-202-029】

• 基本案情

原告李某与被告某某建设公司民间借贷纠纷一案，云南省昆明市五华区人民法院（以下简称五华法院）于2021年5月17日作出（2021）云0102民初1927号民事调解书，确认由被告某某建设公司向原告李某支付借款及利息。因被告某某建设公司到期未履行付款义务，原告李某向五华法院申请强制执行。五华法院于2021年9月1日立案执行，案号为（2021）云0102执5576号。执行中，五华法院于2021年9月3日对账户名称为某某建设公司武定项目农民工工资专户的账户××××进行冻结。被执行人某某建设公司提出书面异议，主张上述被冻结的账户系某某建设公司用于武定县2018—2019年农村公路建设工程总承包（EPC）项目农民工工资结算的农民工工资专用账户，并提交《工程款和工资款两条线拨付协议》《云南省工程建设项目农民工工资（劳务费）专用账户监管协议》、中国建设银行股份有限公司某支行出具的《证明》，武定县农村公路建设指挥部出具的《证明》等证据证明其主张，据此请求解除对该账户的冻结措施。

五华法院于2021年12月20日作出（2021）云0102执异385号执行裁定，裁定解除五华法院（2021）云0102执5576号案件对账号为××××、开户行为中国建设银行股份有限公司某支行银行账户的冻结。申请执行人李某不服，向云南省昆明市中级人民法院（以下简称昆明中院）申请复议。昆明中院于2022年4月12日作出（2022）云01执复29号执行裁定，裁定驳回李某的复议申请，维持五华法院（2021）云0102执异385号执行裁定。

• 裁判要旨

人民法院在查封、冻结或者划拨相关单位银行账户资金时，应当严格审查账户类型，除法律另有专门规定外，不得因支付为本项目提供劳动的农民工工资之外的原因查封、冻结或者划拨农民工工资专用账户和工资保证金账户资金。

57. 如何执行被执行人的到期或未到期的一般债权？

【实务要点】

对于被执行人的到期债权，执行法院可依申请执行人申请向次债务人发出履行到期债务通知书，次债务人收到通知书后应及时履行债务，未提出异议也未履行债务的，执行法院可强制执行；被执行人的债权未到期的，次债务人在收到协助执行通知后，应当在债权到期后向申请执行人履行。

【要点解析】

对被执行人对外债权的执行应当区分债权是否到期，对于到期债权，申请执行人向法院提出书面申请后，人民法院向第三人送达履行通知，通知中应当包含以下内容：（1）第三人直接向申请执行人履行其对被执行人所负的债务，不得向被执行人清偿；（2）第三人应当在收到履行通知后的十五日内向申请执行人履行债务；（3）第三人对履行到期债权有异议的，应当在收到履行通知后的十五日内向执行法院提出；（4）第三人违背上述义务的法律后果。但第三人并非被执行人，故在对到期债权的执行中，应当依法保护次债务人的利益。第三人在履行通知指定期限内对到期债权提出异议，人民法院不得对第三人强制执行，且对异议不进行审查。此时，申请执行人可以另行提起代位权诉讼主张权利。但是，对生效法律文书确定的到期债权，第三人予以否认的，不予支持。

债权未到期的，为防止第三人与被执行人串通对申请执行人不利，也允许申请执行人申请法院对其采取保全措施，人民法院可对未到期债权予以冻结，待债权到期后再参照到期债权予以执行，第三人异议不影响保全措施。

【法律依据】

《执行若干问题规定（2020）》

45. 被执行人不能清偿债务，但对本案以外的第三人享有到期债权的，人民法院可以依申请执行人或被执行人的申请，向第三人发出履行到期债务的通知（以下简称履行通知）。履行通知必须直接送达第三人。

履行通知应当包含下列内容：

第三人直接向申请执行人履行其对被执行人所负的债务，不得向被执行人清偿；

第三人应当在收到履行通知后的十五日内向申请执行人履行债务；

第三人对履行到期债权有异议的，应当在收到履行通知后的十五日内向执行法院提出；

第三人违背上述义务的法律后果。

49. 第三人在履行通知指定的期限内没有提出异议，而又不履行的，执行法院有权裁定对其强制执行。此裁定同时送达第三人和被执行人。

50. 被执行人收到人民法院履行通知后，放弃其对第三人的债权或延缓第三人履行期限的行为无效，人民法院仍可在第三人无异议又不履行的情况下予以强制执行。

第三人按照人民法院履行通知向申请执行人履行了债务或已被强制执行后，人民法院应当出具有关证明。

《民诉法解释（2022）》

第四百九十九条　人民法院执行被执行人对他人的到期债权，可以作出冻结债权的裁定，并通知该他人向申请执行人履行。

该他人对到期债权有异议，申请执行人请求对异议部分强制执行的，人民法院不予支持。利害关系人对到期债权有异议的，人民法院应当按照民事诉讼法第二百三十四条规定处理。

对生效法律文书确定的到期债权，该他人予以否认的，人民法院不予支持。

《民法典》

第五百三十五条　因债务人怠于行使其债权或者与该债权有关的从权利，影响债权人的到期债权实现的，债权人可以向人民法院请求以自己的名义代位行使债务人对相对人的权利，但是该权利专属于债务人自身的除外。

《制裁规避执行意见》

依法保全被执行人的未到期债权。对被执行人的未到期债权，执行法院可以依法冻结，待债权到期后参照到期债权予以执行。第三人仅以该债务未到期为由提出异议的，不影响对该债权的保全。

《贯彻实施民诉法及其司法解释通知》

三、被执行人的债权作为其财产的重要组成部分，是其债务的一般担保，不能豁免执行。但是执行到期债权涉及次债务人的权利保护，法律关系较为复杂，在执行程序中适用《民诉法解释》第五百零一条时，应当严格遵守法定条件与程序，兼顾相关各方主体的权利保护。

在对到期债权的执行中，应当依法保护次债务人的利益，对于次债务人在法定期限内提出异议的，除到期债权系经生效法律文书确定的外，人民法院对提出的异议不予审查，即应停止对次债务人的执行，债权人可以另行提起代位权诉讼主张权利。对于其他利害关系人提出的异议符合民事诉讼法第二百二十七条规定的，人民法院应当按照相应程序予以处理。

被执行人有银行存款或者其他能够执行的财产的，人民法院原则上应优先予以执行；对于被执行人未到期的债权，在到期之前，只能冻结，不能责令次债务人履行。

案例解析

赵某与李某服务合同纠纷执行监督案【(2021)最高法执监458号，入库编号：2023-17-5-203-004】

• 基本案情

赵某与李某服务合同纠纷一案，洛阳仲裁委员会于2020年10月15日作出（2019）洛仲字第290号仲裁裁决，该仲裁裁决生效后，李某没有如期履行相应的义务，赵某遂向河南省郑州市中级人民法院（以下简称郑州中院）申请强制执行，该院依法立案执行，执行案件案号为（2020）豫01执1431号。郑州中院在执行过程中，作出（2020）豫01执1431号（之三）执行裁定，裁定提取李某在第三人甲公司的应收账款515万余元。甲公司遂向郑州中院提出异议，请求撤销该院（2020）豫01执1431号（之三）执行裁定，解除对甲公司提取应收账款515万余元的执行行为。

郑州中院经审查于2021年5月8日作出（2021）豫01执异374号执行裁定，裁定驳回甲公司异议请求。甲公司不服，向河南省高级人民法院（以下简称河南高院）申请复议，该院于2021年6月10日作出（2021）豫执复370号执行裁定，以该案执行依据的权利义务主体为李某与赵某，该案被执行人为李某，而非甲公司为由，裁定撤销郑州中院异议裁定和（2020）豫01执1431号之三执行裁定。赵某不服该复议裁定，向最高人民法院申诉，最高人民法院于2021年12月20日作出（2021）最高法执监458号执行裁定，裁定驳回赵某的申诉请求。

• 裁判要旨

人民法院依法可支取、提取被执行人的收入，作为执行案款转交给申请执行人。但对于被执行人的收入，不宜作扩大解释，一般为被执行人的工资、奖金、劳务报酬、稿费等。被执行人实际控制公司的项目利润款等应收账款，不属于被执行人的收入，也不属于被执行人对第三方的到期债权，执行法院不能直接提取用以清偿被执行人的债务。

58. 执行被执行人到期债权时，次债务人提出异议如何处理？

【实务要点】

次债务人对执行法院签发的冻结债权的裁定和履行到期债务通知书有权在收到通知十五日内提出异议，对于次债务人的异议，人民法院不得审查也不得强制执行，次债务人无异议的部分可强制执行。但对经生效法律文书确定的债权，次债务人不得予以否认。次债务人提出异议的，申请执行人可另行提起代位权诉讼以实现债权。

【要点解析】

对到期债权的执行需判断该债权是否经人民法院或仲裁机构以生效判决、裁决、裁定、调解书等方式确认。经生效法律文书确定的到期债权，次债务人否认债权存在的事实或对债权的真实性提出异议的，因该异议与人民法院以已决的案件事实存在冲突，执行法院不应当予以支持。未经生效法律文书确定的到期债权，次债务人有权在收到履行通知之日起十五日内提出异议，次债务人提出异议的，执行法院对该异议不进行审查，也不得对强制执行该债权。次债务人提出异议的，申请执行人可另行提起代位权诉讼以实现债权。

【法律依据】

《执行若干问题规定（2020）》

46. 第三人对履行通知的异议一般应当以书面形式提出，口头提出的，执行人员应记入笔录，并由第三人签字或盖章。

48. 第三人提出自己无履行能力或其与申请执行人无直接法律关系，不属于本规定所指的异议。第三人对债务部分承认、部分有异议的，可以对其承认的部分强制执行。

51. 第三人收到人民法院要求其履行到期债务的通知后，擅自向被执行人履行，造成已向被执行人履行的财产不能追回的，除在已履行的财产范围内与被执行人承担连带清偿责任外，可以追究其妨害执行的责任。

《民法典》

第五百三十五条　因债务人怠于行使其债权或者与该债权有关的从权利，影响债权人的到期债权实现的，债权人可以向人民法院请求以自己的名义代位行使债务人对相对人的权利，但是该权利专属于债务人自身的除外。

案例解析

唐山某水泥有限公司、某农村信用合作联社借款合同纠纷执行审查案【（2020）最高法执监52号】

• 基本案情

因唐山某水泥有限公司（以下简称某水泥公司）向某银行唐山古冶区办事处借款10700000元逾期未还，后某银行古冶区办事处起诉至唐山中院。该院于2002年12月28日作出（2002）唐民初字136号判决书，判决被告某水泥公司偿还原告借款10700000元及逾期利息。后该笔债权由王某受让，并登报公告。河北省保定市中级人民法院（以下简称保定中院）在执行申请执行人某农村信用合作联社与被执行人某手套厂、王某借款合同纠纷一案中，向某水泥公司送达了（2018）冀06执恢42号通知书，责令其自收到通知后的十五日内向申请执行人某农村信用合作联社履行其对被执行人王某到期债务800万元，不得向被执行人清偿。某水泥公司向该院提出书面异议，请求撤销该通知书。异议书载明"河北省唐山市中级人民法院（2002）唐民初136号判决书确定的义务原某水泥公司已经履行完毕""河北省唐山市中级人民法院（2002）唐民初136号判决项下的义务原某水泥公司与原债权人已协商履行完毕"等异议理由。保定中院认为，"被执行人王某对某水泥公司的到期债权由生效的法律文书（2002）唐民初字136号判决确认……因此，对异议人关于唐山中院（2002）唐民初字136号判决书确定的义务原六九水泥公司已履行完毕的主张不予支持。"河北高院作出（2019）冀执复260号执行裁定驳回某水泥公司的异议后，某水泥公司向最高人民法院申诉，最高人民法院经审查认为，被执行人的债权经人民法院确认后，次债务人以债务已经履行完毕为由提出异议的，人民法院应当审查，裁定撤销河北高院作出（2019）冀执复260号执行裁定。

• 裁判要旨

经人民法院生效判决确认的债权，被执行人无权对该债权的真实性提出异议，若被执行人未否认生效判决确认的债权，而是对债权确定之后的履行情况提出异议，该异议涉及实体争议内容，不属于《民诉法解释（2022）》第五百零一条第三款和《执行工作规定》第64条第1款规定的异议，不宜通过执行程序解决。

59. 被执行人在行政主管部门的可退款项能否被执行？如何执行？

【实务要点】

被执行人在行政主管部门的可退款项属于被执行人责任财产，人民法院可对相应款项进行冻结、划扣。

【要点解析】

被执行人向行政机关预先缴纳或经清算后应予退还的款项属于被执行人的责任财产，执行法院可通过发出执行裁定书、签发协助执行通知等方式要求具有协助义务的单位对相关款项进行冻结、划扣。如被执行人为房地产开发企业，税务机关对其开发建设的项目进行税务清算后有可退还的税款时，人民法院对该可退还的税款可依法进行冻结、划扣。

【法律依据】

《最高人民法院对于税务机关是否有义务协助人民法院直接划拨退税款问题的批复》

根据国家税务总局《出口货物退（免）税管理办法》的有关规定，企业出口退税款，在国家税务机关审查批准后，须经特定程序通过银行（国库）办理退库手续退给出口企业。国家税务机关只是企业出口退税的审核、审批机关，并不持有退税款项，故人民法院不能依据民事诉讼法第二百二十八条的规定，要求税务机关直接划拨被执行人应得退税款项，但可依照民事诉讼法的有关规定，要求税务机关提供被执行人在银行的退税账户、退税数额及退税时间等情况，并依据税务机关提供的被执行人的退税账户，依法通知有关银行对需执行的款项予以冻结或划拨。

案例解析

中国人民银行某支行、宜昌某集团有限责任公司执行审查案【(2017）鄂执监6号】

• 基本案情

2016年3月22日，兴山法院根据宜昌某集团有限责任公司申请，作出(2016）鄂0526财保3号民事裁定，裁定冻结某进出口贸易有限公司、天津某国际货运代理有限公司银行存款1667万元，或者查封、扣押、冻结其他等值财产。2016年3月24日宜昌某集团有限公司申请对某进出口贸易有限公司与其买卖合同关系发生的退税款1379万元采取保全措施。同时经天津市经济技术开发区国税局证实，某进出口贸易公司确有退税款1379万元正处于审批阶段，退税款账户开设于某银行天津新天地支行。2016年3月25日，兴山法院依法向某支行发出（2016）鄂0526执保8号之二协助执行通知，要求扣留或提取某进出口贸易公司应得退税款1379万元。2016年6月1日，兴山法院向某支行发出征询函，要求将协助扣留情况函告该院。2016年6月7日，某支行复函称退税款在退付至缴税单位的商业银行账户前属于国库库款，没有告知协助扣留情况。同时查明，某支行于2016年5月24日、6月8日将退税款足额退付给某进出口贸易公司。2016年6月27日，兴山法院向某支行发出（2016）鄂0526执保8号之三责令协助单位追款通知，限期追回擅自支付的款项1379万元。为此，某支行提出异议称：①人民银行分支机构不是法律规定的扣留、提取收入协助执行的法定义务人；②尚未退还的税款属于国库库款不属于查封、冻结、扣划的范围。兴山法院于2016年11月30日作出（2016）鄂0526执异5号执行裁定，驳回某支行的异议，某支行不服向宜昌中院申请复议，宜昌中院于2017年3月15日作出（2017）鄂05执复7号执行裁定，驳回某支行复议申请，维持兴山法院（2016）鄂0526执异5号执行裁定。某支行不服向湖北省高院申诉，湖北省高院认为人民法院不得直接要求税务机关直接扣划退税款，但可向退税款项退付账户银行发出协助执行通知，要求对相应账户予以冻结或划扣，裁定撤销宜昌市中级人民法院作出的（2017）鄂05执复7号执行裁定。

• 裁判要旨

被执行人应得的出口退税款在被退付至被执行人开立在商业银行的退税账户前，税务机关、国库经管单位（中国人民银行）并不持有退税款项，因此人民法院不能要求国库经管单位（中国人民银行）直接扣留、提取被执行人应得退税款项，但可依照《民诉法（2023）》的有关规定，要求税务机关提供被执行人在银行的退税账户、退税数额及退税时间等情况，并依据税务机关提供的被执行人的退税账户，依法通知有关银行对需执行的款项予以冻结或划拨。

60. 如何执行被执行人的收入、分红或保险权益？

【实务要点】

被执行人名下的收入、分红或保险权益包括现金价值、个人账户价值、红利、满期金、生存金、保险赔款等保险权益均可作为被执行人责任财产予以强制执行。人民法院应当依据财产的性质采取提取或协助执行的方式执行。

【要点解析】

1. 收入

收入是被执行人确定、稳定的具有长期性、持续性的财产，执行法院作出裁定后，可通过发出执行裁定、签发协助执行通知直接要求被执行人所在单位直接扣留或提取相应款项。

2. 分红

与一般债权不同，对被执行人已到期或预期获得的股息红利分红，执行法院可要求相关企业将红利部分直接支付给申请执行人或直接提取该部分财产，被执行人无权提出异议。但提取红利的前提是分红已经经过公司内部决议程序。

3. 保险权益

被执行人名下的保单具有明显的财产属性，投保人购买传统型、分红型、投资连接型、万能型人身保险产品、依保单约定可获得的生存保险金、以现金方式支付的保单红利、退保后保单的现金价值等，均属于投保人、被保险人或受益人的财产权，当投保人、被保险人或受益人作为被执行人时，该财产权属于责任财产，人民法院可以执行。不同类型的保险金应采取不同的执行措施。

（1）商业保险

被执行人投保的商业保险金主要包括人身保险和财产保险，在被执行人不能偿还债务又不自行解除保险合同提取保险单的现金价值以偿还债务的情况下，执行法院可强制代替被执行人对该保险单的现金价值予以提取。

（2）社会保险金

对作为被执行人的自然人应得或可领取的养老保险金，除非法律另有特殊规定外，人民法院有权直接冻结、扣划。人民法院在冻结、扣划、提取被执行人的保险金前，应当预留作为自然人的被执行人及其所抚养家属必需的生活费用。

（3）保险保单执行措施

对于具有财产价值的保单，投保人不同意解除保单的，实践中存在不同的做法。其中四川省高级人民法院、上海市高级人民法院、浙江省高级人民法院、江苏省高级人民法院均认为在投保人拒绝退保、解除合同的情况下，执行法院可强制解除合同，并向保险机构发出执行裁定书、协助执行通知要求协助扣划保险产品退保后可获得的财产利益。但北京市高院、广东省高院虽然同意执行保单的现金价值及保险权益，但不支持强制解除保险合同关系。除强制解除保险合同外，还可通过对保单进行减保处理，要求相应保险机构协助执行相应现金价值，上海市高院、安徽省高院、四川省高院均支持该做法。

（4）不宜强制执行的保单

执行程序中法院通常以保险的性质区分为保障型人身保险和理财型人身保险，注重考虑保障型人身保险合同的保障功能，对该类保单现金价值一般不予强制执行。如山东省高院认为应区分投资获利型和生活保障型人寿保险。四川省高院认为对于重大疾病、意外伤害、医疗费用、长期护理等高保障、低现价的保险产品，人民法院应当秉承比例原则，对于涉及未成年人生活、教育保障的保险产品，人民法院应当秉承审慎原则，在冻结、扣划保单现金价值及保险金时，为未成年人保留必要的生活及教育费用。上海高院同样认为鉴于重大疾病保险、意外伤残保险、医疗费用保险等产品人身专属性较强、保单现金价值低，但潜在可能获得的保障大，人民法院应秉承比例原则，对该类保单一般不作扣划。

【法律依据】

《执行股权规定》

第九条　人民法院冻结被执行人基于股权享有的股息、红利等收益，应当向股权所在公司送达裁定书，并要求其在该收益到期时通知人民法院。人民法院对到期的股息、红利等收益，可以书面通知股权所在公司向申请执行人或者人民法院履行。

股息、红利等收益被冻结后，股权所在公司擅自向被执行人支付或者变相支付的，不影响人民法院要求股权所在公司支付该收益。

《执行若干问题规定（2020）》

36. 对被执行人从有关企业中应得的已到期的股息或红利等收益，人民法院有权裁定禁止被执行人提取和有关企业向被执行人支付，并要求有关企业直接向申请执行人支付。

对被执行人预期从有关企业中应得的股息或红利等收益，人民法院可以采取冻结措施，禁止到期后被执行人提取和有关企业向被执行人支付。到期后人民法院可从有关企业中提取，并出具提取收据。

《保险法司法解释三（2020）》

第十六条　保险合同解除时，投保人与被保险人、受益人为不同主体，被保险人或者受益人要求退还保险单的现金价值的，人民法院不予支持，但保险合同另有约定的除外。

……

《四川省高级人民法院 国家金融监督管理总局四川监管局〈关于人身保险产品财产利益执行和协助执行的工作指引〉（2023年）》

二、（三）保单冻结及扣划

1. 被执行人为投保人的，人民法院可以冻结或扣划归属于投保人的现金价值、个人账户价值、红利等保单利益。

被执行人为被保险人的，人民法院可以冻结或扣划归属于被保险人的满期金、生存金等保单利益。

被执行人为受益人的，人民法院可以冻结或扣划归属于受益人的满期金、生存金等保单利益。

2. 人民法院执行保单财产利益，原则上应当先行冻结再作扣划。冻结期限不得超过三年。

3. 保单尚在犹豫期内的，人民法院可以扣划被执行人（投保人）所缴纳的保险费，犹豫期经过的，人民法院可以扣划保单现金价值。扣划全部保险费或者现金价值的，人民法院应当通知保险机构解除与被执行人（投保人）的人身保险合同。

三、（一）执行豁免

对于重大疾病、意外伤害、医疗费用、长期护理等高保障、低现价的保险产品，人民法院应当秉承比例原则，一般不予冻结、扣划保单现金价值，但现金价值数额巨大、超出合理保障范围的除外。人民法院执行归属于被执行人的保险金时，应当为其保留必要的生活及医疗费用。

对于涉及未成年人生活、教育保障的保险产品，人民法院应当秉承审慎原则，在冻结、扣划保单现金价值及保险金时，为未成年人保留必要的生活及教育费用。

（二）保单赎买

冻结或扣划被执行人（投保人）的保单现金价值，投保人、被保险人或者受益人均为一人的，人民法院可以直接冻结或扣划。

冻结或扣划被执行人（投保人）的保单现金价值，投保人、被保险人或受益人不一致的，人民法院应当直接通知或者委托保险机构通知受益人可以在指定期限内向人民法院支付相当于保单现金价值的价款，并变更自己为投保人。人民法院给予被保险人或者受益人赎买保单的期限不应低于十五个工作日。如受益人逾期未支付或拒绝支付的，人民法院可依法扣划保单的财产利益。

《上海市高级人民法院〈关于建立被执行人人身保险产品财产利益协助执行机制的会议纪要〉（2021年）》

三、规范执行与特殊免除

（一）明确被执行人及对应的执行标的

被执行人为投保人的，可冻结或扣划归属于投保人的现金价值、红利等保单权益。

被执行人为被保险人的，可冻结或扣划归属于被保险人的生存金等保险权益。

被执行人为受益人的，可冻结或扣划归属于受益人的生存金等保险权益。

（二）保单现金价值的执行

1. 冻结或扣划投保人（被执行人）的现金价值、红利等保单权益，投保人、被保险人或受益人均为被执行人同一人时，人民法院可直接冻结或扣划。

2. 冻结或扣划投保人（被执行人）的现金价值、红利等保单权益，投保人（被执行人）与被保险人或受益人不一致时，人民法院应秉承审慎原则，保障被保险人或受益人相关赎买保单的权益。人民法院冻结上述保单权益后，应给予不少于15日赎买期限。保险机构在办理协助冻结后，联系投保人（被执行人）、被保险人或受益人，告知赎买权益、行使期限以及不赎买时保单将被强制执行的事项。相关人员联系人民法院的，人民法院应向上述人员告知投保人（被执行人）保单被强制执行的相关情况。

被保险人或者受益人赎买支付相当于保单现金价值的款项的，由赎买人直接交予人民法院。人民法院应提取该赎买款项，不得再继续执行该保单的现金价值、红利等权益。但赎买期届满后无人赎买或者被保险人、受益人明确表示不赎买的，人民法院可以强制执行投保人（被执行人）对该保单的现金价值、红利等权益。

（三）特殊免除执行的保单类型

鉴于重大疾病保险、意外伤残保险、医疗费用保险等产品人身专属性较强、保单现金价值低，但潜在可能获得的保障大，人民法院应秉承比例原则，对该类保单一般不作扣划。

保险机构认为涉案保单不适宜扣划的，可通过本纪要第六条确定联络人沟通反馈，但应在回执中予以说明。

《浙江省高级人民法院〈关于加强和规范对被执行人拥有的人身保险产品财产利益执行的通知〉（2015年）》

人民法院要求保险机构协助扣划保险产品退保后可得财产利益时，一般应提供投保人签署的退保申请书，但被执行人下落不明，或者拒绝签署退保申请书的，执行法院可以向保险机构发出执行裁定书、协助执行通知书要求协助扣划保险产品退保后可得财产利益，保险机构负有协助义务。

《江苏省高级人民法院〈关于加强和规范被执行人所有的人身保险产品财产性权益执行的通知〉（2018年）》

一、保险合同存续期间，人身保险产品财产性权益依照法律、法规规定，或依照保险合同约定归属于被执行人的，人民法院可以执行。人身保险产品财产性权益包括依保险合同约定可领取的生存保险金、现金红利、退保可获得的现金价值（账户价值、未到期保费），依保险合同可确认但尚未完成支付的保险金，及其他权属明确的财产性权益。

五、投保人为被执行人，且投保人与被保险人、受益人不一致的，人民法院扣划保险产品退保后可得财产利益时，应当通知被保险人、受益人。被保险人、受益人同意承受投保人的合同地位、维系保险合同的效力，并向人民法院交付了相当于退保后保单现金价值的财产替代履行的，人民法院不得再执行保单的现金价值。

《北京市高级人民法院〈北京市法院执行工作规范〉（2013年修订）》

第四百四十九条　【对商业保险中享有的权益的执行】对被执行人所投的商业保险，人民法院可以冻结并处分被执行人基于保险合同享有的权益，但不得强制解除该保险合同法律关系。

《广东省高级人民法院〈关于执行案件法律适用疑难问题的解答意见〉（2016年）》

被执行人的人身保险产品具有现金价值，法院能否强制执行？处理意见：首先，虽然人身保险产品的现金价值是被执行人的，但关系人的生命价值，如果被执行人同意退保，法院可以执行保单的现金价值，如果不同意退保，法院不能强制被执行人退保。

《山东省高级人民法院〈执行疑难法律问题审查参考（五）——财产处置专题（2023年）〉》

法院在强制执行中，应注意区分投资获利型和生活保障型人寿保险性质，结合保险合同数额、数量、签订目的、被执行人生活情况等因素，不能忽视人身保险合同本身的保障功能，做到执法的人性化和合理化。

案例解析

1. 山西某煤业有限公司、某信托有限公司金融借款合同纠纷执行审查案【(2020)粤执复442号】

• 基本案情

申请执行人某信托有限公司（以下简称某信托公司）与被执行人山西某煤业有限公司（以下简称某煤业公司）签订12亿元信托贷款合同，被执行人某煤业有限公司以其相应财产包括其持有山西某煤业公司的涉案股权为上述债务提供抵押担保，并到工商行政管理部门办理了出质登记。因到期未能偿还款项，某信托公司申请诉前保全，广东省深圳市中级人民法院作出（2014）深中法立保字第33号民事裁定冻结被执行人某煤业公司持有的涉案股权，冻结期间两年。后案件移送至广东省中院审理，2015年8月25日，广东省高级人民法院作出（2015）粤高法民二初字第8号民事裁定及协助执行通知书继续冻结被执行人某煤业公司持有的涉案股权，冻结期限从2016年7月18日至2019年7月17日，并于2017年5月9日再次以上述民事裁定和协助执行通知书，继续冻结被执行人某煤业公司持有的涉案股权及股权收益，自冻结之日（即2014年7月21日至续冻期间届满前即2019年7月19日）不得办理涉案股权的转移手续，并不得向被执行人某煤业公司支付涉案股权的股息或红利。

进入执行程序后，广州铁路运输中级法院作出（2019）粤71执4号之一执行裁定并向山西某煤业公司发出相关协助执行通知书，继续冻结涉案股权，不得向被执行人某煤业公司支付涉案股权的股息或红利，冻结期限从2019年4月1日至2022年3月31日。2019年11月19日，广铁中院作出（2019）粤71执4号协助执行通知书，要求异议人提供被执行人某煤业公司2016年1月1日至2019年10月21日的股权等收益情况，同年11月20日作出（2019）粤71执4号协助执行通知书，要求山西某煤业公司向广铁中院支付被执行人某煤业公司在山西某煤业公司处从2016年1月1日至2019年11月20日享有的股息红利等收益，但山西某煤业公司迟至异议审查阶段才予以提供涉案股权收益情况。山西某煤业公司提出异议认为法院不得强制提取公司未分配利润。广州铁路运输法院驳回山西某煤业公司异议后，其向广东省高院申请复议。广东高院经审查认为人民法院执行股息红利时并未赋予收益支付方异议权，长期不分配利润影响被执行人履行能力，法院可以强制提取，驳回山西某煤业公司复议申请。

• 裁判要旨

对于股权收益的执行，并未赋予收益支付方异议权，而是规定可以直接提取或直接要求收益支付企业向申请执行人支付。

2. 邓某、某投资基金合伙企业财产份额转让纠纷执行审查案【(2020)最高法执复72号】

• 基本案情

某投资基金一号、二号与亲某科技、邓某华、邓某、许某合伙企业财产份额转让纠纷案，江西高院于2018年12月10日作出（2018）赣民初113号民事判决判令亲某科技于该判决生效后十日内向某投资基金一号、二号支付份额转让款5421.047万元及违约金107.9832万元、律师费21万元等，邓某华、邓某、许某对上述债务承担连带清偿责任。进入执行程序后，江西高院冻结并扣划许某在天安人寿保险股份有限公司购买的保险合同编号为00112970153008088的人身保险产品的现金价值、红利及利息等财产性权益。该保险合同投保人为许某、被保险人为邓某、身故受益人第一顺序为许某、第二顺位为邓某欣、邓某臻，险种为天安人寿健康（优享）终身重大疾病险。邓某向江西高院提出执行异议称，江西高院冻结和划扣保险合同的行为实质是通过执行程序解除保险人邓某保险产品的保险合同，于法无据。同时，该被扣划的保险产品为疾病、残疾保障类保险，主要是对被保险人邓某的疾病、残疾提供保障，关系到邓某的生命价值，损害了被保险人、受益人或被保险人同意的其他人行使保险合同介入权、承受保单的合法权益，不适宜强制执行。江西高院驳回其异议后，邓某向最高人民法院复议。最高人民法院经审查认为除为保障被执行人及其所扶养家属的生活必需品等豁免财产外，保险亦属于被执行人财产性权益，可以予以冻结并强制执行，驳回复议请求。

• 裁判要旨

商业保险产品属于法律规定的其他财产权利的范围，可以予以冻结、执行。疾病、残疾保障类人身保险产品虽然具有一定的人身保障功能，但其根本目的和功能是经济补偿，其本质上属于一项财产性权益，具有一定的储蓄性和有价性，除被执行人及其所扶养家属的生活必需品等豁免财产外，人民法院有权对该项财产利益进行强制执行。

3. 山西某矿业管理有限公司金融借款合同纠纷执行审查类执行案【(2020)粤执复133号】

• 基本案情

广州铁路运输中级人民法院（以下简称广铁中院）在执行被执行人孝义市某

煤业有限责任公司（以下简称某煤业公司）、薛某、郭某、闫某、刘某、李某一案中，异议人山西某矿业管理有限公司对该院提取被执行人某煤业公司持有该公司 49%股权（以下简称涉案股权）股息收益的执行措施提出异议称：①法院不得强制提取该公司未分配利润，强制提取被执行人在该公司的股息红利侵犯了该公司的自主经营权与管理决策权。原审法院认为，因被执行人未履行生效判决确定的还款义务，广铁中院可依据《公司法（2023）》的相关规定，对股权予以拍卖、变卖或以其他方式转让，对已到期的收益作为被执行人某煤业公司的财产予以提取。至 2019 年 6 月 30 日异议人累计未分配利润为 539.8971 万元，该利润所对应的有关股权收益虽由异议人保存，但本质上属于被执行人某煤业公司财产，异议人作为协助执行人应配合法院提取被执行人某煤业公司的股权股息收益。异议人请求中止协助提取涉案股权收益，没有事实和法律依据，广铁中院不予支持。某矿业公司不服广铁中院的异议裁定，向广东省高院申请复议，广东省高院经审查认为执行法院有权对到期股息红利予以执行，驳回异议人复议申请。

• 裁判要旨

被执行人未履行生效裁判确定的给付义务，执行法院有权要求相关企业协助执行法院扣划被执行人应当收取的股息红利，对于到期股息红利，执行法院有权直接提取。

61. 如何执行被执行人的金融理财产品？

【实务要点】

被执行人购买的金融理财产品属责任财产，执行法院可以直接裁定冻结相应理财产品，向金融机构发出协助执行通知，根据不同的理财产品进行划扣、赎回划扣、强制解除后划扣、期满划扣等措施。

【要点解析】

被执行人购买的金融理财产品，无论是银行自己发行的，还是银行代理销售的，都属于被执行人的财产，人民法院可以执行。申请执行人可以申请执行法院以“总对总”的形式通过网络查控专线向金融机构发送查控请求，进行查控。对于结构类存款、保本保收益类理财，待期满后可进行划扣；对于随时可赎回的理财产品可以即时划扣；对委托类理财可强制解除委托合同后划扣；对信托类理财可在理财期满后划扣。

【法律依据】

《金融理财产品查控意见》

二、人民法院在执行被执行人持有的理财产品时，银行应当依法予以协助。

人民法院按照法〔2015〕321号文规定的方式通过“总对总”网络查控专线向金融机构发送查控请求，接收金融机构查询、冻结的结果数据和电子回执。

五、人民法院冻结银行直销的理财产品时，应当在执行裁定书中裁定冻结被执行人所持有的理财产品及产品所对应的回款资金账户。

《浙江省高级人民法院印发〈关于规范人民法院执行金融理财产品和银行业金融机构协助执行的纪要〉的通知》

一、客户购买的金融理财产品，无论是银行自己发行的（包括总行和省分行发行的，简称自营产品），还是银行代理销售的（简称代售产品），都属于客户拥有的财产权。当客户作为被执行人时，该财产权属于责任财产，人民法院可以执行。

案例解析

唐山某建筑有限公司、唐山某陶瓷有限公司建设工程施工合同纠纷执行审查案【（2017）冀执监59号】

• 基本案情

唐山某建筑有限公司（以下简称某建筑公司）诉唐山某陶瓷有限公司（以下简称某陶瓷公司）建筑工程施工合同纠纷一案唐山市路北区人民法院（以下简称路北法院）作出（2009）北民初字第2719号民事判决，判令某陶瓷公司给付某建筑公司工程款总计1422808.19元及利息。进入执行程序后，路北法院发现该院冻结的某陶瓷公司以其财务人员贾某名义在工行××支行购买的 1511 理财账户的理财产品，被该行于2010年7月13日赎回且协助天津市宝坻区人民法院（以下简称宝坻法院）执行。2010年8月25日路北法院以工行荆各庄支行于2010年7月13日擅自解除该院冻结款项，致冻结款项被转移为由，作出（2010）北民执字第341-1号责令追回被转移款项通知书（以下简称路北法院341-1号追回通知）。某银行股份有限公司唐山开平支行（以下简称某行开平支行）作为荆各庄支行的上级管理机构提出异议认为该行不应承担追回责任。路北法院于2010年12月23日作出（2010）北民执字第341-2号执行裁定书（以下简称路北法院341-2号执行裁定），裁定某行荆各庄支行在未追回款项150万元范围承担赔偿责任。2011年6月10日某行开平支行对路北法院341-1号追回通知、341-2号执行裁定提出执行异议，认为其为协助其他法院执行，且路北法院冻结贾某在某行××支行××

1511理财账户是贾某5351主账户的下挂账户，因5351主账户已被宝坻法院2010年1月14日冻结，用下挂账户购买的理财产品亦在宝坻法院的冻结范畴内，不应承担责任。路北法院于2011年6月24日作出（2010）北民执字第341-3号执行裁定，驳回某行开平支行的异议。某行开平支行不服，向唐山中院申请复议。唐山中院经审查于2011年8月24日作出（2011）唐执复字第19号执行裁定书，裁定撤销（2010）北民执字第341-3号执行裁定书，发回路北法院重审。路北法院经重新审查认为理财产品系某银行股份有限公司对外销售的一种金融产品，法院有权予以冻结。路北法院冻结后，由于协助义务人的过错，导致路北法院无法强制执行，其应承担相应责任。2012年5月9日路北法院作出（2010）北民执字第341-4号执行裁定，驳回某行开平支行的异议。某行开平支行不服，复议至唐山中院。唐山中院于2012年7月9日作出（2012）唐执复字第50号执行裁定，撤销路北法院341-1号、341-2号、341-3号、341-4号执行裁定，理由之一在于在认定事实上理财产品是否能够冻结目前没有具体法律依据及相关证据支持。某建筑公司不服该裁定向河北省高级人民法院申诉，河北省高院经审查认为，路北法院与宝坻法院均分别只对理财产品或者资金回款账户采取了冻结行为，宝坻法院与路北法院采取的执行行为实质指向的是同一个理财产品，路北法院向某行荆各庄支行留置送达协助冻结理财产品通知书的时间晚于宝坻法院冻结该理财产品对应的资金回款账户的时间，故路北法院系属轮候冻结，裁定驳回某建筑公司的执行申诉请求。

• 裁判要旨

对于被执行人购买的银行直销型理财产品，多个法院采取冻结措施时，可按照冻结的先后顺序确定执行的顺序，理财产品到期后，理财产品赎回到资金回款账户后，冻结资金回款账户在先的法院对该赎回资金的执行可以先于冻结在后法院的执行。

62. 如何执行被执行人持有的上市公司股票和非上市公司股权？

【实务要点】

可以强制执行的股权分为两类：一类是上市公司的股票；一类是非上市公司股权或股份包括有限公司的股权或未上市的股份有限公司的股份。对于非上市公司股权或股份，执行法院应向登记机关送达冻结裁定书和协助执行通知，登记在先的冻结在先，被冻结的股权或股份可采用自行变价、拍卖等方式处理。对于上市公司股票，可采用协商、集中竞价、大宗交易、网拍等方式进行，同时需要考虑金融市场稳定及相关证券监管规定。

【要点解析】

1. 对非上市公司股权或股份的执行

（1）冻结股权或股份、红利

经申请执行人申请，执行法院可向公司登记机关送达执行裁定和协助执行通知，并要求在国家信用信息系统进行公示。冻结股权的效力不必然及于股息、红利等收益，经申请，执行法院可直接冻结、提取被执行人有关股权的股息红利等收益。

（2）自行变价

经申请执行人以及其他执行债权人同意或变价款足以清偿执行债务的，被执行人可以自行变价冻结的股权，自行变价时间最长不超过三个月。

（3）强制变价

执行法院强制变价时，通常采用当事人议价、定向询价、网络询价、委托评估等方式确定处置参考价。确定参考价所需材料执行法院可向公司登记机关、税务机关等部门调取，也可以责令被执行人、目标公司以及控制相关材料的其他主体提供；拒不提供的，可以强制提取。

（4）优先购买权的保护

有限责任公司具有人合性与资合性双重特征，故在强制执行被执行人于其他公司的股权时也应当考虑目标企业的人合性特征，应保障其他股东的优先购买权。采取不同方式处置股权对优先权的保障有所不同，以拍卖方式处置股权的，执行法院应当以书面或其他能够确认收悉的合理方式及时通知其他股东在同等条件下行使优先购买权，无法以书面告知的，以公告方式通知，优先购买权人二十日内未主张优先购买权视为放弃。以拍卖变卖方式处置股权的应当在拍卖前五日通知优先购买权人于拍卖日到场，优先购买权人经通知未到场视为放弃；以网络方式处置的，应当在拍卖公告发布三日前通知优先权人，经通知未参加的视为放弃。

2. 上市公司股权执行

除了允许当事人协商自行交易、和解以股抵债之外，上市公司股票司法处置的方式包括二级市场处置、直接划扣和司法拍卖的变价措施。法院在制定处置方案之前，应当告知当事人各类处置方式及相应的风险并征询处置意见，如果当事人之间协商一致通过自行交易或者以股抵债以清偿债务的，经审查不违反相关规定和市场秩序的，法院可以准许。如果各方无法达成一致意见，则法院应当结合实际情况制定处置方案。

（1）指令出售股票

对被执行人证券账户内的流通证券，执行法院可要求被执行人所在证券公司在 30 个交易日内将该证券卖出，并将相应资金汇入人民法院指定账户。出售的方式包括集中竞价和大宗交易两种形式，集中竞价是指以集合竞价或者连续竞价的方式，采用价格优先、时间优先的成交规则，由执行法院委托证券公司将拟处置股票在证券交易所二级市场进行出售。大宗交易是指达到规定的最低限额的股票单笔买卖申报，买卖双方经过协议达成一致后，由证券交易所确认成交的处置方式。

通过二级市场卖出需要遵循各类交易规定，并受相关减持规则的限制。

（2）直接划扣至申请执行人账户

对于限售股，有的法院采取直接划转的方式，将限售股强制扣划至申请执行人账户，法院将申请执行人账户冻结，待转为非限售流通股后再通过二级市场处置。江苏高院即明确规定采取该种方式处理。

（3）司法拍卖

司法拍卖不受股票性质、数量的限制，在司法拍卖过程中法院应当遵循相关披露要求，在拍卖公告中详细披露股票情况、限售条件、竞买资格、权利限制等相关信息，以充分保障竞买人的知情权。通常在征询当事人意见后，以该上市公司股票拍卖前二十个交易日收盘平均价的一定比例确定各次拍卖及变卖保留价。

（4）评估

对于上市公司非限售流通股而言，因为股票可以自由交易，可根据二级市场的价格进行定价，对于长期停牌的无限售流通股、限售流通股及非流通股，可由当事人协商确定保留价。若协商不成，应当委托具有证券从业资格的资产评估机构对股票价值进行评估，司法拍卖保留价应参照评估价确定参考价。但若属于上市国有公司股票、社会法人股票则必须进行拍卖，且应当委托专业资产评估机构对股票价值进行评估。

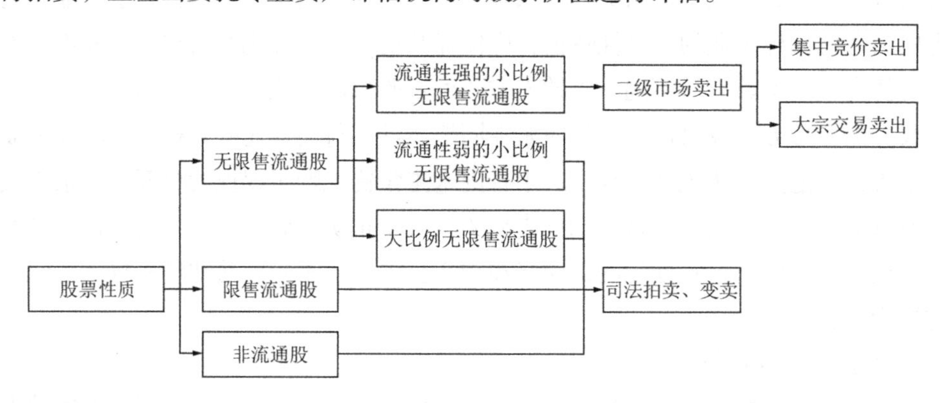

【法律依据】

《股权执行规定》

被执行人申请自行变价被冻结股权，经申请执行人及其他已知执行债权人同意或者变价款足以清偿执行债务的，人民法院可以准许，但是应当在能够控制变价款的情况下监督其在指定期限内完成，最长不超过三个月。

第十一条　拍卖被执行人的股权，人民法院应当依照《最高人民法院关于人民法院确定财产处置参考价若干问题的规定》规定的程序确定股权处置参考价，并参照参考价确定起拍价。

确定参考价需要相关材料的，人民法院可以向公司登记机关、税务机关等部门调取，也可以责令被执行人、股权所在公司以及控制相关材料的其他主体提供；拒不提供的，可以强制提取，并可以依照民事诉讼法第一百一十一条、第一百一十四条的规定处理。

为确定股权处置参考价，经当事人书面申请，人民法院可以委托审计机构对股权所在公司进行审计。

第十二条 委托评估被执行人的股权，评估机构因缺少评估所需完整材料无法进行评估或者认为影响评估结果，被执行人未能提供且人民法院无法调取补充材料的，人民法院应当通知评估机构根据现有材料进行评估，并告知当事人因缺乏材料可能产生的不利后果。

评估机构根据现有材料无法出具评估报告的，经申请执行人书面申请，人民法院可以根据具体情况以适当高于执行费用的金额确定起拍价，但是股权所在公司经营严重异常，股权明显没有价值的除外。

依照前款规定确定的起拍价拍卖的，竞买人应当预交的保证金数额由人民法院根据实际情况酌定。

《委托评估规范附件》

人民法院委托评估需要提供的材料清单：

（四）长期股权投资评估

1. 必需材料

包括：投资协议、被投资企业营业执照、公司章程，被评估单位具有实际控制权或有重大影响的长期股权投资单位，需单独提供本清单中企业价值评估所需资料等；法院查明的财产权属、质量瑕疵等材料，以及关于财产的特殊情况说明。

2. 一般材料

包括：被投资企业评估基准日及前三年的审计报告及会计报表，电子账套及记账凭证、账册，被投资企业近三年的利润分配情况等。

（八）企业价值评估其他必需材料

1. 企业近三年（含评估基准日）财务报表和年度审计报告、电子账套及记账凭证、账册，企业中长期发展规划，国有资产产权登记表。

2. 企业价值评估中，如涉及流动资产、递延资产和其他资产，长期股权投资，机器设备及车辆，投资性房地产，房屋建筑物、构筑物及其他辅助设施、管道及沟槽、在建工程，土地使用权，其他无形资产，负债时，则需要按照本资料清单中相应类别资产所列示清单收集相关材料。

3. 企业价值评估中，使用收益法评估的，则还需收集如下资料：企业近五年大型项目可行性研究报告、竣工验收报告，未来五年发展规划与设想，投资项目计划、项目审批情况、资金到位情况、计划可实现程度、企业面临的市场竞争分析及其他优劣势分析。企业适用税种、税率及税收优惠，今后五年各年新增固定资产、无形资产投资、企业未来市场开发计划；工资发放政策、福利政策（含社保）等。

《最高人民法院关于冻结、拍卖上市公司国有股和社会法人股若干问题的规定》

第八条 ……

人民法院执行股权，必须进行拍卖。

股权的持有人或者所有权人以股权向债权人质押的，人民法院执行时也应当通过拍卖方式进行，不得直接将股权执行给债权人。

第九条　拍卖股权之前，人民法院应当委托具有证券从业资格的资产评估机构对股权价值进行评估。资产评估机构由债权人和债务人协商选定。不能达成一致意见的，由人民法院召集债权人和债务人提出候选评估机构，以抽签方式决定。

案例解析

1. 河北某农村商业银行股份有限公司丰润支行、北京某电气工程有限公司金融借款合同纠纷执行案【(2020) 最高法执监 2 号】

• 基本案情

北京市第一中级人民法院（以下简称北京一中院）在执行北京某电气工程有限公司（以下简称某电气公司）与唐山市某钢铁有限公司（以下简称某钢铁公司）、唐山市某钢管有限公司（以下简称某钢管公司）、李某合同纠纷一案中，冻结了某钢管公司持有的河北某农村商业银行股份有限公司（以下简称某农商行）出资额600万元的股权及收益（以下简称案涉股权）。丰润支行向北京一中院提出异议，并提交了丰润区法院于2018年9月18日作出的（2018）冀0208民初966号协助执行通知书，主要内容为：某农商银行股份有限公司，关于丰润支行与某钢管公司金融借款一案，因案件审理需要，请协助冻结某钢管公司在唐山农商行的600万元股权及孳息。查封自2018年9月18日至2021年9月17日。北京一中院经审查认为丰润支行虽向丰润法院申请股权冻结，但并未在工商局进行公示，而北京一中院的股权冻结情况经过公示，显示为第一顺位，故该院冻结手续完备，为第一顺位。北京一中院作出（2019）京01执异133号执行裁定（以下简称133号裁定），驳回丰润支行提出的异议。丰润支行向北京高院提出复议，北京高院作出159号裁定，驳回丰润支行的复议申请，维持北京一中院133号裁定。丰润支行向最高人民法院申诉，最高人民法院经审查认为冻结股权应当要求工商行政管理机关协助公示，以公示的顺序确认冻结的顺位，丰润支行股权冻结未经公示不得对抗北京一中院的冻结措施，最终驳回其申诉请求。

• 裁判要旨

对于非上市股份有限公司股权的冻结而言，执行法院除应向股权所在市场主体送达冻结裁定及协助执行通知书外，还应向工商行政管理机关送达协助公示通知书等法律文书，要求工商行政管理机关协助公示，并以此项送达情况确定冻结是否生效及顺位。

2. 杨某、王某合同纠纷执行审查案【(2019)最高法执复61、62号】

• 基本案情

某信托有限责任公司与杨某、曹某、陈某、王某（以下简称杨某等四人）合同纠纷诉前财产保全两案，杨某等四人以该院超标的额冻结其财产为由，向该院提出执行异议称：某信托公司全部争议权益为11亿元左右，最终冻结了超过25亿元的流通股，属于恶意查封，其目的在于锁死流通盘、企图获取超额非法利益。广东高院经审查认为涉案股票2018年7月18日收盘价为6.80元/股，12月14日收盘价为4.18元/股，12月24日的开盘价为4.16元/股，其市场价格波动明显。对于市场价格处于不断变动中的财产，在异议审查时审查查封冻结是否明显超标的，应以审查时的市场行情为准，而不能以在此之前（如申请保全或保全实施）或在此之后（如诉讼时或执行时）的某一时点为准。但是，为公平保护双方当事人合法权益，使保全财产的价值在动态上和裁定保全的金额基本相当，应当允许保全申请人在市场价格明显下跌时提出追加保全申请，也应当允许被保全人在市场价格明显上涨时提出解除超标的部分查封冻结的申请，本案杨某等四人主张以冻结时间即2018年7月18日的收盘价估算股票价值不予采纳，遂于2018年12月26日作出（2018）粤执异8、9号执行裁定，驳回杨某等四人的异议请求。杨某等四人不服，向最高人民法院申请复议，最高人民法院经审理认为上市公司股票价值一般以冻结前一交易日收盘价为基准，结合股票市场行情，合理认定，广东高院却以异议审查时该股票的市场价格作为计算基准，得出的股票价值缺乏充足的事实根据。裁定撤销（2018）粤执异8、9号执行裁定，发回重审。

• 裁判要旨

上市公司股票，其市场价格处于不断变化中，合理确定计算基准日是正确认定其价值的关键。就法理而言，评价查封、冻结行为是否构成超标的查封、冻结，应当以该行为作出时，被查封、冻结的标的物的价值来判断，而不宜以该标的物在事后某个时间点的价值来判断。结合司法实践中的一般做法以及《文明执行理念意见》的相关规定，对于冻结的上市公司股票的价值，一般应当以冻结前一交易日收盘价为基准，结合股票市场行情，合理认定。

3. 孟某、某证券股份有限公司保证合同纠纷执行案【(2018)粤0304执异1号】

• 基本案情

广东省深圳市福田区人民法院（以下简称福田法院）在执行被执行人孟某实现担保物权纠纷一案中，作出（2015）深福法民二担字第6号民事裁定。执行过程中福田法院依法冻结并拟拍卖被执行人名下的某科技集团股份有限公司的股票18156万股（以下简称涉案股票）。被执行人提出异议称：①因异议人作为案涉公司的第一大股东，目前正被中国证券监督管理委员会立案调查。根据《减持规定》，异议人在上述调查期间不得减持某科技集团股份有限公司股份，包括以司法强制执行的形式减持。因此，在上述立案调查期间，法院应依法暂停对涉案股票的司法强制拍卖、变卖。②若继续执行拍卖涉案股票，法院应依法对涉案股票进行评估。对相应股权的拍卖应当委托具有资质的评估机构进行。福田法院经审查认为对于财产价值较低或者价格依照通常方法容易确定的，可以不进行评估，人民法院强制执行上司公司股票，不受减持规则限制驳回异议人异议申请。

• 裁判要旨

①上市公司股票属于无限售流通股，已有公开市场交易价格，确定该股票起拍价时无须再委托评估机构进行评估确定；②人民法院依照《民诉法（2023）》对上市公司股票进行强制执行时，不属于减持的情形，不受减持规则的限制。

第六章

清偿与分配

63. 执行回款不足以一次性清偿全部债务时，如何确定清偿顺序？

【实务要点】

执行程序中，《计算迟延履行债务利息司法解释》仅规定了执行依据所确定的金钱债务优先于迟延履行期间加倍部分债务利息清偿。对于当事人部分履行执行依据所确定的金钱债务，没有明确的清偿顺序规定。

当前执行实务中，主流观点为，若执行款尚不足以支付全部金钱债务，则应按照一般民法债权的抵充顺序原则进行支付，即先清偿实现债权的费用，再清偿生效法律文书确定的一般债务利息，再清偿主债务，最后清偿迟延履行期间加倍部分债务利息。

2024 年 6 月，《修订计算迟延履行债务利息司法解释征求意见函》倾向于在立法层面确立执行程序中“先本后息”的清偿原则，也即有约定的从约定，没有约定的，按照“实现债权的有关费用 > 债务本金 > 生效法律文书确定的一般债务利息 > 迟延履行期间加倍部分债务利息”这一先后顺序清偿，与当前的主流观点有较大变化，值得关注。

【要点解析】

建设工程债权执行过程中，因债权数额大，执行标的财产数量、种类多，分批次执行回款是常态。当执行回款不足以一次性清偿全部的债务本金、一般债务利息、加倍债务利息时，不同的清偿顺序，最终执行回款总金额可能相差巨大。对于执行回款的清偿顺序，在法律规定和执行实务层面，逐步从“先息后本”过渡到“先本后息”的原则。

1. 本息的内涵

金钱债务的执行中，被执行人债务本息通常包含“生效法律文书确定的金钱债务”和“迟延履行期间加倍部分债务利息”。

所谓“生效法律文书确定的金钱债务”即指在判决书、调解书、裁决书等生效的法律文书判决主文部分确定的法定义务，不单指“债务本金”，一般包含：①本金；②迟延履行期间的一般债务利息；③案件受理费、保全费等。

所谓“迟延履行期间的债务利息”包含“一般债务利息”和“加倍部分债务利息”。一般债务利息，必须是在生效法律文书中有明确确定要求给付的，才会产生并计算。此一般债务利息，属于生效法律文书确定的金钱债务中的一部分。加倍部分债务利息，是指在 2014 年 7 月 31 日以前根据《计算迟延履行债务利息的批复》确定，按同期贷款基准利率的 2 倍计算；在 2014 年 8 月 1 日以后根据《计算迟延履行债务利息司法解释》第四条确定，按固定的“日万分之一点七五”标准计算的部分。

2. 民事执行中本息清偿顺序的制度变化。

2009 年 5 月 13 日施行的《最高人民法院关于适用〈中华人民共和国合同法〉若干问题的解释（二）》（法释〔2009〕5 号），确立了民事活动中自行履行情形下的“有约从约，无约先息后本”的规则，也即有约从约，没有约定的，按实现债权的有关费用 > 利息 > 主债务顺序清偿。

2009 年 5 月 18 日施行的《计算迟延履行债务利息的批复》规定，执行款不足以偿付全部债务的，应当根据并还原则按比例清偿法律文书确定的金钱债务和迟延履行期间的债务利息（实际指加倍部分债务利息），确立了执行程序中迟延履行期间加倍部分债务利息和一般债务利息的按比例并还原则。

2014 年 8 月 1 日施行的《计算迟延履行债务利息司法解释》第四条规定，被执行人的财产不足以清偿全部债务的，应当先清偿生效法律文书确定的金钱债务，再清偿加倍部分债务利息，但当事人对清偿顺序另有约定的除外，确定了执行依据确定的金钱债务优先于加倍部分利息清偿的原则。

2021 年 1 月 1 日施行的《民法典》第五百六十条规定债务人的给付不足以清偿全部债务的，除当事人另有约定外，由债务人在清偿时指定其履行的债务，确立了有利于债务人原则。但是，第五百六十一条规定沿用了《最高人民法院关于适用〈中华人民共和国合同法〉若干问题的解释（二）》（法释〔2009〕5 号）中按照实现债权的有关费用 > 利息 > 主债务的顺序清偿的规则，有利于债权人。

在执行程序中，对于执行依据确定的金钱债务（也即一般债务利息和本金）的清偿顺序，一直没有明确的清偿顺序规定，导致在执行回款的清偿顺序这一问题上争议颇多。司法实务中，出现了四种方案。第一种方案为“先息后本”，理由是执行程序也应当严格适用参照《民法典》第五百六十一条确立的“先息后本”原则。第二种方案为“本息并还”，主要理由是《计算迟延履行债务利息的批复》确立的本息并还原则。第三种方案为“实现债权的有关费用 > 一般债务利息 > 本金 > 偿加倍部分债务利息”，对于执行依据确定的金钱债务和加倍部分利息按照执行程序的直接规定处理，对于未规定的执行依据确定的一般债务利息和本金债务，参照《民法典》的“先息后本”原则处理。第四种方案为“先本后息”，理由是，强制执行程序有国家强制力的介入，不同于当事人在民事活动中自动履行的情形，应当在执行程序中平衡当事人之间的权利，同时执行程序效率优先，因此需要明确不同于《民法典》规定的清偿顺序。

2024 年 6 月，最高人民法院于 2024 年 6 月印发《修订计算迟延履行债务利息司法解释征求意见函》，增加内容：清偿生效法律文书确定的金钱债务，除当事人有约定外，一般债务利息与本金应当按照先本后息的顺序清偿，最高院倾向于通过立法方式确立执行程序中“先本后息”的清偿原则，也即有约定的从约定，没有约定的，按照“实现债权的有关费用 > 生效法律文书确定的债务本金 > 生效法律文书确定的一般债务利息 > 迟延履行期间加倍部分债务利息”这一先后顺序清偿。这与一般民法原则及当前执行实务中的主流做法产生了较大变化，值得关注。

3. 民事执行程序中“先本后息”的价值考量。

（1）“先本后息”更符合实体公平。

按照先本后息的方式兑现执行款，符合约定俗成的民间交易惯例，在计算结果上坚持对被执行人迟延履行行为进行惩罚的同时也兼顾了被执行人的利益。

首先，执行程序中已经设置了迟延履行期间加倍部分债务利息的“罚息”制度，该迟延履行利息是生效法律文书之外的利息，是法定利息，无论申请执行人有无主张，执行法院都必须依法计算。因此，迟延履行利息制度已经对被执行人怠于履行执行依据确定的义务作出惩罚，且足以弥补因采用“先本后息”原则清偿执行款而少收取的“利息损失”，并未损害申请执行人的利益。

其次，民事执行中，当符合条件时，需要启动参与分配程序，即多个申请执行人对同一被执行人有限的财产进行分配。“先本后息”原则有利于财产分配中，各方债权人的债权本金得到相对于“先息后本”原则更平等的保护，对参与分配中的各方债权人更加公平。

再次，执行工作中，在坚持维护债权人合法利益原则的同，还应当坚持比例原则。生命权、生存权重于经济利益，当两者发生冲突时，应当考虑保护被执行人的生存权。尤其在当前社会经济活动中，纠纷日益凸显，不良债权日益增多的情况下，在执行中不能一味地加重被执行人的责任。

（2）“先本后息”更注重执行效率。

首先，“先本后息”有利于稳步推进执行标的减少，直至执行完毕。如此一来，对于执行标的大、利率高且被执行人无履行能力的案件，只要按照承诺或协议分期履行，总有执行完毕的一天。

其次，“先本后息”能更有效减轻双方对抗，化解矛盾纠纷。我国民事执行案件数量多，且双方当事人对抗性较强，如果采用国外“先息后本”的方式，会打击被执行人还款的积极性，致使被执行人“破罐子破摔”，不利于双方当事人矛盾的化解，严重影响执行效率。

【法律依据】

《计算迟延履行债务利息的批复》

一、人民法院根据《中华人民共和国民事诉讼法》第二百二十九条计算“迟延履行期间的债务利息”时，应当按照中国人民银行规定的同期贷款基准利率计算。

二、执行款不足以偿付全部债务的，应当根据并还原则按比例清偿法律文书确定的金钱债务与迟延履行期间的债务利息，但当事人在执行和解中对清偿顺序另有约定的除外。

《计算迟延履行债务利息司法解释》

第一条　根据民事诉讼法第二百五十三条规定加倍计算之后的迟延履行期间的债务利息，包括迟延履行期间的一般债务利息和加倍部分债务利息。

迟延履行期间的一般债务利息，根据生效法律文书确定的方法计算；生效法律文书未确定给付该利息的，不予计算。

加倍部分债务利息的计算方法为：加倍部分债务利息＝债务人尚未清偿的生效法律文书确定的除一般债务利息之外的金钱债务×日万分之一点七五×迟延履行期间。

第四条　被执行人的财产不足以清偿全部债务的，应当先清偿生效法律文书确定的金钱债务，再清偿加倍部分债务利息，但当事人对清偿顺序另有约定的除外。

《民法典》

第五百六十一条　债务人在履行主债务外还应当支付利息和实现债权的有关费用，其给付不足以清偿全部债务的，除当事人另有约定外，应当按照下列顺序履行：

（一）实现债权的有关费用；

（二）利息；

（三）主债务。

《修订计算迟延履行债务利息司法解释征求意见函》

一、修改加倍部分债务利息的利率

第一条　根据民事诉讼法第二百六十四条规定加倍计算之后的迟延履行期间的债务利息，包括迟延履行期间的一般债务利息和加倍部分债务利息。

迟延履行期间的一般债务利息，根据生效法律文书确定的方法计算生效法律文书未确定给付该利息的，不予计算。

加倍部分债务利息的计算方法为：加倍部分债务利息＝债务人尚未清偿的生效法律文书确定的除一般债务利息之外的金钱债务×迟延履行期间一年期贷款市场报价利率×迟延履行期间。

前款所称“一年期贷款市场报价利率”，是指中国人民银行授权全国银行间同业拆借中心自2019年8月20日起每月发布的一年期贷款市场报价利率。

迟延履行期间的一般债务利息和加倍部分债务利息之和超过合同成立时一年期贷款市场报价利率四倍的部分，不予强制执行。

三、增加一般债务利息与本金的清偿顺序规定

增加内容：第五条　被执行人的财产不足以清偿全部债务的，应当先清偿生效法律文书确定的金钱债务，再清偿加倍部分债务利息，但当事人对清偿顺序另有约定的除外。

清偿生效法律文书确定的金钱债务，除当事人有约定外，一般债务利息与本金应当按

照先本后息的顺序清偿。

案例解析

1. 林某与耒阳市某某公司执行监督案【(2021) 最高法执监 161 号，入库编号：2023-17-5-203-017】

• 基本案情

2014 年 12 月 29 日，原告林某诉被告耒阳市某某公司建设工程施工合同纠纷一案，经湖南省高级人民法院（以下简称湖南高院）二审，判决被告耒阳市某某公司支付原告林某工程款和质保金共计 1471805.61 元以及利息。同日，湖南高院就另建设工程施工合同纠纷案二审作出判决，被告耒阳市某某公司支付原告林某工程款 2402150 元以及利息。

因耒阳市某某公司未履行生效法律文书确定的义务，林某向湖南省衡阳市中级人民法院（以下简称衡阳中院）申请执行。执行过程中，林某与耒阳市某某公司达成《执行和解协议》及两份补充协议。耒阳市某某公司于 2015 年 9 月 16 日至 12 月 30 日向林某支付 280 万元。因耒阳市某某公司未按照和解协议全部履行，衡阳中院依林某申请立案恢复执行，将被执行人名下某房产通过网络公开拍卖，并以 8117704 元的价格成交。2019 年 7 月 23 日，衡阳中院作出结算通知书，载明："结算结果如下：截至拍卖成交之日止，该案执行款总额为 4573802.59 元，执行费为 48138.03 元……"耒阳市某某公司以该公司于执行和解协议签订后支付的 280 万元，应先偿还工程款本金，结算通知书将该 280 万元先抵扣执行费和利息错误等为由，向衡阳中院提出异议。

衡阳中院认为，双方当事人在执行和解协议中并未约定债务清偿的顺序，故应当按照先清偿实现债权的费用，再清偿利息，最后清偿主债务的顺序进行。结算通知书按照该顺序对耒阳市某某公司支付的 280 万元进行清偿符合法律规定，并无不当，故裁定驳回异议。耒阳市某某公司遂向湖南高院申请复议，湖南高院以相同理由裁定驳回耒阳市某某公司的复议申请。耒阳市某某公司不服，向最高人民法院申诉，最高人民法院认为，执行法院恢复执行的是生效判决确定的金钱债务，案涉执行和解协议是否约定债务清偿顺序对扣除并计算执行款不造成影响。因此，执行法院在恢复执行后，依据申请执行人的申请，按照上述法定清偿顺序对耒阳市某某公司在执行和解协议签订后所支付的 280 万元予以扣除并计算剩余执行款，符合法律规定，并无不当，裁定驳回耒阳市某某公司的申诉请求。

• 裁判要旨

被执行人在执行和解协议签订后已履行的金额，应当在恢复执行后的执行款中予以扣除。在执行款不足以清偿全部债务时，应当先清偿生效法律文书确定的金钱债务，如果有剩余再清偿迟延履行利息。在清偿生效法律文书确定的金钱债务时，若执行款尚不足以支付全部金钱债务，且当事人对清偿顺序没有约定的，则应按照一般民法债权抵充顺序原则进行支付，即先清偿实现债权的费用，再清偿利息，最后清偿主债务。

2. 孙某某与李某某等执行异议案【(2022）鲁0691执异29号，入库编号2024-17-5-201-005】

• 基本案情

2020 年 6 月烟台某典当公司因典当纠纷将被告李某某等诉至山东省烟台经济技术开发区人民法院（以下简称烟台开发区法院）。同月烟台开发区法院作出民事调解书，内容为：一、被告李某某应于2020年8月31日前偿还原告欠款本金50万元及利息。……三、原告就上述第一项债权对被告李某某提供抵押的位于烟台市芝罘区白石路×××号房产经折价、拍卖或变卖的价款享有优先受偿权。调解书生效后，原告烟台某典当公司将该笔债权转让给了孙某某。

2022年3月2日，烟台开发区法院依据已经发生法律效力的上述调解书，受理了申请执行人孙某某申请执行李某某、张某某、烟台某公司典当纠纷一案。在执行过程中，法院将案款执行到法院账户。对于清偿顺序，各方发生了争议。

申请执行人孙某某向法院提出书面异议，请求法院确认被执行人应按照典当综合费用和典当利息、主债务、迟延履行利息的顺序进行还款。法院经审理查明，被执行人与烟台某典当公司签订的《典当合同》第五条第四款规定，当户在归还完毕典当行全部典当本息和综合费用前，归还款项优先冲抵典当综合费用和典当利息，剩余款项用于归还本金。

烟台开发区法院认为，根据《民法典》第五百六十一条、《计算迟延履行债务利息司法解释》第四条的规定，履行债务的顺序原则为：当事人之间有约定的从约定，没有约定的按法定。本案中，双方签订的典当合同中约定优先冲抵典当综合费用和利息，剩余款项用于归还本金。根据相关法律规定和司法解释，对于清偿抵充顺序当事人有约定的，从其约定；对于没有约定的部分，按照法律规定确定清偿顺位。因此，本案中的执行案款的清偿顺位为：①实现债权的费用（例如诉讼费、执行费、保全费等）；②典当综合费用和利息；③本金；④迟延履行利息，故该院裁定本案被执行人清偿按照下列顺序履行：①典当费用和利息；②本金；③迟延履行利息。

• 裁判要旨

当事人对于债权清偿顺序有约定的，从其约定；当事人对于清偿顺序没有约定的，按照法律规定的顺序清偿；当事人对于清偿项目部分有约定的，对于有约定的部分，从其约定，对于没有约定的部分，按照法律规定的顺序确定。

64. 建设工程价款优先受偿权是否可以阻却其他债权人处置被执行人名下的该建设工程?

【实务要点】

建设工程价款优先受偿权仅是一种分配执行标的变价款的顺位权，即优先权人仅有权在执行法院处置完毕执行标的后，向执行法院提出优先分配执行标的变价款，但是优先受偿权并不能产生阻却执行的效力，不能阻却执行法院对执行标的的查封、处置等执行程序的推进。

虽然优先受偿权不能阻却执行程序的推进，但建设工程承包人在执行程序中参与案款分配并主张其优先权的，执行法院仍应在处理该执行标的变价款前对承包人的建设工程价款予以预留。

【要点解析】

1. 通说认为，建设工程价款优先受偿权只是债权优先分配变价房屋变价款项的顺位权，不属于可以阻却执行的实体权利。

根据《民法典》第八百零七条之规定以及《最高人民法院民事审判第一庭裁判观点·民事诉讼卷》，承包人对工程价款享有的优先权是以建设工程折价、拍卖的交换价值担保债权的实现，此种优先受偿权只是一种优先顺位权，人民法院对建设工程采取的折价、拍卖等执行措施并不妨害其优先权的实现，承包人不能以其对该建设工程享有优先受偿权为由要求停止执行，而应当在执行程序中向执行法院提出优先受偿主张。

若承包人提出的优先受偿主张未获支持，其可以根据《民诉法解释（2022）》第五百一十条的规定，对分配方案提出书面异议以及提出“执行分配方案异议之诉”。若允许建设工程价款优先受偿权人排除生效裁判文书所确认债权的强制执行，则不仅申请执行人的债权不能及时实现，建设工程价款优先受偿权的实现也须另行启动一个执行程序，势必造成审判及执行资源的浪费，拉长各债权人实现债权的时间。

2. 符合一定条件的情况下以房抵工程款是承包人实现建设工程价款优先受偿权的方式，可以排除实行。

1）部分地方高院有司法实务观点认为，尚未过户的以房抵债在符合一定条件时可以排除执行。

（1）《江苏省高级人民法院执行异议及执行异议之诉案件办理工作指引（二）（2022年）》第8条：金钱债权执行中，执行法院对登记在被执行人名下的不动产采取强制执行措施，案外人以其享有物权期待权为由提出执行异议及执行异议之诉的，应参照适用《查扣冻规定》第十五条或者《异议复议规定》第二十八条规定的条件进行审查，具有下列情形的，应予支持：……案外人主张其与被执行人通过以房抵债，已支付全部价款，同时符合下列情形的，应予支持：

①案外人与被执行人在案涉房屋被查封前存在合法有效的到期债权债务关系；

②案外人对被执行人享有的到期债权与执行标的的实际价值大致相当；

③案外人与被执行人在案涉房屋被查封前已经签订书面以房抵债协议；

④以房抵债协议不存在规避执行或逃避债务情形；

⑤以房抵债协议不损害申请执行人或其他债权人的利益；

⑥以房抵债协议不违反《第八次全国法院民事商事审判工作会议（民事部分）纪要》精神。

案外人基于建设工程价款，与被执行人订立以物抵债协议，主张其已支付全部价款，同时具备下列情形的，应予支持：

①案外人系建设工程承包人或实际施工人；

②案外人与被执行人之间存在真实的书面建设工程承包合同；

③案外人与被执行人的工程款清偿期已经届满；

④案外人享有的工程价款与抵债标的的价值相当；

⑤以房抵债协议合法有效。

（2）《山东省高级人民法院民一庭关于审理执行异议之诉案件若干问题的解答（2020年）》第七条：案外人基于以房抵债提起执行异议之诉，如何处理？

答：对于案外人与被执行人之间的债务清偿期届满，案外人在房产查封前，已与被执行人签订了合法有效的以房抵债协议并实际合法占有被执行房屋，且不存在规避执行或逃避债务等情形的，可以参照适用《最高人民法院关于人民法院办理执行异议和复议案件若干问题规定》第二十八条。人民法院应当对以房抵债所涉及的债权债务是否合法有效进行实质性审查，还要注意结合案件是否存在涉及消费者权益、弱势群体保护、公民基本生存权利等因素，对以房抵债的法律效力和法律后果，综合进行审查判断。如案外人系建设工程承包人或实际施工人，其与被执行人之间存在合法有效的建设工程施工合同，且工程款清偿期已经届满，案外人基于建设工程价款与被执行人订立合法有效的以物抵债协议，据以主张支付了相应对价，请求排除执行的，一般可予支持。

（3）《海南省高级人民法院关于审理执行异议之诉纠纷案件的裁判指引（试行）（2021年）》第8条：针对案外人因以房抵债提起的执行异议之诉，案外人只有同时具备以下四个要件，其对房产才享有足以排除强制执行的民事权益：

①以房抵债行为客观存在，且达成以房抵债协议时原债务履行期限已经届满；

②在人民法院查封之前签订合法有效的以房抵债协议并合法占有该房屋；

③用以抵债的房屋的价值与原债权数额一致，且经清算债务数额已经确定；

④非因案外人自身原因未办理过户登记。

综合上述地方院意见，可以看出，大部分地区认为以房抵债合法有效的，可以视为已经支付购房价款，仍然参照异议复议规定第二十八条的进行审查。但是，异议复议规定第二十八条要求异议人符合“在查封前合法占有房屋”以及“买受人非因自身原因未能过户”

两个条件。值得注意的是，江苏高院、山东高院的观点在判断以房抵工程款能否排除执行时，侧重于审查以房抵工程款是否存在损害第三人利益和流压情形等，并未强调建设工程债权人占有房屋、非过错方等因素。

2）最高人民法院部分案例认为，就工程款债权达成的以房抵债，属于优先受偿权的行使方式，可排除强制执行。

最高人民法院在河北华盛建筑工程有限公司直属六分公司、王保双案外人执行异议之诉民事申请再审审查民事裁定书【（2021）最高法民申4574号】以及陈某、甲公司等案外人执行异议之诉民事再审民事判决书【（2023）最高法民再198号】案中认为，以房屋抵顶工程价款行为系通过折价方式行使建设工程价款优先受偿权，抵债房屋已经成为工程款债权人取得工程款的物化载体，该建设工程价款优先受偿权优先于申请执行人的一般债权，具有排除人民法院强制执行的优先效力。

【法律依据】

《民法典》

第八百零七条　发包人未按照约定支付价款的，承包人可以催告发包人在合理期限内支付价款。发包人逾期不支付的，除根据建设工程的性质不宜折价、拍卖外，承包人可以与发包人协议将该工程折价，也可以请求人民法院将该工程依法拍卖。建设工程的价款就该工程折价或者拍卖的价款优先受偿。

《建工合同案件司法解释一（2020）》

第三十五条　与发包人订立建设工程施工合同的承包人，依据民法典第八百零七条的规定请求其承建工程的价款就工程折价或者拍卖的价款优先受偿的，人民法院应予支持；第三十六条承包人根据民法典第八百零七条规定享有的建设工程价款优先受偿权优于抵押权和其他债权。

案例解析

1. 索某某与许某某等执行复议案【（2023）鲁执复43号，入库编号：2024-17-5-202-022】

• 基本案情

原告许某某与被告甲公司、乙公司、江某某民间借贷纠纷一案，山东省济南市中级人民法院（以下简称济南中院）于2013年6月7日作出（2012）济民五初字第20号民事判决，判令被告甲公司于判决生效之日起10日内支付原告许某某借款及利息981.37535万元，被告乙公司对上述款项承担连带清偿责任。判决生效后，甲公司未及时履行义务，许某某向济南中院申请执行。在执行过程中，济南中院查封了被执行人甲公司名下涉案房产，并裁定拍卖上述不动产。利害关系人索某某在执行过程中提出异议，主张其对上述不动产享有留置权，要求济南中院解除对涉案房产的查封、中止拍卖程序，并主张优先受偿权。异议人索某某提供的协议书载明，2010 年 4 月 3 日，索某某与甲公司签订协议书，约定甲公司所欠索某某款项 100 万元，由索某某负责在建工程的后期建设并对外售卖。后期工程出售权全部转给索某某，所得售楼款由索某某支配。济南中院于 2022 年 12 月 5 日作出（2022）鲁 01 执异 600 号执行裁定认为，根据法律规定，留置权适用于动产，而本案执行财产为不动产，索某某主张留置权没有法律依据。关于索某某主张对案涉工程价款享有优先受偿权仅为分配顺位问题，不能阻却执行，遂驳回异议人索某某的异议请求。后索某某向山东省高级人民法院申请复议，2023 年 3 月 27 日，山东省高级人民法院作出（2023）鲁执复 43 号执行裁定，驳回索某某的复议申请，维持（2022）鲁 01 执异 600 号执行裁定。

• 裁判要旨

优先受偿权是债权优先得到清偿的权利，只是一种顺位权，不能产生阻却执行的效力。建设工程优先权人不得以其对建设工程享有优先受偿权为由要求停止执行，可以在执行程序中向法院提出优先分配价款的主张。

2. 南充金某建筑工程有限公司与唐某执行复议案【（2023）川 13 执复 66 号执行裁定，入库编号：2024-17-5-202-011】

• 基本案情

四川省南充市顺庆区人民法院（以下简称顺庆法院）在执行唐某与被执行人何某甲、何某乙、翟某、四川佳某房地产开发有限责任公司、陈某借款合同纠纷一案中，南充金某建筑工程有限公司（以下简称金某建司）提出书面异议，认为顺庆法院作出的（2022）川 1302 执恢 1141 号及 1142 号执行公告，及评估、拍卖案涉房产侵害了其优先受偿权，请求撤销执行公告并停止评估拍卖。顺庆法院于 2023 年 2 月 22 日作出（2023）川 1302 执异 32 号执行裁定，认为建设工程价款属于债权的范畴，即使异议人金某建司依法享有该权利，也只是比一般债权优先受偿而已，并不是所有权或者其他阻止建设工程转让、交付的实体权利，因此承包人不符合《民诉法（2023）》第二百二十七条规定提起案外人执行异议的适格主体，但其可依法参与执行价款的分配，故裁定驳回异议人金某建司的异议申请。顺庆法院裁定后，金某建司向四川省南充市中级人民法院（以下简称南充中院）申请复议。南充中院于 2023 年 3 月 28 日作出（2023）川 13 执复 66 号执行裁定，驳回金某建司的复议请求，维持顺庆法院（2023）川1302执异32号执行裁定。

• 裁判要旨

承包人作为另案债权人，基于对执行标的享有建设工程优先受偿权，对人民法院的处置行为提出异议，属于利害关系人对执行法院的执行措施提出异议，应当按照对执行行为的异议予以审查。建设工程优先受偿权是对建设工程的变价款享有优先受偿的权利，该权利并不足以排除对该建设工程的强制执行，承包人可在该建设工程的执行程序中参与案款分配并主张其优先权，执行法院在处理该执行标的变价款前，应对承包人的建设工程价款予以预留。

65. 承包人是否可以在涉及建设工程执行的其他案件中主张建设工程价款优先受偿权？

【实务要点】

承包人应在合理期限内行使建设工程价款优先受偿权，自发包人应当给付工程价款之日起算，最长不超过十八个月。如在该期限内，有其他债权人申请对承包人施工的建设工程进行执行的，承包人可以在该执行案件中主张建设工程价款优先受偿权。

【要点解析】

根据《民法典》第八百零七条的规定以及建设工程价款优先受偿权作为法定优先权的基本属性，司法实践中建设工程价款优先受偿权的行使方式可以通过以下方式行使：①通过诉讼或仲裁；②与发包人直接协议折价；③在执行程序中直接主张行使优先受偿权；④通过发函方式主张。对于通过发函方式行使建设工程价款优先受偿权是否有效，司法实践中存在争议，法院要结合具体案情作出判断。

【法律依据】

《建工合同案件司法解释一（2020）》

第三十九条 未竣工的建设工程质量合格，承包人请求其承建工程的价款就其承建工程部分折价或拍卖的价款优先受偿的，人民法院应予支持。

第四十一条 承包人应当在合理期限内行使建设工程价款优先受偿权，但最长不得超过十八个月，自发包人应当给付建设工程价款之日起算。

案例解析

河南某某置业公司、某某集团公司建设工程施工合同纠纷案【(2019)最高法民终255号，指导性案例171号】

• 基本案情

2013年6月25日，河南某某置业公司向某某集团公司发出《中标通知书》，通知某某集团公司中标位于洛阳市洛龙区某某大道的国际商务会展中心工程。2013年6月26日，河南某某置业公司和某某集团公司签订《建设工程施工合同》，合同中双方对工期、工程价款、违约责任等有关工程事项进行了约定。合同签订后，某某集团公司进场施工。施工期间，因河南某某置业公司拖欠工程款，2013年11月12日、11月26日、2014年12月23日某某集团公司多次向河南某某置业公司送达联系函，请求河南某某置业公司立即支付拖欠的工程款，按合同约定支付违约金并承担相应损失。2014年4月、5月，河南某某置业公司与某某工程管理公司签订《建设工程造价咨询合同》，委托某某工程管理公司对案涉工程进行结算审核。2014年11月3日，某某工程管理公司出具《某某商务会展中心结算审核报告》。河南某某置业公司、某某集团公司和某某工程管理公司分别在审核报告中的审核汇总表上加盖公章并签字确认。2014年11月24日，某某集团公司收到通知，河南焦作中院依据河南某某置业公司其他债权人的申请将对案涉工程进行拍卖。2014年12月1日，某某集团公司第九建设公司向河南焦作中院提交《关于某某商务会展中心在建工程拍卖联系函》中载明，某某集团公司系恒和商务会展中心在建工程承包方，自项目开工，某某集团公司已完成产值2.87亿元工程，某某集团公司请求依法确认优先受偿权并参与整个拍卖过程。某某集团公司和河南某某置业公司均认可案涉工程于2015年2月5日停工。

2018年1月31日，河南高院立案受理某某集团公司对河南某某置业公司的起诉。某某集团公司请求解除双方签订的《建设工程施工合同》并请求确认河南某某置业公司欠付某某集团公司工程价款及优先受偿权。河南高院审查后认为某某集团公司享有优先权，故判决支持某某集团公司的诉讼请求。河南某某置业公司不服，向最高院上诉，最高院经审查后认为最高人民法院认为承包人向执行法院主张其对建设工程享有建设工程价款优先受偿权的，属于行使建设工程价款优先受偿权的合法方式，某某集团公司向河南某某置业公司发送《关于主张某某商务会展中心工程价款优先受偿权的工作联系单》，要求对案涉工程价款享有优先受偿权，并且向河南洛阳中院提交《优先受偿权参与分配申请书》，依法确认并保障其对案涉建设工程价款享有的优先受偿权，因此某某集团公司主张优先权未过法定期间。

· 裁判要旨

执行法院依其他债权人的申请，对发包人的建设工程强制执行，承包人向执行法院主张其享有建设工程价款优先受偿权且未超过除斥期间的，视为承包人依法行使了建设工程价款优先受偿权。发包人以承包人起诉时行使建设工程价款优先受偿权超过除斥期间为由进行抗辩的，人民法院不予支持。

66. 建设工程无法拍卖、变卖或经拍卖、变卖后仍流拍的，能否折价抵债给建设工程价款优先受偿权人？

【实务要点】

建设工程无法拍卖、变卖的，经申请执行人同意且不损害其他债权人权益及社会公共利益时，可以将建设工程折价抵债给建设工程价款优先受偿权人。

建设工程经拍卖、变卖程序仍流拍的，建设工程价款优先受偿权人可以申请以拍卖的建设工程抵债；多个申请执行人均要求抵债的，应按照法定受偿顺序确定承受人，顺位相同的，以抽签方式确定承受人。

【要点解析】

1. 建设工程无法拍卖、变卖的，可以折价抵债给建设工程价款优先受偿权，但不得损害其他债权人合法权益或社会公共利益。

《民法典》规定建设工程价款优先受偿权指的就是发包人欠付承包人工程价款时，经承包人催告后，发包人仍不给付的，承包人的建设工程价款可就工程拍卖或折价所得价款优先受偿。据此规定，将建设工程协议折价本身就是建设工程价款优先受偿权的实现方式之一，如建设工程无法拍卖、变卖的，可以通过折价的方式直接交付建设工程价款优先受偿权人抵付债务。同时，针对被执行人财产无法拍卖、变卖这一特殊情形，最高人民法院关于适用《民诉法解释（2022）》第四百九十条亦明确规定经申请执行人同意后，在不损害其他债权人合法权益和社会公共利益的情形下，可以将被执行财产直接作价抵债给申请执行人。

2. 流拍的建设工程上只存在一个建设工程价款债务的，建设工程价款债权人可以直接申请抵债。流拍的建设工程上存在多名执行债权人且均申请抵债的，由法定受偿顺位优先的债权人承受，顺位相同的，以抽签方式决定承受人。

3. 若作价金额超过承受人根据债权受偿顺序确定的应当受偿的金额，承受人应将差额补缴至人民法院。

因以物抵债相当于以流拍的财产保留价或合理作价购买执行标的，只不过作为申请执行人可以在应受清偿的债权范围内以流拍的保留价或合理作价进行抵销。因此，在多个债权人存在的情形下，执行法院仍然应当按照法定顺位计算多个债权各自应受清偿金额，并非将流拍财产直接交由接受抵债的执行债权人受偿自身债权。承受人仍应根据受偿顺序确定的应受偿金额，将与抵债作价之间差额缴纳至人民法院。

【法律依据】

《民诉法解释（2022）》

第四百九十条　被执行人的财产无法拍卖或者变卖的，经申请执行人同意，且不损害其他债权人合法权益和社会公共利益的，人民法院可以将该项财产作价后交付申请执行人抵偿债务，或者交付申请执行人管理；申请执行人拒绝接收或者管理的，退回被执行人。

《执行拍卖变卖规定（2020）》

第十六条　拍卖时无人竞买或者竞买人的最高应价低于保留价，到场的申请执行人或者其他执行债权人申请或者同意以该次拍卖所定的保留价接受拍卖财产的，应当将该财产交其抵债。

有两个以上执行债权人申请以拍卖财产抵债的，由法定受偿顺位在先的债权人优先承受；受偿顺位相同的，以抽签方式决定承受人。承受人应受清偿的债权额低于抵债财产的价额的，人民法院应当责令其在指定的期间内补交差额。

案例解析

深圳某工程公司与云浮某置业公司建设工程施工合同纠纷执行监督案【（2021）最高法执监414号，入库编号：2023-17-5-203-037】

• 基本案情

云浮某置业公司与深圳某工程公司建设工程施工合同纠纷一案，法院判决云浮某置业公司向深圳某工程公司支付工程款。执行中，执行法院查封了云浮某置业公司的土地及地上建筑物。经两次拍卖和一次变卖，均流拍。前位债权人（含抵押权人和优先受偿权人）拒绝接受以物抵债，后位债权人深圳某工程公司愿意接受以物抵债，执行法院要求深圳某工程公司按变卖流拍价缴纳全款。深圳某工程公司不服，提出异议，认为根据相关法律规定，以物抵债的承受人应当支付的是执行款项与以物抵债的差价而不是全款。

2020年8月7日，广东省云浮市中级人民法院（简称云浮中院）作出（2020）粤53执异25号执行裁定，撤销执行法院（2016）粤53执130号通知。云浮某置业公司不服，向广东省高级人民法院提出复议申请，广东高院于2020年11月16日作出（2020）粤执复875号执行裁定，撤销了异议裁定。深圳某工程公司向最高人民法院申请执行监督。2021年12月18日，最高人民法院作出（2021）最高法执监 414 号执行裁定，驳回深圳某工程公司的申诉请求。

• 裁判要旨

以物抵债属于强制执行变价措施。根据 2020 年《民诉法解释（2022）》第五百一十六条的规定，强制执行变价措施并不对多个执行债权的清偿顺序产生影响。前位债权人放弃接受财产抵债，只是放弃这一变价措施，并不意味着其放弃对流拍财产变价所得优先受偿的权利，事实上，对抵押权或者其他法定优先权的放弃必然需要权利人通过明示方式作出。在优先受偿权人未明示放弃其优先权的情况下，接受抵债的债权人即承受人不会因接受以物抵债获得优先于其他债权人就抵债财产变现后的价值受偿的地位。因以物抵债相当于以流拍的财产保留价购买执行标的，只不过作为申请执行人可以在应受清偿的债权范围内与流拍的保留价进行抵销。因此，在多个债权人存在的情形下，执行法院仍然应当按照法定顺位计算多个债权各自应受清偿金额，并非将流拍财产直接交由接受抵债的执行债权人受偿自身债权。

67. 通过债权转让方式取得建设工程价款债权的，债权受让人是否可以主张建设工程价款优先受偿权？

【实务要点】

建设工程价款债权转让后，受让人能否在诉讼或仲裁中主张享有建设工程价款优先受偿权存在争议。一种观点认为建设工程价款优先受偿权具有人身专属性，只能由与发包人签订合同的承包人享有；另一种观点认为建设工程价款优先受偿权具有从属性，随建设工程价款债权转让一并转移。不同地区的法院对此意见不一，如通过债权转让并由债权受让人主张建设工程价款债权及优先受偿权的，需提前予以关注。实践中，也有将生效法律文书确认的建设工程价款债权及优先受偿权予以转让，由债权受让人通过申请执行实现该债权的。

【要点解析】

1. 建设工程价款债权属于财产性权利，可以依法进行转让。

从立法本意来看，最高人民法院于 2020 年 11 月 4 日发布的《最高人民法院对十三届全国人大三次会议第 5510 号建议的答复》第一条载明："为了实现鼓励交易，促进市场经济发展的目的，法律规定债权人可以将债权的全部或者部分转让给第三人。同时为了维护社会公共利益和交易秩序，平衡合同双方当事人的权益，法律对权利转让也作了一定的限制，即依债权的性质、按照当事人约定或者法律规定不得转让的，债权人不得转让其权利。

因此，权利人转让债权，只要符合法律规定，均应允许。"《民法典》第五百四十五条规定了债权不得转让的三种情形，一是根据债权性质不得转让的债权，主要是指合同是基于当事人的身份关系订立的，若对合同权利进行转让势必违反订立该合同的目的，例如收养合同等；二是发承包人在施工合同中已经明确约定禁止转让的，从尊重当事人意思自治原则以及诚实信用原则出发，此情形下亦不允许承包人转让建设工程价款债权；三是法律规定不得转让的权利，目前法律并未禁止建设工程价款债权的转让。建设工程价款债权本质上也属于合同债权，属于承包人依法享有的财产性权利，可以依法进行转让。

2. 建设工程价款优先受偿权属于法定优先权，工程价款债权的受让人能否主张享有建设工程价款优先受偿权仍存争议。

（1）支持说认为：建设工程价款优先受偿权虽属于法定优先权，但同样具备担保物权的属性，而且建设工程价款优先受偿权符合法定条件即成立，不以办理登记为成立要件。既然担保物权作为从权力可以随主债权一并转让，同样建设工程价款优先受偿权亦可以一并转让。例如《湖南省高级人民法院关于审理建设工程施工合同纠纷案件若干问题的解答》（湘高法〔2022〕102 号）第二十条、《河北省高级人民法院建设工程施工合同案件审理指南》（冀高法〔2023〕30 号）第二十七条均规定，建设工程价款转让的，建设工程价款优先受偿权随之一并转让。

（2）否定说认为：建设工程价款优先受偿权设立的根本目的是保障农民工的权益，是专门为工程的承包人所设立，因此建设工程价款优先受偿权本质上具备人身专属性。同时，工程价款债权转让的，承包人已经从受让人处取得对价，足以保障承包人背后农民工工资的支付，而受让人本身不负有农民工工资的支付义务，故不需要建设工程价款优先受偿权予以特别保护。例如重庆市高级人民法院、四川省高级人民法院《关于审理建设工程施工合同纠纷案件若干问题的解答》第十七条均规定，建设工程价款优先受偿权属于法定优先权，行使主体应限定为与发包人形成建设工程施工合同关系的承包人，建设工程价款债权转让后，受让人主张对建设工程享有优先受偿权的，人民法院不予支持。

我们认为建设工程价款转让的，建设工程价款优先受偿权随之一并转让，更有利于建设工程价款优先受偿权的流转，更有助于承包人背后农民工权益的保护，进而更符合民法典第八百零七条设立建设工程价款优先受偿权的立法目的。首先，从债权转让角度而言，法律既无禁止建设工程价款债权转让的明文规定，也无禁止建设工程价款优先受偿权的流转，民事法律行为应当以尊重当事人意思自治为基本原则，不违反法律禁止性规定的，均应为有效；其次，基于抚养关系、扶养关系、赡养关系、继承关系产生的给付请求权和劳动报酬、退休金、养老金、抚恤金、安置费、人寿保险、人身伤害赔偿请求权等权利系专属于债务人自身的债权。但法律并没有规定建设工程价款优先受偿权是基于特殊身份关系而设立，因此将建设工程价款优先受偿权认定为具备人身专属性的观点未免过于牵强；再次，建设工程价款优先受偿权属于法定优先权，在效力上不仅具备担保物权的优先属性，甚至更优先于担保物权受到保护，同时，在成立要件上亦无担保物权需要登记方可设立的形式要件要求，根据"举重以明轻"的原则，既然担保物权作为从权力随主债权一并转让，建设工程价款优先受偿权也具备从属性，应随工程价款债权一并转让；最后，《民法典》中的保理合同所涉应收账款转让实质上即是债权转让，如建设工程价款债权转让，优先受偿权不一并转移由受让人享有，也将影响保理业务在建设工程领域的开展，不利于建设工程价款债权的实现和资金流通。况且，建设工程价款债权的转让适用债权转让的一般规则，不会对发包人以及发包人的其他债权人增加任何权利负担，反而更有利于建设工程价款债的权流转，将会更有利于承包人收取对价以支付农民工工资出发，更有助于实现建设工程价款优先受偿权保护农民工权益的立法目的。

【法律依据】

《民法典》

第五百四十五条　债权人可以将债权的全部或者部分转让给第三人，但是有下列情形之一的除外：

（一）根据债权性质不得转让；

（二）按照当事人约定不得转让；

（三）依照法律规定不得转让。

当事人约定非金钱债权不得转让的，不得对抗善意第三人。当事人约定金钱债权不得转让的，不得对抗第三人。

第五百四十七条　债权人转让债权的，受让人取得与债权有关的从权利，但是该从权利专属于债权人自身的除外。

受让人取得从权利不因该从权利未办理转移登记手续或者未转移占有而受到影响。

案例解析

天津某科技发展有限公司、廊坊市某房地产开发有限公司等普通破产债权确认案【(2021) 最高法民再 18 号】

• 基本案情

2015 年 11 月 11 日，某昌公司向法院起诉廊坊市某房地产开发有限公司（以下简称某房地产开发公司），称某昌公司与某房地产开发公司签订了金域蓝山小区 1 号、2 号、3 号、4 号、5 号楼工程施工协议书。合同签订后，某昌公司进场施工，施工过程中，某房地产开发公司未能按约定支付工程进度款，导致工程多次停工，某房地产开发公司对某昌公司已完成工程进行了阶段性验收，并验收合格。某昌公司诉讼某房地产开发公司请求支付工程款、确认建设工程价款优先受偿权。2015 年 12 月 10 日，廊坊市中级人民法院依法作出（2015）廊民三初字第 163 号民事调解书确认：解除双方签订的工程施工协议书及建设工程施工合同；某房地产开发公司于 2015 年 12 月 25 日前给付某昌公司工程款 36064223.49 元，停工损失费 6660000 元，如某房地产开发公司未在 2015 年 12 月 25 日给付以上款项，还应再给付某昌公司停工损失费1000000元。2016年1月16日，某昌公司向该院申请强制执行，执行申请书执行请求“申请人享有所建工程金域蓝山1号、2号、3号、4号、5号楼折价或拍卖价款的优先受偿权”。2016年2月24日，某昌公司以某房地产开发公司不能清偿到期债务，资产不足以清偿全部债务或明显缺乏清偿能力为由，申请对某房地产开发公司进行破产清算。该院于2016年10月25日作出（2016）冀10民破8号民事裁定，受理了破产清算申请。2016年10月12日某科技公司与某昌公司签订了债权转让协议，并于2016年10月14日送达某房地产开发公司，2016年10月14日，某科技公司向该院申请变更案件申请执行人。2016年10月17日，该院作出（2016）冀10执16号之二执行裁定书，变更某科技公司为案件申请执行人。某房地产开发公司破产管理人于2017年4月28日作出债权确认通知书认定，建设工程款优先受偿权是实际承包人自身的从权利，建设工程款优先权不得转让，某科技公司以受让方式取得对债务人涉案工程款不享有建设工程款优先权。某科技公司不服管理人对优先权的认定，提起诉讼。

• 裁判要旨

建设工程价款优先受偿权为法定优先权，立法初衷系通过保护承包人的建设工程价款债权进而确保建筑工人的工资权益得以实现。对该债权的保护，不应因债权主体的改变而改变，而允许受让人享有该优先受偿权，有利于原债权人获得合理的、充足的债权转让对价，更有利于实现建筑工人的劳动债权；反之，如果建设工程价款优先受偿权随之消灭，则会间接损害劳动债权的受偿。

68. 被执行的不动产同时存在建设用地使用权抵押与建设工程价款优先受偿权的，应当如何分配拍卖或折价价款？

【实务要点】

承包人对其承包施工的建设工程依法享有建设工程价款优先受偿权，但该优先受偿权不及于建设用地使用权；建设用地使用权抵押权人对建设用地使用权享有抵押权，但对该建设用地上的建设工程不享有抵押权。被执行的不动产同时存在建设用地使用权抵押与建设工程价款优先受偿权的，建设工程承包人和建设用地使用权抵押权人分别就该不动产中建设工程部分和建设用地使用权部分的拍卖、折价所得价款优先受偿。

【要点解析】

根据“房地一体”的处理原则，若被执行的不动产上同时存在建设用地使用权抵押与建设工程价款优先受偿权的，应当对建设用地使用权和该宗土地的建设工程一并处分，在确定不动产的价值时应区分土地使用权部分和建筑物部分，对抵押权人和建设工程价款优先受偿权人分别予以保护，即土地使用权部分价值由抵押权人优先受偿，建设工程部分的价值由承包人优先受偿。

【法律依据】

《民法典》

第三百九十七条　以建筑物抵押的，该建筑物占用范围内的建设用地使用权一并抵押。以建设用地使用权抵押的，该土地上的建筑物一并抵押。

抵押人未依据前款规定一并抵押的，未抵押的财产视为一并抵押。

第四百一十七条　建设用地使用权抵押后，该土地上新增的建筑物不属于抵押财产。该建设用地使用权实现抵押权时，应当将该土地上新增的建筑物与建设用地使用权一并处分。但是，新增建筑物所得的价款，抵押权人无权优先受偿。

《民法典担保制度解释》

第五十一条　当事人仅以建设用地使用权抵押，债权人主张抵押权的效力及于土地上已有的建筑物以及正在建造的建筑物已完成部分的，人民法院应予支持。债权人主张抵押权的效力及于正在建造的建筑物的续建部分以及新增建筑物的，人民法院不予支持。当事人以正在建造的建筑物抵押，抵押权的效力范围限于已办理抵押登记的部分。当事人按照担保合同的约定，主张抵押权的效力及于续建部分、新增建筑物以及规划中尚未建造的建筑物的，人民法院不予支持。抵押人将建设用地使用权、土地上的建筑物或者正在建造的建筑物分别抵押给不同债权人的，人民法院应当根据抵押登记的时间先后确定清偿顺序。

案例解析

某银行股份有限公司上海虹口支行、浙江某建设集团有限公司建设工程施工合同纠纷执行案【（2019）最高法执监 470 号】

• 基本案情

浙江某建设集团有限公司（以下简称某建设公司）与上海某实业有限公司（以下简称某实业公司）建设工程施工合同纠纷一案，上海仲裁委员会于 2015 年 8 月 7 日作出（2014）沪仲案字第 0889 号调解书，确认某实业公司就系争工程分期向某建设公司支付工程款共计人民币 13620 万元及相应利息；某建设公司对上述工程款债权享有就系争工程拍卖、变卖所得价款优先受偿的权利。仲裁调解书生效后，某建设公司向上海市第二中级人民法院（以下简称上海二中院）申请执行，该院经委托评估，确定涉案土地和在建工程的评估价总价为 15300 万元，起拍价为 10710 万元，经网拍一拍流拍。2018 年 9 月 6 日，第二次网拍起拍价为 8568 万元，某建设公司以起拍价竞拍成交，并以其对某实业公司享有的工程款债权冲抵拍卖款。某银行不服，向上海二中院提出执行异议称，该行对案涉土地设定抵押权，并经上海市虹口区人民法院（2017）沪 0109 民初 18759 号民事调解书予以确认，故对土地拍卖价款享有优先受偿权。某建设公司对在建工程享有优先受偿权，其优先权不包含土地使用权拍卖价款。故请求停止向某建设公司优先分配案涉土地使用权的拍卖款，该款项应分配给该行。

• 裁判要旨

法律保护建设工程价款优先受偿权的主要目的是优先保护建设工程劳动者的工资及其他劳动报酬，维护劳动者的合法权益，而劳动者投入到建设工程中的价值及材料成本并未转化到该工程占用范围内的土地使用权中。在对房地产进行整体拍卖后，拍卖款应当由建设工程款优先受偿权人以及土地使用权抵押权人分别优先受偿。

69. 同一个建设工程同时存在多个建设工程价款债权及优先受偿权的，如何分配执行财产？

【实务要点】

同一个建设工程上存在多个建设工程价款债权及优先受偿权的，各建设工程价款优先权人只能就其施工部分的拍卖、变卖价款优先受偿。执行法院应根据优先受偿的金额、施工范围及价值，并结合工程拍卖、变卖等情况，制定分配方案。

【要点解析】

1. 同一个建设工程上可以存在多个建设工程价款债权及优先受偿权。

《建工合同案件司法解释一（2020）》第三十五条规定，与发包人签订建设工程施工合同的承包人可以主张行使建设工程价款优先受偿权。《建筑法》第 2 条亦规定，建筑活动是指各类房屋建筑及其附属设施的建造及其配套的线路、管道、设备的安装活动。《建设工程质量管理条例》第 2 条规定，建设工程是指土木工程、建筑工程、线路管道和设备安装工程及装修工程。从发包方式来看，虽然建筑法提倡总承包，但除直接发包外，并未限制发包人对地基基础和主体结构外的其他专业工程诸如电气安装工程、暖通工程、消防工程、电梯工程等直接发包，该部分专业工程承包人也可依据与发包人签订的施工合同主张和行使建设工程价款优先受偿权。因此，同一个建设工程上客观上可能出现同时存在多个建设工程价款优先受偿权的情形。

2. 各优先受偿权人只能对其施工部分的工程拍卖、折价所得价款优先受偿。

《民法典》第八百零七条规定的建设工程价款优先受偿权，是指发包人欠付承包人工程价款的，承包人有权对自己承建的工程拍卖、折价所得价款在发包人欠付价款范围内优先受偿。因此，建设工程价款优先受偿权的客体只能是承包人其承包施工的工程，不能对其他人施工的部分主张优先受偿。

3. 多个建设工程价款优先受偿权人参与分配的，应当由人民法院依法制定分配方案。

鉴于诸如电气安装工程、暖通工程、消防工程、电梯工程等与建设工程主体融为一体，共同发挥建设工程的效用，同时对建设工程进行执行处置时，原则上也需整体处置建设工程，因此涉及多个工程价款优先受偿权人对同一建设工程主张优先权时，执行法院应依据法律规定及各自施工部分的价值等制作分配方案，确定各优先受偿权人的分配比例。

【法律依据】

《民法典》

第八百零七条　发包人未按照约定支付价款的，承包人可以催告发包人在合理期限内支付价款。发包人逾期不支付的，除根据建设工程的性质不宜折价、拍卖外，承包人可以与发包人协议将该工程折价，也可以请求人民法院将该工程依法拍卖。建设工程的价款就该工程折价或者拍卖的价款优先受偿。

《建工合同案件司法解释一（2020）》

第三十七条　装饰装修工程具备折价或者拍卖条件，装饰装修工程的承包人请求工程价款就该装饰装修工程折价或者拍卖的价款优先受偿的，人民法院应予支持。

《民诉法执行程序解释（2020）》

第十七条　多个债权人对同一被执行人申请执行或者对执行财产申请参与分配的，执行法院应当制作财产分配方案，并送达各债权人和被执行人。

案例解析

甲公司与乙公司执行复议案【（2021）最高法执复48号】

• 基本案情

某银行与丙公司、方某某借款合同纠纷一案，辽宁诚信公证处于2014年6月24日作出（2014）辽诚证执字第38号执行证书，载明：申请执行人某银行可持该证书向有管辖权的人民法院申请执行，被申请人为丙公司，执行标的为：1133796070.83元。后某银行申请法院强制执行，辽宁省高级人民法院（以下简称辽宁高院）依法受理。2015年3月20日，辽宁高院裁定拍卖被执行人丙公司名下所涉案涉工程及土地使用权，某银行对此享有抵押权。2015年8月10日，因债权转让，辽宁高院依法裁定变更乙公司为本案的申请执行人。因三次流拍，辽宁高院依法裁定将丙公司所有的涉案在建工程房地产及分摊国有土地使用权，以第三拍保留价76686.8万元抵债给申请执行人乙公司。

甲公司与丙公司建设工程施工合同纠纷一案，于2015年7月13日取得（2014）沈中民二初字第219号生效民事判决，确认甲公司在丙公司欠付款项29340082.14元范围内对丙公司案涉工程项目中央空调安装工程享有优先受偿权。该判决生效后，甲公司向辽宁高院执行实施部门提交申请书，主张优先受偿权并要求参与分配。

• 裁判要旨

多个优先受偿权人主张优先权的，法院应当制作分配方案，就各自的优先权分别确定优先份额。

70. 建设工程价款债权执行案件中，被执行人名下的批量车位能否进行拍卖、变卖用以清偿申请执行人的债务？

【实务要点】

建设工程价款债权执行案件中，被执行人为房地产开发企业时，其名下往往有批量的车位未出卖，除配套建设的人防车位外，房地产开发企业对其投资建设的车位享有所有权，可以对其执行处置。但基于《民法典》的相关规定，住宅小区内的规划车位应当首先满足业主的需要，因此执行法院的处置方案非常重要。司法实践中，法院采取的“分零拍卖、小业主优先”和“打包上拍、分拆竞买、价高优选”的住宅车位处置模式，既能满足业主的需要，又能最大化变现车位价值，实现多方共赢。

【要点解析】

1. 除配套建设的人防车位外，房地产开发企业对其投资建设的车位享有所有权，属于可以处置的财产权益。

住宅小区车位一般分为地上车位、地下车位，地下车位又分配套建设的人防车位和房地产开发企业投资建设的车位。根据《民法典》第二百七十五条的规定，地上车位一般为占用业主共有的道路或者其他场地用于停放汽车的车位，属于业主共有。地下车位中配套建设的人防车位归国家所有，由当地人防主管部门管理，平时可用于小区业主停车用途。房地产开发企业投资建设的车位按谁投资谁享有的规则，归房地产开发企业所有，属于房地产开发企业的财产，房地产开发企业可通过出售或出租给小区业主停车。

2. 执行处置方案将决定变现价值和变更效果。

司法实践中，既有“分零拍卖、小业主优先”的拍卖处置模式，也有“打包上拍、分拆竞买、价高优选”批量处置车位的模式。具体适用何模式可根据具体案情所涉车位、小区业主入住情况等确定。

【法律依据】

《民法典》

第二百七十五条　建筑区划内，规划用于停放汽车的车位、车库的归属，由当事人通过出售、附赠或者出租等方式约定。

占用业主共有的道路或者其他场地用于停放汽车的车位，属于业主共有。

第二百七十六条　建筑区划内，规划用于停放汽车的车位、车库应当首先满足业主的需要。

《最高人民法院关于审理建筑物区分所有权纠纷案件适用法律若干问题的解释》

第五条　建设单位按照配置比例将车位、车库，以出售、附赠或者出租等方式处分给业主的，应当认定其行为符合民法典第二百七十六条有关“应当首先满足业主的需要”的规定。

前款所称配置比例是指规划确定的建筑区划内规划用于停放汽车的车位、车库与房屋套数的比例。

第六条　建筑区划内在规划用于停放汽车的车位之外，占用业主共有道路或者其他场地增设的车位，应当认定为物权法第七十四条第三款所称的车位。

案例解析

1. 重庆某实业有限公司与重庆某建筑工程有限公司、潘某执行实施案【(2022）渝0192执737号之八，入库编号：2024-17-5-102-004】

• 基本案情

重庆某实业有限公司与重庆某建筑工程有限公司、潘某买卖合同纠纷一案，重庆自由贸易试验区人民法院于2021年1月7日判决重庆某建筑工程有限公司向重庆某实业有限公司支付货款4330481.52元及截至2020年6月30日的资金占用费1266882.08元；潘某对被告重庆某建筑工程有限公司的上述债务承担连带保证责任。因被执行人逾期未履行生效法律文书确定的义务，申请执行人重庆某实业有限公司于2022年3月18日向重庆自由贸易试验区人民法院申请执行。在执行过程中，执行法院首轮查封潘某名下位于重庆市江北区某小区的车位，共计73个。执行过程中查明上述车位所在小区建成于2004年，小区有5栋楼房，共计

445套住房，车位配比约为1∶0.3。上述车位均为建筑区划内规划用于停放汽车的车位，车位处于承租人租赁使用状态。上述查封车位系小区建成后被执行人潘某一次性购买取得，2009年12月10日潘某初次取得车位产权，2021年7月6日换发新产权证。潘某目前并非小区业主。执行法院经合议决定，在车位整体拍卖和分零拍卖两种处置方式中优先采用分零拍卖的处置方式。在具体实施方案上又进一步细化：①针对小区业主开展一拍、二拍、变卖，一套住房只能竞买一个车位。若仍有车位流拍的，针对不特定竞买人再次开展一拍、二拍、变卖；②车位承租人符合竞拍资格的，同等条件下对租用车位享有优先购买权；③车位由非小区业主竞买或申请执行人以物抵债的，再次出租、出售应当首先满足小区业主的需要。

• 裁判要旨

在涉案车位处置方案的选择上，本案拟处置车位所在小区业主已入住多年，目前停车位紧张，为充分保障小区业主权益，本案不宜采用整体拍卖的方式。从更有利于满足业主需求、兼顾其他利害关系人利益和处置方式经济便捷的角度考虑，本案车位处置宜采用分零拍卖的方式，并且在具体拍卖环节上，一拍、二拍、变卖环节均先由小区业主参与竞买，全部拍卖流程结束后再以相同保留价面向不特定竞买人再次开展竞拍，同时要依法保护承租人的优先购买权。

2. 某资产管理公司申请执行某集团投资公司等金融借款合同纠纷执行案【(2022)沪74执1020号】

• 基本案情

申请执行人某资产管理公司与被执行人某集团投资公司、某集团公司、潘某某、陈某某金融借款合同纠纷一案，因被执行人均未按照执行通知指定的期限履行义务，故拟对被执行人名下的相关财产启动评估拍卖程序。经查，被执行人某集团投资公司名下共计有452个车位（包括住宅配套车位与商务办公楼配套车位），商务办公楼1栋等不动产，相关不动产被其他法院在先查封，因本案债权人对上述不动产享有抵押权，故经商请取得处置权。依据不动产登记部门提供信息，上述共计452个车位中，规划不超过50%为住宅车位。案件执行过程中，上海金融法院收到部分业主申请，请求法院满足业主参与司法拍卖车位的诉求。上海金融法院通过网上发放调查问卷的方式，对全体业主参与司法拍卖车位的意愿、心理价位进行了排摸，开展现场“一对一”征询等方式全面了解业主参与竞买司法拍卖车位的意愿，与网络司法拍卖平台合作，开发了专门的种类物司法拍卖模块，能够实现对全部同质的种类物一次性打包上传，可以分拆竞买，批量成交的基本功能。在限定竞买人为小区住宅业主，且拍卖车位数量与竞买人精准匹配的情况下，创造拍卖标的的竞买溢价空间，实现了申请执行人债权兑现、业主个体竞买诉求、被执行人权益保障的合理兼顾，多方共赢。最终实际出价竞买的83名业主全部竞得车位，其中18名业主底价成交，普通车位溢价成交率76%，依据申请向3名业主以流拍价变卖，拍卖所得价款共计3,493万元，并依据出价高低，完成了具体车位选择及交付等，拍卖成交率超过80%。

• 裁判要旨

对于批量住宅车位作为执行标的物的，实践中因车位数量多、工作量大等原因一般采取整体拍卖的方式进行处置，一直存在着“法院卖不掉，业主买不起”的现象。本案通过执行模式创新，借助数字改革赋能，成功地解决了长期以来法院在处置批量不动产的程序中存在的司法处置效率与个体竞买需求的冲突，在全国范围内率先探索了批量财产处置的新模式，处置效果良好，为全市乃至全国解决此类问题提供了可复制可推广的经验。执行法院在处置车位时，应当综合考量拟处置车位性质、小区业主需要、小区车位配比、涉案当事人合法权益等因素，制定切实可行的处置方案。

71. 工程项目通过“BT”“代建”“PPP”模式开发建设，回购人应支付的回购款同时存在应收账款质押以及建设工程价款优先受偿权的，应当如何处理？

【实务要点】

工程项目通过“BT”“代建”“PPP”模式开发建设的，由投资人与承包人签订建设工程施工合同，待工程建设完成后移交回购人，回购人支付回购款，此时承包人对回购款享有优先受偿权。如投资人将回购款向第三人设立应收账款质押的，承包人的建设工程价款优先受偿权优先于第三人的应收账款质权。

【要点解析】

相较于传统的发承包模式下工程项目的建设单位与施工单位直接签订建设工程施工合同不同，“BT”“代建”“PPP”模式下一般由投资人或代建人与施工单位签订施工合同，工程建设完成后移交给建设单位，建设单位支付回购款，该类模式下经常出现投资人将对建设单位的回购款进行应收账款质押的情形，造成承包人的建设工程价款优先受偿权与应收账款质权的权利顺位产生冲突。

1. 承包人对回购人应向投资人支付的回购款享有建设工程价款优先受偿权。

建设工程价款优先受偿权依附于承包人施工的建设工程而存在，一方面建设工程移交的，受让人即取得发包人的地位，另一方面，建设工程价款优先受偿权是法定优先权具备担保属性，具备一定的追及效力，建设工程的移交并不影响建设工程价款优先受偿权的实现。而此时回购人应向投资人支付的回购款，本质上也应当属于建设工程变卖所得价款，因此，承包人可以就回购人应向投资人支付的回购款享有建设工程价款优先受偿权。

2. 承包人享有的建设工程价款优先受偿权优先于应收账款质权。

投资人将回购人应支付的回购款作为应收账款质押的，本质上属于以应收账款设立权利质押，仍属于设立担保物权的一种方式。参照《建工合同案件司法解释一（2020）》第三十六条承包人享有的建设工程价款优先受偿权优于抵押权和其他债权的规定，承包人对于回购人应支付的回购款应优先于第三人的应收账款质权受偿。

【法律依据】

《建工合同案件司法解释一（2020）》

第三十六条　承包人根据民法典第八百零七条规定享有的建设工程价款优先受偿权优于抵押权和其他债权。

案例解析

江苏某建设有限公司与南京润某建设集团第四工程有限公司、润某建设集团有限公司等建设工程施工合同纠纷案【（2017）苏 11 民终 2148 号】

- 基本案情

2012 年 10 月，某管委会与润某集团公司签订《建设工程施工合同》一份，约定工程名称为赤山湖防汛通道（通湖大道）道路及桥梁建设工程，资金来源：BT 方负责融资、建设，发包方按约定期限回购。2012 年 10 月 22 日，润某集团公司与润某四公司签订《建设工程施工分包合同》一份，将案涉工程分包给润某四公司施工。润某四公司又与某建设公司签订《联营合作协议》，将案涉工程交由某建设公司施工。上述协议签订后，某建设公司完成了道路部分的施工，于 2014 年 12 月底交付并由某管委会投入使用。因此后润某公司破产，某建设公司的工程款债权无法实现，某建设公司遂提起诉讼主张对某管委会应支付的 BT 工程回购款行使建设工程价款优先受偿权。

- 裁判要旨

BT 项目合同模式，由建设方负责融资建设，发包方按约定期限回购承包人虽无法通过拍卖的方式行使优先权，但在发包方按约回购时，也是对建设工程折价的方式，此时施工方可以行使优先权。

72. 以居住为目的的商品房、公寓购房消费者和商铺、办公用房的购房者能否阻却建设工程价款优先受偿权人执行？

【实务要点】

以居住为目的的商品房、公寓购房消费者，已支付全部购房价款或者愿意付清剩余价款或者其在人民法院查封前已签订有效书面买卖合同、名下无其他用于居住的房屋、已支付的价款超过合同约定总价款的百分之五十的，其权利优先于建设工程价款优先受偿权，可以排除建设工程价款优先受偿权人对该不动产的执行。

商铺、办公用房的购房者具备在人民法院查封之前已签订合法有效的书面买卖合同且已合法占有该不动产、已支付全部价款，或者已按照合同约定支付部分价款且将剩余价款按照人民法院的要求交付执行和非因买受人自身原因未办理过户登记情形的，也可排除建设工程价款优先受偿权人对该不动产的执行。

【要点解析】

1. 商品房消费者的居住权益应优先保护，优先于建设工程价款优先受偿权。

根据《商品房消费者保护批复》第二条、第三条以及《执行异议和复议规定（2020）》第二十九条，对于以居住为目的的购房消费者，为保障其居住及生存的基本权利，赋予了其比建设工程价款优先受偿权、抵押权等更为优先保护的“超级优先权”。

2. 不动产的一般买受人符合《执行异议和复议规定（2020）》第二十八条规定情形的，亦可享有排除执行的权益。

《执行异议和复议规定（2020）》第二十八条赋予了不动产的一般买受人一定条件下的物权期待权，即买受人需同时满足四个条件：①在人民法院查封前已经签订合法有效的书面买卖合同；②在人民法院查封前已经实际占有该不动产；③已经支付全部价款或已按合同约定支付部分款项并同意将剩余款项支付至查封法院；④非因买受人原因未办理过户登记。买受人只要同时满足上述 4 个条件，那么无论买受人是否是消费者个人还是法人或其他组织，无论购买不动产是居住为目的的商品房住宅、公寓，还是商铺、办公用房等，买受人均享有足以排除建设工程价款优先受偿权人对该不动产执行的权益。

【法律依据】

《商品房消费者保护批复》

商品房消费者以居住为目的购买房屋并已支付全部价款，主张其房屋交付请求权优先于建设工程价款优先受偿权、抵押权以及其他债权的，人民法院应当予以支持。

只支付了部分价款的商品房消费者，在一审法庭辩论终结前已实际支付剩余价款的，可以适用前款规定。

《执行异议和复议规定（2020）》

第二十八条　金钱债权执行中，买受人对登记在被执行人名下的不动产提出异议，符合下列情形且其权利能够排除执行的，人民法院应予支持：

（一）在人民法院查封之前已签订合法有效的书面买卖合同；

（二）在人民法院查封之前已合法占有该不动产；

（三）已支付全部价款，或者已按照合同约定支付部分价款且将剩余价款按照人民法院的要求交付执行；

（四）非因买受人自身原因未办理过户登记。

第二十九条　金钱债权执行中，买受人对登记在被执行的房地产开发企业名下的商品房提出异议，符合下列情形且其权利能够排除执行的，人民法院应予支持：

（一）在人民法院查封之前已签订合法有效的书面买卖合同；

（二）所购商品房系用于居住且买受人名下无其他用于居住的房屋；

（三）已支付的价款超过合同约定总价款的百分之五十。

案例解析

黄某、甘肃某银行股份有限公司兰州市中央广场支行等申请执行人执行异议之诉案【（2022）最高法民终83号】

• 基本案情

某银行兴陇支行与某信公司、华某公司、金某公司、梁某、梁娜、曾伟光借款合同纠纷一案，甘肃省高级人民法院审理后于2019年8月29日作出（2018）甘民初267号民事判决，判决："二、如未履行本判决第一项确定的给付义务，某银行股份有限公司兰州市兴陇支行有权就广州华某实业有限公司所有的抵押物（详见附件一）拍卖、变卖所得价款在总额不超过599786000元、本金不超过299893000元限额内优先受偿"。该判决生效后，某银行中央广场支行申请执行，甘肃省高级人民法院指定兰州铁路运输中级法院强制执行。执行过程中，黄某提出执行异议，甘肃省高级人民法院于2021年3月29日作出（2021）甘执异24号执行裁定书，裁定中止对登记在华某公司名下位于广州市天河区××路××号××层××号车位的执行。

• 裁判要旨

车位是住房的必要配套设施，具有保障业主基本居住权益的属性。车位虽不属于住宅，但依法属于满足业主住宅需要的必要设施。《中华人民共和国物权法》

（以下简称物权法）第七十四条第一款规定：“建筑区划内，规划用于停放汽车的车位、车库应当首先满足业主的需要”。国家金融监督管理总局发布的《城市居住区规划设计规范》规定：“居住区内必须配套设置居民汽车（含通勤车）停车场、库……”明确规定了在城市商品房建设阶段建设单位应设计、修建车位、车库以满足业主需求的强制性义务，赋予车位以特定用途。虽然建筑区划内的车位、车库不同于居住的商品房，但车位依法依附于商品房而存在，功能在于满足小区业主的居住需要，属于商品房所提供居住功能的必要延伸和拓展。在私家车日益成为普通家庭日常交通工具的现代社会，车位使用权与业主居住权密切相关，具有满足居民基本生活需要的属性。对小区业主而言，一定数量的车位、车库的配备，是与其居住权密切相关的一种生活利益，该利益应当受到法律保护。

73. 被执行人涉及刑事犯罪被处罚金或没收财产或被追缴赃款赃物的，承包人能否就案涉工程主张优先受偿权？

【实务要点】

承包人对发包人享有工程款债权及对建设工程享有建设工程价款优先受偿权时，作为被执行人的发包人涉及刑事犯罪被处罚金或没收财产或被追缴赃款赃物的，根据刑事判决书的相关认定决定执行价款的清偿顺序。一般情形下，承包人有权就该工程项目主张优先受偿权。承包人对于能否就案涉项目拍卖、折价所得价款优先受偿存有异议的，可以依法向执行法院提起执行异议。

【要点解析】

司法实践中，某建设工程既可能是刑事案件被告人的责任财产，也可能是刑事案件的赃款所建设形成。《刑事涉财产部分执行规定》第十三条对刑民交叉的执行顺序的规定，被执行人的财产不足以清偿时，按照人身损害赔偿中的医疗费用、退赔被害人的损失、其他民事债务、罚金、没收财产的顺序清偿，并特别规定了债权人对执行标的依法享有优先受偿权时，其执行顺序仅劣后人身损害赔偿中的医疗费用。因此，一般情形下，享有建设工程价款优先受偿权的承包人有权主张优先受偿权。

但非法集资类案件因案件性质特殊，故该类案件的涉刑事财产处置规则有所不同。《关于办理非法集资刑事案件若干问题的意见》明确规定了当待处置财产为非法筹集的资金建设的工程项目时，应当优先退赔集资参与人的损失，其背后的原理为该工程项目属于赃款赃物，并非合法财产，此时承包人无法主张优先于集资参与人受偿。

【法律依据】

《刑事涉财产部份执行规定》

第一条　本规定所称刑事裁判涉财产部分的执行，是指发生法律效力的刑事裁判主文确定的下列事项的执行：

（一）罚金、没收财产；

（二）责令退赔；

（三）处置随案移送的赃款赃物；

（四）没收随案移送的供犯罪所用本人财物；

（五）其他应当由人民法院执行的相关事项。

刑事附带民事裁判的执行，适用民事执行的有关规定。

第十条　对赃款赃物及其收益，人民法院应当一并追缴。

被执行人将赃款赃物投资或者置业，对因此形成的财产及其收益，人民法院应予追缴。

被执行人将赃款赃物与其他合法财产共同投资或者置业，对因此形成的财产中与赃款赃物对应的份额及其收益，人民法院应予追缴。

对于被害人的损失，应当按照刑事裁判认定的实际损失予以发还或者赔偿。

第十三条　被执行人在执行中同时承担刑事责任、民事责任，其财产不足以支付的，按照下列顺序执行：

（一）人身损害赔偿中的医疗费用；

（二）退赔被害人的损失；

（三）其他民事债务；

（四）罚金；

（五）没收财产。

债权人对执行标的依法享有优先受偿权，其主张优先受偿的，人民法院应当在前款第（一）项规定的医疗费用受偿后，予以支持。

第十五条　执行过程中，案外人或被害人认为刑事裁判中对涉案财物是否属于赃款赃物认定错误或者应予认定而未认定，向执行法院提出书面异议，可以通过裁定补正的，执行机构应当将异议材料移送刑事审判部门处理；无法通过裁定补正的，应当告知异议人通过审判监督程序处理。

《最高人民法院、最高人民检察院、公安部印发〈关于办理非法集资刑事案件若干问题的意见〉》

九、关于涉案财物追缴处置问题

……

根据有关规定，查封、扣押、冻结的涉案财物，一般应在诉讼终结后返还集资参与人。涉案财物不足全部返还的，按照集资参与人的集资额比例返还。退赔集资参与人的损失一般优先于其他民事债务以及罚金、没收财产的执行。

案例解析

杨某某、某公司房屋买卖合同纠纷执行审查案【(2019)最高法执监118号】

• 基本案情

2014年12月30日，秦都法院作出（2014）秦刑初字第00317号刑事判决，第三项判决责令被告单位咸阳某公司、被告人潘某某退赔214名被害人经济损失共计50779339元。该214名受害人中包含140名异议人及王某、王涌权、郜启隆、郜国平等4人；咸阳中院于2015年4月1日作出（2015）咸中刑终字第00045号刑事裁定，维持了秦都法院一审刑事判决。就判决中涉及的退赔吴某某等214名受害人共计50779339元经济损失一节，秦都法院于2015年5月15日执行立案。

另某置业公司申请强制执行工程款债权，执行法院依法拍卖案涉土地，成交价为26033084元。咸阳中院于2017年5月8日，对执行案款进行分配，在扣除评估拍卖费、执行费、土地出让金等费用后，某置业公司实际执行17975957元，受害人杨某某、张某等人分得4570031.62元后裁定终本。

执行过程中，140名异议人对咸阳中院拍卖咸阳某公司世纪大道土地的土地使用权及咸阳某公司康复综合楼在建工程的执行行为不服，向咸阳中院提出异议。咸阳中院于2017年3月28日裁定驳回杨某某等140名异议人的异议请求。后140名异议人不服，向陕西高院申请复议，陕西高院裁定发回重审。

执行异议重审中，咸阳中院作出执行裁定认为异议人作为非法集资的被害人，身份不能等同于该司法解释规定的消费者或异议人主张的购房户，该140名异议人缴纳的“购房款”应在刑事退赔程序中予以解决，遂驳回异议请求。该140名异议人不服该裁定，以咸阳中院对其非消费者的身份认定错误、执行标的的清偿顺序错误，且原执行结果显失公平正义，异议人被排斥在对执行标的的执行程序之外为由申请复议。陕西高院经审理认为，根据法律规定，某置业公司的优先受偿权应当在该规定第（二）项退赔被害人的损失之前受偿并无不当，遂驳回复议申请。

申诉人不服陕西高院的复议裁定，向最高人民法院提起申诉。最高人民法院认为关于本案民事债权的清偿和对刑事被害人损失的退赔应当如何确定顺序的问题，需要考虑两个因素：一是作为执行标的物的土地使用权和地上附着物是否为违法所得。本案执行标的土地使用权及地上附着物是否为犯罪所得的转化形式，决定其是否为刑事犯罪的违法所得。此部分事实，应当进一步征询刑事审判部门意见后予以明确，以确保本案财产分配的准确。二是本案申请执行人的建筑工程价款优先受偿权所及的价值范围。根据法律规定，工程款优先受偿权的范围只及于涉案工程的变价款项，不及于土地使用权部分。咸阳中院在分配变价款项时，优先保障了某置业公司的工程款部分受偿，同时又对被害人分配了部分退赔款，法律依据不足。故本案存在事实不清的情形，应当在查明相关事实的基础上对当事人的异议、复议请求作出准确判断，故撤销原裁定，发回重审。

• 裁判要旨

通常情况下，对案涉财产享有优先权的债权应当优先于刑事退赔受偿，但涉及非法集资类犯罪时，赃物及其投资和收益均应优先用于退赔非法集资案件的受害人。鉴于涉案项目可能为非法吸收的公众存款转化而来，该节事实决定其是否为刑事犯罪的违法所得，进而影响到是否应依据非法集资类案件的特殊清偿顺序，故应当就涉案项目的性质、各部分价值予以查明。

74. 多个债权人申请执行同一被执行人的清偿顺序如何确定?

【实务要点】

执行法院就执行变价所得财产，在扣除执行费用及清偿优先受偿的债权后，对于普通债权按以下顺序清偿：

被执行人为公民或其他组织，可供执行的财产足以清偿全部债务，按照执行法院采取执行措施的先后顺序受偿；可供执行的财产不足清偿全部债务，通过参与分配程序，按照普通债权数额比例进行分配受偿。

被执行人为企业法人，可供执行的财产足以清偿全部债务，按照执行法院采取执行措施的先后顺序受偿；可供执行的财产不足清偿全部债务，符合《破产法》第二条第一款规定情形的，执行法院经申请执行人之一或者被执行人同意，进入执行转破产程序；当事人不同意移送破产或者被执行人住所地人民法院不受理破产案件的，按照财产保全和执行中查封、扣押、冻结财产的先后顺序清偿。

实践中，部分地区高院规定可以对有特殊贡献的债权人（线索提供人、首封债权人、追回财产债权人等）适当多分一定比例（重庆、浙江、北京、江苏）。

【要点解析】

1. 以优先主义原则为一般处理原则，特别情形下，在作为被执行人的企业法人执行转破产、或者作为被执行人的公民或其他组织资不抵债参与分配程序中，适用平等主义原则。

《执行工作规定》第 55 条条文确定了关于清偿顺序的三种处理原则：第 1 款规定多个债权人均具有金钱给付内容的债权，且对执行标的物均无担保物权的，按照执行法院采取执行措施的先后顺序受偿，即适用优先主义原则；第 2 款规定债权人的债权种类不同的，基于所有权和担保物权而享有的债权优先于金钱债权受偿，有多个担保物权的，按照各担保物权成立的先后顺序清偿；第 3 款规定一份生效法律文书确定金钱给付内容的多个债权人申请执行，执行财产不足以清偿债务，各债权人对执行标的物均无担保物权的，按照各债权数额比例受偿，即平等主义原则。《民诉法解释（2022）》对于被执行人的财产不足以清偿全部债务的处理原则进一步予以明确，第 508 条、第 510 条规定了被执行人为公民或其他组织的适用参与分配程序，按照平等主义原则，普通债权人按照债权数额比例受偿；第 513 条规定了被执行人为企业法人的执行转破产程序。以上条文构成了对于多个债权人申请执行同一被执行人的清偿顺序问题的体系化规定。

在多个普通债权人对于同一被执行人申请执行，根据被执行人的主体性质和财产状况，优先主义原则与平等比例原则适用的情形有所区别。

优先主义原则适用于以下情形：①被执行人为公民或其他组织，可供执行的财产足以清偿全部债务；②被执行人为企业法人，可供执行的财产足以清偿全部债务。符合上述情形之一的，按照执行法院采取执行措施的先后顺序受偿。

平等主义原则适用于以下情形：①被执行人为公民或其他组织，其可供执行的财产不足清偿全部债务；②同一份生效法律文书确定的债权，且被执行人可供执行的财产不足清偿全部债务。符合上述情形之一的，依照《民诉法解释（2022）》的相关规定，通过参与分配程序，按照普通债权数额比例进行分配受偿。

2. 一些地区的法院文件明确规定可以对有特殊贡献的债权人（线索提供人、首封债权人、追回财产债权人等）适当多分一定比例（重庆、浙江、北京、江苏）。

在实践过程，为了解决执行难的问题，一些地区的法院文件出台一些奖励性规定来促进案件的执行。

（1）重庆规定

《重庆高院关于执行工作适用法律的解答（一）》第七条规定：有以下情形之一的普通债权，人民法院应根据案件具体情况，在保证参与分配债权都有受偿的前提下，可适当予以多分，多分部分的金额不得超过待分配财产的 20%且不高于该债权总额，未受偿部分的债权按普通债权比例受偿。1. 依债权人提供的财产线索，首先申请查封、扣押、冻结并有效采取措施的债权，但人民法院依职权查封的除外；2. 依债权人申请采取追加被执行人、行使撤销权、悬赏执行、司法审计等行为而发现被执行人财产的债权。

（2）浙江规定

《浙江省高级人民法院执行局关于印发〈关于多个债权人对同一被执行人申请执行和执行异议处理中若干疑难问题的解答〉的通知》（浙高法执〔2012〕5 号）第三条：首先申请财产保全并成功保全债务人财产的债权人在参与该财产变价所得价款的分配时，可适当多分，但最高不得超过 20%（即 1∶1.2 的系数）。

（3）北京规定

北京市高级人民法院发布的《关于案款分配及参与分配若干问题的意见》（2013.08.21）

15条：参与分配程序中，若执行标的物为诉讼前、诉讼中、仲裁前或仲裁中依债权人申请所保全的财产，在清偿对该标的物享有担保物权和法律规定的其他优先受偿权的债权后，对该债权人因申请财产保全所支出的成本及其损失，视具体情况优先予以适当补偿，但补偿额度不得超过其未受偿债权金额的20%；其剩余债权作为普通债权受偿。

（4）江苏规定

江苏省高级人民法院《关于正确理解和适用参与分配制度的指导意见》（2020.3.13）第10条：对下列债权人可适当提高分配比例：（1）分配财产系根据其提供线索查控所得；（2）分配财产系其首先申请查控所得；（3）分配财产系其行使撤销权诉讼、执行异议之诉或者通过司法审计、悬赏执行等方式查控所得。上述债权人的分配比例，应考虑所涉债权及分配财产数额大小等因素，原则上不超过其按债权比例分配时应分得款项的20%。

【法律依据】

《民诉法解释（2022）》

第五百零六条　被执行人为公民或者其他组织，在执行程序开始后，被执行人的其他已经取得执行依据的债权人发现被执行人的财产不能清偿所有债权的，可以向人民法院申请参与分配。

第五百零八条　参与分配执行中，执行所得价款扣除执行费用，并清偿应当优先受偿的债权后，对于普通债权，原则上按照其占全部申请参与分配债权数额的比例受偿。清偿后的剩余债务，被执行人应当继续清偿。债权人发现被执行人有其他财产的，可以随时请求人民法院执行。

第五百一十一条　在执行中，作为被执行人的企业法人符合企业破产法第二条第一款规定情形的，执行法院经申请执行人之一或者被执行人同意，应当裁定中止对该被执行人的执行，将执行案件相关材料移送被执行人住所地人民法院。

第五百一十四条　当事人不同意移送破产或者被执行人住所地人民法院不受理破产案件的，执行法院就执行变价所得财产，在扣除执行费用及清偿优先受偿的债权后，对于普通债权，按照财产保全和执行中查封、扣押、冻结财产的先后顺序清偿。

《执行若干问题规定（2020）》

55. 多份生效法律文书确定金钱给付内容的多个债权人分别对同一被执行人申请执行，各债权人对执行标的物均无担保物权的，按照执行法院采取执行措施的先后顺序受偿。

多个债权人的债权种类不同的，基于所有权和担保物权而享有的债权，优先于金钱债权受偿。有多个担保物权的，按照各担保物权成立的先后顺序清偿。

一份生效法律文书确定金钱给付内容的多个债权人对同一被执行人申请执行，执行的财产不足清偿全部债务的，各债权人对执行标的物均无担保物权的，按照各债权比例受偿。

案例解析

1. 重庆某工程公司与青海某置业公司等执行复议案【(2023)最高法执复21号，入库编号：2024-17-5-202-001】

• 基本案情

青海省高级人民法院（以下简称青海高院）在执行青海某置业公司与重庆某实业公司、重庆某集团公司、申某甲、申某乙金融借款合同纠纷一案过程中，依法拍卖了被执行人重庆某实业公司名下10套房屋。

利害关系人重庆某工程公司申请参与案款分配。青海高院作出（2022）青执异25号执行裁定，认为重庆某工程公司申请参与对案涉房屋拍卖价款的优先受偿，无事实和法律依据，应予驳回。重庆某工程公司不服，向最高人民法院申请复议。2023年9月15日，最高人民法院作出（2023）最高法执复21号执行裁定，撤销青海高院（2022）青执异25号执行裁定和（2019）青执43号通知书；准予重庆某工程公司对重庆某实业公司名下位于重庆市北碚区×××10套房屋拍卖款的参与分配申请。

• 裁判要旨

有多个债权人对同一被执行人申请执行或者对执行财产申请参与分配的，执行法院应制作分配方案，并不区分被执行人是法人或者是公民、其他组织。区别在于，被执行人为公民或者其他组织的，分配方案应按债权比例平等清偿，被执行人为法人的，则一般按照查封顺序、结合优先受偿权等因素作出分配。

2. 宋某某与临汾市某铸造厂、杜某某、刘某某执行监督案【(2021)最高法执监59号，入库编号：2023-17-5-203-032】

• 基本案情

2015年12月23日，山西省侯马市人民法院（以下简称侯马法院）经海融公司申请依据（2016）侯民保字第16号民事裁定，对案涉房屋予以查封并张贴公告，杜×玉在查封清单及查封笔录上签字。同日，该院执行人员又对承租杜×玉上述房屋的业主制作询问笔录并告知查封事项。2017年3月1日，该案件诉讼后进入执行程序。

2016年3月2日，临汾中院受理了宋×英与定达铸造厂、刘×芳、杜×玉民间借贷纠纷执行一案，对杜×玉前述房产进行两次拍卖均流拍，该院遂于2017年1月9日作出（2016）晋10执33号之五以物抵债裁定。

2017 年 12 月 31 日，海融公司向临汾中院提交执行异议申请书，请求撤销（2016）晋 10 执 33 号之五执行裁定，保留海融公司对该案享有优先受偿权。临汾中院经审查认为，海融公司的受偿顺序优先于宋×英，撤销临汾中院（2016）晋 10 执 33 号之五执行裁定。宋×英不服，向山西高院申请复议，山西高院驳回其复议申请后，宋×英向最高院申诉。

• 裁判要旨

《执行若干问题规定（2020）》第 55 条第 1 款的前提条件系债务人的所有财产能够满足所有债权的情况，只有在此情况下，普通债权才会因首查封而成为优先受偿债权。相反，如果出现债务人财产不能满足所有债权之清偿，需要进入参与分配程序的，各债权应按比例平均受偿，采取首查封措施的普通债权不再具有优先受偿的地位。故本案仅以首查封为由认定普通债权为优先受偿债权错误。案涉以物抵债裁定固然应予撤销，但其撤销理由应是未依法启动参与分配程序，而非首查封债权为优先受偿债权。

75. 何种情况下需要启动参与分配程序？

【实务要点】

只要有多个债权人对同一被执行人申请执行或者对执行财产申请参与分配的，执行法院就应当制作分配方案。被执行人为公民或者其他组织的，分配方案应按债权比例平等清偿；被执行人为企业法人的，则一般按照查封顺序、结合优先受偿权等因素作出分配，未裁定破产不得对其采取按债权比例清偿的原则进行分配。

【要点解析】

1. 参与分配程序的内涵。参与分配有广义和狭义两种概念，广义的参与分配，是指不管被执行人是否为企业法人，只要涉及多个债权人对其财产申请分配的，执行法院均应按《民诉法执行程序解释（2020）》第十七条的规定启动分配程序；而狭义的参与分配，则特指被执行人为自然人或者其他组织时，在其财产不能清偿所有债权的情况下，按债权比例公平清偿的分配方式（但对执行标的财产享有优先受偿权的债权人可以直接申请参与分配）。《民诉法解释（2022）》第 506 条的规定针对的正是狭义参与分配，但不能据此否定《民诉法执行程序解释（2020）》第十七条规定的广义参与分配程序之适用，只是根据《民诉法解释（2022）》的相关规定，被执行人为企业法人的，不得对其采取按债权比例清偿的狭义参与分配程序。

2. 参与分配程序原则上依申请启动，部分地区法院在特殊情况下可依职权启动。申请参与分配原则上只能通过符合条件的债权人通过书面申请的方式提起，但是存在一些例外情形，参与分配的启动可以由执行法院依据职权启动。关于参与分配是否以债权人向法院提交参与分配申请为启动条件，目前全国各地法院相对一致地认为，普通债权人参与分配，法院原则上不会主动通知其申请参与分配，以债权人向法院提交参与申请作为启动条件。比如：《上海市高级人民法院执行局、执行裁判庭联席会议纪要（二）》第2条规定，普通债权人未提交参与分配申请书的，主持分配的法院无须通知其申请参与分配；《江苏高院理解适用参分制度指导意见》第13条规定，启动参与分配程序，原则上依债权人申请。

但也有法院规定了主动通知债权人申请参与分配的情况。比如：《江苏高院理解适用参分制度指导意见》第13条第一款第（四）项规定，执行法院已经受理多起涉及同一被执行人的执行案件且被执行人财产不能清偿所有债权的，应通知未申请参与分配的债权人申请参与分配。

实践中，如果多个债权人已经在主持分配的法院申请了执行，即使没有债权人主动申请参与分配，只要债权人未明确放弃债权或表示不参与涉案财产的分配，部分地区主持分配的法院也可能将其纳入分配方案之中，给予其平等受偿的机会。例如，北京市高级人民法院（2022）京执监19号案件认为，考虑到债权人向西城法院提交了执行申请，且轮候查封了执行标的物，已明确表达了请求法院强制执行被执行人财产，特别是执行标的物，以实现其债权的意愿；在债权人未明确放弃债权或表示不参与涉案财产分配的情况下，即使其未向西城法院提交参与分配申请书，亦可视为其已提出参与分配申请，西城法院在主持财产分配并制定分配方案的过程中，应当将其纳入分配方案之中，给予其对执行标的物处置所得价款平等受偿的机会。

综上，一般情况下，参与分配以债权人向法院提交参与分配申请作为启动条件；在特殊情况下，法院也会主动通知债权人参与分配。因此，在债务人的全部财产不足以清偿所有债权的情况下，建议债权人向其提交执行申请的法院、主持分配法院以及对被执行人财产采取保全措施的法院均提交参与分配申请，以保障债权人对被执行人所有财产进行受偿的机会。

3. 司法实践中，被执行人为企业法人时，能否适用参与分配制度存在争议。结合最高人民法院入库案例，最高院的态度似乎倾向于企业法人适用广义的参与分配程序，也即只要有债权人申请，原则上执行法院应当制作分配方案，但对于企业法人在未转入破产程序的情况下，不应适用狭义上的各普通债权人平等受偿的分配方法。

《民诉法解释（2022）》第五百零八条的规定，被执行人为“公民或者其他组织”是已取得执行依据的债权人申请参与分配的前提；若被执行人为企业法人，在其财产不足以清偿其所有债务时，根据《民诉法解释（2022）》五百一十三条，经债权人之一或者被执行人申请，可以启动破产程序。从《民诉法解释（2022）》的体系化规定来看，似乎被执行人为企业法人时，在其财产不能清偿所有债权时，除非债权人对执行标的财产享有抵押权等优先受偿权，否则普通债权人不能进行参与分配，只能申请被执行人破产。

但是，《民诉法执行程序解释（2020）》第十七条规定：“多个债权人对同一被执行人申请执行或者对执行财产申请参与分配的，执行法院应当制作财产分配方案，并送达各债权人和被执行人。债权人或者被执行人对分配方案有异议的，应当自收到分配方案之日起十五日内向执行法院提出书面异议”。该条文又没有对参与分配适用主体进行明确限制。由于司法解释之间的差异，实践中对于被执行人为企业法人时能否适用参与分配制度也存在很大争议，即便最高人民法院也存在不同裁判观点。

（1）第一种观点为：被执行人为企业法人不能适用参与分配制度。

在（2019）最高法执监409、410号案件中，最高院认为：首先，《民诉法解释（2022）》第五百零八条规定，被执行人为公民或者其他组织，在执行程序开始后，被执行人的其他已经取得执行依据的债权人发现被执行人的财产不能清偿所有债权的，可以向人民法院申请参与分配。本条明确规定当作为被执行人的公民、其他组织的财产不能清偿所有债权时，相关债权人可以申请参与分配，排除了被执行人为企业法人时适用参与分配的空间。作为被执行人的企业法人财产不能清偿所有债权的，申诉人作为债权人可以向人民法院提出对该被执行人进行破产清算，通过破产程序受偿。本案中，被执行人为企业法人，申诉人申请在赣州中院执行程序中参与分配于法无据，本院不予支持。在（2020）最高法民申2511号一案中，最高院认为，《民诉法解释（2022）》第五百零八条规定，被执行人为公民或者其他组织，在执行程序开始后，被执行人的其他已经取得执行依据的债权人发现被执行人的财产不能清偿所有债权的，可以向人民法院申请参与分配。对人民法院查封、扣押、冻结的财产有优先权、担保物权的债权人，可以直接申请参与分配，主张优先受偿权。由此，参与分配程序适用于被执行人为公民或者其他组织的情况，名嘉置业公司为企业法人，非公民或其他组织，横琴康鸿公司不适用参与分配程序。

（2）第二种观点为：被执行人为企业法人可以适用参与分配制度。

在（2019）最高法执复14号执行案中，最高院认为，有多个债权人对同一被执行人申请执行或者对执行财产申请参与分配的，执行法院可依照该规定制作分配方案；当事人对分配方案不服的，可以通过分配方案异议或异议之诉程序处理，并不区分被执行人是企业法人或者是公民、其他组织。事实上，参与分配有广义和狭义两种概念，广义的参与分配，是指不管被执行人是否为企业法人，只要涉及多个债权人对其财产申请分配的，执行法院均应启动分配程序；而狭义的参与分配，则特指被执行人为公民或者其他组织时，在其财产不能清偿所有债权的情况下，按债权比例公平清偿的分配方式。狭义参与分配不能否定广义参与分配程序之适用，只是被执行人为企业法人的，不得对其采取按债权比例清偿的狭义参与分配程序。在（2023）最高法执复21号执行一案中，最高院认为，有多个债权人对同一被执行人申请执行或者对执行财产申请参与分配的，执行法院应制作分配方案，并不区分被执行人是法人或者是公民、其他组织。区别在于，被执行人为公民或者其他组织的，分配方案应按债权比例平等清偿，被执行人为法人的，则一般按照查封顺序、结合优先受偿权等因素作出分配。

【法律依据】

《民诉法执行程序解释（2020）》

第十七条　多个债权人对同一被执行人申请执行或者对执行财产申请参与分配的，执行法院应当制作财产分配方案，并送达各债权人和被执行人。债权人或者被执行人对分配方案有异议的，应当自收到分配方案之日起十五日内向执行法院提出书面异议。

《人民法院办理执行案件规范（第二版）》

626.【分配方案的制作】

多个债权人对同一被执行人申请执行或者对执行财产申请参与分配的，执行法院应当制作财产分配方案，并送达各债权人和被执行人。执行法院在制作分配方案时，可以先由所有的债权人和债务人进行协商，意见一致的，按照一致意见制作分配方案；意见不一致的，由执行法院依职权按照清偿顺序制作分配方案。

《民诉法解释（2022）》

第五百零九条　多个债权人对执行财产申请参与分配的，执行法院应当制作财产分配方案，并送达各债权人和被执行人。债权人或者被执行人对分配方案有异议的，应当自收到分配方案之日起十五日内向执行法院提出书面异议。

《上海高院执行局执裁庭会议纪要（二）》

2. 普通债权人未提交参与分配申请书的，主持分配的法院无须通知其申请参与分配。

《江苏高院理解适用参与分配制度指导意见》

13. 启动参与分配程序，原则上依债权人申请，但有下列情形之一的，可依职权启动：

（1）对被执行人财产首先申请采取查封、扣押、冻结措施的债权人并非本案债权人的，应当通知该债权人参与分配；

（2）主持分配法院对已经设定权利负担的执行财产予以分配的，应通知其已知的对该财产享有优先权、担保物权的债权人参与分配；

（3）其他法院对被分配财产已经采取轮候查封、扣押、冻结措施且已书面通知主持分配法院的，应通知已取得执行依据的轮候查封债权人申请参与分配；

（4）执行法院已经受理多起涉及同一被执行人的执行案件且被执行人财产不能清偿所有债权的，应通知未申请参与分配的债权人申请参与分配；

（5）其他依法应当依职权启动参与分配程序的情形。

前款第（1）（2）项两种情形无法通知债权人的，应当预留其应分得财产份额。除前款第（1）（2）项两种情形外，债权人经通知后不申请参与分配的，视为其放弃参与分配权利。

案例解析

中国银行股份有限公司重庆市分行、海南保发实业贸易公司执行复议一案【（2019）最高法执复14号】

• 基本案情

海南高院受理的海南保发实业贸易公司（以下简称海南保发公司）与海南金

岗地产开发总公司、海南华贸物业有限公司、重庆金岗房地产开发有限公司（以下简称重庆金岗公司）投资款纠纷执行一案中，利害关系人中国银行重庆分行向海南高院提出异议，认为该院作出的（2003）琼执字第2831号通知书对中国银行重庆分行关于位于重庆市江北区观音桥步行街3号金岗大厦211至218号房产（以下简称案涉房产）拍卖款优先受偿的主张不予支持错误，请求撤销（2003）琼执字第2831号通知书并由海南高院制作财产分配方案并优先清偿重庆金岗公司所欠中国银行重庆分行债务。海南高院经审查作出（2018）琼执异23号执行裁定，认为被执行人为企业法人，不应适用参与分配程序，且重庆银行的主债权已经消灭，抵押权同时消灭，重庆银行作为普通债权人无权申请对作为被执行人的企业法人执行拍卖款参与分配。

重庆银行不服（2018）琼执异23号执行裁定，向最高院申请复议，最高人民法院做出（2019）最高法执复14号裁定，撤销了海南高院（2018）琼执异23号执行裁定。

• 裁判要旨

有多个债权人对同一被执行人申请执行或者对执行财产申请参与分配的，执行法院可依照该规定制作分配方案；当事人对分配方案不服的，可以通过分配方案异议或异议之诉程序处理，并不区分被执行人是企业法人或者是公民、其他组织。事实上，参与分配有广义和狭义两种概念，广义的参与分配，是指不管被执行人是否为企业法人，只要涉及多个债权人对其财产申请分配的，执行法院均应启动分配程序；而狭义的参与分配，则特指被执行人为公民或者其他组织时，在其财产不能清偿所有债权的情况下，按债权比例公平清偿的分配方式。狭义参与分配不能否定广义参与分配程序之适用，只是被执行人为企业法人的，不得对其采取按债权比例清偿的狭义参与分配程序。

76. 哪些债权人可以申请参与分配?

【实务要点】

普通债权人参与分配原则上要取得执行依据，特殊情况下尚未取得执行依据的首封债权人可以参与分配。

对被执行财产享有优先权的债权人无论是否取得执行依据，均有权参与分配。

【要点解析】

1. 普通债权人参与分配的主体资格以取得执行依据为原则，特殊情况下未取得执行依据的首封债权人可以参与分配。

（1）原则上参与分配的主体资格限定于取得执行依据的债权人。

《民诉法解释（2022）》第五百零八条第一款规定：被执行人为公民或者其他组织，在执行程序开始后，被执行人的其他已经取得执行依据的债权人发现被执行人的财产不能清偿所有债权的，可以向人民法院申请参与分配。

（2）特殊情况下，尚未取得执行依据的被执行财产首封人可以参与分配。

首先查封和优先债权法院处分财产的批复第三条第三款规定：首先查封债权尚未经生效法律文书确认的，应当按照首先查封债权的清偿顺位，预留相应份额，待该案件审理结束后再行具体分配。该批复从最高院层面承认了对未取得执行依据的普通债权人参与分配的例外情形，重庆、江苏、上海的等部分地区司法实践中对此有所体现。

《重庆执行工作问题解答》第 5 条规定，“已经起诉或申请仲裁但尚未取得执行依据的普通债权人申请参与分配的，人民法院不予准许。但有以下情形之一的，主持分配的法院应当按照相关债权人诉讼或申请仲裁请求给付的债权数额确定其分得的款项予以提存，待该债权人取得执行依据后支付：（一）在先查封为财产保全，所涉案件尚未审结，经协调由进入执行程序的人民法院处置财产并主持分配，在先查封的债权人要求参与分配的。……”《江苏参与分配指导意见》第 6 条规定：“未取得执行依据的普通债权人具有下列情形之一，提出参与分配申请的，应根据其在诉讼、仲裁或者公正程序中请求给付的债权数额预留相应的财产份额：（一）债权人对执行财产首先申请采取查封、扣押、冻结措施的。”《上海法院类案办案要件指南》规定，债权人尚未取得执行依据的，应当按照下列方式确定债权申请分配的金额：（1）有登记的担保物权，按照债权人申请参与分配的金额，并结合登记的担保金额；不动产登记簿就抵押财产、被担保的债权范围所作的记载与抵押合同约定不一致的，应当根据登记簿的记载确定抵押财产、被担保的债权范围等。（2）没有登记的担保物权或者优先受偿权，按照债权人申请参与分配的金额并结合其提供的相关证据材料进行审查确定。（3）首先查封债权尚未经生效法律文书确认的，应当按照查封金额确定预留的份额。

2. 对被执行财产享有优先受偿权的债权人即便未取得执行依据，也有权参与分配，主持法院应当对优先债权的相应份额予以预留。

《民诉法解释（2022）》第五百零八条第二款：“对人民法院查封、扣押、冻结的财产有优先权、担保物权的债权人，可以直接申请参与分配，主张优先受偿权。”

3. 特殊情况下，尚未取得执行依据的职工债权人、较为严重的人身损害赔偿纠纷案件债权人、主张抚养费、扶养费、赡养费的债权人也可以申请参与分配，该类债权在建设工程执行领域较为罕见，不做赘述。

【法律依据】

《民诉法解释（2022）》

第五百零八条　被执行人为公民或者其他组织，在执行程序开始后，被执行人的其他已经取得执行依据的债权人发现被执行人的财产不能清偿所有债权的，可以向人民法院申请参与分配。

对人民法院查封、扣押、冻结的财产有优先权、担保物权的债权人，可以直接申请参与分配，主张优先受偿权。

《首先查封和优先债权法院处分财产的批复》

第三条 ……

首先查封债权尚未经生效法律文书确认的，应当按照首先查封债权的清偿顺位，预留相应份额，待该案件审理结束后再行具体分配。

案例解析

南充金某建筑工程有限公司与唐某执行复议案（【2023】川 13 执复 66 号，入库编号：2024-17-5-202-011）

• 基本案情

四川省南充市顺庆区人民法院（以下简称顺庆法院）在执行唐某与被执行人何某甲、何某乙、翟某、四川佳某房地产开发有限责任公司、陈某借款合同纠纷一案中，南充金某建筑工程有限公司（以下简称金某建司）提出书面异议，认为顺庆法院作出的（2022）川 1302 执恢 1141 号及 1142 号执行公告，及评估、拍卖案涉房产不服，认为侵害了其优先受偿权，请求撤销执行公告并停止评估拍卖。顺庆法院于 2023 年 2 月 22 日作出（2023）川 1302 执异 32 号执行裁定，认为建设工程价款属于债权的范畴，即使异议人金某建司依法享有该权利，也只是比一般债权优先受偿而已，并不是所有权或者其他阻止建设工程转让、交付的实体权利，因此承包人不符合《民诉法（2023）》第二百二十七条规定提起案外人执行异议的适格主体，但其可依法参与执行价款的分配，故裁定驳回异议人金某建司的异议申请。顺庆法院裁定后，金某建司向四川省南充市中级人民法院（以下简称南充中院）申请复议。南充中院于 2023 年 3 月 28 日作出（2023）川 13 执复 66 号执行裁定，驳回金某建司的复议请求，维持顺庆法院（2023）川 1302 执异 32 号执行裁定。

• 裁判要旨

承包人作为另案债权人，基于对执行标的享有建设工程优先受偿权，对人民法院的处置行为提出异议，属于利害关系人对执行法院的执行措施提出异议，应当按照对执行行为的异议予以审查。建设工程优先受偿权是对建设工程的变价款享有优先受偿的权利，该权利并不足以排除对该建设工程的强制执行，承包人可在该建设工程的执行程序中参与案款分配并主张其优先权，执行法院在处理该执行标的变价款前，应对承包人的建设工程价款予以预留。

77. 申请执行人应该在何时向哪些法院申请参与分配?

【实务要点】

参与分配申请书应当在被执行人财产执行终结前向申请执行的法院提出，由执行法院移送主持分配的法院并说明执行情况。实务中，为防主持分配的法院提前分配执行款项，申请执行人应尽可能提早提出参与分配申请，并同时向执行法院和主持分配的法院提交参与分配申请。

【要点解析】

1. 关于参与分配截止日期的法律规定。

1998 年《关于人民法院执行工作若干问题的规定（试行）》第 90 条规定："被执行人为公民或其他组织，其全部或主要财产已被一个人民法院因执行确定金钱给付的生效法律文书而查封、扣押或冻结，无其他财产可供执行或其他财产不足清偿全部债务的，在被执行人的财产被执行完毕前，对该被执行人已经取得金钱债权执行依据的其他债权人可以申请对该被执行人的财产参与分配"。

2015 年《民诉法解释（2022）》第 509 条第 2 款规定："参与分配申请应当在执行程序开始后，被执行人的财产执行终结前提出"。

2. 关于"财产执行终结"时间点的实务界定。

"财产执行终结"本身并无法律上的明确定义，对于财产执行终结具体时间点的认定，在实务中并无统一做法，主要有以下几种模式：

（1）产权变动模式

该模式认为，财产执行终结的标准是执行财产的产权发生变动。比如，重庆高院对参与分配截止时间就围绕产权变动为标准执行，对于动产的执行，以"动产交付的前一日"为截止时间；对于不动产或其他财产权益的，以"过户裁定依法送达相关权属登记机关的前一日"为截止时间；北京高院也规定"拍卖、变卖裁定送达买受人之日或以物抵债裁定送达申请执行人之日"为截止时间。

（2）分配方案送达模式

该模式认为，参与分配方案一经作出送达，执行财产即有了明确的权利归属，该时间点作为参与分配的截止时间。比如，江苏高院在 2020 年发布的参与分配指导意见就认为，要切实防止分配方案反复变动带来的分配低效率问题，参与分配的截止时间为"当次分配方案已发送任一相关当事人的前一日"；浙江高院也认为参与分配的截止时间为"分配方案送达第一个当事人的前一个工作日"。此种模式下，该日期一旦确定不受债权人、被执行人异议影响。即便在后续异议或诉讼过程中，执行法院重新制作了分配方案，该日期不再作变更。

（3）案款实际发放模式

该模式认为，案款实际发放前其他债权人均可申请参与分配，属于对“财产执行终结”的严格解释。该观点以广东高院为代表，该院在 2016 年的一份解答意见中明确，在分配方案存在异议而执行财产尚未实际支付的情况下，应认定此时财产尚未执行完毕，可以提出参与分配申请。同时，这份解答意见中，广东高院对辖区法院还强调，不能以“分配方案合议之日”“分配方案作出之日”等时间点作为参与分配的截止时间。

（4）法院指定日期模式

为解决前述参与分配截止时间，始终存在因其他因素引发方案变动的问题，一些地方法院采取指定日期作为参与分配截止日期的做法。比如，浙江省金华市中级人民法院就规定，参与分配的期限由主持分配的法院执行，一般不少于 30 天并将分配期限予以公告。这一做法属于少数派，但从执行效率上讲具有优势。并且，从比较法的角度来看，《日本强制执行法》对于不动产参与分配的截止时间采取的也是指定日期模式。

（5）案款到账日期模式

该模式认为，执行案款进入法院账户则参与分配时间截止，从提高执行效率的角度来讲，以案款进入法院账户日期作为分配截止时间能够实现执行效率的最大化。比如，福建省福州市人民法院就规定执行标的物为货币的，参与分配的截止时间为案款到达主持分配法院的账户之日。该模式同样属于少数派，但在《日本强制执行法》中对金钱、票据、动产变价款的参与分配采取的就是该种模式。

2. 债权人申请参与分配的应当向原申请执行法院提交参与分配申请书，该执行法院应将参与分配申请书转交给主持分配的法院，并说明执行情况。

债权人申请参与分配应当向其原申请执行法院提交参与分配申请书，但之后修订的民事诉讼法和司法解释对此均并未提出明确要求。即便法律规定申请人应当向原申请执行法院提交申请书，实务中，申请人也有同时向主持分配的法院和执行法院同时提交参与分配申请的，此时主持分配的法院不能驳回当事人的申请，毕竟向哪个法院提出申请只是具体操作的问题，不能以此剥夺申请人的实体权利。

【法律依据】

《执行若干问题规定（2020）》

90. 被执行人为公民或其他组织，其全部或主要财产已被一个人民法院因执行确定金钱给付的生效法律文书而查封、扣押或冻结，无其他财产可供执行或其他财产不足清偿全部债务的，在被执行人的财产被执行完毕前，对该被执行人已经取得金钱债权执行依据的其他债权人可以申请对该被执行人的财产参与分配。

92. 债权人申请参与分配的，应当向其原申请执行法院提交参与分配申请书，写明参与分配的理由，并附有执行依据。该执行法院应将参与分配申请书转交给主持分配的法院，并说明执行情况。

《民诉法解释（2022）》

第五百零九条　……

参与分配申请应当在执行程序开始后，被执行人的财产执行终结前提出。

《江苏高院理解适用参与分配制度指导意见》

8. 申请参与分配的截止时间，应当根据下列情形予以确定：

（1）待分配财产为货币类财产，分配方案已制作完成且当次分配方案已发送任一相关当事人的前一日为申请参与分配截止日，该日期不受债权人、被执行人提出异议而重新制作分配方案所影响。主持分配法院邮寄发送的，以投递签收邮件日期为发送时间。直接送达的，以相关当事人签收日期为发送时间。

经执行当事人、参与分配的债权人自主协商或者以执行和解协议方式确定各债权人应分配数额，主持分配法院收到书面意见或者记入执行笔录的，视为当次分配方案已向当事人发送。

执行法院尚未制作分配方案或者分配方案尚未发送的，执行案款发放的前一日为申请参与分配的截止日。

（2）待分配财产为非货币类财产且通过拍卖或者变卖方式已经处置变现，债权人申请参与分配的截止时间，按照本条第一款第（1）项相同的原则处理。不受买受人未缴纳尾款或者人民法院撤销拍卖后再次拍卖、变卖所影响。

（3）待分配财产为非货币类财产，流拍或者变卖不成后以物抵债的，申请参与分配的截止时间为抵债裁定送达之日的前一日。

未经拍卖或者变卖程序，当事人自行协商以物抵债，其他债权人申请参与分配的，不予支持。

上述截止日前未申请参与分配的债权人，仅就本次分配后的剩余款项受偿。

申请参与分配的截止时间，以主持分配法院收到参与分配申请书的时间为准。债权人截止日前已寄送参与分配申请，但主持分配法院在截止日前未收到的，仅就本次分配后的剩余款项受偿。

案例解析

某银行股份有限公司嘉定支行与上海某石油化工有限公司、某石油化工集团有限公司等民间借贷纠纷执行案【（2020）苏执复67号】

• 基本案情

南通中院因原告沈某申请执行被告某石油集团有限公司、闵某光等民间借贷纠纷一案，于2019年2月28日10:00至3月1日10:00止拍卖闵某光名下涉案不动产及其附属设施等。2019年3月1日，买受人吴某涛通过淘宝网司法拍卖网络平台以最高价竞得上述不动产，成交价15137000元。

2019年4月11日，南通中院收到上海嘉定法院（2016）沪0114执1887、1888号公函，内容是某银行股份有限公司嘉定支行申请参与分配，公函出文时间为2019年3月26日。

2019年10月28日，南通中院向某银行股份有限公司嘉定支行发出（2017）苏06执141号告知书，主要内容为：根据《最高人民法院关于人民法院执行工作若干问题》的规定，“参与分配的时点，在被执行人的财产被执行完毕前”及江苏省高级人民法院《关于执行疑难问题的解答》第12条规定，“拍卖、变卖被执行人财产的，（参与分配）时点为拍卖、变卖成交之日的前一日。在上述时点以后提出参与分配申请的债权人，只能参与分配剩余财产。”本案被执行人的财产执行完毕的时间点为拍卖成交前一日，即2019年3月1日，而某银行股份有限公司嘉定支行向该院提出参与分配申请在该院拍卖成交后提出，而且在该院拍卖成交前参与分配申请人已达成主要分配意见。故某银行股份有限公司嘉定支行申请参与分配，不符合该案参与分配的要求，不予支持。

某银行嘉定支行提出异议请求：一、将异议人某银行嘉定支行纳入涉案房地产拍卖款的参与分配程序；二、在扣除执行费、最高额抵押权人民币900万元后，异议人有权对涉案房地产剩余拍卖款按异议人占全部申请参与分配的债权人合法债权金额的比例进行分配。南通中院经审查认为，某银行嘉定支行的异议请求及理由不能成立，南通中院于2019年11月12日作出（2019）苏06执异87号执行裁定，驳回某银行嘉定支行的异议请求。该银行不服，向江苏高院申请复议，江苏高院经审查认为，某银行股份有限公司嘉定支行申请参与分配的时间符合参与分配申请的时间规定，应当将其纳入到对涉案房地产拍卖款的参与分配程序。

• 裁判要旨

本案中被执行人闵某光名下涉案房地产已被拍卖成交，在南通中院未对拍卖款制作分配方案也未完全发放拍卖款的情况下，该院以涉案房地产拍卖成交前一日作为申请参与分配的时间截点缺乏法律依据，本院予以纠正。某银行股份有限公司嘉定支行于2019年3月26日通过上海嘉定法院公函的方式申请参与分配的时间符合申请参与分配的时间规定，本院予以支持。

78. 首先查封被执行人财产的一般债权人可否比其他债权人分配更多财产？

【实务要点】

部分地区明确规定可以对有特殊贡献的债权人（线索提供人、首封债权人、追回财产债权人等）适当多分一定比例（重庆、浙江、北京、江苏）。

【要点解析】

在实践过程，为了解决执行难的问题，一些地区的法院文件出台一些奖励性规定来促进案件的执行。

1. 重庆规定

《重庆高院关于执行工作适用法律的解答（一）》第七条规定："有以下情形之一的普通债权，人民法院应根据案件具体情况，在保证参与分配债权都有受偿的前提下，可适当予以多分，多分部分的金额不得超过待分配财产的20%且不高于该债权总额，未受偿部分的债权按普通债权比例受偿。1. 依债权人提供的财产线索，首先申请查封、扣押、冻结并有效采取措施的债权，但人民法院依职权查封的除外；2. 依债权人申请采取追加被执行人、行使撤销权、悬赏执行、司法审计等行为而发现被执行人财产的债权。"

2. 浙江规定

《浙江省高级人民法院执行局关于印发〈关于多个债权人对同一被执行人申请执行和执行异议处理中若干疑难问题的解答〉的通知》（浙高法执〔2012〕5号）第三条："首先申请财产保全并成功保全债务人财产的债权人在参与该财产变价所得价款的分配时，可适当多分，但最高不得超过20%（即1∶1.2的系数）。"

3. 北京规定

北京市高级人民法院发布的《关于案款分配及参与分配若干问题的意见》（2013.08.21）15条："参与分配程序中，若执行标的物为诉讼前、诉讼中、仲裁前或仲裁中依债权人申请所保全的财产，在清偿对该标的物享有担保物权和法律规定的其他优先受偿权的债权后，对该债权人因申请财产保全所支出的成本及其损失，视具体情况优先予以适当补偿，但补偿额度不得超过其未受偿债权金额的20%；其剩余债权作为普通债权受偿。"

4. 江苏规定

江苏省高级人民法院《关于正确理解和适用参与分配制度的指导意见》（2020.3.13）第10条："对下列债权人可适当提高分配比例：（1）分配财产系根据其提供线索查控所得；（2）分配财产系其首先申请查控所得；（3）分配财产系其行使撤销权诉讼、执行异议之诉或者通过司法审计、悬赏执行等方式查控所得。上述债权人的分配比例，应考虑所涉债权及分配财产数额大小等因素，原则上不超过其按债权比例分配时应分得款项的20%。"

79. 商品房消费者债权、建设工程价款优先债权人、担保物权人同时申请参与分配的，如何分配被执行财产？

【实务要点】

首先清偿商品房消费者债权，其次清偿就执行标的物享有建设工程价款优先受偿权的债权人，最后清偿抵押权人。具体到建设工程价款债权的执行中，房屋整体拍卖后，承包人的建设工程价款优先受偿权不及于土地使用权的变价款，商业银行就土地部分的抵押权也不及于地上新建房屋的变价款，故承包人、土地抵押权人应当就地方房屋、土地使用权部分的变价款分别优先受偿。

【要点解析】

1. 商品房消费者房屋交付请求权或价款返还请求权优先。

（1）商品房消费者房屋交付请求权或价款返还请求权优先于建设工程优先受偿权或抵押权。

最高人民法院于 2023 年 4 月 20 日发布《商品房消费者保护批复》，批复规定：二、商品房消费者以居住为目的购买房屋并已支付全部价款，主张其房屋交付请求权优先于建设工程价款优先受偿权、抵押权以及其他债权的，人民法院应当予以支持。只支付了部分价款的商品房消费者，在一审法庭辩论终结前已实际支付剩余价款的，可以适用前款规定。三、在房屋不能交付且无实际交付可能的情况下，商品房消费者主张价款返还请求权优先于建设工程价款优先受偿权、抵押权以及其他债权的，人民法院应当予以支持。

前述〔2023〕1 号司法解释明确，房地产公司债务清偿顺序为：商品房消费者房屋交付请求权或价款返还请求权 > 工程款优先受偿权 > 抵押债权 > 普通合同债权。该债务顺位为购房消费者提供了更有力的保障，避免了商品房消费者贷款购房后不能入住的同时还面临偿还银行的高额贷款。

（2）商品房消费者房屋交付请求权或价款返还请求权的适用范围应当限缩为以居住为目的购买商品房的消费者。

〔2023〕1 号司法解释明确适用主体仅限于房地产开发商和商品房消费者，适用客体只能是商品房。商品房消费者买房目的是居住，若购房是为了经营性适用则不适用；该司法解释只适用于住房，不包括商铺、门面；只适用自然人购买商品房居住的情形，若购房主体是企业、单位、部门等则不能适用。

2. 建设工程价款优先受偿权不及于土地使用权。

根据《民法典》第 807 条规定的精神，建设工程的价款就该工程折价或者拍卖的价款优先受偿。建设工程的价款是施工人投入或者物化到建设工程中的价值体现，法律保护建设工程价款优先受偿权的主要目的是优先保护建设工程劳动者的工资及其他劳动报酬，维护劳动者的合法权益，而劳动者投入到建设工程中的价值及材料成本并未转化到该工程占用范围内的土地使用权中。

3. 债权人主张抵押权及于对土地使用权及已有建筑物的，抵押权范围不及于抵押权登记后的续建部分、新增建筑物。

2021 年新颁布的《民法典担保制度解释》第 51 条第 1 款规定："当事人仅以建设用地使用权抵押，债权人主张抵押权的效力及于土地上已有的建筑物以及正在建造的建筑物已完成部分的，人民法院应予支持。债权人主张抵押权的效力及于正在建造的建筑物的续建部分以及新增建筑物的，人民法院不予支持。"该款规定遵循的"房地一体"原则，即地随房走，房随地走。当开发商将土地抵押给银行时，如果地上有建筑物及在建工程已完工部分未一并办理抵押手续的，该地上的建筑物及在建工程已完工部分也一并视为抵押。该条第 2 款规定：“当事人以正在建造的建筑物抵押，抵押权的效力范围限于已办理抵押登记的部分。当事人按照担保合同的约定，主张抵押权的效力及于续建部分、新增建筑物以及规划中尚未建造的建筑物的，人民法院不予支持。”该款规定继承了《担保法司法解释》（旧）第 47 条以及《城市房地产抵押管理办法》第 28 条对在建工程抵押效力的规定。该款规定进一步明确以在建工程办理抵押登记的，抵押权的效力仅限于抵押登记时在建工程已完工的部分，不及于续建部分、新增建筑物。

4. 房地产整体变价所得价款应当由建设工程优先受偿权人和土地抵押权人分别优先受偿。

在对房地产进行整体拍卖后，拍卖款应当由建设工程款优先受偿权人以及土地使用权抵押权人分别优先受偿。对于拍卖款中属于土地使用权的部分，应当由土地抵押权人优先受偿。

【法律依据】

《商品房消费者保护批复》

一、建设工程价款优先受偿权、抵押权以及其他债权之间的权利顺位关系，按照《最高人民法院关于审理建设工程施工合同纠纷案件适用法律问题的解释（一）》第三十六条的规定处理。

二、商品房消费者以居住为目的购买房屋并已支付全部价款，主张其房屋交付请求权优先于建设工程价款优先受偿权、抵押权以及其他债权的，人民法院应当予以支持。只支付了部分价款的商品房消费者，在一审法庭辩论终结前已实际支付剩余价款的，可以适用前款规定。

三、在房屋不能交付且无实际交付可能的情况下，商品房消费者主张价款返还请求权优先于建设工程价款优先受偿权、抵押权以及其他债权的，人民法院应当予以支持。

《民法典担保制度解释》

第五十一条　当事人仅以建设用地使用权抵押，债权人主张抵押权的效力及于土地上已有的建筑物以及正在建造的建筑物已完成部分的，人民法院应予支持。债权人主张抵押权的效力及于正在建造的建筑物的续建部分以及新增建筑物的，人民法院不予支持。

当事人以正在建造的建筑物抵押，抵押权的效力范围限于已办理抵押登记的部分。当事人按照担保合同的约定，主张抵押权的效力及于续建部分、新增建筑物以及规划中尚未建造的建筑物的，人民法院不予支持。

抵押人将建设用地使用权、土地上的建筑物或者正在建造的建筑物分别抵押给不同债权人的，人民法院应当根据抵押登记的时间先后确定清偿顺序。

案例解析

某银行股份有限公司上海虹口支行、浙江某建设集团有限公司建设工程施工合同纠纷执行监督案【(2019)最高法执监 470 号】

• 基本案情

某银行与金巢公司、陈某泰金融借款纠纷一案，上海市虹口区人民法院（2017）沪 0109 民初 18759 号民事调解书确认，金巢公司应于 2017 年 8 月 10 日前归还某银行借款本金 1800 万元及利息等；某银行对涉案土地使用权予以折价，或者对拍卖、变卖所得价款优先受偿。上海市虹口区人民法院于 2017 年 8 月 23 日以（2017）沪 0109 执 3329 号案执行。

上海二中院在审理某银行提出执行异议时认为，本案所涉在建工程在涉案土地上建造，无法独立存在。基于房地一体原则，二者各自的价值难以区分。故某银行提出浙江某建设集团有限公司享有的建设工程价款优先受偿权不及于涉案土地的主张不能成立。上海二中院于 2019 年 1 月 17 日作出（2019）沪 02 执异 5 号执行裁定，驳回某银行异议请求。某银行不服，向最高院申请监督。

• 裁判要旨

最高法院认为:《物权法》第一百四十六条、一百四十七条规定，建设用地使用权转让的，附着于该土地上的建筑物、构筑物等一并处分，建筑物、构筑物等转让的，所占用范围内的建设用地使用权一并处分。因此，即便房地分属不同权利人，在处置程序中，也应遵循一并处分的原则，以使受让人取得完整的土地使用权。本案中，上海二中院基于“房地一体”原则对涉案在建工程及占用范围内的土地使用权进行整体拍卖，符合法律规定。但根据物权法第二百条规定，“房地一体”应当理解为针对处置环节，而不能将建筑物与土地使用权理解为同一财产。因此，虽然对房地产一并处分，但应当对权利人分别进行保护。在对涉案房地产进行整体拍卖后，拍卖款应当由建设工程款优先受偿权人以及土地使用权抵押权人分别优先受偿。鉴于该部分款项数额不清，由上海二中院重新依法确定后，由浙江某建设集团有限公司和某银行分别优先受偿。

80. 同类型优先债权申请参与分配，应当如何分配被执行财产？

【实务要点】

同类型的优先债权申请参与分配时，分配被执行财产的方式应当视优先债权的类型不同适用不同的处理规则。

对同一执行标的存在多个担保物权的，抵押权已经登记或一般动产质押已交付的，按照登记、交付的时间先后确定清偿顺序；抵押权未登记的，按照债权比例，劣后于前两者清偿。

对同一项建设工程存在多个享有优先权的工程价款债权申请参与分配的，法律并无明确规定，实践中常见的分配方案为按各优先债权的比例清偿。

【要点解析】

1. 对同一执行标的存在多个担保物权的分配规则

发包人通过在建设用地使用权和在建工程上设定抵押，是一种较为普遍的情形。根据《民法典》的相关规定，对同一执行标的存在多个担保物权的，抵押权已经登记或一般动产质押已交付的，按照登记、交付的时间先后确定清偿顺序；抵押权未登记的，按照债权比例，劣后于前两者清偿。

2. 对同一建设工程存在多个建设工程价款优先受偿权的分配规则

实践中，发包人往往会将桩基工程、钢结构工程、装饰装修工程与主体工程一并平行发包。根据《建工合同案件司法解释一（2020）》的规定，凡与发包人签订有施工合同的承包人，工程经验收合格的，均对建设工程的拍卖、折价款享有建设工程价款优先受偿权。因此，无论是主体工程的总承包人还是专业工程的承包人申请人民法院拍卖案涉工程时，其他承包人都可以向执行法院申请参与分配案涉工程变价款。实践中就该类优先权如何分配存在三种观点：

（1）按工程款债权比例清偿

该观点主张，同一不动产上存在多个建设工程价款优先受偿权时，应当按照各承包人所承建的工程价款比例，分配该不动产折价或拍卖的价款。该观点的优势在于，可以依据各承包人对该不动产增值的贡献，避免因为按顺位清偿而导致部分承包人无法得到足够的受偿。

（2）按照各工程竣工时间先后顺序清偿

该观点认为，同一不动产上存在多个建设工程价款优先受偿权时，应当按照各承包人所承建的工程竣工的先后顺序，依次排列其优先受偿权。该观点认为，这样可以体现各承包人对该不动产增值的先后次序，符合《最高人民法院关于人民法院执行工作若干问题的规定》中关于担保物权清偿顺序的规定。

（3）按照起诉时间先后顺序清偿

该观点认为，同一不动产上存在多个建设工程价款优先受偿权时，应当按照各承包人起诉发包人要求支付工程款的时间顺序，依次排列其优先受偿权。这样可以督促各承包人及时通过诉讼主张权利并确认优先受偿权，有利于从整体上提高司法效率。

实践中，第一种处理方式较为常见，主要原因有二，一是强制执行参与分配中，同类型的优先债权人可以协商确定清偿顺序及比例，二是观点二和观点三均会直接导致工序在后承包人的债权无法清偿，在无法律直接规定的情况下，势必引起在后承包人的较大异议。

【法律依据】

《民法典》

第四百一十四条　同一财产向两个以上债权人抵押的，拍卖、变卖抵押财产所得的价款依照下列规定清偿：

（一）抵押权已经登记的，按照登记的时间先后确定清偿顺序；

（二）抵押权已经登记的先于未登记的受偿；

（三）抵押权未登记的，按照债权比例清偿。

其他可以登记的担保物权，清偿顺序参照适用前款规定。

第四百一十五条　同一财产既设立抵押权又设立质权的，拍卖、变卖该财产所得的价款按照登记、交付的时间先后确定清偿顺序。

《执行若干问题规定（2020）》

55. 多份生效法律文书确定金钱给付内容的多个债权人分别对同一被执行人申请执行，各债权人对执行标的物均无担保物权的，按照执行法院采取执行措施的先后顺序受偿。多个债权人的债权种类不同的，基于所有权和担保物权而享有的债权，优先于金钱债权受偿。有多个担保物权的，按照各担保物权成立的先后顺序清偿。一份生效法律文书确定金钱给付内容的多个债权人对同一被执行人申请执行，执行的财产不足清偿全部债务的，各债权人对执行标的物均无担保物权的，按照各债权比例受偿。

案例解析

某银行、四川某公司等执行分配方案异议之诉案【（2022）最高法民终129号】

• 基本案情

云南省高级人民法院在执行四债权银行与某某公司、被执行公司、朱某某借款合同纠纷系列执行案中，被执行人被执行公司可供执行的财产不足以清偿全部债务，四川某公司、云南某公司等33个主体申请参与分配。其中，四川某公司、云南某公司所依据的生效法律文书确认，四川某公司对被执行公司享有48393435.15元工程款债权、利息及建设工程价款优先受偿权，云南某公司对享有43185759.24元工程款债权、违约金及建设工程价款优先受偿权，两公司的优先权客体范围均为案涉项目主体及配套工程。[①]

2019年7月18日，云南高院作出《执行财产分配方案》，四债权银行分配案款：四债权银行应分配案款46095641.77元【69138753元（可分案款）−23043111.23元（四川某公司、云南某公司已分配案款）＝46095641.77元】……四川某公司优先

① 经计算，两公司的工程款本金债权占全部工程款债权的比例为52.84%和47.16%。

受偿执行案款12212848.95元，云南某公司优先受偿执行案款10830262.28元，某银行分配执行案款21545102.96元……某银行对分配方案存有异议，其他债权人反对其异议，某银行遂提起分配方案异议之诉，主要理由为建设工程价款优先受偿权的范围应当仅限于厂房本身，而不及于配套建筑，故分配方案存在错误。云南高院经审理认为，其诉请理由不成立，判决驳回诉讼请求。某银行不服，以同样理由向最高人民法院提起上诉。二审中，四川某公司和云南某公司对优先受偿总额23043111.23元无异议，在优先权内部，双方对四川某公司占比53%、分配12212848.95元，云南某公司占比47%，分配10830262.28元无异议。经最高人民法院审理，各个分项工程是密切联系、不宜分割的整体，属于两施工单位优先权的客体范围，原分配方案无误，故判决驳回上诉，维持原判。

• 裁判要旨

同一不动产上存在多个建设工程价款优先受偿权时，按照各承包人所承建的工程价款比例分配该不动产折价或拍卖的价款，并无不当。

81. 如何提出执行分配方案异议和执行财产分配方案异议之诉?

【实务要点】

多个债权人对执行财产申请参与分配的，执行法院应当制作财产分配方案，并送达各债权人和被执行人。对分配方案有异议的一方，应当自收到分配方案之日起十五日内向执行法院提出书面异议。

未提出异议的债权人、被执行人自收到通知之日起十五日内未提出反对意见的，执行法院依异议人的意见对分配方案审查修正后进行分配；提出反对意见的，应当通知异议人。异议人可以自收到通知之日起十五日内，以提出反对意见的债权人、被执行人为被告，向执行法院提起诉讼；异议人逾期未提起诉讼的，执行法院按照原分配方案进行分配。

【要点解析】

有多个债权人对同一被执行人申请执行或者对执行财产申请参与分配的，执行法院应制作分配方案，并不区分被执行人是法人或者是公民、其他组织。分配方案作出后，人民法院会依法将分配方案送达各债权人及被执行人。如果不认可该分配方案，应当依据法律规定在分配方案送达后向执行法院书面提出异议。人民法院收到异议后，会将异议送达其他未提出异议的各方债权人及被执行人，并给予十五天的异议期。在此之后，视各方债权人及被执行人是否有反对意见分为两种程序路径：①未提出异议的债权人、被执行人自收到通知之日起十五日内未提出反对意见的，执行法院依异议人的意见对分配方案审查修正后进行分配，此时法律未明确规定将修正后的分配方案再行送达各方、征求意见。②未提出异议的债权人、被执行人自收到通知之日起十五日内提出反对意见的，应当通知异议人。异议人可以自收到通知之日起十五日内，以提出反对意见的债权人、被执行人为被告，向执行法院提起诉讼，通过诉讼的方式由人民法院审查确认分配方案的合法性。异议人逾期未提起诉讼的，执行法院按照原分配方案进行分配。

在分配方案异议之诉中，人民法院不对各债权人所享有的债权做出实体判断，仅就分配方案及异议人的异议是否符合法律规定进行审查，简单来说，分配方案异议之诉只解决参与分配的各个债权间的清偿顺序及分配数额的问题，而不处理各债权本身是否存在瑕疵。另外，根据最高人民法院的裁判观点，执行分配方案异议之诉是人民法院根据司法审判权对分配方案进行审查，根据审判权与执行权分离原则，不能通过审判程序直接修正或重新制作执行财产分配方案。如受诉法院认为原分配方案存在错误，应当判决撤销原分配方案，由原执行法院重新作出分配方案。我们认为，该观点固然有其正当性，但重新作出分配方案后各主体可以依法再次提起分配方案异议及分配方案异议之诉，并且重新作出分配方案的过程中，也有部分地方法院允许尚未提交参与分配申请的债权人加入参与分配，因此可能发生多次的执行程序空转、久执不决。

【法律依据】

《民诉法解释（2022）》

第五百零九条　多个债权人对执行财产申请参与分配的，执行法院应当制作财产分配方案，并送达各债权人和被执行人。债权人或者被执行人对分配方案有异议的，应当自收到分配方案之日起十五日内向执行法院提出书面异议。

第五百一十条　债权人或者被执行人对分配方案提出书面异议的，执行法院应当通知未提出异议的债权人、被执行人。

未提出异议的债权人、被执行人自收到通知之日起十五日内未提出反对意见的，执行法院依异议人的意见对分配方案审查修正后进行分配；提出反对意见的，应当通知异议人。异议人可以自收到通知之日起十五日内，以提出反对意见的债权人、被执行人为被告，向执行法院提起诉讼；异议人逾期未提起诉讼的，执行法院按照原分配方案进行分配。

诉讼期间进行分配的，执行法院应当提存与争议债权数额相应的款项。

案例解析

蔡某某、蔡某等执行分配方案异议之诉案【(2021）最高法民再295号】

• 基本案情

厦门市中级人民法院在申请执行人蔡某某与被执行人蔡某辉民间借贷纠纷一案中，因被执行人可供执行的财产不足以清偿全部债务，另案八名债权人申请参与分配。厦门中院执行财产分配方案，由于前述参与本次分配的九个案件的债权均为普通债权，债权本金总额为 52028000 元，目前已执行到位的 19417871.48 元款项尚不足以清偿全部债权本金，故厦门中院决定按照债权本金比例进行分配。2018 年 8 月 14 日，蔡某某分配方案提出书面异议，主张其应当以包括借款本金及利息、保全费等在内的债权总额参与此次执行财产分配；蔡某某的债权应当在执行分配中优先足额受偿；其余债权人不享有参与执行财产分配的权利。2018 年 8 月 28 日，厦门中院告知其他债权人，其他债权人对异议提出书面反对意见。故蔡某某认为，其他债权人的执行根据为虚假诉讼得来，利息、保全费债权应计入按比例分配数额，其债权应享有优先受偿权等提起分配方案异议之诉，厦门中院审理后，认为因在所有普通债权人的债权本金都无法得到全额清偿的情况下，执行分配方案将普通债权人的本金计算参与分配并无不当，驳回其诉讼请求。蔡某某不服上诉至福建高院。福建高院审理后驳回上诉，维持原判。

蔡某某仍然不服，向最高院申请再审。最高院审理后认为，在执行程序中参与分配的普通债权应当系生效法律文书确定的金钱债务，包括本金和一般债务利息。本案中，蔡某某等部分债权人依据的生效法律文书确定的金钱债务包括本金和利息，厦门中院所作执行分配方案仅计入各债权本金，而未将一般债务利息一并计入债权数额按比例参与分配，该分配方案存在错误，应予撤销。故判决撤销一审、二审民事判决书和案涉分配方案，指令执行法院重新作出分配方案。

• 裁判要旨

1. 在执行程序中参与分配的普通债权应当系生效法律文书确定的金钱债务，包括本金和一般债务利息。

2. 根据审判权与执行权分离原则，不能通过审判程序直接修正或重新制作执行财产分配方案，故原分配方案存在错误时，应当予以撤销，由原执行法院重新作出。

第七章

执行和解、执行担保、执行中债务加入

82. 申请执行人与被执行人执行和解后，能否申请恢复执行？

【实务要点】

执行过程中，当事人可以达成和解协议，依法变更生效法律文书确定的权利义务主体、履行标的、期限、地点和方式等内容，从而使原执行程序不再进行。达成执行和解后，如被执行人不履行和解协议，申请执行人可以申请恢复执行原生效法律文书。

执行和解后申请恢复执行的依据一定是生效法律文书，因为执行和解协议本身不具有强制执行的效力。当事人所达成的执行和解协议属于意思自治的范畴，并非有权机关作出的法律文书，不能直接作为执行依据。即使当事人在执行和解协议中约定"执行和解协议有强制执行力，一方可以据此请求执行"，也不能使执行和解协议直接产生强制执行的效力。

【要点解析】

1. 形成执行和解协议的方式

案件已经进入执行程序后，双方当事人达成执行和解有三种方式：各方当事人共同向法院提交书面和解协议；一方当事人向法院提交书面和解协议，其他当事人予以认可；当事人达成口头和解协议，执行人员将和解协议的内容记入笔录，由各方当事人签名、盖章。

2. 执行和解的法律效果

根据强制执行程序效率优先的原则，除非法定事由，原则上执行程序不得当然停止。达成执行和解协议可以产生执行暂缓、中止执行或终结执行的效果，既可以由执行法院在申请执行人与被执行人自愿协商达成执行和解协议后依职权裁定中止执行，也可以由当事人依照《民诉法解释（2022）》第四百六十四条主动提出中止执行或者撤回执行的申请，由人民法院裁定中止执行或终结执行。

3. 执行和解后申请恢复执行的条件

执行和解后，恢复执行一般包括四种情况：第一，作为被执行人的一方不履行或者不完全履行执行和解协议，申请执行人向执行法院申请恢复执行；第二，申请执行人因受欺诈、胁迫与被执行人达成和解协议，向执行法院申请恢复执行；第三，执行和解协议经过司法审查被确认无效或者被撤销的，申请执行人可以申请恢复执行；第四，执行和解协议未完全覆盖生效法律文书的，申请执行人有权在和解协议履行完毕后继续就未约定的部分申请恢复执行。

4. 执行和解后恢复执行时效的起算

一般而言，被执行人不履行执行和解协议，申请执行人有权选择向执行法院申请恢复执行，但是申请恢复执行应当受二年执行时效的限制。该执行时效自执行和解协议约定履行期限的最后一日起开始计算。司法实践中，存在被执行人于执行和解协议履行期限届满后履行协议约定的义务，此时应当适用有关诉讼时效中断的规定，自被执行人履行义务之日起重新计算申请强制执行的两年期间。

5. 执行和解协议与原生效法律文书的关系

执行和解协议不构成民法理论上的债的更新，所谓债的更新是指设定新债务以代替旧债务，并使旧债务归于消灭的民事法律行为。构成债的更新，应当以当事人之间有明确的以新债务的成立完全取代并消灭旧债务的意思表示。执行和解协议需要通过和解协议的完全履行才能使得原生效法律文书确定的债权债务关系得以消灭，执行程序得以终结，若和解协议约定的权利义务得不到履行，则原生效法律文书确定的债权仍然不能消灭。

6. 不予恢复执行的情形和例外

在执行和解后，被执行人正在履行和解协议或履行和解协议的期限尚未届至、履行条件尚未成就，或者被执行人已按执行和解协议的要求履行完毕，此时申请执行人不能向法院申请恢复执行。比较特殊的情况是，被执行人履行执行和解协议过程中出现了迟延履行或瑕疵履行，导致申请执行人遭受损害，但客观上构成履行完毕，此时申请执行人也不能向法院申请恢复执行，而只能另行提起诉讼。

7. 执行和解中提出执行异议

（1）恢复执行异议和不予恢复执行异议

执行和解程序中，申请执行人、被执行人及利害关系人认为人民法院裁定恢复执行或者裁定不予恢复执行违反法律规定的，可以按照《民诉法（2023）》第二百三十六条执行行为异议的规定，向执行法院书面提出执行行为异议。

（2）扣除履行部分的异议

在被执行人不完全履行执行和解协议时，申请执行人申请人民法院恢复执行的，执行法院会将和解协议中被执行人已经履行的部分扣除，申请执行人可以针对人民法院违法的扣除行为提出执行行为异议。

（3）执行外和解协议异议

在执行过程中，如果申请执行人与被执行人自行达成和解协议，该和解协议没有提交至人民法院，称之为执行外和解协议。执行外和解协议达成后并不当然导致执行程序中止，被执行人欲中止执行则需要向执行法院提出执行异议。

【法律依据】

《民诉法（2023）》

第二百四十一条 ……

申请执行人因受欺诈、胁迫与被执行人达成和解协议，或者当事人不履行和解协议的，人民法院可以根据当事人的申请，恢复对原生效法律文书的执行。

《民诉法解释（2022）》

第四百六十四条 申请执行人与被执行人达成和解协议后请求中止执行或者撤回执行申请的，人民法院可以裁定中止执行或者终结执行。

第四百六十五条 一方当事人不履行或者不完全履行在执行中双方自愿达成的和解协议，对方当事人申请执行原生效法律文书的，人民法院应当恢复执行，但和解协议已履行的部分应当扣除。和解协议已经履行完毕的，人民法院不予恢复执行。

第四百六十六条 申请恢复执行原生效法律文书，适用民事诉讼法第二百四十六条②申请执行期间的规定。申请执行期间因达成执行中的和解协议而中断，其期间自和解协议约定履行期限的最后一日起重新计算。

《执行和解规定（2020）》

第二条 和解协议达成后，有下列情形之一的，人民法院可以裁定中止执行：

（一）各方当事人共同向人民法院提交书面和解协议的；

（二）一方当事人向人民法院提交书面和解协议，其他当事人予以认可的；

（三）当事人达成口头和解协议，执行人员将和解协议内容记入笔录，由各方当事人签名或者盖章的。

第九条 被执行人一方不履行执行和解协议的，申请执行人可以申请恢复执行原生效法律文书，也可以就履行执行和解协议向执行法院提起诉讼。

第十条 申请恢复执行原生效法律文书，适用民事诉讼法第二百三十九条③申请执行期间的规定。

当事人不履行执行和解协议的，申请恢复执行期间自执行和解协议约定履行期间的最后一日起计算。

第十一条 申请执行人以被执行人一方不履行执行和解协议为由申请恢复执行，人民

---

② 现为《民诉法（2023）》第二百五十条

③ 现为《民诉法（2023）》第二百五十条

法院经审查，理由成立的，裁定恢复执行；有下列情形之一的，裁定不予恢复执行：

（一）执行和解协议履行完毕后申请恢复执行的；

（二）执行和解协议约定的履行期限尚未届至或者履行条件尚未成就的，但符合民法典第五百七十八条规定情形的除外；

（三）被执行人一方正在按照执行和解协议约定履行义务的；

（四）其他不符合恢复执行条件的情形

第十二条 当事人、利害关系人认为恢复执行或者不予恢复执行违反法律规定的，可以依照民事诉讼法第二百二十五条④规定提出异议。

第十三条 恢复执行后，对申请执行人就履行执行和解协议提起的诉讼，人民法院不予受理。

第十七条 恢复执行后，执行和解协议已经履行部分应当依法扣除。当事人、利害关系人认为人民法院的扣除行为违反法律规定的，可以依照民事诉讼法第二百二十五条⑤规定提出异议。

案例解析

1. 某某资源公司与某某院合作办学合同纠纷执行监督案【（2017）最高法执监344号，入库编号：（2019-18-5-203-003），指导案例124号】

• 基本案情

申请人某某资源公司与被申请人某某院合作办学合同纠纷，经北京仲裁委审理作出0492号裁决书，该裁决书包括某某院停止其燕郊校园内的一切施工活动、撤出燕郊校园和仲裁费负担的内容。三河法院执行过程中，双方签订和解执行协议。协议约定了0492号裁决书未涵盖的双方资产处置的内容。协议签订后，三河法院委托某某资产评估公司对校园资产进行价值评估，评估报告送达后某某资源公司对评估报告提出异议，三河法院作出（2005）三执字第445号执行裁定，认为和解协议有效且应当按和解协议约定方式处置校园内的资产。某某资源公司不服并复议至廊坊中院，廊坊中院撤销了（2005）三执字第445号执行裁定。三河法院又作出（2005）三执字第445号之一执行裁定，依然认可和解协议有效且应当按照协议约定处置资产。某某资源公司依然不服申诉至河北高院，河北高院撤销了三河法院和廊坊中院共三份执行裁定，裁定继续执行0492号裁决书关于某

④ 现为《民诉法（2023）》第二百三十六条

⑤ 同③

某院撤出燕郊校园和某某院向某某资源公司承担仲裁费的内容。某某院不服向最高院申诉，最高院作出（2017）最高法执监 344 号执行裁定，在维持河北高院撤销原三份裁定基础上，删除了承担仲裁费的内容，维持被申请人某某院撤出燕郊校园的裁定。

• 裁判要旨

在执行程序中，双方当事人达成的执行和解具有合同的性质，由于合同是当事人享有权利承担义务的依据，这就要求权利义务的具体给付内容必须是确定的。当和解协议的内容缺乏最终确定性导致无法确定给付内容及违约责任承担时，和解协议在实际履行中陷入僵局，客观上已无法继续履行的，可以执行原生效法律文书。对执行和解协议中原执行依据未涉及的内容，以及履行过程中产生的争议，当事人可以通过其他救济程序解决。

2. 谢某琼与谢某群民间借贷纠纷申请恢复执行案【（2015）执申字第 30 号】

• 基本案情

广东高院作出（2009）粤高法民一终字第 195 号民事判决，判决谢某群应偿还谢某琼借款本金 311.1904 万元及利息。梅州中院以（2010）梅中法执字第 9 号立案执行，后因最高院指令广东高院再审中止执行。广东高院再审维持原判决。梅州中院作出（2010）梅中法执字第 9 号恢字 1 号-3 号执行裁定恢复执行，查封谢某群夫妻名下房产。之后双方当事人对剩余债务签订执行和解协议约定了分期还款计划。谢某群未按执行和解协议履行付款义务，谢某琼于 2012 年 2 月申请恢复执行。2012 年 3 月 9 日，梅州中院告知谢某群在 3 月 20 日之前把执行和解协议内容全部履行完毕，逾期将对其提供担保的财产采取拍卖措施，得款用于清偿债务。2012 年 10 月 30 日，谢某群付清。11 月 16 日，执行法院告知谢某群，谢某琼已申请恢复原生效判决执行。2013 年 1 月 22 日，执行法院向谢某群发函要求其继续履行原生效判决。谢某群对该函不服，向梅州中院提出异议，请求梅州中院对本案终结执行，并解除对其居住房产的查封。梅州中院认为，谢某群未按约定时间履行执行和解协议，为此谢某琼有权申请按原判决恢复执行，裁定驳回谢某群的异议请求。谢某群向最高人民法院申诉，最高人民法院经审查裁定驳回谢某群的申诉请求。

• 裁判要旨

执行和解协议是当事人之间根据生效法律文书确定的权利义务自愿达成的相互妥协的协议，在当事人之间具有法律约束力但不具有强制执行力，不是人民法院据以强制执行的依据。被执行人不完全履行执行和解协议，申请执行人有权提出恢复执行申请，提出恢复执行申请之后被执行人又履行和解协议的行为已经超过执行和解协议约定的履行期限，不属于执行和解协议已履行完毕而不予恢复原生效判决执行的情形，不能阻却执行。执行机构有权对执行和解协议是否属于法律规定的“不履行或不完全履行”的情况进行审查认定，如果双方当事人对执行和解协议的履行不涉及与生效法律文书无关的其他实体权益的争议，没有提起另行诉讼的依据。

3. 某某 A 公司与某某 B 公司建设工程施工合同纠纷执行监督案【(2022)最高法执监 33 号】

• 基本案情

（2014）民一终字第 4 号民事判决生效后，某某 A 公司向新疆高院申请执行，要求某某 B 公司给付款项总计人民币 107553413.44 元，2016 年 1 月 20 日，某某 B 公司向乌铁中院提交一份《还款计划》，对剩余 39709398.28 元本金作出还款计划，并提出因某某 B 公司对利息及违约金已申请检察院抗诉，待抗诉结束后再履行。某某 A 公司表示同意该《还款计划》的内容。2016 年 12 月 1 日，某某 B 公司再次向乌铁中院提交《还款计划》，提出因资金紧张，且最高人民检察院已受理其抗诉，故希望剩余案款自 2016 年 12 月 25 日起，每月按时支付案款 3000000 元。某某 A 公司同意该《还款计划》，并提出“如果对方在支付还款协议所剩款项时未按照该协议所约定的时间进行支付，我方要求对该笔款项在迟延期间支付相应款项银行同期贷款利息的迟延履行金。提交的发票及相关工程资料，未经我方同意，我方不同意将发票与资料给被执行人进行移交”。2017 年 7 月 20 日，（2015）乌中执字第 72 号案件以终结本次执行程序方式结案。某某 A 公司不同意结案，遂向乌铁中院提出异议。乌铁中院以（2020）新 71 执异 19 号执行裁定驳回异议请求。某某 A 公司不服，向新疆高院申请复议。新疆高院于作出（2021）新执复 20 号执行裁定，以（2020）新 71 执异 19 号执行裁定认定事实不清为由发回乌铁中院重审。2021 年 8 月 25 日，乌铁中院作出（2021）新 71 执异 228 号执行裁定，驳回某某 A 公司的异议请求。某某 A 公司不服，再次向新疆高院申请复议，2021 年 10 月 18 日，新疆高院作出（2021）新执复 119 号执行裁定，驳回某某A公司的复议申请。某某A公司向最高人民法院申诉，请求撤销新疆高院（2021）新执复 119 号执行裁定和乌铁中院（2021）新 71 执异 228 号执行裁定，继续执行（2015）乌中执字第 72 号案件。最高人民法院认为双方当事人在执行过程中并未就全部案款给付问题达成执行和解协议，在证据不足以证明某某 A 公司有明确的放弃剩余利息和违约金的意思表示，裁定撤销新疆高院、乌铁中院执行裁定和结案通知书。

· 裁判要旨

《执行和解规定（2020）》第8条规定，“执行和解协议履行完毕的，人民法院作终结本次执行程序处理。”该条文中的执行和解协议应理解为“对全部执行请求达成和解的执行和解协议”，仅对本金的履行时间和方式作出安排的执行和解协议履行完毕的，人民法院不应作结案处理，对义务人重大责任的免除，涉及权利人的利益，需权利人作出明确的意思表示，申请执行人就和解协议未约定的部分申请执行的，应予准许。

83. 申请执行人与被执行人执行和解后，能否另行起诉?

【实务要点】

达成执行和解后，满足以下条件之一可以另行起诉：

1. 被执行人拒不履行和解协议的；
2. 被执行人在履行过程中存在迟延履行、瑕疵履行致使申请执行人遭受损害的；
3. 执行和解协议存在对原生效法律文书未涉及部分的；
4. 执行外和解，但被执行人在申请执行期限内未履行和解协议的。

【要点解析】

1. 执行和解协议的起诉主体以申请执行人为原则，以被执行人、案外人为例外。

《执行和解规定（2020）》第九条和第十五条只赋予了申请执行人就和解协议另行提起诉讼的权利，而被执行人只能依据第十六条的规定在和解协议可能存在无效、撤销等效力性瑕疵的情形时提起诉讼，且诉讼的结果若是确认和解协议存在效力性瑕疵，救济手段是申请人有权恢复执行而非进行损害赔偿。虽然第十五条并未规定申请执行人存在“受领迟延”时，被执行人的救济途径，但是根据最高人民法院第124号指导案例，被执行人也可以在一定条件下（如以申请执行人“受领迟延”为由），提起民事诉讼主张损害赔偿。

应当注意的是，由于执行和解协议内容可能也会关涉案外人权益。比如，执行和解协议中，申请执行人甲同意被执行人乙以其名下不动产以物抵债，但乙名下不动产实际是代案外人丙持有，丙知悉后，有权依据《执行和解规定（2020）》第十六条起诉和解协议无效或者起诉撤销和解协议。

2. 不履行或者不完全履行和解协议的，申请执行人都可以另行起诉。

若执行和解协议达成后，被执行人拒不履行和解协议，申请执行人除可以选择申请恢复执行原裁判文书外，可以直接就履行和解协议向执行法院提起诉讼，申请执行人就履行和解协议起诉后，无法再向执行法院申请恢复执行原裁判文书，两种救济途径不能并用。

应当注意的是，最高人民法院已经在（2023）最高法民再168号民事裁定书中指出，申请执行人就双方履行和解协议发生的争议提起诉讼，不仅限于被执行人不履行执行和解协议的情形，还包括被执行人不适当履行和解协议。《民法典》第五百零九条规定“当事人应当按照约定全面履行自己的义务。”因此，“不履行”应扩张解释，既包括履行不能、迟延履行、拒绝履行，也包括不完全履行。允许申请执行人就履行和解协议提起诉讼，充分体现了对债权人和债务人预期利益的保护，也有利于倡导诚实信用之风。通过诉讼解决执行和解争议也有利于节约司法资源⑥。

3. 执行和解协议履行完毕，但被执行人存在履行瑕疵或者迟延履行造成损害的，申请执行人只能另行起诉。

当执行和解协议在客观上已经履行完毕，但是在履行期间申请执行人因被执行人迟延履行、瑕疵履行遭受损害的，申请执行人可以另行起诉。《执行和解规定（2020）》第八条规定，执行和解协议履行完毕的，人民法院作终结本次执行程序处理。因此，若执行和解已经履行完毕，因履行和解协议而产生的损害赔偿，只能另行提起民事诉讼程序，而非执行程序解决。

4. 执行和解协议存在对原生效法律文书未涉及部分的，申请执行人有权另行起诉。

执行和解协议对原裁判文书未涉及或者不能恢复执行的部分具有可诉性。如果执行和解协议对原生效法律文书进行了变更或者补充约定，申请执行人据此就生效法律文书未涉及的部分另行起诉主张权利的，由于与原生效法律文书诉讼标的不同，不违反禁止重复起诉的原则。执行和解协议是申请执行人和被执行人就双方之间的权利义务达成的新协议，形成民事法律关系，对原生效法律文书变更或者补充的地方，申请执行人当然有权另行起诉。

5. 执行外和解协议未履行，申请执行人可以就执行外和解协议另行起诉

债权人与债务人在判决生效后达成的执行外和解（庭外和解）与执行和解相比，执行外和解协议不能自动对人民法院的强制执行产生影响，当事人仍然有权向人民法院申请强制执行。若债务人未履行或仅部分履行执行外和解协议，此时执行外和解协议又属于新的法律关系，债权人可以执行外和解协议另行起诉。但申请强制执行生效法律文书和就执行外和解协议另行起诉，原则上仅能择一行使。

6. 申请执行人另行起诉后，执行措施自动转为保全措施

被执行人不履行执行和解协议，申请执行人选择直接起诉请求被执行人履行和解协议的，执行法院受理后可以裁定终结原生效法律文书的执行，执行中的查封、扣押、冻结措施，自动转为诉讼中的保全措施，申请执行人无须再向法院申请查封、扣押、冻结措施。

---

⑥《最高法刘贵祥专委就执行和解等三部司法解释接受采访》，http://news.china.com.cn/txt/2018-03/07/content_50674475.htm，最后访问日期2023年11月21日。

【法律依据】

《执行和解规定(2020)》

第八条　执行和解协议履行完毕的，人民法院作终结本次执行程序处理。

第九条　被执行人一方不履行执行和解协议的，申请执行人可以申请恢复执行原生效法律文书，也可以就履行执行和解协议向执行法院提起诉讼。

第十四条　申请执行人就履行执行和解协议提起诉讼，执行法院受理后，可以裁定终结原生效法律文书的执行。执行中的查封、扣押、冻结措施，自动转为诉讼中的保全措施。

第十五条　执行和解协议履行完毕，申请执行人因被执行人迟延履行、瑕疵履行遭受损害的，可以向执行法院另行提起诉讼。

《最高人民法院执行工作办公室关于山东远东国际贸易公司诉青岛鸿荣金海湾房地产有限公司担保合同纠纷执行案的批复([2003]执他字第4号)》

当事人之间在执行前达成的和解协议，具有民事合同的效力。但协议本身并不当然影响债权人申请强制执行的权利。债权人在法定的申请执行期限内申请执行的，人民法院应当受理。

《最高人民法院执行办公室关于如何处理因当事人达成和解协议致使逾期申请执行问题的复函([1999]执他字第10号)》

申请执行人未在法定期限内申请执行，便丧失了请求法院强制执行保护其合法权益的权利。双方当事人于判决生效后达成还款协议，并不能引起法定申请执行期限的更改。本案的债权人超过法定期限申请执行，深圳市中级人民法院仍立案执行无法律依据。深圳华达化工有限公司的债权成为自然债，可自行向债务人索取，也可以深圳东部实业有限公司不履行还款协议为由向有管辖权的人民法院提起诉讼。

《最高人民法院关于当事人对人民法院生效法律文书所确定的给付事项超过申请执行期限后又重新就其中的部分给付内容达成新的协议的应否立案的批复([2001]民立他字第34号)》

当事人就人民法院生效裁判文书所确定的给付事项超过执行期限后又重新达成协议的，应当视为当事人之间形成了新的民事法律关系，当事人就该新协议向人民法院提起诉讼的，只要符合《民事诉讼法》立案受理的有关规定的，人民法院应当受理。

《最高人民法院关于当事人对迟延履行和解协议的争议应当另诉解决的复函([2005]执监字第24-1号)》

执行和解协议已履行完毕的人民法院不予恢复执行。本案执行和解协议的履行尽管存在瑕疵，但和解协议确已履行完毕，人民法院应不予恢复执行。至于当事人对延迟履行和解协议的争议，不属执行程序处理，应由当事人另诉解决。

案例解析

1. 新疆某投资公司与某银行新疆分行、新疆某房地产公司拆迁安置补偿协议纠纷案【(2010) 民申字第 1653 号】

• 基本案情

2004 年 3 月 16 日，新疆某房地产公司作为拆迁人、某银行新疆分行作为被拆迁人，双方签订了拆迁补偿协议书，约定拆迁后新疆某房地产公司在原址就地新建联合大楼，其中大楼一层、二层、九层、十层实行产权调换补偿安置。拆迁后，新疆某房地产公司未依约履行安置义务，某银行新疆分行就联合大楼一层、二层的安置问题向新疆高院起诉，新疆高院作出（2004）新民一初字第 20 号判决新疆某房地产公司应予安置一层、二层的房屋。在执行过程中，2006 年 7 月 4 日，某银行新疆分行与新疆某房地产公司达成执行和解协议书，对判决书中所确定的一层、二层的安置房屋重新进行约定，对判决中未涉及的原拆迁协议中九层、十层的安置房屋也进行了重新约定。为便于新疆某房地产公司整体销售，双方同意将原约定应安置在十层的房屋，置换为七层 B007、B008 两套房屋，同年 7 月 5 日，某银行新疆分行依约支付购房款。新疆某房地产公司向某银行新疆分行交付了新建好的联合大楼一层、二层、九层安置房屋，但未交付执行和解协议书中另行约定的七层 B007、B008 两套安置房屋，全部安置房屋均未办理相应的房、地产权证书。2006 年 9 月 25 日，新疆高院裁定终结原生效法律文书的执行。2007 年 8 月 15 日，新疆某房地产公司将本应交付给某银行新疆分行的七层 B007、B008 两套安置房屋出售给新疆某投资公司并办理过户登记。2009 年，某银行新疆分行向乌鲁木齐中院起诉。乌鲁木齐中院认为，由于（2004）新民一初字第 20 号案件中未涉及七层 B007、B008 两套安置房屋的诉讼请求，故该两套房屋系双方在执行和解协议中另行约定的部分，属于新的诉讼请求，某银行新疆分行作为被拆迁人对该房屋享有法定的优先取得权，该房屋应优先归某银行新疆分行所有。新疆某投资公司不服，向新疆高院上诉，新疆高院维持原判。新疆某投资公司向最高院申请再审，最高院认为，（2004）新民一初字第 20 号案件中并未涉及本案中发生争议的七层安置房屋，某银行新疆分行根据执行和解协议书的约定起诉主张权利，不违反一事不再理原则。

• 裁判要旨

执行和解协议属于当事人就其权利义务达成的新协议，应视为当事人之间形成了新的民事法律关系。一方当事人不履行执行和解协议，另一方可以以执行和解协议为据起诉主张权利。如果执行和解协议对原裁判文书进行了变更或者补充约定，权利人据此就原判未涉及的部分另诉主张权利的，由于诉的标的不同，不违反禁止重复起诉的原则，人民法院可以立案审理。

2. 上海某电子产品有限公司诉上海某模具有限公司房屋租赁合同纠纷案【(2019) 沪 01 民终 13574 号，入库编号：(2023-08-2-111-004)】

• 基本案情

2011 年 3 月 2 日，电子公司与模具公司签订《厂房租赁合同》，约定电子公司将涉案厂房出租给模具公司使用，总计租金为每年 229950 元，厂房租金每年支付一次，模具公司交纳的租金在电子公司向模具公司支付的承包经营费的房租费中扣除。同日，电子公司与模具公司还签订《承包经营协议书》一份，约定电子公司向模具公司承包经营涉案厂房，电子公司承包和使用模具公司位于上述工厂内的机器设备等固定资产进行生产经营，四年承包经营费共计 350292 元，厂房由模具公司承租后转租给电子公司，电子公司按模具公司的厂房租赁合同按时缴纳租金。模具公司于 2015 年 5 月 11 日诉至奉贤法院，奉贤法院于 2015 年 10 月 9 日作出（2015）奉民二（商）初字第 1758 号判决确认双方的《承包经营协议书》终止；电子公司给付模具公司承包经营费 350292 元；电子公司返还模具公司全部设备及资产，详见模具公司提供的“承包经营设备清单”等文件；若电子公司无法返还，则按清单中重置价的七折向模具公司进行赔偿。判决生效后，模具公司申请执行，之后于 2016 年 7 月 29 日双方签订执行和解协议，其中第二条约定，模具公司于 2016 年 9 月底前找好场地、搬场公司后，双方协商搬离设备事宜，直至本案（执行案件）结束。之后被执行人电子公司以执行和解协议起诉模具公司要求支付房屋占有使用费及设备迁移费，奉贤法院 2018 年 8 月 30 日作出（2018）沪 0120 民初 18768 号判决支持了电子公司诉请，判决模具公司支付房屋占有使用费人民币 168473.21 元及设备迁移费人民币 10000 元。2020 年 4 月 13 日，上海市第一中级人民法院认为一审认定法律关系错误，执行和解协议的协议内容与（2015）奉民二（商）初字第 1758 号案生效判决的判项主文所对应，无超出生效判决的内容，性质上为执行和解协议。执行和解协议第二条“某模具公司于 2016 年 9 月底之前找到场地后，双方协商搬离设备事宜，直至执行案件结束”并未将设备搬离的义务设定由某模具公司承担，也没有对搬离设备的具体时间做出明确约定，未在生效判决之外为双方设定新法律关系，因电子公司不同意通电检测并要求模具公司支付占有使用费是导致涉案设备及资产无法搬离的原因，故协议未及时履行的责任主要归咎于电子公司，产生损失也应由电子公司自担，遂撤销一审法院判决。

• 裁判要旨

因履行民事执行和解协议所产生的争议可以通过民事诉讼程序解决，但法院在民事案件审理中，对和解协议的性质及法律关系的认定仍不能脱离原执行依据的内容，尤其在和解协议内容存在约定不明，当事人对和解协议条款产生争议时，应以生效民事判决所认定的事实进行解释，对和解协议法律关系的认定不能与生效判决认定的基础法律关系相违背。在申请执行人放弃部分权利以促成和解协议的场合，双方就协议条款的文意产生争议时，做出有利于申请执行人的解释。在迟延责任的判断上，也应以执行依据作为基准，准确认定迟延的原因及责任。

84. 执行外和解与执行和解有何不同？

【实务要点】

执行外和解通常是指执行过程中，被执行人与申请执行人自行达成和解协议，但未向法院提交；或者一方当事人向法院提交了和解协议但其他当事人不予认可，也包括判决生效后申请执行前当事人自行达成的和解协议。

执行和解协议与执行外和解协议的主要区别在于：执行外和解协议并未共同提交给执行法院，对执行程序没有影响；而执行和解协议系双方共同提交执行法院，共同请求暂停强制执行程序、由双方依照和解协议自行履行，执行法院正是基于对双方这种共同意思表示的尊重，而中止强制执行程序。执行外和解仅仅产生实体法上债权债务消灭等法律效力，并不当然产生执行中止、终结的法律效果，法院的执行会继续，当事人仍然有权向人民法院申请强制执行。达成执行外和解协议后，若要产生程序上中止、终结程序的法律效果，被执行人必须向人民法院提出执行行为异议。

【要点解析】

1. 执行外和解与执行和解的五个区别

二者根本的区别在于，申请执行人和被执行人是否有使和解协议直接对执行程序产生影响的意图。换言之，如果双方没有将私下达成的和解协议提交给人民法院的意思，那么和解协议仅能产生实体法效果，被执行人依据该协议要求中止执行的，需要另行提起执行异议。根据《执行和解规定（2020）》第二条和第十九条，两者主要有五点区别：

（1）概念内涵不同

执行和解协议的要件包括双方达成合意和提交法院。执行外和解协议是未向法院提交或者一方提交另一方不认可的和解协议。“提交”可以是双方当事人共同向法院提交，也可以是一方提交另一方同意，还可以是双方达成口头和解协议条款并记入法院执行笔录。执行外和解协议则只满足“合意”一项。

（2）法律后果不同

执行和解可直接引起本案执行中止、终结的后果，对执行程序产生直接影响。执行外和解协议仅产生实体法效果，并不当然引起执行中止、终结的法律后果。

签订执行外和解协议后，被执行人可以向执行法院提出执行行为异议，若符合和解协议履行完毕、和解协议约定的履行期限尚未届至或者履行条件尚未成就、被执行人一方正在按照和解协议约定履行义务的，则执行法院会终结或者中止原生效法律文书的执行。当事人在执行程序开始前自行达成的和解协议，只要系双方真实意思表示、不违反法律禁止性规定，也属于执行外和解，若被执行人认为自己实际已经履行了和解协议，亦可以此为由向执行法院提出执行行为异议。

（3）进入执行程序后的可诉性不同

在进入执行程序后，执行和解协议具有直接可诉性，被执行人不履行执行和解协议，申请执行人可以申请恢复原生效法律文书的执行，也可以就履行执行和解协议向执行法院提起诉讼。执行外和解协议不直接具有可诉性，因为原执行程序并未中止，仍在进行过程中，若被执行人不履行和解协议的，原执行程序继续进行，不存在另行起诉的问题。

（4）协议中的担保条款的法律效力不同

执行和解协议中的担保条款，在一定条件下可以直接强制执行。执行外和解协议，即便有担保条款，如担保人不履行的话，申请执行人无法直接在本次执行程序中申请强制执行担保财产或担保人的财产。

（5）结案形式不同

对于执行和解而言，被执行人在执行过程中不按照协议履行，申请执行人可以申请恢复原生效法律文书的执行。对于执行外和解，已经进入执行程序的，申请执行人与被执行人达成庭外和解后，申请执行人撤回申请执行书，直接导致案件执行终结，在被申请执行人不履行执行外和解协议时，因生效法律文书的执行程序已经执行终结结案，申请执行人无法像执行和解协议一样申请恢复执行原生效法律文书，若申请执行人意图执行原生效法律文书，需要在申请执行时效内重新向执行法院申请执行。

2. 申请人撤回或撤销执行申请后申请恢复执行或再申请执行

（1）撤回执行申请和撤销执行申请适用情形不同

在执行实务中，关于撤销执行申请法律并没有明确规定具体适用情形，申请执行人在执行过程中自愿向执行法院提出撤销执行申请，执行法院会裁定终结执行，裁定书送达当事人后立即生效。因撤销执行申请而终结执行后，申请执行人再次申请执行的，需要在法定执行时效期间内申请。而撤回执行申请，法律有明确规定，是指申请执行人与被执行人达成执行和解后，申请执行人可以向执行法院撤回执行申请。撤回执行申请后，同样发生终结执行的效果。比照《民诉法（2023）》中撤诉后还可以再起诉的做法，强制执行程序应适用当事人进行主义原则，既然执行开始基于债权人申请，那么自然应该允许当事人撤回全部或者部分申请，以终结执行程序。但是撤回仅发生当事人放弃本次执行程序的效果，撤回后如果被执行人不履行执行和解协议，只要还在执行时效期间内，申请执行人可以就同一执行依据申请恢复执行。

（2）撤回执行申请和撤销执行申请时效起算点不同

关于执行时效的起算，在当事人申请撤销执行的情况下，由于执行时效已经因为之前提起执行申请而中断，所以再次申请执行的时效不是自生效法律文书确定的履行期限届满之日起算，而是按照时效中断后重新计算的规定。而在当事人达成执行和解协议，申请执行人撤回执行申请的背景下，申请执行人申请恢复原生效法律文书的执行，自和解协议约定履行期限的最后一日起重新计算。

【法律依据】

《执行和解规定（2020）》

第二条　和解协议达成后，有下列情形之一的，人民法院可以裁定中止执行：

（一）各方当事人共同向人民法院提交书面和解协议的；

（二）一方当事人向人民法院提交书面和解协议，其他当事人予以认可的；

（三）当事人达成口头和解协议，执行人员将和解协议内容记入笔录，由各方当事人签名或者盖章的。

第十九条　执行过程中，被执行人根据当事人自行达成但未提交人民法院的和解协议，或者一方当事人提交人民法院但其他当事人不予认可的和解协议，依照民事诉讼法第二百二十五条[⑦]规定提出异议的，人民法院按照下列情形，分别处理：

（一）和解协议履行完毕的，裁定终结原生效法律文书的执行；

（二）和解协议约定的履行期限尚未届至或者履行条件尚未成就的，裁定中止执行，但符合民法典第五百七十八条规定情形的除外；

（三）被执行人一方正在按照和解协议约定履行义务的，裁定中止执行；

（四）被执行人不履行和解协议的，裁定驳回异议；

（五）和解协议不成立、未生效或者无效的，裁定驳回异议。

《民法典》

第五百七十八条　当事人一方明确表示或者以自己的行为表明不履行合同义务的，对方可以在履行期限届满前请求其承担违约责任。

《民诉法解释（2022）》

第四百六十四条　申请执行人与被执行人达成和解协议后请求中止执行或者撤回执行申请的，人民法院可以裁定中止执行或者终结执行。

---

⑦ 现为《民诉法（2023）》第二百三十六条

案例解析

1. 某某贸易公司诉某某重工公司合同纠纷案【(2017)京02民终8676号，指导性案例166号】

• 基本案情

2016年3月，某某贸易公司因与某某重工公司买卖合同纠纷向北京丰台法院提起民事诉讼，丰台法院于2016年8月作出(2016)京0106民初6385号民事判决，判决某某重工公司给付某某贸易公司货款5284648.68元及利息。某某重工公司对此判决提起上诉，在上诉期间，某某重工公司与某某贸易公司签订执行外和解协议，约定某某贸易公司申请解除在他案中对某某重工公司名下财产的保全措施，同时约定某某重工公司未按照协议约定的时间支付首期给付款300万元或未能在2016年12月31日前足额支付完毕全部款项的，应向某某贸易公司支付违约金80万。双方达成协议后，某某重工公司向二审法院申请撤回上诉并按约定于2016年10月14日给付隆昌贸易公司首期款项300万元，某某贸易公司按协议约定申请解除了对某某重工公司账户的冻结，后某某重工公司未按照协议书的约定支付剩余款项。2017年1月某某贸易公司申请执行(2016)京0106民初6385号民事判决书所确定的债权，并于2017年6月起诉某某重工公司支付违约金80万元。北京丰台法院于2017年6月30日作出(2017)京0106民初15563号民事判决：某某重工公司于判决生效之日起十日内支付某某贸易公司违约金80万元。某某重工公司不服一审判决，提起上诉。北京二中院于2017年10月31日作出(2017)京02民终8676号民事判决，认定涉案的80万元违约金性质除填补损失外亦具有惩罚作用，驳回上诉，维持原判。

• 裁判要旨

签订执行外和解协议后，被执行人违约，如果申请执行人尚未申请执行且尚在执行时效内，申请执行人可以申请原生效法律文书的执行，并可以同时起诉请求被执行人承担执行外和解协议中原生效法律文书范围外的违约责任。本案二审上诉期间，双方当事人达成和解协议，人民法院准许撤回上诉的，该和解协议未经人民法院依法制作调解书，属于诉讼外达成的协议(执行外和解)。一方当事人不履行和解协议，另一方当事人申请执行一审判决的，人民法院应予支持。同时，当事人双方就债务清偿在判决后达成执行外和解协议，约定解除财产保全措施及违约责任。一方当事人依约申请人民法院解除了保全措施后，另一方当事人违反诚实信用原则不履行和解协议，守约方可以就执行外和解协议违约方起诉，违约方主张在和解协议违约金诉讼中请求减少违约金的，人民法院不予支持。

2. 某小额贷款公司、岳某某合同纠纷执行案【最高人民法院（2020）最高法民申 1452 号】

• 基本案情

邵阳中院就某小额贷款公司与沈某某、岳某某民间借贷纠纷一案，作出（2013）邵中民二初字第 25 号民事判决，判令沈某某、岳某某、某公司偿还某小额贷款公司本金及利息 1900 余万元。法律文书生效后，某小额贷款公司申请强制执行。2016 年 5 月 27 日，某小额贷款公司授权委托法定代表人吕某、公司副董事长王某及陈某代表其参加执行和解事宜，某小额贷款公司与沈某某、岳某某、某公司签订《执行和解协议》，其中第三条约定，由某公司将名下位于湖南省长沙市雨花区湘府东路 300 号华悦城 3 栋 104 号门面、3 栋 203 号门面、3 栋 204 号门面、3 栋 207 号门面、4 栋 107 号门面共五间商铺作价 1100 万元用于抵偿所欠沈某某的全部未付工程款。再由沈某某将上述 5 间商铺作价 1100 万元抵偿给某小额贷款公司，以冲抵应付执行款。各方还约定沈某某、岳某某、某公司三方共同向某小额贷款公司承诺在协议签订后一年内，办理好上述 5 间商铺产权过户手续，各自承担商铺产权过户手续的税费。自某小额贷款公司取得上述商铺登记产权手续之日，视为沈某某、岳某某、某公司三方已履行全部执行义务，本案终结执行。各被执行人承诺在协议签订后十日内，将上述 5 间商铺交付给某小额贷款公司所有和使用。后经参与调解的某小额贷款公司代表吕某、王某、某某秋与各被执行人协商并重新确认：如上述门面有不确定因素，沈某某、某公司同意将上述门面调整为华悦商业街 2-102 号复商铺，2-203 号商铺同等价值。

2016 年 7 月 12 日邵阳中院裁定终结本次执行。7 月 26 日，申请执行人某小额贷款公司代表王某、陈某、吕某共同签收了华悦商业街 2-102 号复商铺、2-203 号商铺。2016 年 7 月 29 日，吕某、王某、陈某出具承诺书，表示一致同意上述 2 间商铺租金转入王某个人银行账户。此后，王某领取了自 2016 年 6 月 1 日起至 2018 年 5 月 31 日止共计 517398 元的商铺租金（含租赁保证金）。2017 年 1 月 25 日，王某、陈某授权吕某全权办理将华悦商业街 2-102 号复商铺、2-203 号商铺过户至吕某名下，上述 2 间商铺一直未办理变更登记。2017 年 12 月 25 日，某小额贷款公司向邵阳中院申请恢复执行未得到准许，2018 年 6 月 15 日，某小额贷款公司以上述执行和解协议中内容存在篡改以及显失公平为由提起诉讼，要求撤销上述执行和解协议，邵阳中院认为撤销之诉明显超过法律规定的时效而不予支持，某小额贷款公司上诉至湖北高院，高院维持原判。之后某小额贷款公司又以某公司、岳某某、沈某某违反和解协议约定为由起诉，邵阳中院驳回诉请，湖北高院维持原判，某小额贷款公司申诉至最高院，最高院认为某小额贷款公司在申请恢复执行未获执行法院准许、另案中提出撤销和解协议的诉讼请求已被驳回、案涉执行和解协议部分得到履行的情况下，再以和解协议履行发生争议为由提起本案诉讼，实质内容是请求人民法院恢复执行原生效法律文书，故驳回再审申请。

• 裁判要旨

与一般合同纠纷相比，执行和解协议纠纷的法律救济途径具有一定的特殊性。在被执行人不履行和解协议的情况下，司法解释一方面赋予申请执行人选择权，申请执行人可以申请恢复原生效法律文书的执行，也可因履行中的执行和解协议争议另行起诉；另一方面，为避免重复救济和重复受偿，申请执行人的选择权也受到司法解释相关规定的限制。如果执行法院已恢复执行，申请执行人就执行和解协议在履行中产生的纠纷提起诉讼，人民法院不予受理；如果执行法院没有恢复执行，申请执行人不能既申请恢复执行，又就履行和解协议向执行法院提起诉讼，两种救济途径只能择一行使。具体到本案中，申请执行人某小额贷款公司申请恢复执行被驳回后，又以不完全履行和解协议为由起诉，属于重复救济。

3. 甲公司申请执行延边某大、金某、乙财团建设工程施工合同纠纷一案【（2021）最高法执监 58 号，入库编号：（2023-17-5-203-016）】

• 基本案情

延边中院于 2017 年 4 月 20 日作出（2016）吉 24 民初 443 号民事判决，甲公司于 2017 年 11 月 22 日申请强制执行，延边中院立案执行并于当日作出（2017）吉 24 执 168 号执行通知书。延边某大与甲公司在延边中院作出一审判决后的上诉期内达成协议约定：延边某大与甲公司共同经营延边某大，延边某大撤回对甲公司的起诉（上诉），甲公司同意向法院提出申请解除对延边某大财产的查封。双方其后再次签订协议确认：延边中院判决的所有债务作为甲公司对延边某大的投资，股份关系今后决定，如此，双方不存在债权债务关系。后甲公司向延边中院申请强制执行，延边某大提出执行异议称，甲公司的债权已经作为其对延边某大的投资，请求停止执行。延边中院以延边某大并没有实际履行该协议为由，于 2019 年 10 月 22 日作出（2019）吉 24 执异 1106 号执行裁定，驳回延边某大异议请求。延边某大不服上述裁定，向吉林高院申请复议，吉林高院于 2020 年 6 月 12 日作出（2020）吉执复 83 号执行裁定，驳回延边某大复议申请。延边某大不服，向最高人民法院申诉。最高人民法院认为双方达成协议后并未在相关部门进行股权转让或变更登记，且延边某大合作办学项目已被终止，上述协议客观上已无法履行，据此可认定延边某大没有实际履行该协议，延边中院裁定驳回延边某大异议请求符合法律规定。于 2021 年 9 月 30 日作出（2021）最高法执监 58 号执行裁定，驳回延边某大的申诉请求。

• 裁判要旨

当事人在执行程序开始前自行达成的和解协议，属于执行外和解。执行外和解协议不能自动对人民法院的强制执行产生影响，当事人仍然有权向人民法院申请强制执行。执行过程中，被执行人根据当事人自行达成但未提交人民法院的和解协议，依法提出异议的，人民法院应参照《执行和解规定（2020）》第19条对和解协议的效力及履行情况进行审查，进而确定是否终结执行。如经审查认定被执行人没有实际履行该和解协议，裁定驳回异议。

85. 申请执行人如何审查执行担保?

【实务要点】

执行担保是指担保人为担保被执行人履行生效法律文书确定的全部或者部分义务，向人民法院提供的担保。执行担保可以由被执行人提供财产担保，也可以由他人提供财产担保或者保证。被执行人或他人提供执行保证的，应当向法院出具担保书；提供财产担保的，可以按照《民法典》的相关规定办理担保物权登记手续；企业法人提供财产担保或保证的，需依据《公司法（2023）》、公司章程的规定提供股东会决议或董事会决议。

【要点解析】

1. 执行担保的要件

1）向执行法院提交担保书

（1）无论提供执行担保的是被执行人还是案外人，均应当向执行法院提交担保书，并将担保书副本送交申请执行人。

（2）担保书中应当载明担保人的基本信息、暂缓执行期限、担保期间、被担保的债权种类及数额、担保范围、担保方式，特别是要载明被执行人于暂缓执行期限届满后仍不履行时，担保人自愿接受直接强制执行的承诺等内容。提供财产担保的，担保书中还应当载明担保财产的名称、数量、质量、状况、所在地、所有权或者使用权归属等内容。

另在执行笔录中担保人明确表示愿意提供担保的并签字确认的，视为担保人向法院提供了书面的愿意担保的意思表示。

2）申请执行人的书面同意

申请执行人同意执行担保的，应当向人民法院出具书面同意意见，也可以由执行人员将其同意的内容记入笔录，并由申请执行人签名或者盖章。

3）担保物权登记与担保财产的查封

涉及担保物权的，应当符合民法的公示公信原则，办理登记等担保物权公示手续，已经办理登记公示手续的，申请执行人可以依法主张优先受偿权。同时，申请执行人也可以申请执行法院查封、扣押、冻结担保财产。

4）案外人作为公司提供执行担保的，应提交符合公司章程和股东会或董事会决议文件

依照《公司法（2023）》第十五条，公司为非关联方提供担保，应由董事会或者股东会决议，为股东、实际控制人等关联方提供担保，只能由股东会决议，且要符合回避原则和其他股东表决过半数原则。相应的，依据《民法典担保制度解释》第七条、《民法典合同编通则司法解释》第二十条，相对人应举证证明在形式上审查了相关决议，方能被认定为善意，进而要求公司承担担保责任。上述公司对外担保的制度设计同样适用于执行程序中的担保制度，作为申请执行人而言，如果没有尽到合理审查义务而被认定为恶意，将导致执行担保的形式要件缺失，执行法院不能据此直接执行担保人的财产。

5）提供执行担保可暂缓执行，具体由人民法院审查决定

执行担保制度的目的，在于被执行人、利害关系人等提供执行担保，以便暂缓执行或执行处分等。暂缓执行的期限应当与担保书约定一致，但最长不得超过一年，担保书内容与事实不符，且对申请执行人合法权益产生实质影响的，人民法院可以依申请执行人的申请恢复执行。

2. 提供执行担保的，原则上不能追加执行担保人为被执行人

能否追加执行担保人为被执行人，实践中存在两种观点，一种观点认为追加被执行人应严格遵循法定原则，目前没有法律、司法解释规定可以追加执行担保人为被执行人，另一种观点认为，对第三人执行是非常严厉的公权力行为，不追加在程序上无法自圆其说。《民诉法解释（2022）》第四百六十九条表述为裁定执行担保人的财产，同时《执行担保规定（2020）》明确指出不得将担保人变更、追加为被执行人，因此不能直接追加执行担保人为被执行人。

3. 以不动产提供执行担保一般应当办理不动产抵押登记

《民诉法解释（2022）》第四百八十六条，明确规定案外人提供财产担保应当参照民法典有关规定办理登记公示手续，而《执行担保规定（2020）》第七条对案外人提供担保的公示规定为“可以”依照《民法典》规定办理担保物权公示手续。实践中，以不动产提供执行担保尽可能地办理担保物权登记手续，如此，申请执行人可对该担保不动产拍卖、变卖的价款主张优先受偿。实践中也有由执行法院对担保财产采取查封措施防止担保财产转移，确保债务履行的做法。相较于办理担保物权登记公示手续，该情形下，申请执行人不能主张对担保不动产拍卖、变卖的价款优先受偿。

4. 担保人未向法院承诺接受强制执行的仅构成一般民事担保

在执行和解协议中约定了担保条款，但担保人并未向人民法院承诺在被执行人不履行执行和解协议时自愿接受直接强制执行的，不构成执行程序中的担保，而是一般的民事担保。最高人民法院在（2022）最高法民再180号一案中认为，在民事活动中，民事主体应当依照法律规定或者按照当事人约定履行民事义务、承担民事责任，担保人不履行执行和

解协议约定的担保义务而损害债权人的合同权利，债权人有权提起民事诉讼（或按约定的仲裁程序）进行权利救济，请求担保人按照约定承担担保责任。

5. 执行担保保证书参考模板

执行担保保证书

某某人民法院：

贵院在执行……号……（写明当事人及案由）一案中，因……（写明申请暂缓执行的理由），被执行人向贵院申请暂缓执行……（写明申请暂缓执行的期限）。本人/本公司自愿提供保证。如被执行人……在你院决定暂缓执行的期限届满后仍不履行义务，贵院可以直接执行本人/本公司的财产。

保证人：[签字或盖章]

[申请日期]

【法律依据】

《民诉法（2023）》

第二百四十二条　在执行中，被执行人向人民法院提供担保，并经申请执行人同意的，人民法院可以决定暂缓执行及暂缓执行的期限。被执行人逾期仍不履行的，人民法院有权执行被执行人的担保财产或者担保人的财产。

《民诉法解释（2022）》

第四百六十七条　人民法院依照民事诉讼法第二百三十八条[⑧]规定决定暂缓执行的，如果担保是有期限的，暂缓执行的期限应当与担保期限一致，但最长不得超过一年。被执行人或者担保人对担保的财产在暂缓执行期间有转移、隐藏、变卖、毁损等行为的，人民法院可以恢复强制执行。

第四百六十八条　根据民事诉讼法第二百三十八条[⑨]规定向人民法院提供执行担保的，可以由被执行人或者他人提供财产担保，也可以由他人提供保证。担保人应当具有代为履行或者代为承担赔偿责任的能力。

他人提供执行保证的，应当向执行法院出具保证书，并将保证书副本送交申请执行人。被执行人或者他人提供财产担保的，应当参照民法典的有关规定办理相应手续。

第四百六十九条　被执行人在人民法院决定暂缓执行的期限届满后仍不履行义务的，人民法院可以直接执行担保财产，或者裁定执行担保人的财产，但执行担保人的财产以担保人应当履行义务部分的财产为限。

---

⑧ 现为《民诉法（2023）》第二百四十二条

⑨ 现为《民诉法（2023）》第二百四十二条

《执行担保规定（2020）》

第一条　本规定所称执行担保，是指担保人依照民事诉讼法第二百三十一条[⑩]规定，为担保被执行人履行生效法律文书确定的全部或者部分义务，向人民法院提供的担保。

第二条　执行担保可以由被执行人提供财产担保，也可以由他人提供财产担保或者保证。

第三条　被执行人或者他人提供执行担保的，应当向人民法院提交担保书，并将担保书副本送交申请执行人。

第四条　担保书中应当载明担保人的基本信息、暂缓执行期限、担保期间、被担保的债权种类及数额、担保范围、担保方式、被执行人于暂缓执行期限届满后仍不履行时担保人自愿接受直接强制执行的承诺等内容。

提供财产担保的，担保书中还应当载明担保财产的名称、数量、质量、状况、所在地、所有权或者使用权归属等内容。

第五条　公司为被执行人提供执行担保的，应当提交符合公司法第十六条规定的公司章程、董事会或者股东会、股东大会决议。

第七条　被执行人或者他人提供财产担保，可以依照民法典规定办理登记等担保物权公示手续；已经办理公示手续的，申请执行人可以依法主张优先受偿权。

申请执行人申请人民法院查封、扣押、冻结担保财产的，人民法院应当准许，但担保书另有约定的除外。

第十一条　暂缓执行期限届满后被执行人仍不履行义务，或者暂缓执行期间担保人有转移、隐藏、变卖、毁损担保财产等行为的，人民法院可以依申请执行人的申请恢复执行，并直接裁定执行担保财产或者保证人的财产，不得将担保人变更、追加为被执行人。

《公司法（2023）》

第十五条　公司向其他企业投资或者为他人提供担保，按照公司章程的规定，由董事会或者股东会决议；公司章程对投资或者担保的总额及单项投资或者担保的数额有限额规定的，不得超过规定的限额。

公司为公司股东或者实际控制人提供担保的，应当经股东会决议。

前款规定的股东或者受前款规定的实际控制人支配的股东，不得参加前款规定事项的表决。该项表决由出席会议的其他股东所持表决权的过半数通过。

---

⑩ 现为《民诉法（2023）》第二百四十二条

《民法典担保制度解释》

第七条　公司的法定代表人违反公司法关于公司对外担保决议程序的规定，超越权限代表公司与相对人订立担保合同，人民法院应当依照民法典第六十一条和第五百零四条等规定处理：

（一）相对人善意的，担保合同对公司发生效力；相对人请求公司承担担保责任的，人民法院应予支持。

（二）相对人非善意的，担保合同对公司不发生效力；相对人请求公司承担赔偿责任的，参照适用本解释第十七条的有关规定。

法定代表人超越权限提供担保造成公司损失，公司请求法定代表人承担赔偿责任的，人民法院应予支持。

第一款所称善意，是指相对人在订立担保合同时不知道且不应当知道法定代表人超越权限。相对人有证据证明已对公司决议进行了合理审查，人民法院应当认定其构成善意，但是公司有证据证明相对人知道或者应当知道决议系伪造、变造的除外。

案例解析

1. 李某某与盐厂借款合同纠纷执行监督案【（2014）执监字第89号】

• 基本案情

2006年3月7日，平顶山中院就李某某与盐厂借款合同纠纷一案作出民事调解书：盐场应给付李某某共计375万元。李某某申请执行后，盐厂因履行能力不足，未能履行调解书确定的全部义务。2010年1月18日，李某某以其已与盐厂、曹某某签订了还款协议，请求平顶山中院恢复本案执行并追加曹某某为被执行人。2010年4月20日，平顶山中院于作出（2006）平执字第28-5号执行裁定，追加曹某某为被执行人。该裁定认定如下事实：“盐厂及曹某某与李某某在2007年12月4日达成还款协议。协议约定：一、盐厂和曹某某所欠李某某人民币275万元于2008年4月1日前还清。二、到期连本带利还李某某人民币350万元整，由曹某某担保。”曹某某不服以上追加裁定，向平顶山中院提出执行异议，请求撤销平顶山中院（2006）平执字第28-5号执行裁定。其主要理由为：“曹某某”和“由曹某某担保”是后加上的。2010年9月25日，平顶山中院以曹某某的主张无证据为由，驳回曹某某的执行异议。曹某某不服，向河南高院申请复议。河南高院经审查认为，本案所涉及还款协议是约定曹某某、盐厂与李某某之间权利义务关系的协议，并非曹某某对执行法院所作的担保承诺，执行法院依据当事人与案外人私下签订的且形式上存在明显瑕疵的协议追加案外人曹某某为被执行人依据不足。曹某某应否承担保证责任，应通过诉讼程序解决。河南高院于2011年2月16日作出（2011）豫法执复字第13号执行裁定：撤销平顶山中院（2006）平执异字第28-6号执行裁定、撤销平顶山中院（2006）平执字第28-5号执行裁定。李某某不服河南高院复议裁定，向最高院申诉。2014年6月16日，最高院作出（2014）执监字第89号执行裁定，驳回李某某的申诉请求。

• 裁判要旨

执行程序中，第三人为被执行人提供担保应当向人民法院提出，并经人民法院审查认可。当事人私下达成的和解协议并非在人民法院的主持下签订，亦未经过人民法院审查认可，因而不产生执行担保的效力。由于私下达成的和解协议不产生执行担保的效力，执行法院不能依和解协议裁定追加"担保人"被执行人。申请执行人如请求案外人依和解协议承担担保责任，可以另行起诉，通过审判程序审查处理。

2. 储某某与刘某乙执行复议案【（2023）兵12执复4号执行裁定，入库编号：2024-17-5-202-040】

• 基本案情

哈密垦区法院于2021年6月8日作出（2021）兵1202民初862号民事判决，刘某甲、沈某某向储某某偿还借款60000元及逾期利息。判决生效后，刘某甲、沈某某未按该判决指定的期间履行金钱给付义务，储某某于2021年8月13日向哈密垦区法院申请强制执行。2021年10月14日，双方达成和解，刘某甲、沈某某承诺限期还款，并向法院提交还款计划书，储某某向哈密垦区法院书面申请终结本案的执行，哈密垦区人民法院于2021年10月15日裁定终结执行。2022年5月12日，因刘某甲、沈某某未按照承诺限期还款，储某某向哈密垦区法院申请恢复本案执行，哈密垦区法院立（2022）兵1202执恢41号案恢复本案执行，在执行过程中，储某某认为刘某甲、沈某某将钱款转移至其子即刘某乙的银行卡内（银行卡号：62×××07）的行为有故意不履行法院生效判决裁定之嫌，故申请追加刘某甲之子刘某乙为被执行人，并申请对其银行卡、微信、支付宝进行冻结，哈密垦区法院立（2022）兵1202执异19号案审查。之后，刘某甲向储某某出具一份《保证书》，载明："我保证每个月还给储某某现金1000元，从6月23日还，总计56170元及相关利息。"刘某甲作为还款人在该《保证书》上签字捺印，刘某乙在"保证人监督人"后签字捺印，储某某在该《保证书》后备注"同意"并签名捺印。上述《保证书》出具后，储某某撤回执行异议申请。后储某某以刘某乙提供执行担保为由，向哈密垦区法院申请追加刘某乙为被执行人。2023

年3月2日，哈密垦区法院驳回追加申请。2023年4月11日，储某某向第十三师中级人民法院提出复议申请。第十三师中级人民法院于作出（2023）兵12执复4号执行裁定，驳回复议申请，维持哈密垦区人民法院（2023）兵1202执异8号异议裁定。

• 裁判要旨

为担保被执行人履行生效法律文书确定的全部或者部分义务，可以由他人提供财产担保或者保证。他人提供执行担保的，应当向人民法院提交担保书，并载明担保人自愿接受直接强制执行的承诺等内容。执行程序中应当严格按照上述规定认定担保人的身份，否则不应直接裁定执行担保财产或者保证人的财产。同时，追加被执行人应当依照变更追加的相关规定严格执行，不得将执行担保人变更、追加为被执行人。

3. 佛山甲公司、佛山乙公司与某某公司执行复议案【（2022）最高法执复31号，入库编号：2024-17-5-202-007】

• 基本案情

海南高院于2018年12月29日作出（2018）琼民初51号民事判决，执行过程中，申请执行人某某公司，被执行人深圳甲公司、深圳乙公司、深圳丙公司、深圳丁公司、惠州甲公司与佛山甲公司、佛山乙公司、佛山丙公司、吕某某于2019年6月19日达成《执行和解及担保协议》，该协议第五条约定，担保人佛山甲公司、佛山乙公司、佛山丙公司、吕某某同意为各方履行该协议下的约定义务提供连带责任担保，并向法院承诺：恢复执行原生效法律文书后，自愿接受法院直接强制执行，法院可以依申请执行人的申请及上述条款的约定，直接裁定执行担保人名下财产。该协议由各方有权签字人签字或盖章并加盖公章，经海南高院备案认可后生效。因被执行人及担保人未能履行协议，根据申请执行人某某公司申请，海南高院于2019年9月25日、2019年10月22日分别作出（2019）琼执21号之二、（2019）琼执21号之三执行裁定，查封、冻结担保人佛山甲公司、佛山乙公司、佛山丙公司、吕某某名下相关资产。后续，佛山甲公司、佛山乙公司、佛山丙公司均以不符合公司对外担保制度要件提出执行异议，海南高院于2020年4月27日作出（2020）琼执异57号执行裁定驳回异议，最高人民法院于2022年9月29日作出（2022）最高法执复31号执行裁定：一、撤销海南高院（2021）琼执异68号执行裁定；二、撤销海南高院（2019）琼执21号之二执行裁定中“查封、冻结担保人佛山甲公司名下财产”的内容；三、撤销海南高院（2019）琼执21号之三执行裁定。

• 裁判要旨

担保行为以公司股东（大）会、董事会等公司机关的决议作为授权的基础和来源，根据《执行担保规定（2020）》第五条的规定，公司为被执行人提供执行担保的，应当提交符合《公司法（2023）》规定的公司章程、董事会或者股东会、股东大会决议。据此，执行法院需对担保人提供执行担保的效力予以一定程度的审查认定，主要涉及对决议机关及表决程序是否符合公司法及公司章程进行形式审查。如决议机关及表决程序不符合《公司法（2023）》及公司章程规定，则该执行担保的形式要件欠缺，执行法院不应据此直接执行担保人的财产。

86. 申请执行人与被执行人达成债转股协议，是否可以继续强制执行担保人？

【实务要点】

申请执行人与被执行人达成债转股协议后，应当根据股权的实际价值确定担保人是否应当继续清偿申请执行人未足额受偿部分的债务，如需继续清偿的，申请执行人可以对债转股抵债资产不足部分申请强制执行担保人。

【要点解析】

申请执行人与被执行人达成债转股协议，应通过评估、参照市场价等方式确定债转股股权实际价值，并确定担保人是否应当继续承担担保责任及继续承担责任的范围，申请执行人可以就评估之后债转股股权实际价值抵债不足的部分，继续申请强制执行担保人的财产。

债转股并不构成新的合同关系，对于担保人而言，债转股不仅未增加债务人的债务及担保人的担保责任，而且减轻了债务人的负担，按照《民法典》第六百九十五条，担保人仍应当对剩余债务承担担保责任。

【法律依据】

《民法典》

第六百九十五条　债权人和债务人未经保证人书面同意，协商变更主债权债务合同内容，减轻债务的，保证人仍对变更后的债务承担保证责任；加重债务的，保证人对加重的部分不承担保证责任。

案例解析

甲公司与乙公司等借款合同纠纷执行监督案【（2021）最高法执监 17 号，入库编号：2024-17-5-203-012】

• 基本案情

2018 年 12 月 24 日，北京四中院作出（2018）京 04 民初 272 号民事判决，确认某银行对丙公司享有债权，乙公司作为抵押人、保证人对此承担连带责任。执行过程中，某银行将债权转让给甲公司。银川中院于 2019 年 7 月 9 日裁定受理丙公司进入破产重整程序，债权人甲公司向丙公司管理人申报全部债权（债权总额约为人民币 1.19 亿元，性质为有财产担保债权）。《重整计划》经债权人会议表决通过，甲公司未同意该重整计划。银川中院裁定批准丙公司重整计划；终止丙公司重整程序。按照《重整计划》的偿债方式，甲公司所申报的破产债权，其中抵押优先受偿了约 1900 万元，剩余转为普通债权约 1 亿元，受领普通债权偿债资金 50 万元后，转为抵债股票取整为 17062833 股。甲公司在受领偿债资金和抵债股票后，清偿比例为 100%。丙公司《重整计划》债转股的价格，最终定价是每股 5.87 元。乙公司在银川中院裁定确认《重整计划》执行完毕后，向北京四中院提起执行异议，认为主债务已全面清偿，该公司作为保证人不应再承担保证责任，应撤销对该公司的执行。北京四中院裁定撤销该院（2019）京 04 执恢 32 号执行案件中对乙公司的执行。甲公司不服，向北京高院申请复议。北京高院于 2020 年 9 月 28 日作出（2020）京执复 124 号执行裁定，裁定撤销北京四中院（2020）京 04 执异 32 号执行裁定。乙公司不服北京高院复议裁定，向最高人民法院申诉。最高院于 2023 年 7 月 11 日作出（2021）最高法执监 17 号执行裁定，认为甲公司按照《重整计划》获得的债转股股权的实际价值影响到乙公司的责任范围，故应通过评估、参照市场价等方式确定债转股股权实际价值，并确定乙公司是否应当继续承担担保责任及继续承担责任的范围，驳回乙公司的申诉请求。

• 裁判要旨

在重整程序债转股情况下，应当根据股权的实际价值确定担保人是否应当继续清偿。允许债权人对债转股抵债资产不足部分向担保人求偿，并不影响破产重整的效果。债权人不同意重整计划，虽然企业破产法院裁定批准，但债权人并未与债务人实际上就变更债务清偿方式达成一致意见。如果重整计划中每股抵债价格过高，明显偏离其实际价值，则可能损害债权人利益，违反公平原则，应通过评估、参照市场价等方式确定债转股股权实际价值，并确定担保人是否应当继续承担担保责任及继续承担责任的范围。

87. 案外人以债务加入方式与被执行人共同承担债务，申请执行人应注意哪些方面？

【实务要点】

案外人以债务承担方式加入债权债务关系的，执行法院可以在该第三人债务承担范围内对其强制执行。申请执行人应当注意，案外人加入债务的书面承诺必须发生于执行程序中，而且该书面承诺应当向执行法院提交。申请执行人应注意区分案外人所作意思表示的性质，判断其意思表示属于执行担保还是债务加入，依据《民法典担保制度解释》第三十六条规定，如果案外人作出较为明显的担保意思表示，则应当认定为执行担保；如果案外人作出较为明显的债务加入意思表示，则应当认定为债务加入。案外人为企业法人的，以债务加入方式与被执行人共同承担债务的，应当提交《公司法（2023）》、公司章程规定的股东会决议或董事会决议。

【要点解析】

1. 案外人加入债务的书面承诺必须形成于执行依据生效后

在执行过程中，如果案外人自愿向人民法院以书面的形式承诺替被执行人履行生效法律文书确定的债务，申请执行人可以在第三人承诺范围内，请求法院申请变更、追加该第三人为被执行人，应当注意的是，案外人要有明确的自愿代被执行人履行生效法律文书确定的债务的意思表示，且该书面承诺形成于执行依据生效后。若债务加入的书面承诺早于执行依据作出之前，则应通过诉讼程序确定其需共同承担债务，不能在执行程序中直接追加其为被执行人。

2. 案外人共同履行债务的承诺仅向当事人作出的不能追加执行

进入执行程序后，案外人仅向债权人或债务人作出共同履行债务的承诺，不属于《变更追加当事人规定（2020）》第二十四条规定的情形，申请执行人不能直接要求在执行程序中追加或变更被执行人，只能通过另行起诉的方式解决要求案外人承担债务。

3. 审查第三人承诺代被执行人履行债务的要件

（1）第三人通过承诺书的形式，明确表示代被执行人履行生效文书确定的债务

第三人书面承诺是本人自愿签署，具有自愿代被执行人履行生效法律文书确定的债务的真实意思表示并提交至执行法院，据此申请执行人可以申请追加该第三人为本案被执行人。

（2）第三人于执行笔录中签字确认代被执行人履行生效文书确定的债务

在执行法院就案件处理意见进行询问时，第三人明确答复被执行人拖欠申请执行人的债务由其偿还，并对笔录内容签字确认的，可以认定第三人向执行法院自愿承诺代被执行人履行债务。

（3）第三人于执行和解协议中承诺代被执行人履行生效文书确定的债务

执行和解协议虽然本质上属于私法范畴，是双方达成的民事合同，但与执行外和解协

议相比，执行和解协议系双方共同提交执行法院或者一方提交法院另一方认可，系共同请求暂停强制执行程序，是在执行法院监督下的协议。因此，第三人在执行和解协议中明确表示自愿代被执行人偿还债务的，视为向执行法院作出了书面承诺，构成债务加入。

（4）债务加入的案外人是企业法人的，申请执行人应当注意审查案外人提交的相关决议文件

债务加入的效力准用担保规则。债务加入必须以公司股东（大）会、董事会等公司机关的决议作为授权的基础和来源。案外人作为公司仅提交了书面承诺，如果申请执行人没有尽到审查案外人股东会、董事会决议的审慎义务，债务加入对案外人将不产生法律约束力。

【法律依据】

《九民纪要》

23.【债务加入准用担保规则】法定代表人以公司名义与债务人约定加入债务并通知债权人或者向债权人表示愿意加入债务，该约定的效力问题，参照本纪要关于公司为他人提供担保的有关规则处理。

《民法典担保制度解释》

第十二条　法定代表人依照民法典第五百五十二条的规定以公司名义加入债务的，人民法院在认定该行为的效力时，可以参照本解释关于公司为他人提供担保的有关规则处理。

《变更追加当事人规定（2020）》

第二十四条　执行过程中，第三人向执行法院书面承诺自愿代被执行人履行生效法律文书确定的债务，申请执行人申请变更、追加该第三人为被执行人，在承诺范围内承担责任的，人民法院应予支持。

《民法典》

第五百五十二条　第三人与债务人约定加入债务并通知债权人，或者第三人向债权人表示愿意加入债务，债权人未在合理期限内明确拒绝的，债权人可以请求第三人在其愿意承担的债务范围内和债务人承担连带债务。

案例解析

1. 某局一公司与甲公司、乙公司执行复议案【（2017）最高法执复68号，最高院指导案例117号】

• 基本案情

某局一公司与甲公司建设工程施工合同纠纷，经安徽高院调解结案，调

解协议第一条第 6 款第 2 项、第 3 项约定本协议签订后为偿还甲公司欠付某局一公司的工程款，向某局一公司交付付款人为乙公司、收款人为某局一公司（或收款人为甲公司并背书给某局一公司）、金额总计为人民币 6000 万元的商业承兑汇票。同日，安徽高院组织某局一公司、甲公司、乙公司调解的笔录载明，乙公司明确表示自己作为债务承担者加入调解协议，并表示知晓相关的义务及后果。之后，乙公司分两次向某局一公司交付了金额总计为人民币陆千万元的商业承兑汇票，但该汇票因乙公司相关账户余额不足、被冻结而无法兑现，也即某局一公司实际未能收到 6000 万元工程款。某局一公司以甲公司、乙公司未履行调解书确定的义务为由，向安徽高院申请强制执行。案件进入执行程序后，执行法院冻结了乙公司的银行账户。乙公司不服，向安徽高院提出异议称乙公司不是本案被执行人，其已经出具了商业承兑汇票；另外，即使其应该对商业承兑汇票承担代付款责任，也应先执行债务人甲公司，而不能直接冻结乙公司的账户。安徽高院作出（2017）皖执异 1 号执行裁定，支持乙公司的异议申请，并将被执行人变更为甲公司。某局一公司不服，向最高院申请复议。2017 年 12 月 28 日，最高院作出（2017）最高法执复 68 号执行裁定，认为三方当事人在签订调解协议时，有关乙公司出具汇票的意思表示不仅对乙公司出票及当事人之间授受票据等问题作出了票据预约关系范畴的约定，也对乙公司加入某局一公司与甲公司债务关系、与甲公司一起向某局一公司承担债务问题作出了原因关系范畴的约定。因此，根据调解协议，乙公司在票据预约关系层面有出票和交付票据的义务，在原因关系层面有就 6000 万元的债务承担向某局一公司清偿的义务，撤销安徽高院（2017）皖执异 1 号执行裁定。

• 裁判要旨

涉及票据的法律关系，一般包括原因关系（系当事人间授受票据的原因）、资金关系（系指当事人间在资金供给或资金补偿方面的关系）、票据预约关系（系当事人间有了原因关系之后，在发出票据之前，就票据种类、金额、到期日、付款地等票据内容及票据授受行为订立的合同）和票据关系（系当事人间基于票据行为而直接发生的债权债务关系）。其中，原因关系、资金关系、票据预约关系属于票据的基础关系，是一般民法上的法律关系。在分析具体案件时，要具体区分前述四种关系，不能混为一谈。根据民事调解书和调解笔录，第三人以债务承担方式加入债权债务关系的，执行法院可以在该第三人债务承担范围内对其强制执行。债务人用商业承兑汇票来履行执行依据确定的债务，虽然开具并向债权人交付了商业承兑汇票，但因汇票付款账户资金不足、被冻结等不能兑付的，不能认定实际履行了债务，债权人可以请求对债务人继续强制执行。

2. 申请执行人张某某不服不追加第三人车某为被执行人仲裁纠纷执行案【(2022)京执复225号】

• 基本案情

张某某与兴某公司仲裁一案，北京仲裁委于2022年2月28日作出（2022）京仲裁字第0798号裁决，裁决兴某公司向张某某支付本金等费用。张某某依据上述裁决申请强制执行，因被执行人暂无财产可供执行，北京三中院于2022年6月22日作出（2022）京03执463号之一执行裁定，终结北京仲裁委（2022）京仲裁字第0798号裁决的本次执行程序。张某某向北京三中院提供《承诺函》载明："本人系某相关企业的实际控制人，在某相关企业业务转型与债权清兑工作进展过程中作出如下承诺：1. 保证置换方案中的资产真实，并承诺资产处置回笼资金全部应用于转型清兑事宜。2. 本人以及各分公司负责人不失踪不失联，随时配合转型工作组工作，积极配合各地监管部门工作。3. 为尽力保护全体投资人本金不受损失，本人为清兑方案的履行以个人财产、项目底层资产等提供无限连带责任担保"，该《承诺函》落款有第三人车某签字，日期为2021年9月15日。北京三中院认为张某某提供的《承诺书》签订时间是在仲裁裁决作出之前，并非执行过程中，且《承诺书》并未有第三人车某自愿代被执行人履行生效法律文书确定的债务的意思表示，故张某某要求追加车某为被执行人，不符合法律规定的追加条件，对其追加请求不予支持。张某某不服向北京高院申请复议，北京高院维持了北京三中院裁定。

• 裁判要旨

《变更追加当事人规定（2020）》第24条所规定的承诺必须是书面承诺，并且必须形成于执行过程中，而不能形成于执行依据产生之前，且要有明确的自愿代被执行人履行生效法律文书确定的债务的意思表示，否则就不符合追加案外人为被执行人的情形。

88. 执行程序中的债务加入和执行担保有何不同?

【实务要点】

执行程序中的债务加入与执行担保最本质的区别在于，对于执行担保而言，执行法院无须也不能追加担保人为被执行人，而是裁定直接执行担保人的担保财产，这里的担保人既可以是以物提供担保的担保人也可以是提供保证担保的担保人。案外人债务加入的，在执行过程中，申请执行人可向执行法院提出书面申请追加该案外人为被执行人，要求其在承诺范围内承担责任，也即执行法院既可以对其财产采取执行措施，也对其采取限制高消费、列入失信被执行人等执行措施。

【要点解析】

执行担保与债务加入二者的主要区别

1. 是否须经申请执行人同意而不同

被执行人提供执行担保时，人民法院可以决定暂缓执行，因此执行担保须经申请执行人同意。而执行债务加入一般不影响执行程序，无须暂缓执行，故无须经申请执行人同意，但实践中，申请执行人在案外人债务加入同意共同承担债务，实为增加债务清偿能力，申请执行人原则上也不会不同意。

2. 承担责任的条件不同

执行担保、执行中的债务加入虽然表面上都有担保的意思，但二者存在明显区别。案外人提供执行担保，执行法院可以决定暂缓执行及暂缓执行的期限，在暂缓执行期限届满后，被执行人仍不履行义务的，或暂缓执行期间担保人有转移、隐藏、变卖、毁损担保财产等行为的，担保人承担担保责任；而执行中的债务加入系债的加入，其承担责任无须上述事由的出现，申请执行人可以依据《变更追加当事人规定（2020）》追加其为被执行人，并不会产生执行程序的暂缓。

3. 申请执行人行权方式不同

执行担保是执行法院直接裁定执行担保财产或者保证人的财产，不得将担保人变更、追加为被执行人；而执行中的债务加入应当依据相关规定追加当事人。

4. 实体法基础不同

债的担保关系是从属于主债权债务关系的，即执行担保属于从债权债务关系，若主债权债务消灭，担保亦消灭；而加入的债务承担是第三人直接进入主债权债务关系。

【法律依据】

《民法典担保制度解释》

第三十六条　第三人向债权人提供差额补足、流动性支持等类似承诺文件作为增信措施，具有提供担保的意思表示，债权人请求第三人承担保证责任的，人民法院应当依照保证的有关规定处理。

第三人向债权人提供的承诺文件，具有加入债务或者与债务人共同承担债务等意思表示的，人民法院应当认定为民法典第五百五十二条规定的债务加入。

前两款中第三人提供的承诺文件难以确定是保证还是债务加入的，人民法院应当将其认定为保证。

第三人向债权人提供的承诺文件不符合前三款规定的情形，债权人请求第三人承担保证责任或者连带责任的，人民法院不予支持，但是不影响其依据承诺文件请求第三人履行约定的义务或者承担相应的民事责任。

案例解析

申请执行人王某与被执行人某集团民间借贷纠纷、第三人某公司、张某某强制执行一案【(2020)鲁01执复390号】

·基本案情

济南历下法院于2019年4月26日对王某与被执行人某集团民间借贷纠纷一案作出（2019）鲁0102民初239号民事调解书，强制执行过程中，被执行人某集团、案外人某公司、张某某向该院提交《承诺书及执行担保书》及某公司《股东会决议》，载明被执行人某集团于2020年7月31日前支付30万元，于2020年8月31日前支付120万元，于2020年12月8日前支付完毕全部欠付本金及利息（具体款项以【2019】鲁0102民初239号民事调解书所确定的全部欠款数额为准）。执行担保人某公司、张某某对承诺人广某集团的上述付款义务承担连带清偿责任，承诺某集团若有任何一期付款违约，历下法院可以对承诺人某集团的全部欠款数额（具体款项以【2019】鲁0102民初239号民事调解书确定的全部欠款数额为准）进行全额执行并追加执行担保人某公司、张某某作为被执行人，执行担保人某公司、张某某对此无任何异议并同意法院追加其作为被执行人对全部欠款数额承担连带清偿责任。被执行人某集团未按照约定履行还款义务。历下法院于2020年11月26日作出（2020）鲁0102执异237号执行裁定，追加第三人某公司、张某某为本案被执行人，并确定某公司、张某某对（2019）鲁0102民初239号民事调解书中确定的债务承担连带清偿责任。某公司、张某某不服裁定向济南中院申请复议，济南中院认为，本案中，承诺书中明确“承诺人某集团若有任何一期付款违约……”是案外人承担责任的前提，实为执行担保，而非承诺代履行。第三人有同意追加其为被执行人的承诺，并不能得出其有债务加入的意思表示，否则将与债的加入适用变更追加程序的制度设计初衷背道而驰，即使第三人的真实意思是执行担保还是债的加入难以判断，从平衡债权人与第三人利益的角度出发，亦可根据《民法典担保制度解释》第三十六条第三款将其认定为执行担保，历下法院虽适用法律错误，但结果对各方当事人并无影响，无须撤销，维持历下法院一审裁定。

·裁判要旨

《民诉法（2023）》第二百三十一条规定的是执行担保，其实体法基础是担保制度；变更追加规定二十四条规定的是承诺代履行，其实体法基础是债的加入。执行担保人与代履行第三人虽然均有向人民法院承诺承担相应法律责任的意思表示，但二者的构成要件、适用条件和承担责任的方式均有不同。执行担保需经申请执行人同意，代履行无须申请执行人明确表示同意。执行担保人承担责任以被执行人在暂缓执行期限届满后不履行义务或暂缓执行期间担保人有转移、隐藏、变卖、毁损担保财产等事由为前提，而代履行第三人承担责任无须任何担保事由的出现。执行担保中，人民法院可以直接裁定执行担保财产或者保证人的财产，无须将担保人变更、追加为被执行人，但申请执行人若要求代履行第三人承担责任，则必须根据变更追加规定二十四条追加其为被执行人。

第八章

执行制裁措施

89. 生效法律文书未明确被告的违约责任，申请执行人是否可以主张迟延履行期间加倍部分债务利息？

【实务要点】

生效法律文书未明确债务人不履行义务的违约责任，债务人不履行生效法律文书确定的义务，申请执行人可以依据《民诉法（2023）》第二百四十六条主张被执行人承担迟延履行期间加倍部分的债务利息，一般债务利息通常会在生效法律文书中明确。

迟延履行期间加倍部分债务利息为债务人尚未清偿的生效法律文书确定的除一般债务利息之外的金钱债务 × 日万分之一点七五 × 迟延履行期间。

【要点解析】

1. 民事调解书中的一般债务利息与迟延履行期间的加倍部分债务利息不能并用

调解书确定的一般债务利息与迟延履行期间的加倍部分债务利息不得同时适用。加倍支付迟延履行期间的债务利息或支付迟延履行金都是惩罚性的责任，为法定责任。当事人在调解协议中约定的民事责任优先于法定的民事责任，《最高人民法院关于人民法院民事调解工作若干问题的规定（2020 修正）》第十五条的规定即体现了该规则。

在（2021）最高法执监 122 号、（2021）最高法执监 271 号、（2021）最高法执监 401 号、（2023）最高法执监 316 号案件中，最高院认为，人民法院已按照该调解协议约定计算逾期支付的违约金，不应再同时要求债务人按照《民诉法（2023）》第二百六十四条的规定承担迟延履行期间的加倍部分债务利息。因此，为防止债务人可能在调解后拒不履行协议，建议债权人如果以调解形式结案的，应约定债务人如逾期支付，应承担较高的逾期支付违约金。

2. 除民事调解书外的生效法律文书中的一般债务利息和迟延履行期间加倍部分利息可以并用

除人民法院民事调解书外的生效法律文书中确定的一般债务利息与《民诉法（2023）》第二百四十六条规定的迟延履行期间加倍部分利息是两种不同的责任。生效法律文书的违约责任支付一般债务利息是基于双方合同约定，在发生违约事实时产生的合同责任。迟延履行期间支付加倍部分利息是法律规定的责任，其目的是督促被执行人及时履行生效法律文书确定的义务。申请执行人可以要求被执行人同时承担。

【法律依据】

《计算迟延履行债务利息司法解释》

第一条　根据民事诉讼法第二百五十三条规定加倍计算之后的迟延履行期间的债务利息，包括迟延履行期间的一般债务利息和加倍部分债务利息。

迟延履行期间的一般债务利息，根据生效法律文书确定的方法计算；生效法律文书未确定给付该利息的，不予计算。

加倍部分债务利息的计算方法为：加倍部分债务利息＝债务人尚未清偿的生效法律文书确定的除一般债务利息之外的金钱债务×日万分之一点七五×迟延履行期间。

《民诉法（2023）》

第二百六十四条　被执行人未按判决、裁定和其他法律文书指定的期间履行给付金钱义务的，应当加倍支付迟延履行期间的债务利息。被执行人未按判决、裁定和其他法律文书指定的期间履行其他义务的，应当支付迟延履行金。

《民事调解规定（2020）》

第十五条　调解书确定的担保条款条件或者承担民事责任的条件成就时，当事人申请执行的，人民法院应当依法执行。

不履行调解协议的当事人按照前款规定承担了调解书确定的民事责任后，对方当事人又要求其承担民事诉讼法第二百五十三条[11]（现为第二百六十四条）规定的迟延履行责任的，人民法院不予支持。

案例解析

沂水某银行与临沂某集团公司等执行复议案【（2021）鲁执复150号，入库编号：（2024-17-5-202-024）】

• 基本案情

沂水某银行与临沂某集团公司、保证人临沂某动力有限公司、临沂某进出口有限公司、保证人郝某某、保证人薛某某借款合同纠纷，临沂中院于作出（2016）

---

⑪ 现为民诉法（2023）第二百六十四条

鲁13民初347号民事调解书，该民事调解书确认临沂某进出口有限公司于2016年10月11日前偿还申请执行人沂水某银行借款3500万元及利息、复利。如临沂某进出口有限公司未按本协议约定的期限及金额履行债务，沂水某银行有权以质押物（临沂某集团公司在持有的17700000股某公司股份）或者以拍卖、变卖该质押物的价款优先受偿。临沂某动力有限公司、郝某某、薛某某对临沂某进出口有限公司的债务承担连带清偿责任。之后，被执行人均未履行生效法律文书确定的义务。沂水某银行申请执行，执行过程中，该院对质押物临沂某集团公司持有的部分股份，在司法拍卖网络平台上进行了公开拍卖，山东某企业集团总公司以最高价190476331元竞得。除本案3500万元及利息复利外，另有两执行标的相同案件，被执行人三案应偿还本息合计162305142.98元，临沂中院将执行款项163255419.98元（本金15800万元、2016年10月11日前的利息、复利430.514298万元、诉讼费45.77万元、保全费1.5万元、评估费18万元、执行费29.7577万元）发还给沂水某银行。沂水某银行对发还的执行款项数额提出异议，认为其对质押拍卖财产价款具有优先受偿权，优先受偿的范围包括法律规定的自2016年10月12日至2018年5月10日期间的迟延履行金1600.935万元，请求临沂中院依法将上述具有优先受偿的迟延履行金款项发放给沂水某银行。该院未予支持，并分别作出（2016）鲁13执272、273、274号结案报告，将上述三案终结执行。2018年10月9日，临沂中院作出（2018）鲁13执监2号执行裁定：驳回申诉人的申诉请求。沂水某银行不服，向山东高院申诉。山东高院经审查作出（2019）鲁执监107号执行裁定：撤销临沂中院（2018）鲁13执监2号执行裁定。该执行裁定认为，临沂中院适用执行监督程序对申请执行人迟延履行利息的主张作出裁定没有事实和法律依据，剥夺了当事人对该结果不服时依法享有的异议及复议权，程序不当，应予纠正。后沂水某银行向临沂中院提出书面异议。临沂中院于2021年3月16日作出（2021）鲁13执异15号裁定，驳回沂水某银行的异议请求。沂水某银行不服，向山东高院申请复议。山东高院于2021年6月29日作出（2021）鲁执复150号执行裁定，认为（2016）鲁13执273号案件通过拍卖某集团公司所持的质押股权，只是履行调解书中确定的义务，该义务不是调解书确定的一方不履行协议应当承担的民事责任的方式，故不存在排除《民诉法（2023）》第二百六十四条适用的情形。遂撤销临沂市中级人民法院（2021）鲁13执异15号异议裁定，并裁定（2016）鲁13执273号案件继续执行。

• **裁判要旨**

民事调解协议中约定了债务人不履行协议应当承担民事责任时，不履行调解协议的当事人按照约定承担了调解书确定的民事责任后，对方当事人不应当再就《民诉法（2023）》第二百五十三条（现为第二百六十四条）规定的迟延履行责任承担责任。即排除适用《民诉法（2023）》第二百五十三条（现为第二百六十四条）承担迟延履行责任的具体情形是不履行调解协议的当事人承担了调解书确定的民事责任。除此之外不履行调解书确定的义务的，申请执行人可要求不履行调解协议的义务人承担迟延履行责任。

90. 终结本次执行程序期间，是否影响被执行人应承担的迟延履行利息的继续计算？

【实务要点】

非因被执行人的申请，对生效法律文书审查而中止或者暂缓执行的期间及再审中止执行的期间，不计算加倍部分债务利息。其余情形下的终结本次执行程序期间，不影响被执行人应承担的迟延履行利息的继续计算。

【要点解析】

1. 终结本次执行程序多数原因系被执行人未有效履行生效法律文书确定的义务所致

迟延履行支付利息具有一定的惩罚性，是保障性执行措施的一种，在填补债权人遭受的损害、促使债务人按期支付、避免债务人因迟延履行付款义务而可能获得的利息利益方面具有无可替代的意义。只有在非因被执行人申请的原因导致人民法院对生效法律文书审查而中止、暂缓执行或者人民法院再审中止执行的期间内，才不计算迟延履行利息。实践中，终结本次执行程序多数系因被执行人未履行生效法律文书确定的义务导致，此时不影响被执行人承担终本期间迟延履行利息。

2. 暂缓执行的情形

根据《最高人民法院关于正确适用暂缓执行措施若干问题的规定》，当事人或者其他利害关系人申请暂缓执行的，须有以下三种情形之一：①执行措施或者执行程序违反法律规定的；②执行标的物存在权属争议的；③被执行人对申请执行人享有抵销权的。人民法院在收到暂缓执行申请后，应当在十五日内作出决定，并在作出决定后五日内将决定书发送当事人或者其他利害关系人。

3. 中止执行的情形

根据《民诉法（2023）》规定，有下列情形之一的，人民法院应当裁定中止执行：①申请人表示可以延期执行的；②案外人对执行标的提出确有理由的异议的；③作为一方当事人的公民死亡，需要等待继承人继承权利或者承担义务的；④作为一方当事人的法人或者其他组织终止，尚未确定权利义务承受人的；⑤人民法院认为应当中止执行的其他情形。中止的情形消失后，恢复执行。

4. 案外人异议之诉而中止或者暂缓执行的期间仍然应当计算迟延履行利息

《计算迟延履行债务利息司法解释》第三条第三款规定的中止或者暂缓执行期间，是指对作为执行依据的生效法律文书审查而中止或者暂缓执行的期间，而不包括对执行标的物提起案外人异议之诉而中止或者暂缓的期间。案外人对执行标的物提出异议，但作为执行依据的法律文书的效力并未被否定，被执行人主动履行债务的义务未被免除，故案外人异议之诉而中止或者暂缓执行的期间仍然应当计算迟延履行利息。

【法律依据】

《计算迟延履行债务利息司法解释》

第三条　……

非因被执行人的申请，对生效法律文书审查而中止或者暂缓执行的期间及再审中止执行的期间，不计算加倍部分债务利息。

案例解析

1. 贵州某房地产公司与贵州某银行执行监督案【(2020) 最高法执监 423 号，入库编号 2023-17-5-203-013】

• 基本案情

贵阳中院于 2010 年 6 月 10 日作出（2010）筑民二初字第 7 号民事判决，判令贵州某房地产公司向贵州某银行偿还贷款本息 2000 余万元，并确认贵州某银行对贵州某房地产公司名下的相关在建工程享有抵押权。该案立案执行后，贵州某银行以案涉在建工程不具备执行条件等为由申请案件终结本次执行。后贵州某银行向法院申请对该案恢复执行，贵州某房地产公司以贵州某银行自行申请终结本次执行程序、怠于行使抵押权等为由，主张应免除终结本次执行期间的迟延履行债务利息。贵阳中院于 2019 年 12 月 2 日作出（2019）黔 01 执异 747 号执行裁定，驳回贵州某房地产公司的异议请求。该公司不服，向贵州高院申请复议。贵州高院于 2020 年 2 月 25 日作出（2020）黔执复 2 号执行裁定，驳回贵州某房地产公司的复议申请，维持贵阳中院（2019）黔 01 执异 747 号执行裁定。该公司不服，向最高人民法院申诉。最高人民法院于 2021 年 9 月 30 日作出（2020）最高法执监 423 号执行裁定，驳回贵州某房地产公司的申诉。

• 裁判要旨

终结本次执行的实质原因系被执行人未有效履行生效法律文书确定的义务所致，由此带来的迟延履行后果应由被执行人承担。在被执行人无法及时足额支付金钱的情况下，申请执行人可以就案涉抵押物行使优先受偿权，但此系申请执行人的权利而非义务，申请执行人并非只能以接受对案涉抵押物行使优先受偿权的方式来获得清偿，其当然有权要求被执行人按照判决及时足额支付金钱，否则即构成对债权人权利的无端减损，对债权人极为不公。从另一个角度说，在终结本次执行期间，被执行人也可以向法院申请自行处置案涉抵押物，以所得价款向申请执行人清偿债务，其以终结本次执行导致案涉抵押物未被及时拍卖处置为由，要求免除终结本次执行期间的迟延履行利息，对债权人是不公平的。

2. 申请执行人惠某某与被执行人某城乡公司、第三人张某某返还原物纠纷执行审查案【(2016)最高法执监353号】

• 基本案情

2002年8月15日，因张某某无资质开发楼盘，经某城乡建设开发公司授权，以某城乡公司名义委托张某某负责办理拜泉县十字街西北角开发项目的相关事宜，张某某作为工程的实际投资人，2003年5月9日和惠某某一起，与拜泉县人民政府签订了三道镇××字街西北角建筑开发项目的协议书，协议约定：由乙方张某某、惠某某共同投资4798460.00元，承建三道镇××字街西北角工程，面积5452.8平方米，双方对动迁事宜及办理各种手续亦做了相关约定。该楼于2003年10月末竣工完成，因该楼权属发生争议，某城乡公司将惠某某、张某某诉至齐市中院，法院于2004年12月3日作出（2004）齐民一终字第516号民事判决，判令某城乡公司为本案诉争房屋权利人。2004年12月，惠某某在齐市中院起诉某城乡公司、张某某等返还投资款纠纷，齐市中院于2008年5月15日作出（2006）齐民初字第125号民事判决书，某城乡公司给付惠某某投资款2865342.54元及其他费用投资款257752.00元并承担同期银行贷款利息，同时判决综合楼拍卖价款返还本息后余额归张某某，该案判决认定张某某系诉争涉诉房产所属综合楼的负责人，而具有资质开发综合楼的某城乡公司并未对该综合楼进行投资，实际投资人为张某某，惠某某系对张某某个人投资，惠某某在得到投资利益后，余额归张某某所有。2010年4月12日黑龙江省高级人民法院作出（2008）黑民一终字第243号民事判决书，维持原判。在上述案件审理过程中，2005年4月25日，根据惠某某申请，齐市中院作出（2005）齐民初字第6-1号民事裁定书，将三道镇综合楼依法进行了查封，此后该房产处于续封状态，后该执行案件转至哈尔滨铁路运输中级法院，哈尔滨铁路运输中级法院作出（2016）黑71执1号执行裁定书，继续查封了涉诉房屋。（2008）黑民一终字第243号民事判决书作出后，因某城乡公司未履行，惠某某于2010年4月28日向齐齐哈尔中院申请执行。2010年7月2日，该院同意惠某某申请续封原先保全的房产，对综合楼22户房产予以查封，2010年7月27日惠某某申请评估拍卖，后续评估总值5971800元。申请执行人惠某某在明知房产被查封的情况下与刘某某等人签订房屋买卖协议，造成拍卖过程中刘某某等 9 人向该院提出其中 10 户房产执行异议，致使在 2011 年 4 月 26 日，齐齐哈尔中院作出暂停拍卖的通知。后对未提异议的剩余房产进行拍卖。2011 年 5 月 17 日召开剩余 12 户房产的拍卖会，起拍价总额 266 万余元，张某某以 831 万元竞得，但张某某在规定的 15 日内未交纳拍卖款。后续刘某某等人又提起执行异议之诉，最后均被黑龙江高院驳回。在本案后续执行过程中，张某某向公安机关举报惠某某非法处置查封财产，因情节显著轻微，危害不大，公安机关撤销案件。同时，张某某提出执行异议，称执行法院超标的、超时限查封；迟延履行是惠某某造成的，被执行人不应承担迟延履行期间的债务利息；惠某某出售法院查封物，涉嫌犯罪，应赔偿张某某经济损失。齐齐哈尔中院审查认为，张某某关于不支付惠某某迟延履行期间的债务利息的异议理由成立，该院向某城乡公司送达的执行通知书有不当之处，应予纠正。齐齐哈尔中院撤销该院（2010）齐法执字第 23 号执行通知书第一项关于某城乡公司应承担迟延履行期间债务利息或迟延履行金的内容，驳回张某某的其他异议请求。惠某某不服，向黑龙江高院申请复议。黑龙江高院查明的事实与齐齐哈尔中院认定的事实基本一致，但是认为某城乡公司不主动履行生效判决，张某某竞买成交后拒不交纳拍卖款，刘某某等案外人异议被生效判决确认理由不成立后仍未被依法迁出等也是重要原因，齐齐哈尔中院将本案产生迟延履行债务利息原因完全归咎于惠某某，事实证据不足，撤销了齐齐哈尔中院执行异议裁定。异议人张某某不服，向最高院申诉称，黑龙江高院在审查本案时，未按照《执行异议和复议规定（2020）》第十二条规定进行听证，故黑龙江高院令被执行人承担迟延履行期间的债务利息是错误的。最高院认为，只有“非因被执行人的申请，对生效法律文书审查而中止或者暂缓执行的期间及再审中止执行的期间”才不计算加倍部分债务利息。该款规定的中止或者暂缓执行期间是指对作为执行依据的生效法律文书审查而中止或者暂缓执行的期间，而不包括对执行标的物提起案外人异议之诉而中止或者暂缓的期间，因此驳回张某某申诉请求。

• **裁判要旨**

根据《计算迟延履行债务利息司法解释》第三条第三款规定，在被执行人不履行债务的情况下，只有“非因被执行人的申请，对生效法律文书审查而中止或者暂缓执行的期间及再审中止执行的期间”才不计算加倍部分债务利息。该款规定的中止或者暂缓执行期间，是指对作为执行依据的生效法律文书审查而中止或者暂缓执行的期间，而不包括对执行标的物提起案外人异议之诉而中止或者暂缓的期间。执行人或利害关系人对执行行为提出异议，导致法院裁定中止执行或决定暂缓执行仅代表法院暂时停止强制执行行为，但作为执行依据的法律文书的效力并未被否定，被执行人主动履行债务的义务也未被免除，以此推断出，中止执行、暂缓执行与被执行人主动履行债务并无必然联系。

91. 执行法院可以对被执行人采取哪些信用惩戒措施？

【实务要点】

当被执行人不履行生效法律文书确定的义务时，人民法院除对被执行人处以罚款、拘留等措施外，在满足一定的条件下还可以对被执行人采取信用惩戒措施，如列为失信被执行人，将其不履行、不完全履行义务的信息通报其所在单位、征信机构及其他相关机构。

【要点解析】

1. 列为失信被执行人应当符合的条件

并非被执行人不履行生效法律文书确定的义务就会被列为失信被执行人，而是要符合以下条件之一：有履行能力而拒不履行生效法律文书确定义务的；以伪造证据、暴力、威胁等方法妨碍、抗拒执行的；以虚假诉讼、虚假仲裁或者以隐匿、转移财产等方法规避执行的；违反财产报告制度的；违反限制消费令的；无正当理由拒不履行执行和解协议的。

2. 列入失信被执行人名单的期限及补救

除有履行能力而拒不履行生效法律文书确定义务的被列为失信被执行人的，其他情形纳入失信被执行人名单的期限为二年；同时符合多项失信行为或者暴力、威胁方法妨碍、抗拒执行情节严重的，可以延长一至三年。

失信被执行人积极履行生效法律文书确定义务或主动纠正失信行为的，可以提前删除失信信息。

3. 申请执行人也可申请法院将被执行人列入失信被执行人

作为申请执行人，在被执行人符合上述列入失信被执行人法定情形时，可以向执行法院申请将该被执行人列入失信被执行人名单，提交书面申请书，执行法院应当自收到申请之日起十五日内审查并作出决定。

【法律依据】

《民诉法解释（2022）》

第五百一十六条　被执行人不履行法律文书确定的义务的，人民法院除对被执行人予以处罚外，还可以根据情节将其纳入失信被执行人名单，将被执行人不履行或者不完全履行义务的信息向其所在单位、征信机构以及其他相关机构通报。

《失信名单规定（2017）》

第二条　被执行人具有本规定第一条第二项至第六项规定情形的，纳入失信被执行人名单的期限为二年。被执行人以暴力、威胁方法妨碍、抗拒执行情节严重或具有多项失信行为的，可以延长一至三年。

失信被执行人积极履行生效法律文书确定义务或主动纠正失信行为的，人民法院可以决定提前删除失信信息。

第五条　……

申请执行人认为被执行人具有本规定第一条规定情形之一的，可以向人民法院申请将其纳入失信被执行人名单。人民法院应当自收到申请之日起十五日内审查并作出决定。人民法院认为被执行人具有本规定第一条规定情形之一的，也可以依职权决定将其纳入失信被执行人名单。

第八条　人民法院应当将失信被执行人名单信息，向政府相关部门、金融监管机构、金融机构、承担行政职能的事业单位及行业协会等通报，供相关单位依照法律、法规和有关规定，在政府采购、招标投标、行政审批、政府扶持、融资信贷、市场准入、资质认定等方面，对失信被执行人予以信用惩戒。

人民法院应当将失信被执行人名单信息向征信机构通报，并由征信机构在其征信系统中记录。

国家工作人员、人大代表、政协委员等被纳入失信被执行人名单的，人民法院应当将失信情况通报其所在单位和相关部门。

国家机关、事业单位、国有企业等被纳入失信被执行人名单的，人民法院应当将失信情况通报其上级单位、主管部门或者履行出资人职责的机构。

案例解析

最高人民法院 2013 年 11 月 16 日公布五起有关失信被执行人名单制度的典型案例之三：北京某汽车装饰中心等 50 余人与北京某汽车制造有限公司系列执行案

• 基本案情

自 2000 年起至今，北京某汽车制造有限公司作为被执行人在北京市丰台区人民法院有大批执行案件，未执行到位标的额高达 4000 余万元。执行过程中，执行法院查封了被执行人北京某汽车制造有限公司的生产线和其他财产，但因被执行人未尽到保管责任，造成部分查封财产毁损灭失。经北京市价格认证中心鉴定，被查封财产已失去变现条件。之后，执行法院多方查找，均未发现被执行人名下有任何可供执行的银行存款、车辆、房产等财产。被执行人法定代表人长期下落不明，拒不到庭报告财产。众多申请执行人对此十分不满。失信被执行人名单制度出台后，申请人之一北京某汽车装饰中心向执行法院提出申请，要求将被执行人纳入失信被执行人名单。执行法院经过审查，以被执行人违反财产报告制度为由，决定将其纳入失信被执行人名单，并通过《京华时报》《北京青年报》《北京晨报》《法制晚报》《新京报》《北京晚报》进行了曝光。之后，北京电视台《都市晚高峰》《法治进行时》、北京广播电台《北京新闻》、中国法院网、北京法院网等媒体也进行了报道，人民网、新华网、光明网、凤凰网等几十家网站纷纷转载。被执行人看到相关报道后，迫于失信被执行人名单的威慑和舆论压力，主动与执行法院联系，并派代理律师到法院核实其未履行案款数额，表示会尽快通过多种方式履行义务，以消除不良影响。同时，申请执行人通过媒体看到公布失信被执行人信息后，专程向执行法院寄去感谢信，对执行法院的工作表示了理解。

• 典型意义

执行法院将失信被执行人名单信息录入最高人民法院失信被执行人名单库，统一向社会公布，并同时通过报纸、广播、电视、网络等其他方式予以公布。被执行人作为企业，迫于社会压力，为维护其在经济交往中的名声，主动向执行法院表示尽快履行义务，失信被执行人名单制度的信用惩戒功能得以有效发挥。

92. 执行法院可以对哪些主体采取失信被执行人和限制消费执行措施？

【实务要点】

纳入失信被执行人名单的主体，只能是被执行人，包括被追加为被执行人的当事人，但不包括同意执行担保的担保人。单位是失信被执行人的，人民法院不得将其法定代表人、主要负责人、影响债务履行的直接责任人员、实际控制人等纳入失信名单。

采取限制消费措施针对的对象主要包括被执行人及被执行人为单位时的被执行人的法定代表人、主要负责人、影响债务履行的直接责任人员、实际控制人。

【要点解析】

1. 严格限制失信被执行人名单准入范围

2019 年，最高人民法院出台《文明执行理念意见》，明确规定“单位是失信被执行人的，人民法院不得将其法定代表人、主要负责人、影响债务履行的直接责任人员、实际控制人等纳入失信名单”。对于法院可以直接执行但并非被执行人的当事人，法院无权将其纳入失信被执行人名单对象，如提供执行担保的担保人。

2. 限制消费措施的具体情形及适用条件

当被执行人为自然人时，被采取限制消费措施后，不得有以下高消费及非生活和工作必需的消费行为：①乘坐交通工具时，选择飞机、列车软卧、轮船二等以上舱位；②在星级以上宾馆、酒店、夜总会、高尔夫球场等场所进行高消费；③购买不动产或者新建、扩建、高档装修房屋；④租赁高档写字楼、宾馆、公寓等场所办公；⑤购买非经营必需车辆；⑥旅游、度假；⑦子女就读高收费私立学校；⑧支付高额保费购买保险理财产品；⑨乘坐G 字头动车组列车全部座位、其他动车组列车一等以上座位等其他非生活和工作必需的消费行为。

当被执行人为单位的，被采取限制消费措施后，被执行人及其法定代表人、主要负责人、影响债务履行的直接责任人员、实际控制人不得实施上述行为。

限制消费措施采取的条件：被执行人未按执行通知书指定的期间履行生效法律文书确定的给付义务的，人民法院可以采取限制消费措施，限制其高消费及非生活或者经营必需的有关消费。纳入失信被执行人名单的被执行人，人民法院应当对其采取限制消费措施。

3. 限制消费措施一般由申请执行人提出申请，必要时执行法院也可依职权采取。

如果被执行人未在指定期间履行生效法律文书确定的给付义务，申请执行人可以向执行法院书面提出限制消费措施申请，必要时执行法院也可依职权采取。被执行人违反限制消费令进行消费的行为属于拒不履行人民法院已经发生法律效力的判决、裁定的行为，经查证属实的，可处以拘留、罚款；情节严重，构成犯罪的，追究其刑事责任。

4. 申请解除限制高消费主要包括三种情形：被执行人提供确实有效的担保；申请执行人同意解除限制消费措施；被执行人履行完毕生效法律文书确定的义务。

【法律依据】

《文明执行理念意见》

第 16 条　不采取惩戒措施的几类情形。被执行人虽然存在有履行能力而拒不履行生效法律文书确定义务、无正当理由拒不履行和解协议的情形，但人民法院已经控制其足以清偿债务的财产或者申请执行人申请暂不采取惩戒措施的，不得对被执行人采取纳入失信名单或限制消费措施。单位是失信被执行人的，人民法院不得将其法定代表人、主要负责人、影响债务履行的直接责任人员、实际控制人等纳入失信名单。全日制在校生因“校园贷”纠纷成为被执行人的，一般不得对其采取纳入失信名单或限制消费措施。

《限制高消费规定（2015）》

第二条　人民法院决定采取限制消费措施时，应当考虑被执行人是否有消极履行、规避执行或者抗拒执行的行为以及被执行人的履行能力等因素。

第四条　限制消费措施一般由申请执行人提出书面申请，经人民法院审查决定；必要时人民法院可以依职权决定。

第五条　人民法院决定采取限制消费措施的，应当向被执行人发出限制消费令。限制消费令由人民法院院长签发。限制消费令应当载明限制消费的期间、项目、法律后果等内容。

第六条　人民法院决定采取限制消费措施的，可以根据案件需要和被执行人的情况向有义务协助调查、执行的单位送达协助执行通知书，也可以在相关媒体上进行公告。

第九条　在限制消费期间，被执行人提供确实有效的担保或者经申请执行人同意的，人民法院可以解除限制消费令；被执行人履行完毕生效法律文书确定的义务的，人民法院应当在本规定第六条通知或者公告的范围内及时以通知或者公告解除限制消费令。

第十一条　被执行人违反限制消费令进行消费的行为属于拒不履行人民法院已经发生法律效力的判决、裁定的行为，经查证属实的，依照《中华人民共和国民事诉讼法》第一百一十一条的规定，予以拘留、罚款；情节严重，构成犯罪的，追究其刑事责任。

案例解析

1. 郭某某执行监督案【(2023)最高法执监447号】

• 基本案情

福州中院作出（2021）闽01民初1214号民事判决，查明福建某某公司与某辛公司、某船务公司、某甲公司等于2018年6月29日签署《债权收购暨债务重组协议之补充协议》，约定某甲公司自愿以债务加入方式与某辛公司、某船务公司共同向福建某某公司承担重组协议项下债务人的义务和责任。同日，某甲公司就债务加入事项向福建某某公司出具股东决定。该判决判令某辛公司、某船务公司、某甲公司立即共同向福建某某公司偿还重组债务本金43200万元、债务重组宽限补偿金64724194.44元及违约金等。判决书发生法律效力后，福州中院于2022年3月9日，依福建某某公司的申请立案执行。2022年10月13日对被执行人某甲公司及其法定代表人郭某某采取限制消费措施。此后，郭某某向福州中院申请解除对其限消措施。福州中院经审查，于2023年3月24日作出（2022）闽01执448号决定，不予支持郭某某的请求。郭某某不服，向福建高院复议，福建高院维持原决定，郭某某依然不服福建高院复议决定向最高人民法院申诉，以对债务的形成过程并不知情、立案时不是法定代表人为由请求解除对其限制消费措施，最高院认为郭某某多次担任、被免去被执行人某船务公司的法定代表人、经理、董事等。且未提供充分证据证明变更确因被执行人企业经营管理的需要。因此，福建高院驳回郭某中请求解除对其限消措施的复议申请，并无不当，予以维持。

• 裁判要旨

根据相关立法精神，为了防止相关人员假借变更法定代表人、主要负责人逃避债务履行，被执行人的原法定代表人申请解除限制消费措施，需举证证明其并非被执行人的实际控制人、影响债务履行的直接责任人员，且该变更确因被执行人企业经营管理的需要。

2. 邓某与申请执行人李某执行监督案【(2023) 最高法执监 264 号】

• 基本案情

邓某不服浙江高院（2022）浙执复 79 号执行裁定书，以其不是被执行人的法定代表人、主要负责人或实际控制人，在被执行人处也无任何职务，对案涉具体债务的履行没有任何影响和责任，并非“影响债务履行的直接责任人员”，执行裁定对其采取限制消费措施给邓某及所代表的某股权投资公司（以下简称某投资公司）带来极大不便等为由向最高院申诉，最高院认为被执行人嘉兴某管理有限公司是某投资公司的全资子公司。而申诉人邓某系某投资公司的法定代表人、董事长。按照两级法院查明的事实，结合中国证券监督管理委员会浙江监管局（2022）8 号行政处罚决定书认定的情况和邓某本人的申诉理由，可以看出，邓某通过投资关系、协议或者其他安排，能够实际控制被执行人嘉兴某管理有限公司的行为，对本案被执行人的债务履行也产生直接影响。浙江两级法院将邓某列为上述规定的四类人员，采取限制消费措施并不违反法律规定。最高院裁定驳回其申诉。

• 裁判要旨

被执行人为单位的，被采取限制消费措施后，被执行人及其法定代表人、主要负责人、影响债务履行的直接责任人员、实际控制人不得实施高消费及非生活或者经营必需的有关消费的行为。通过投资关系、协议或者其他安排，能够实际控制被执行单位的行为，对本案被执行单位的债务履行产生直接影响，属于影响债务履行的直接责任人员。

93. 如何限制被执行人及相关主体出境?

【实务要点】

被执行人不履行法律文书确定的义务的，人民法院可以对其采取或者通知有关单位协助采取限制出境措施。限制出境措施是通过对被执行人的特定行为进行限制，以间接手段对被执行人拒不履行法律文书确定义务的行为进行惩戒。如果被执行人在境内可能没有财产、没有工作、没有家庭，但是其在境外可能有财产、工作、家庭，限制其出境，也可以给其压力，督促其尽快履行法律文书确定的义务。

【要点解析】

1. 依照《民诉法执行程序解释（2020）》第二十三条，限制出境执行措施的启动有当事人申请和法院依职权两种方式，但在实践当中，大多数情形是需要申请执行人自行申请的。申请执行人应当向执行法院提出书面限制被执行人出境的申请，当被执行人为单位时，可以申请对其法定代表人、主要负责人或者影响债务履行的直接责任人员限制出境。

2. 对于涉外案件，最高人民法院在《第二次全国涉外商事海事审判工作会议纪要》第九十三条明确，对于涉外商事案件当事人，须同时满足四个条件方可对其采取限制出境措施：①在我国确有未结涉外商事纠纷案件；②被采取限制出境的对象是未结案件的当事人或当事人的法定代表人、负责人；③存在逃避诉讼或逃避履行法定义务的可能；④放任其出境可能造成案件难以审理、无法执行。根据2021年12月31日最高人民法院印发《全国涉外商事海事审判工作座谈会会议纪要》第五十条之规定，《第二次全国涉外商事海事审判工作会议纪要》第九十三条规定的“逃避诉讼或者逃避履行法定义务的可能”是指，在民事诉讼中，申请人有较高的胜诉可能性，且被申请人存在利用出境逃避诉讼或逃避履行法定义务的可能。

【法律依据】

《民诉法（2023）》

第二百六十六条　被执行人不履行法律文书确定的义务的，人民法院可以对其采取或者通知有关单位协助采取限制出境，在征信系统记录、通过媒体公布不履行义务信息以及法律规定的其他措施。

《民诉法执行程序解释（2020）》

第二十三条　依照民事诉讼法第二百五十五条[⑫]规定对被执行人限制出境的，应当由申请执行人向执行法院提出书面申请；必要时，执行法院可以依职权决定。

第二十四条　被执行人为单位的，可以对其法定代表人、主要负责人或者影响债务履行的直接责任人员限制出境。

被执行人为无民事行为能力人或者限制民事行为能力人的，可以对其法定代理人限制出境。

《最高人民法院、最高人民检察院、公安部、国家安全部关于依法限制外国人和中国公民出境问题的若干规定》

第（二）条第4项　有未了结民事案件（包括经济纠纷案件）的，由人民法院决定限制出境并执行，同时通报公安机关。

⑫ 现为民诉法（2023）第二百六十六条

案例解析

1. 张某某、南京某公司、江苏某公司等执行监督案[13]【(2022)最高法执监117号】

• 基本案情

南京某公司与江苏某公司、南京C公司不当得利纠纷一案，南京中院于2019年6月21日作出（2018）苏01民初1238号民事判决：一、江苏某公司于判决发生法律效力之日起十日内返还南京某公司1.3亿元及利息(利息自2018年6月16日起至款项实际返还之日止，按银行实际所生利息计算)；二、南京C公司在1亿元范围内对上述第一项判决承担连带责任等。上述判决发生法律效力后，南京某公司申请强制执行，南京中院于2020年3月6日根据申请执行人南京某公司的申请，作出（2019）苏01执1880号执行决定：限制被执行人江苏某公司的法定代表人徐某及实际控制人张某甲、南京C公司的法定代表人张某乙出境。江苏某公司实际控制人张某甲向江苏高院提起执行复议，2021年1月26日，江苏高院作出（2020）苏执复164号复议决定，认为审理中江苏某公司认可是公司实际控制人张某甲安排公司财务人员将案涉1.3亿元从34877账户转出到江苏某公司其他账户，根据以上事实可以认定张某甲系影响债务履行的直接责任人员，驳回张某甲的复议申请，后续其向最高院提起申诉，最高院驳回申诉维持原决定。

• 裁判要旨

根据民事判决记载的内容，江苏某公司认可是公司实际控制人张某甲安排公司财务人员将案涉1.3亿元从34877账户转出到江苏某公司其他账户。执行法院根据以上事实认定张某甲系影响债务履行的直接责任人员并对其采取限制出境措施，并无不当。

2. 蔡某不服限制出境决定申请复议案【(2021)最高法民复 1 号，入库编号:(2023-10-5-202-001)】

• 基本案情

法院经审理查明：美籍华人蔡某因原告就债务纠纷提起诉讼。原告在一审审

[13] 最高人民法院（2022）最高法执监117号执行裁定书

理期间提交证据，证明蔡某存在将来不履行生效判决所确定的债务的可能，请求限制蔡某出境。北京市高级人民法院于2020年6月5日作出（2020）京民终字第261号限制出境决定。蔡某不服向最高人民法院申请复议。最高人民法院于2021年12月25日作出（2021）最高法民复1号决定书：驳回蔡某的复议申请，维持北京市高级人民法院（2020）京民终字第261号限制出境决定。

经查，北京市海淀区人民法院亦审理过涉及某公司诉包括蔡某在内的相关被告借款合同纠纷一案。在该案过程中，有过蔡某因下落不明而无法送达，直至人民法院采取限制其出境措施后才到庭参与诉讼的记录。另因涉嫌合同诈骗，北京市海淀区人民法院和北京市公安局海淀分局均对蔡某采取了限制出境措施。综合蔡某在另案中的情况，法院认为，蔡某在另案中存在消极对待诉讼、拒不履行79号判决所确定义务的行为。本案一审法院判决蔡某对约6600万元的债务承担连带保证责任，虽然本案目前尚在二审审理中，并未最终确定蔡某是否应承担责任，但其仍存在二审被判决承担责任的可能。北京高院鉴于前述情况，对蔡某采取限制出境措施，并未超出合理的裁量限度。

• 裁判要旨

根据《中华人民共和国出境入境管理法》第二十八条第二项的规定，外国人有未了结的民事案件，人民法院决定不准出境的，出入境管理部门可不予准许其出境。人民法院对采取限制出境措施应持极为谨慎的态度，重点审查对当事人不采取限制出境措施是否不利于案件的审理和执行，是否能合理保障可能的胜诉方的利益，是否超出合理的裁量范围等。

94. 如何对被执行人处以罚款、拘留？

【实务要点】

执行案件中，罚款的对象可以是被执行人，也可以是有义务协助调查、执行的单位，拘留的对象可以是被执行人，也可以是有义务协助调查、执行的单位的主要负责人或者直接责任人员。被执行人为单位的，可以对其主要负责人或者直接责任人员予以罚款、拘留。采取上述措施，可由人民法院依职权启动，也可由申请执行人申请人民法院启动。

【要点解析】

执行阶段，申请执行人可以申请适用司法拘留的情形：

第一类为妨害执行类［《民诉法（2023）》第一百一十四条］，如隐藏、转移、变卖、毁损已被查封、扣押的财产，或者已被清点并责令其保管的财产，转移已被冻结的财产的……

第二类为拒不报告类［《民诉法（2023）》第252条］：如被执行人未报告、拒绝报告或者虚假报告财产情况的。

第三类为抗拒执行类［《民诉法解释（2022）》第187条］：如在人民法院哄闹、滞留，不听从司法工作人员劝阻的；故意毁损、抢夺人民法院法律文书、查封标志的；哄闹、冲击执行公务现场、围困、扣押执行或者协助执行公务人员的；拒不交付法律文书指定交付的财物、票证或拒不迁出房屋、退出土地，致使判决、裁定无法执行的……

第四类为拒不履行类［《民诉法解释（2022）》第188条］：如在法律文书发生法律效力后隐藏、转移、变卖、毁损财产或者无偿转让财产、以明显不合理的价格交易财产、放弃到期债权、无偿为他人提供担保等，致使人民法院无法执行的……

第五类为被执行人违规消费类（《限制高消费规定（2015）》第11条）：乘坐交通工具时，选择飞机、列车软卧、轮船二等以上舱位……

申请执行人发现被执行人有上列情形的，可以申请对被执行人采取拘留措施，法院也可依职权采取。

【法律依据】

《民诉法（2023）》

第一百一十六条　被执行人与他人恶意串通，通过诉讼、仲裁、调解等方式逃避履行法律文书确定的义务的，人民法院应当根据情节轻重予以罚款、拘留；构成犯罪的，依法追究刑事责任。

第一百一十七条　有义务协助调查、执行的单位有下列行为之一的，人民法院除责令其履行协助义务外，并可以予以罚款：

（一）有关单位拒绝或者妨碍人民法院调查取证的；

（二）有关单位接到人民法院协助执行通知书后，拒不协助查询、扣押、冻结、划拨、变价财产的；

（三）有关单位接到人民法院协助执行通知书后，拒不协助扣留被执行人的收入、办理有关财产权证照转移手续、转交有关票证、证照或者其他财产的；

（四）其他拒绝协助执行的。

人民法院对有前款规定的行为之一的单位，可以对其主要负责人或者直接责任人员予以罚款；对仍不履行协助义务的，可以予以拘留；并可以向监察机关或者有关机关提出予以纪律处分的司法建议。

第一百一十八条，对个人的罚款金额，为人民币十万元以下。对单位的罚款金额，为人民币五万元以上一百万元以下。

拘留的期限，为十五日以下。

被拘留的人，由人民法院交公安机关看管。在拘留期间，被拘留人承认并改正错误的，人民法院可以决定提前解除拘留。

第一百一十九条　拘传、罚款、拘留必须经院长批准。

拘传应当发拘传票。

罚款、拘留应当用决定书。对决定不服的，可以向上一级人民法院申请复议一次。复议期间不停止执行。

《民诉法解释（2022）》

第一百八十八条　民事诉讼法第一百一十四条第一款第六项规定的拒不履行人民法院已经发生法律效力的判决、裁定的行为，包括：

（一）在法律文书发生法律效力后隐藏、转移、变卖、毁损财产或者无偿转让财产、以明显不合理的价格交易财产、放弃到期债权、无偿为他人提供担保等，致使人民法院无法执行的；

（二）隐藏、转移、毁损或者未经人民法院允许处分已向人民法院提供担保的财产的；

（三）违反人民法院限制高消费令进行消费的；

（四）有履行能力而拒不按照人民法院执行通知履行生效法律文书确定的义务的；

（五）有义务协助执行的个人接到人民法院协助执行通知书后，拒不协助执行的。

第一百九十二条　有关单位接到人民法院协助执行通知书后，有下列行为之一的，人民法院可以适用民事诉讼法第一百一十七条规定处理：

（一）允许被执行人高消费的；

（二）允许被执行人出境的；

（三）拒不停止办理有关财产权证照转移手续、权属变更登记、规划审批等手续的；

（四）以需要内部请示、内部审批，有内部规定等为由拖延办理的。

案例解析

何某违反限制消费令乘坐飞机执行案【最高人民法院发布打击被执行人违反限高令乘机专项整治行动十大典型案例】

• 基本案情

被执行人何某在龙游法院有较多金融借款合同纠纷案件未履行完毕，自2018年起被龙游法院限制消费。龙游法院在开展打击违反限高令专项行动中，发现何某今年1月有往返香港和泰国之间的乘坐飞机记录，龙游法院遂根据乘机线索，及时联系相关部门复核，并向被执行人何某发出传票要求其到法院接受调查。何某表示自己人在香港，并承认了通过个人护照购买香港航空公司的机票规避限制消费令的事实。鉴于何某明知自己系限制消费人员，存在通过特殊方法规避执行的违法行为，龙游法院对其作出罚款10000元的决定，并严肃告知其限制高消费令的强制效力，必须严格遵守规定，不得进行相关消费行为。何某对此表示认可，并缴纳了全部罚款。

• 典型意义

被执行人通过"黄牛"或其他方式购买飞机票、高铁票，属于典型的规避执行行为，严重侵害了申请执行人的合法权益，严重损害了司法权威。执行法院依法依规、严厉打击违反限制消费令的行为，起到了良好的震慑作用，有助于督促被执行人主动履行法律义务，从而营造良好的法治环境和诚实守信的社会风尚。

95. 被执行人拒不执行判决、裁定，可能涉嫌哪些刑事罪名？

【实务要点】

被执行人拒不执行判决、裁定，除执行法院可以对被执行人处以罚款、拘留外，被执行人的行为还可能涉嫌拒不执行判决、裁定罪、非法处置查封、扣押、冻结财产罪、虚假诉讼罪等。

【要点解析】

1. 被执行人拒不执行判决、裁定罪

在执行案件中，被执行人、协助执行义务人、担保人等负有执行义务的人对法院的判决、裁定有能力执行而拒不执行，情节严重的，应当依照《刑法（2023）》的规定，以拒不执行判决、裁定罪处罚。

（1）拒不执行判决、裁定罪的起算时间

根据《刑法第三百一十三条立法解释》第一款，有能力执行而拒不执行判决、裁定的时间应从判决、裁定发生法律效力时起算，而不是从执行立案时起算，只有这样才能与民事诉讼法及相关司法解释协调一致。判决、裁定发生法律效力后，负有执行义务的人有隐藏、转移、故意毁损财产等各种拒不执行行为，致使判决、裁定无法执行，情节严重的，应当以拒不执行判决、裁定罪定罪处罚。

（2）拒不执行判决、裁定罪的主客观要件

客观要件：行为人对人民法院的裁判文书有能力执行；行为人拒不执行生效法律文书确定的给付义务；行为类型（定罪条件）约为 12 种，具体分为《刑法第三百一十三条立法解释》规定的 4 种情形以及《拒执案件司法解释（2020）》规定的 8 种情形，合计 12 种具体情形。

主观要件：犯罪主体包括负有执行义务的被执行人、协助执行义务人、担保人；负有执行义务的有关单位及其直接负责的主管人员和其他直接责任人员；利用职权妨害执行的国家机关工作人员；主观方面为故意，明知是人民法院依法作出的具有执行内容并已发生法律效力的判决、裁定而故意不执行。

（3）司法拘留是否为拒执罪的前置程序

不是。法律法规规定的是“对拒不执行判决、裁定情节严重的人，‘可以’先行司法拘留”，而非“应当”，所以司法拘留并非移送公安机关的前置程序和必经程序。因此，法院可以未经司法拘留，直接将涉嫌犯罪的被执行人移送公安机关立案侦查。

2. 被执行人非法处置查封、扣押、冻结的财产罪

在执行程序中，被执行人常常隐匿、转移财产，甚至隐藏、转移、变卖、故意毁损已被司法机关查封、扣押、冻结的财产，以达到逃避执行的目的，此时申请执行人可以考虑追究被执行人非法处置查封、扣押、冻结的财产罪，申请执行人可以依法向公安机关提出控告。

3. 被执行人虚假诉讼罪

在执行异议和执行异议之诉领域，有的被执行人以捏造的事实对执行标的提出异议，例如为阻止法院对其名下房产进行强制执行，冒用他人身份，虚构购房事实，向法院提供虚假证据材料，以案外购房人的名义向法院提出执行异议等情形。2021 年 11 月 9 日，最高人民法院在发布 10 起法院整治虚假诉讼典型案例中指出，执行异议和执行异议之诉领域是虚假诉讼较为典型的领域。被执行人虚假诉讼的类型主要有：

（1）向法院申请执行基于捏造的事实作出的仲裁裁决、调解书及公证债权文书。例如，当事人故意虚构、捏造事实，以虚构、捏造的事实提起仲裁，当仲裁机构作出仲裁裁决书后，又据此向法院申请强制执行，以此损害他人的合法权益。

（2）在民事执行过程中以捏造的事实对执行标的提出异议。例如，被执行人为阻止法院对其名下房产进行强制执行，冒用他人身份，虚构购房事实，向法院提供虚假证据材料，以购房人的名义，向法院提出执行异议。

（3）在民事执行过程中以捏造的事实申请参与分配。例如，被执行人与其债权人恶意串通，隐瞒一部分债权债务关系已经因清偿而消灭的事实，以该部分债权债务关系仍然存在为由提起民事诉讼，并在诉讼过程中达成调解协议，致使法院基于捏造的事实作出民事调解书。其他债权人以此调解书为执行依据，申请参与分配执行财产。

【法律依据】

《刑法（2023）》

第三百一十三条　【拒不执行判决、裁定罪】对人民法院的判决、裁定有能力执行而拒不执行，情节严重的，处三年以下有期徒刑、拘役或者罚金；情节特别严重的，处三年以上七年以下有期徒刑，并处罚金。

单位犯前款罪的，对单位判处罚金，并对其直接负责的主管人员和其他直接责任人员，依照前款的规定处罚。

第三百一十四条　【非法处置查封、扣押、冻结的财产罪】隐藏、转移、变卖、故意

毁损已被司法机关查封、扣押、冻结的财产，情节严重的，处三年以下有期徒刑、拘役或者罚金。

第三百零七条之一　【虚假诉讼罪】以捏造的事实提起民事诉讼，妨害司法秩序或者严重侵害他人合法权益的，处三年以下有期徒刑、拘役或者管制，并处或者单处罚金；情节严重的，处三年以上七年以下有期徒刑，并处罚金。

单位犯前款罪的，对单位判处罚金，并对其直接负责的主管人员和其他直接责任人员，依照前款的规定处罚。

《刑法第三百一十三条立法解释》

第一款　刑法第三百一十三条规定的"人民法院的判决、裁定"，是指人民法院依法作出的具有执行内容并已发生法律效力的判决、裁定。

第二款　下列情形属于刑法第三百一十三条规定的"有能力执行而拒不执行，情节严重"的情形：

（一）被执行人隐藏、转移、故意毁损财产或者无偿转让财产、以明显不合理的低价转让财产，致使判决、裁定无法执行的；

（二）担保人或者被执行人隐藏、转移、故意毁损或者转让已向人民法院提供担保的财产，致使判决、裁定无法执行的；

（三）协助执行义务人接到人民法院协助执行通知书后，拒不协助执行，致使判决、裁定无法执行的；

（四）被执行人、担保人、协助执行义务人与国家机关工作人员通谋，利用国家机关工作人员的职权妨害执行，致使判决、裁定无法执行的；

（五）其他有能力执行而拒不执行，情节严重的情形。

《拒执案件司法解释（2020）》

第一条　被执行人、协助执行义务人、担保人等负有执行义务的人对人民法院的判决、裁定有能力执行而拒不执行，情节严重的，应当依照刑法第三百一十三条的规定，以拒不执行判决、裁定罪处罚。

《最高人民法院、司法部、中华全国律师协会关于深入推进律师参与人民法院执行工作的意见》

第 7 条　充分发挥律师在防范和打击规避执行行为中的作用。被执行人的代理律师应当向当事人释明不履行法律义务的后果，引导、协助其尊重生效法律文书，依法履行义务。被执行人存在失信等违法情形的，申请执行人的代理律师可以协助申请执行人依法申请人民法院采取限制消费、纳入失信被执行人名单等措施。被执行人有能力执行而拒不执行判决、裁定，情节严重、涉嫌犯罪的，申请执行人的代理律师可以依法调查取证，协助申请执行人依法向公安机关提出控告或向人民法院提起自诉。

人民法院应当加大对规避执行行为的防范和打击力度，对符合法定情形的被执行人，依法及时纳入失信被执行人名单。对恶意逃避执行及转移、隐匿财产的被执行人，依法及时适用拘留、罚款等强制措施；对涉嫌拒不执行判决、裁定，非法处置查封、扣押、冻结财产，以及妨害公务犯罪的行为人，应当将案件依法移送公安机关立案侦查。代理律师引导帮助申请执行人提起刑事自诉的，人民法院执行部门应当支持配合，刑事审判部门应当及时受理和裁判。

案例解析

1. 毛某某拒不执行判决、裁定案【指导案例 71 号，入库编号：（2016-18-1-301-001）】

• 基本案情

浙江省平阳县人民法院于 2012 年 12 月 11 日作出（2012）温平鳌商初字第 595 号民事判决，判令被告人毛某某于判决生效之日起 15 日内返还陈某某挂靠在其名下的温州某某包装制品有限公司投资款 200000 元及利息。该判决于 2013 年 1 月 6 日生效。因毛某某未自觉履行生效法律文书确定的义务，陈某某于 2013 年 2 月 16 日向平阳县人民法院申请强制执行。立案后，平阳县人民法院在执行中查明，毛某某于 2013 年 1 月 17 日将其名下的浙 CVU6**小型普通客车以 150000 元的价格转卖，并将所得款项用于个人开销，拒不执行生效判决。毛某某于 2013 年 11 月 30 日被抓获归案后如实供述了上述事实。浙江省平阳县人民法院于 2014 年 6 月 17 日作出（2014）温平刑初字第 314 号刑事判决：被告人毛某某犯拒不执行判决罪，判处有期徒刑十个月。宣判后，毛某某未提起上诉，公诉机关未提出抗诉，判决已发生法律效力。

• 裁判要旨

生效法律文书进入强制执行程序并不是构成拒不执行判决、裁定罪的要件和前提，有能力执行而拒不执行判决、裁定的时间应从判决、裁定发生法律效力时起算，符合立法原意、与《民诉法（2023）》及其司法解释协调一致、符合立法目的，避免生效裁判沦为一纸空文，从而使社会公众真正尊重司法裁判，维护法律权威。

2. 彭某等拒不执行判决案【（2023）皖 01 刑终 760 号，入库编号：（2024-05-1-301-001）】

• 基本案情

2021 年 7 月 14 日，安徽省庐江县人民法院以（2021）皖 0124 民初 4540 号民事判决，判决某铜业公司支付某铸造公司货款 153330 元及利息。该民事判决生效后，因某铜业公司未自觉履行该判决确定的义务，2021 年 8 月 18 日某铸造公司向庐江县人民法院申请强制执行，庐江县人民法院于 2021 年 10 月 13 日立案执行并于同日要求某铜业公司向庐江县人民法院报告财产。在 2021 年 12 月 21 日，某铜业公司与某铸造公司达成执行和解协议。执行和解协议履行期间，彭某（系某铜业公司的法定代表人）明知某铜业公司的对公账户已被庐江县人民法院冻结的情况下，为使该公司的收入款项不被执行，分别于 2022 年 10 月 8 日、18 日用彭某的私人账户接受、转移甘某转入的某铜业公司铜精砂预付款 170 万元，且未向庐江县人民法院报备，致使庐江县人民法院生效的（2021）皖 0124 民初 4540 号民事判决无法执行。彭某在庐江县公安局侦查某铜业公司拒不支付劳动报酬案期间，如实供述庐江县公安局未掌握的本案犯罪事实，是自首。安徽省庐江县人民法院于 2023 年 8 月 9 日作出（2023）皖 0124 刑初 206 号刑事判决：一、被告单位某铜业公司犯拒不执行判决罪，判处罚金人民币十万元，限于本判决生效后十日内缴纳；二、被告人彭某犯拒不执行判决罪，判处有期徒刑八个月。宣判后，被告单位某铜业公司、被告人彭某均提出上诉。安徽省合肥市中级人民法院于 2023 年 11月 3 日作出（2023）皖 01 刑终 760 号刑事裁定，驳回上诉，维持原判。

• 裁判要旨

关于转移、隐藏财产等行为发生于执行和解阶段是否构罪的问题。拒不执行判决、裁定罪中规定的“有能力执行而拒不执行”的行为起算时间一般应从民事判决发生法律效力时起算，而不是从执行立案时起算。根据举轻以明重的原则，本案是在执行阶段达成执行和解，被申请执行人在此阶段转移、隐藏财产，应属于“有能力执行而拒不执行”的情形。人民法院要严格区分账户内被执行人自有资金与客户交易资金，并对被执行人自有资金予以执行。司法实践中，一般不区分经营性收入和非经营性收入，除非被执行单位专款专用的钱款或者涉及第三人的财产等，才不会被强制执行。

3. 杨某荣、颜某英、姜某富拒不执行判决、裁定案【（2018）浙 08 刑终 33 号，入库编号：（2023-05-1-301-001）】

• 基本案情

2015 年 1 月 17 日，被告人杨某荣委托他人邀请郑某宏为杨某荣、颜某英夫妻拆除位于衢州市衢江区 × × 镇李某村的养殖用房，在工作过程中郑某宏摔伤，之后在医院治疗。2015 年 2 月期间，杨某荣、颜某英见郑某宏伤势严重需大额医药费，发现郑某宏家人在打探自己位于衢州市衢江区 × × 镇房产的消息，为了避免该房产在之后的民事诉讼中被法院拍卖执行，杨某荣、颜某英多次找到朋友被告人姜某富，劝说其帮忙，欲将涉案房产抵押给姜某富。姜某富在自己和杨某荣夫妻的真实债务仅为 30 余万元的情况下，由杨某荣出具了共计 300 万元的借条，同时姜某富出具了一张 300 万元的收条给杨某荣、颜某英，以抵销该 300 万元的债务。后杨某荣、颜某英及姜某富以该笔虚构的 300 万元债务，于 2015 年 2 月 25 日办理了抵押登记，姜某富为杨某荣所有的涉案房产的抵押权人，债权数额为 300 万元，抵押期限自 2015 年 2 月 15 日至 2033 年 2 月 14 日。2015 年 4 月 15 日郑某宏死亡，共花费医药费 20 余万元，被告人杨某荣、颜某英前后共支付郑某宏家属约 20 万元，其他损失双方未达成协议。郑某宏家属向衢江区人民法院提起民事诉讼，法院于同年 10 月 8 日作出民事判决，判决杨某荣、颜某英赔偿郑某宏家属因郑某宏死亡的各项损失共计 375526.66 元（不包括杨某荣、颜某英已赔偿的部分）。判决生效后，杨某荣、颜某英未按判决履行赔偿义务，郑某宏家属向衢江区人民法院申请强制执行，法院于 2015 年 11 月 16 日立案受理。衢江区人民法院在对该案执行过程中，查询到被告人杨某荣、颜某英夫妻名下存款仅数千元，但杨某荣名下有一套位于衢州市衢江区 ×× 镇的房产，已于 2015 年 2 月 25 日抵押给姜某富。法院执行人员多次联系作为被执行人的杨某荣、颜某英了解房产情况，并在向姜某富了解其与杨某荣、颜某英借款及抵押情况时，杨某荣、颜某英表示无财产无能力全额赔偿，姜某富表示其享有杨某荣、颜某英 300 万元的债权真实，杨某荣、颜某英位于衢州市衢江区 ×× 镇 ×× 路的房产已抵押给其，导致涉案民事生效判决无法执行到位。

• 裁判要旨

从时间上看，构成拒不执行判决、裁定罪的行为应当是从裁判生效后开始计算，但对于在民事裁判生效前，甚至在进入民事诉讼程序前，转移、隐匿财产等行为是否构成拒不执行判决、裁定罪有争议。应当认为，只要转移、隐匿财产等行为状态持续至民事裁判生效后，且情节严重的，即可构成拒不执行判决、裁定罪。概言之，隐藏、转移财产等行为延续至民事裁判生效后，属于执行阶段中的拒不执行判决、裁定行为，应以拒不执行判决、裁定罪论处。

4. 苏州市某公司、艾某拒不执行裁定案【(2022) 浙 0206 刑初 488 号，入库编号：(2024-05-1-301-002)】

• 基本案情

2020 年 9 月 11 日，宁波市某公司因买卖合同纠纷将被告人艾某及其经营的苏州市某公司诉至宁波市北仑区人民法院，同年 9 月 24 日，法院将苏州市某公司的 12 台机器设备保全查封。同年 10 月 10 日，经法院主持调解，双方达成调解协议：1.苏州市某公司欠宁波市某公司货款及利息等费用共计 171.7 万元，2020

年 10 月 31 日前支付 10 万元，余款于 2021 年 11 月底前分期支付；2.被告人艾某对前述付款义务承担连带清偿责任。该协议于当日发生法律效力。2020 年 11 月 4 日，宁波市某公司向北仑区人民法院申请强制执行，法院于 2020 年 11 月 4 日向被告单位及被告人艾某发出执行通知书，责令被告单位及被告人艾某履行前述民事调解书确定的法律义务，并于同月 6 日作出（2020）浙 0206 执 3150 号执行裁定书，裁定被告单位及被告人艾某履行付款义务。2021 年 3 月 3 日，被告人艾某、苏州市某公司与宁波市某公司达成执行和解协议，承诺分期付款。后被执行人艾某未如约履行，且将法院查封的 12 台机器设备变卖、处置，将所得款项 53 万元以上挪作他用，导致该案无法执行。在法院审理过程中，被告单位缴纳执行款 10 万元。浙江省宁波市北仑区人民法院于 2022 年 4 月 28 日作出（2022）浙 0206 刑初 488 号刑事判决：一、被告单位苏州市某公司犯拒不执行裁定罪，判处罚金人民币五万元；二、被告人艾某犯拒不执行裁定罪，判处有期徒刑一年二个月。宣判后，被告人没有上诉、抗诉，判决已发生法律效力。

• **裁判要旨**

在案件进入强制执行阶段，人民法院查封、扣押、冻结的财产被非法处置导致不能执行的，属于拒不执行判决、裁定罪与非法处置查封、扣押、冻结的财产罪的竞合。对此，基于全面评价和罪责刑相适应原则的考量，可以适用拒不执行判决、裁定罪。

96. 公安机关对被执行人拒不执行判决、裁定犯罪行为不立案侦查的，申请执行人可以采取哪些措施？

【实务要点】

申请执行人有证据足以证明负有执行义务的人拒不执行判决、裁定，应当追究刑事责任，已提出过控告，但是公安机关或者检察机关对负有执行义务的人不予追究刑事责任的，申请执行人可以依法提请检察院监督，也可直接向法院提起自诉，请求判令被执行人构成拒不执行判决、裁定罪。

【要点解析】

申请执行人有证据证明同时具有下列情形，可以直接向法院提起自诉，要求法院追究被执行人拒不执行判决、裁定罪的刑事责任：（一）负有执行义务的人拒不执行判决、裁定，侵犯了申请执行人的人身、财产权利，应当依法追究刑事责任的；（二）申请执行人曾经提出控告，而公安机关或者人民检察院对负有执行义务的人不予追究刑事责任的。

【法律依据】

《拒执案件司法解释（2020）》

第三条　申请执行人有证据证明同时具有下列情形，人民法院认为符合刑事诉讼法第二百一十条第三项规定的，以自诉案件立案审理：

（一）负有执行义务的人拒不执行判决、裁定，侵犯了申请执行人的人身、财产权利，应当依法追究刑事责任的；

（二）申请执行人曾经提出控告，而公安机关或者人民检察院对负有执行义务的人不予追究刑事责任的。

第五条　拒不执行判决、裁定刑事案件，一般由执行法院所在地人民法院管辖。

《最高人民法院关于拒不执行判决、裁定罪自诉案件受理工作有关问题的通知》

第一条　【公安机关拖延拒执罪立案的，法院可以自诉案件立案审理】申请执行人向公安机关控告负有执行义务的人涉嫌拒不执行判决、裁定罪，公安机关不予接受控告材料或者接受控告材料后60日内不予书面答复，申请执行人有证据证明该拒不执行判决、裁定行为侵犯了其人身、财产权利，应当依法追究刑事责任的，人民法院可以以自诉案件立案审理。

第二条　【法院移送拒执罪立案未被受理的，可以自诉案件立案审理】人民法院向公安机关移送拒不执行判决、裁定罪线索，公安机关决定不予立案或者在接受案件线索后60日内不予书面答复，或者人民检察院决定不起诉的，人民法院可以向申请执行人释明；申请执行人有证据证明负有执行义务的人拒不执行判决、裁定侵犯了其人身、财产权利，应当依法追究刑事责任的，人民法院可以以自诉案件立案审理。

案例解析

1. 甲公司、吕某拒不执行判决立案监督案【检例第92号】

• 基本案情

2017年8月16日，青浦法院判决甲公司支付乙公司3250995.5元及相关利息。上海市第二中级人民法院驳回甲公司上诉，维持原判。2017年11月7日，乙公司向青浦法院申请执行。2018年5月9日，青浦法院组织甲公司与乙公司达成和解协议。但甲公司多次拒不履行协议。2019年5月6日，乙公司以甲公司拒不执行判决为由，向青浦公安机关控告，青浦公安机关决定不予立案。2019年6月3日，乙公司向青浦检察院提出监督申请，请求检察机关监督立案。青浦检察院调查发现，甲公司在诉讼过程中，将法定代表人吕某变更为马某某，导致法院无法查明甲公司资产。并且2018年5月至2019年1月，作为甲公司实际经营人的吕某要求丙控股集团江西南昌房地产事业部以汇票形式支付2506.99万元工程款，并背书转让给吕某实际经营的上海某装饰工程有限公司，用于甲公司的日常经营使用。2019年7月9日，青浦检察院要求青浦公安说明不立案理由，后经审查认为该理由不成立。2019年8月6日，青浦检察院向青浦公安发出《通知立案书》并一并移交调查获取的证据。2019年8月11日，青浦公安对甲公司涉嫌拒不执行判决罪立案侦查。侦查期间，甲公司向乙公司支付了全部执行款，甲公司与吕某自愿认罪认罚。2019年12月10日，青浦法院判决甲公司、吕某犯拒不执行判决罪。被告单位及被告人均未提出上诉。

• 裁判要旨

青浦检察院认为，负有执行义务的单位和个人以更换企业名称、隐瞒到期收入等方式妨害执行，致使已经发生法律效力的判决、裁定无法执行，情节严重的，应当以拒不执行判决、裁定罪予以追诉。申请执行人认为公安机关对拒不执行判决、裁定的行为应当立案侦查而不立案侦查，向检察机关提出监督申请的，检察机关应当要求公安机关说明不立案的理由。经调查核实，认为公安机关不立案理由不能成立的，应当通知公安机关立案。对于通知立案的涉企业犯罪案件，应当依法适用认罪认罚从宽制度。

2. 上诉人李某某自诉某村民委员会拒不执行判决罪案【(2018)粤01刑终1673号】

• 基本案情

2008年7月15日，申请执行人就涉案执行款项向原审法院申请了强制执行，生效判决历经十年未能执行。2017年。申请执行人李某某发现某村民委员会自2005年仅商铺和学校的租金收入已过100万元，且根据村委村务公开栏中公示的财务报表、资产负债表等显示，某村民委员会有1151479.02元银行存款，且负债和所有者权益总计为12570843.37元，然而某村民委员会拒绝按照《财产报告令》报告财产，拖延执行判决。2018年1月4日，申请执行人向广州市公安局增城区公安分局永宁派出所报案，该所虽出具了报警回执及受案回执，但超过60日不予书面答复，申请执行人李某某遂向广州市增城区人民法院自诉，广州市增城区人民法院作出（2018）粤0118刑初903号刑事裁定，裁定不予受理，申请执行人李某某向广东省广州市中级人民法院上诉，广东省广州市中级人民法院审理后裁定，指令广东省广州市增城区人民法院立案受理。

• 裁判要旨

申请执行人提供的证据，基本证明被执行人在有执行能力的情况下拒不执行判决，其行为侵犯了申请执行人的财产权利。同时，申请执行人为此曾向公安机关控告被执行人涉嫌拒不执行判决罪，公安机关在接受控告材料后 60 日内不予书面答复。申请执行人的起诉符合上述法律规定，故对于申请执行人提起的刑事自诉，人民法院依法应予受理。

第九章

终结本次执行程序

97. 执行法院在什么情况下会终结本次执行程序？

【实务要点】

执行法院在满足下列条件时，可以终结本次执行程序：（一）已向被执行人发出执行通知、责令被执行人报告财产；（二）已向被执行人发出限制消费令，并将符合条件的被执行人纳入失信被执行人名单；（三）已穷尽财产调查措施，未发现被执行人有可供执行的财产或者发现的财产不能处置；（四）自执行案件立案之日起已超过三个月；（五）被执行人下落不明的，已依法予以查找；被执行人或者其他人妨害执行的，已依法采取罚款、拘留等强制措施，构成犯罪的，已依法启动刑事责任追究程序。

【要点解析】

终结本次执行程序，是指在执行程序开始后，人民法院按照执行程序要求，履行了法定执行手续，采取了相应强制措施，穷尽了执行手段和方法，在查明被执行人确无可供执行的财产，或者被执行人暂时无履行能力的情况下，暂时阶段性结束强制执行并作结案处理，待发现可供执行财产后继续恢复执行的一项制度。

执行终结是执行完毕后的终结本次执行程序，终结本次执行是执行未完毕，但是本次已经不具备执行条件的终结本次执行程序。终结本次执行后，被执行人负有继续向申请执行人履行债务的义务。申请执行人也可申请执行法院恢复执行。

【法律依据】

《终本执行规定》

第一条　人民法院终结本次执行程序，应当同时符合下列条件：

（一）已向被执行人发出执行通知、责令被执行人报告财产；

（二）已向被执行人发出限制消费令，并将符合条件的被执行人纳入失信被执行人名单；

（三）已穷尽财产调查措施，未发现被执行人有可供执行的财产或者发现的财产不能处置；

（四）自执行案件立案之日起已超过三个月；

（五）被执行人下落不明的，已依法予以查找；被执行人或者其他人妨害执行的，已依法采取罚款、拘留等强制措施，构成犯罪的，已依法启动刑事责任追究程序。

第三条 本规定第一条第三项中的“已穷尽财产调查措施”，是指应当完成下列调查事项：

（一）对申请执行人或者其他人提供的财产线索进行核查；

（二）通过网络执行查控系统对被执行人的存款、车辆及其他交通运输工具、不动产、有价证券等财产情况进行查询；

（三）无法通过网络执行查控系统查询本款第二项规定的财产情况的，在被执行人住所地或者可能隐匿、转移财产所在地进行必要调查；

（四）被执行人隐匿财产、会计账簿等资料且拒不交出的，依法采取搜查措施；

（五）经申请执行人申请，根据案件实际情况，依法采取审计调查、公告悬赏等调查措施；

（六）法律、司法解释规定的其他财产调查措施。

人民法院应当将财产调查情况记录入卷。

第四条 本规定第一条第三项中的“发现的财产不能处置”，包括下列情形：

（一）被执行人的财产经法定程序拍卖、变卖未成交，申请执行人不接受抵债或者依法不能交付其抵债，又不能对该财产采取强制管理等其他执行措施的；

（二）人民法院在登记机关查封的被执行人车辆、船舶等财产，未能实际扣押的。

《执行立案结案意见》

第十六条 有下列情形之一的，可以以“终结本次执行程序”方式结案：

（一）被执行人确无财产可供执行，申请执行人书面同意人民法院终结本次执行程序的；

（二）因被执行人无财产而中止执行满两年，经查证被执行人确无财产可供执行的；

（三）申请执行人明确表示提供不出被执行人的财产或财产线索，并在人民法院穷尽财产调查措施之后，对人民法院认定被执行人无财产可供执行书面表示认可的；

（四）被执行人的财产无法拍卖变卖，或者动产经两次拍卖、不动产或其他财产权经三次拍卖仍然流拍，申请执行人拒绝接受或者依法不能交付其抵债，经人民法院穷尽财产调查措施，被执行人确无其他财产可供执行的；

（五）经人民法院穷尽财产调查措施，被执行人确无财产可供执行或虽有财产但不宜强制执行，当事人达成分期履行和解协议，且未履行完毕的；

（六）被执行人确无财产可供执行，申请执行人属于特困群体，执行法院已经给予其适当救助的。

……

案例解析

某有限公司、焦某某等合同纠纷执行监督案【（2022）最高法执监 51 号】

• 基本案情

因焦某某未履行法律文书确定的义务，某有限公司向武汉海事法院申请执行，武汉海事法院于2019年5月7日立案执行。2019年5月9日，武汉海事法院通过最高人民法院总对总查控系统查询了焦某某的财产，查明焦某某名下除银行账户有约3000元存款外，再无其他财产可供执行。后武汉海事法院限制焦某某高消费，并冻结了焦某某的银行账户。同时，根据某有限公司的申请，武汉海事法院查封了登记在某有限公司名下、但由焦某某实际控制和经营的"鑫盛24"轮所有权。因双方当事人有多起纠纷，焦某某一家在"鑫盛24"轮上生活、居住，且焦某某曾因心脏病于2006年做过心脏安装支架手术，故为了缓和矛盾，武汉海事法院暂未实际扣押"鑫盛24"轮，认为"鑫盛24"轮目前不宜处置。此外，武汉海事法院穷尽财产调查措施，未发现焦某某有可供执行的银行存款、房产、车辆、船舶等财产或发现的财产不能处置，故认为本案暂不具备继续执行的条件，终结本次执行程序。某有限公司不服，向湖北高院申请复议，湖北高院维持原裁定，某有限公司向最高人民法院申诉，最高院认为，如果认为处置被执行人的"鑫盛24"轮会影响被执行人的生存权，且无法处置，则需要进一步查清以下事实：一、"鑫盛24"轮的市场价值是多少，与本案执行标的数额之间具有多大差额，是否存在无益执行情形；二、"鑫盛24"轮作为液化气运输船舶，是否适宜居住，是否存在对长江航行及长江生态环境造成严重影响，当地海事部门、安全生产部门要求移泊的问题；三、被执行人是否仅有"鑫盛24"轮作为"唯一住所"，本案是否可参照《执行异议和复议规定（2020）》第二十条处置被执行人及其所扶养家属维持生活必需的居住房屋规定，采取安排其他住所的执行措施的问题。执行法院应在查清上述基本事实的前提下，再根据《终本执行规定》的规定判断本案是否符合终结本次执行程序的条件，遂撤销湖北高院和武汉海事法院裁定。

• 裁判要旨

执行法院虽然已经穷尽财产调查措施，但对已查明的财产既未采取依法拍卖、变卖措施，亦未尝试采取强制管理措施的情况下，直接认定该财产不能处置，不完全符合前述关于终结本次执行程序司法解释的规定。

98. 终结本次执行程序后，何时可申请恢复执行？

【实务要点】

终结本次执行程序后，申请执行人发现有可供执行的财产或变更追加被执行人，均可以申请恢复执行，不受申请执行时效期间的限制。

【要点解析】

执行时效指债权人依据生效法律文书申请强制执行的时效期间,《民诉法(2023)》规定申请执行的期间为二年。终结本次执行程序后，申请执行人发现被执行人有可供执行的财产或变更追加被执行人的，可以申请恢复执行，不受申请执行时效期间的限制。

【法律依据】

《终本执行规定》

第九条　终结本次执行程序后，申请执行人发现被执行人有可供执行财产的，可以向执行法院申请恢复执行。申请恢复执行不受申请执行时效期间的限制。执行法院核查属实的，应当恢复执行。

终结本次执行程序后的五年内，执行法院应当每六个月通过网络执行查控系统查询一次被执行人的财产，并将查询结果告知申请执行人。符合恢复执行条件的，执行法院应当及时恢复执行。

第十六条　终结本次执行程序后，申请执行人申请延长查封、扣押、冻结期限的，人民法院应当依法办理续行查封、扣押、冻结手续。

终结本次执行程序后，当事人、利害关系人申请变更、追加执行当事人，符合法定情形的，人民法院应予支持。变更、追加被执行人后，申请执行人申请恢复执行的，人民法院应予支持。

案例解析

甲公司与乙公司、丙公司、丁公司执行监督案【(2021)最高法执监190号，入库编号:(2023-17-5-203-008)】

• 基本案情

北京二中院在执行申请执行人乙公司与被执行人甲公司、丙公司、丁公司金融不良债权追偿纠纷一案中，法院于2015年12月23日裁定终结(2014)二中民初字第141号民事调解书本次执行程序，并明确乙公司如发现甲公司、丙公司、丁公司具备执行条件，可申请恢复执行。2019年6月，乙公司向北京二中院申请恢复执行。甲公司以乙公司申请恢复执行已超过法定期限、其申请不应予以准许为由，向北京二中院提出执行异议。北京二中院认为甲公司以乙公司主动申请终结本次执行程序，执行案件不存在不能执行或没有执行线索的情况为由，主张再次恢复执行应当在二年以内，而乙公司申请恢复执行已超过申请执行期限，该异议理由缺乏法律依据，于2020年9月4日作出(2020)京02执异434号执行裁定，驳回甲公司的异议请求。甲公司不服，向北京高院申请复议。2020年12月

10 日，北京高院作出（2020）京执复 164 号执行裁定，驳回甲公司的复议申请。甲公司不服，向最高人民法院申请执行监督，2021 年 6 月 29 日，最高人民法院作出（2021）最高法执监 190 号执行裁定，驳回甲公司的申诉请求。

• **裁判要旨**

执行时效指债权人依据生效法律文书申请强制执行的时效期间，《民诉法（2023）》规定申请执行的期间为二年。在终结本次执行程序后，申请执行人发现被执行人有可供执行财产的，可以向执行法院申请恢复执行，且不受申请执行时效期间的限制。

第十章

执行救济

99. 执行标的异议和执行行为异议有何不同?

【实务要点】

一般而言，提出执行异议，应当在执行程序终结之前，向负责执行的人民法院提起。执行异议分为两种，一种是针对执行标的提起的执行标的异议，旨在排除对执行标的采取执行行为，另一种是针对执行行为违法而提起的执行行为异议，旨在纠正违法的执行行为。

【要点解析】

《民诉法(2023)》采用两个条文分别设置了两种不同的执行异议程序，分别是当事人、利害关系人认为执行行为违反法律规定提起的执行异议以及在执行过程中案外人认为其对执行标的主张所有权或者有其他足以阻止执行标的转让、交付的实体权利而提起的执行异议，前者通常被称为执行行为异议，后者通常被称为执行标的异议。两者具体的区别如下：

1. 提出异议的主体不同

提出执行行为异议的主体为当事人、利害关系人。提起执行标的异议的主体为案外人，指除本案当事人之外的民事主体，对执行标的物享有的某种权利因法院执行行为可能受到损害的人，即与执行标的有法律上利害关系的人。

2. 异议的对象不同

执行标的异议，是指在执行过程中，案外人对执行标的主张所有权或者有其他足以阻止执行标的转让、交付的实体权利的，目的是排除对执行标的的强制执行，保护己方的民事权益。

执行行为异议针对的是人民法院的执行措施违法，目的是撤销、纠正法院违法执行行为，并非排除执行。但是，并非所有的执行行为均能申请执行异议，例如，拘留、罚款、限制出境等执行行为不能申请执行行为异议，而应直接向上一级法院申请复议；纳入失信被执行人名单，当事人申请救济的，先向执行法院申请纠正，由执行法院以决定的方式作出认定；委托评估等执行行为也不能作为执行行为异议的对象，如认为委托评估程序违法，可以就整个拍卖处置行为提起执行行为异议。

3. 提出异议的时间不同

对于执行标的异议，应当在异议指向的执行标的执行终结之前提出；执行标的由当事人受让的，应当在执行程序终结之前提出。对于执行行为的异议，应当在执行程序终结之前提出，但对终结执行措施提出异议的除外，对于终结执行措施提出异议的期限为自收到终结执行法律文书之日起六十日内，未收到终结执行法律文书而提起执行异议的期限为应当自知道或者应当知道人民法院终结执行之日起六十日内提出。

4. 执行异议审查结果不同

法院对执行行为异议的审查结果分别为：理由成立的，裁定撤销或者改正该执行行为；理由不成立的，裁定驳回异议申请。法院对执行标的异议的审查结果分别为：理由成立的，裁定中止对该标的的执行；理由不成立的，裁定驳回。

【法律依据】

《民诉法（2023）》

第二百三十六条　当事人、利害关系人认为执行行为违反法律规定的，可以向负责执行的人民法院提出书面异议。当事人、利害关系人提出书面异议的，人民法院应当自收到书面异议之日起十五日内审查，理由成立的，裁定撤销或者改正；理由不成立的，裁定驳回。当事人、利害关系人对裁定不服的，可以自裁定送达之日起十日内向上一级人民法院申请复议。

第二百三十八条　执行过程中，案外人对执行标的提出书面异议的，人民法院应当自收到书面异议之日起十五日内审查，理由成立的，裁定中止对该标的的执行；理由不成立的，裁定驳回。案外人、当事人对裁定不服，认为原判决、裁定错误的，依照审判监督程序办理；与原判决、裁定无关的，可以自裁定送达之日起十五日内向人民法院提起诉讼。

《民诉法执行程序解释（2020）》

第十四条　案外人对执行标的主张所有权或者有其他足以阻止执行标的转让、交付的实体权利的，可以依照民事诉讼法第二百二十七条的规定，向执行法院提出异议。

《执行异议和复议规定（2020）》

第六条　当事人、利害关系人依照民事诉讼法第二百二十五条规定提出异议的，应当在执行程序终结之前提出，但对终结执行措施提出异议的除外。

案外人依照民事诉讼法第二百二十七条规定提出异议的，应当在异议指向的执行标的执行终结之前提出；执行标的由当事人受让的，应当在执行程序终结之前提出。

《终本执行规定》

第七条　当事人、利害关系人认为终结本次执行程序违反法律规定的，可以提出执行异议。人民法院应当依照民事诉讼法第二百二十五条的规定进行审查。

《执行行为异议期限批复》

当事人、利害关系人依照民事诉讼法第二百二十五条规定对终结执行行为提出异议的，应当自收到终结执行法律文书之日起六十日内提出；未收到法律文书的，应当自知道或者应当知道人民法院终结执行之日起六十日内提出。批复发布前终结执行的，自批复发布之日起六十日内提出。超出该期限提出执行异议的，人民法院不予受理。

案例解析

某经营管理公司与某投资公司执行异议案【(2022) 云 01 执异 2652 号】

• 基本案情

某资产公司依据云南省昆明市真元公证处做出的（2017）云昆真元证字第 16778 号《公证书》向云南省高级人民法院申请强制执行被执行人某投资公司等一案，执行过程中，昆明中院于 2021 年 6 月 23 日作出《公告》，对被执行人某投资公司名下位于浙江省诸暨市某地块 13 幢共计 500 套房产进行查封，并拟进行变价处置。案外人（异议人）某经营管理公司提起执行异议，主张被执行人将其名下位于浙江省诸暨市某地块的涉案商铺抵押给异议人。请求人民法院中止对上述执行标的的拍卖程序。昆明中院于 2022 年 10 月 20 日作出（2022）云 01 执异 2652 号执行裁定：驳回案外人某经营管理公司的异议请求。该执行裁定已发生法律效力。

• 裁判要旨

执行过程中，除法律有特别规定的情形外，应当由首先查封、扣押、冻结（以下简称查封）法院负责处分查封财产。案外人主张对被执行的财产享有抵押权，并以此为由向负责处分查封财产的执行法院提起执行标的异议，请求排除执行的，依法不能成立，人民法院不予支持。

100. 如何避免重复异议？

【实务要点】

“一事不再理”原则是贯穿于民事诉讼程序的基本原则之一，无论是针对同一执行行为以多个不同异议事由分别提起执行异议，还是案外人撤回异议或者被裁定驳回异议后再次就同一执行标的提出异议，都不被法律所允许，故无论是何种执行异议都应当及时、全面地提出异议请求，以免再次提起时因重复异议被人民法院裁定驳回。

【要点解析】

1. 对于执行行为异议而言，当事人、利害关系人对同一执行行为有多个异议事由，但未在异议审查过程中一并提出，撤回异议或者被裁定驳回异议后，再次就该执行行为提出异议的，就构成了重复异议，人民法院应当不予受理。此处同一执行行为指的是当事人、利害关系人认为不符合法律规定、请求人民法院予以撤销或更正的同一对象。比如当事人认为司法拍卖过程中存在多项违法情况，如恶意串通、不按规定公告、竞买人无资格等，其针对拍卖行为提出撤销拍卖的执行异议时，应当将上述事由一并提出，否则再就其他事由提起撤销该拍卖的执行异议将被认定为重复异议进而直接驳回。

2. 对于执行标的异议而言，案外人撤回异议或者被裁定驳回异议后，再次就同一执行标的提出异议的，人民法院不予受理。比如，在保全阶段，案外人以对某被执行不动产享有足以排除强制执行的实体权利提出执行标的异议，人民法院裁定驳回异议或案外人撤回异议后，该案外人在执行程序中就同一处不动产又提起执行标的异议时，人民法院将以重复异议为由直接驳回异议。

3. 先后提起执行行为异议与执行标的异议的处理。如果先提起的执行行为异议，后提起执行标的异议，则不构成重复异议。如果先提起执行标的异议，后基于对执行标的的实体权利而提出执行行为异议，则构成实质上的重复异议。相反，如果先提起执行标的异议，后基于提出执行行为异议仅针对执行行为的合法性，该执行行为异议既不是实体权利争议的因果，也不会因实体权利争议的裁判而消弭，则不构成重复异议。

4. 关于撤回异议的法律后果，与诉讼程序中撤回起诉后可以重新起诉不同，撤回异议后重新提起执行异议也会被认定为重复异议。主要原因有二，一是执行行为一般不涉及实体权利，执行行为异议裁定不同于民事判决，一般也是对程序性事项作出认定，为了保障执行效率这一首要目标，不赋予异议人再行异议的权利；二是虽不予受理，异议人重新提出异议的，仍有其他救济途径。对执行行为仍有异议的，可通过执行申诉方式进一步反映；案外人主张对执行标的的实体权利的，仍可通过案外人异议之诉得以救济。

【法律依据】

《执行异议和复议规定（2020）》

第十五条　当事人、利害关系人对同一执行行为有多个异议事由，但未在异议审查过程中一并提出，撤回异议或者被裁定驳回异议后，再次就该执行行为提出异议的，人民法院不予受理。

案外人撤回异议或者被裁定驳回异议后，再次就同一执行标的提出异议的，人民法院不予受理。

案例解析

复议申请人（利害关系人）蔡某与申请执行人新疆某某公司、被执行人某房开公司执行复议案【(2022) 新执复19号】

• 基本案情

新疆某某公司与某房开公司其他合同纠纷执行一案，新疆维吾尔自治区高级人民法院伊犁哈萨克自治州分院于2017年9月27日作出（2017）新40执恢22号执行裁定，裁定查封被执行人某房开公司名下位于伊宁市昊丰大厦×××楼400平方米、×××楼1600平方米的不动产，合计6间。2018年11月11日该院依法组织新疆某某公司与某房开公司对涉案房屋进行协商议价，确定参考价为2749300元并在司法拍卖平台上发布拍卖公告。经两次流拍后，该院于2019年5月5日作出（2017）新40执恢22号之一执行裁定：一、将被执行人某房开公司所有位于伊宁市昊丰大厦×××层×××室（该房产属期房，尚未办理不动产登记）作价1752678.75元，交付申请执行人新疆某某公司抵偿相关债务。

蔡某于2020年1月10日就上述（2017）新40执恢22号之一执行裁定向伊犁州分院提出执行标的异议。该院于2020年1月17日作出（2020）新40执异2号执行裁定：撤销（2017）新40执恢22号之一执行裁定，中止对位于伊宁市昊丰大厦×××号的执行。经一审维持，二审改判准许执行后，蔡某向最高人民法院申请再审，最高人民法院于2021年11月18日作出（2021）最高法民申7269号民事裁定：驳回蔡某的再审申请。

而后，蔡某以不服评估拍卖行为为由向伊犁州分院提出执行异议，伊犁州分院认为在前期案外人异议被依法驳回后，异议人又就处置该同一执行标的的执行行为再次提出异议，且前后两次异议均针对的是同一份执行裁定，不符合执行异议受理条件，故作出（2021）新40执异101号执行裁定，驳回蔡某异议申请。后异议人蔡某向新疆维吾尔自治区高级人民法院申请复议。新疆维吾尔自治区高级人民法院认为，两次异议请求并不相同，不属于就同一执行标的再次提出异议，且《执行异议和复议规定（2020）》第八条规定并未要求案外人应当一并提出案外人异议与执行行为异议，故作出（2022）新执复19号裁定，撤销（2021）新40执异101号裁定，指令伊犁州分院重新审理。

• 裁判要旨

申请人先提起执行标的异议，旨在排除执行，属于实体异议，后提起执行行为异议，旨在纠正违法的执行行为，前后两次异议请求并不相同，不属于就同一执行标的再次提出异议。从案外人异议与执行行为异议是否应一并提起的问题来看。《执行异议和复议规定（2020）》第八条并未要求案外人应当一并提出案外人异议与执行行为异议。故执行异议审理法院认为异议人提起案外人异议时未一并提出执行行为异议，以本案不符合执行异议受理条件为由驳回异议人的异议申请不当，应予纠正。

101. 执行异议同时包含执行标的异议和执行行为异议的，如何处理？

【实务要点】

异议人同时对执行标的和执行行为有异议，可以一并向人民法院提起执行异议，人民法院将根据执行行为异议是否与实体权利有关做不同的程序处理。

【要点解析】

《执行异议和复议规定（2020）》第8条采用“基础权利＋目的”区分标准，以执行行为异议是否与实体权利有关作为判断基准，将异议人同时提出执行标的异议和执行行为异议的情形，区分为两种不同的类型：

1. “基础权利及目的竞合”情形。案外人提出两类异议，所依据的基础权利都是实体权利，提出异议的目的也都是为了排除人民法院对特定标的物的执行，但在形式上提出了两类不同的执行异议请求。此时，对执行行为是否合法的判断最终还是回到异议人对于被执行的财产是否享有足以排除强制执行的实体权利，单独审查执行行为异议是否成立不具有实益，因此，该情况下，执行标的异议吸收执行行为异议，人民法院仅从实体上按照执行标的异议进行审查。比如，异议人为商品房买受人，其依据《执行异议和复议规定（2020）》第29条提出执行标的异议，主张排除案涉房屋的强制执行，同时又向法院提出执行行为异议，认为拍卖其享有实体权利的房屋不符合法律规定，应当中止该执行行为。此时，人民法院会因异议人提出的执行行为异议本质上也是基于实体权利排除执行，不具备审查的必要性，进而仅就执行标的异议作出裁定，对该裁定不服的，应当提起执行异议之诉。

2. “主体竞合”的情形。被执行人与案外人同时以实体权利为基础提出执行标的异议和与实体权利无关的执行行为异议，异议的目的分别是阻止对特定标的物的执行和纠正违法的执行，实质上是两个法律依据不同、异议目的不同的独立异议请求。对于这种情况，人民法院将分别适用不同的审查程序，分别作出裁定。

【法律依据】

《执行异议和复议规定（2020）》

第八条　案外人基于实体权利既对执行标的提出排除执行异议又作为利害关系人提出

执行行为异议的，人民法院应当依照民事诉讼法第二百二十七条规定进行审查。

案外人既基于实体权利对执行标的提出排除执行异议又作为利害关系人提出与实体权利无关的执行行为异议的，人民法院应当分别依照民事诉讼法第二百二十七条和第二百二十五条规定进行审查。

案例解析

北京某软件科技有限公司、张某某金融借款合同纠纷执行审查案【(2019)最高法执监133号】

• 基本案情

北京某软件科技有限公司就北京一中院查封的百富国际大厦的部分房屋，提出了案外人异议，请求解除对涉案房产的查封。在该案外人异议被北京一中院裁定驳回后，北京某软件科技有限公司提起了案外人异议之诉。同时，北京某软件科技有限公司向北京一中院提出书面异议称，一、北京一中院于2011年4月8日以（2005）一中执字第1544、1545号协助执行通知书替换（2004）一中执字第1162号协助执行通知书，查封百富国际大厦房产的执行行为违法；二、北京一中院于2015年10月30日以原案号（2005）一中执字第1544、1545号调整为现案号为14个案件的案号，继续首先查封部分房屋的执行行为违法。北京一中院认为，该院变更查封案号的执行行为，并不存在违反相关法律及司法解释强制性规定的情形，遂裁定驳回异议。北京某软件科技有限公司不服该裁定，以同样的理由申请北京市高级人民法院复议。北京高院认为，本案中，北京某软件科技有限公司既作为利害关系人对房产的查封提出执行行为异议，又作为案外人对涉案房产提出排除执行异议，并进而提起案外人异议之诉，应当依照案外人异议及异议之诉程序进行审理。对北京某软件科技有限公司提出的执行行为异议，该院不再予以审查。故裁定撤销原裁定，驳回复议申请。北京某软件科技有限公司不服，向最高人民法院提出申诉。

最高人民法院审查后认为，尽管北京某软件科技有限公司已经提起案外人异议及案外人异议之诉，但其在本案中的异议、复议请求，主要针对的是执行法院查封行为是否合法、本案替换案号的查封是否溯及前案查封的效力等问题，系利害关系人对具体执行行为合法性提出的异议，其目的是纠正违法的执行行为，既不是消除实体争议的原因或结果，也不为实体争议的解决所吸收。因此，本案异议应依照异议复议规定第八条第二款之规定进行与实体权利无关的执行行为异议的审查。北京高院的处理方式存在适用法律错误，应予纠正。故裁定撤销异议及复议裁定，指令北京一中院重新审查。

• 裁判要旨

尽管当事人基于实体权利在另案中提起案外人异议及案外人异议之诉，只要其提出的执行行为异议针对的是执行行为合法性，目的是纠正违法的执行行为，既不是消除实体争议的原因或结果，也不为实体争议的解决所吸收。那就不应被执行标的异议的程序吸收，人民法院应依照异议复议规定第八条第二款之规定进行与实体权利无关的执行行为异议的审查。

102. 对执行异议结果不服，如何应对？

【实务要点】

对于执行行为异议结果不服的，异议人可以向上一级人民法院提起复议，对于复议结果不服的，可以向上级人民法院申请执行监督。

对于执行标的异议结果不服的，如异议人认为原判决、裁定错误的，应当向作出执行根据的上一级人民法院申请再审；如异议人的理由与原判决、裁定无关的，应向作出异议裁定的法院提起执行异议之诉。

【要点解析】

执行异议分为执行标的异议和执行行为异议，对这两种执行异议结果不服的，异议人应当选择对应的救济方式。

对于执行行为异议裁定不服的，异议人可以在异议裁定送达十日内，向上一级人民法院提交书面复议申请书申请复议。对于执行复议裁定仍然不服的，异议人可以在应当在执行复议裁定发生法律效力后六个月内向上一级人民法院申请执行监督，但如果执行复议为高级人民法院作出时，异议人应当继续向原审高级人民法院申请执行监督。以下情形之一，可以向最高人民法院申请执行监督：（一）申请人对执行复议裁定认定的基本事实和审查程序无异议，但认为适用法律有错误的；（二）执行复议裁定经高级人民法院审判委员会讨论决定的。对于执行监督程序中人民法院作出的裁定仍然不服的，也可以向人民检察院申请检察建议。

对于执行标的异议裁定不服的，如果异议人的异议理由为原判决、裁定错误的，应依照审判监督程序在执行异议裁定送达之日起六个月内向作出执行根据的上一级人民法院申请再审；如果异议人的异议理由与原判决、裁定无关的，可以自异议裁定送达之日起十五日内向作出裁定的人民法院提交起诉状以提起执行异议之诉。对于执行异议之诉判决仍然不服的，按照《民诉法（2023）》上诉的相关规定，在判决书送达后十五日内书面提起上诉。

【法律依据】

《民诉法（2023）》

第二百三十六条　当事人、利害关系人认为执行行为违反法律规定的，可以向负责执行的人民法院提出书面异议。当事人、利害关系人提出书面异议的，人民法院应当自收到书面异议之日起十五日内审查，理由成立的，裁定撤销或者改正；理由不成立的，裁定驳回。当事人、利害关系人对裁定不服的，可以自裁定送达之日起十日内向上一级人民法院申请复议。

第二百三十八条　执行过程中，案外人对执行标的提出书面异议的，人民法院应当自收到书面异议之日起十五日内审查，理由成立的，裁定中止对该标的的执行；理由不成立的，裁定驳回。案外人、当事人对裁定不服，认为原判决、裁定错误的，依照审判监督程序办理；与原判决、裁定无关的，可以自裁定送达之日起十五日内向人民法院提起诉讼。

《民诉法解释（2022）》

第三百零二条　根据民事诉讼法第二百三十四条规定，案外人、当事人对执行异议裁定不服，自裁定送达之日起十五日内向人民法院提起执行异议之诉的，由执行法院管辖。

第四百二十一条　根据民事诉讼法第二百三十四条规定，案外人对驳回其执行异议的裁定不服，认为原判决、裁定、调解书内容错误损害其民事权益的，可以自执行异议裁定送达之日起六个月内，向作出原判决、裁定、调解书的人民法院申请再审。

《执行监督意见》

第五条　申请人对执行复议裁定不服向人民法院申请执行监督的，参照民事诉讼法第二百一十二条规定，应当在执行复议裁定发生法律效力后六个月内提出。

申请人因超过提出执行异议期限或者申请复议期限向人民法院申请执行监督的，应当在提出异议期限或者申请复议期限届满之日起六个月内提出。

申请人超过上述期限向人民法院申请执行监督的，人民法院不予受理；已经受理的，裁定终结审查。

第六条　申请人对高级人民法院作出的执行复议裁定不服的，应当向原审高级人民法院申请执行监督；申请人向最高人民法院申请执行监督，符合下列情形之一的，最高人民法院应当受理：

（一）申请人对执行复议裁定认定的基本事实和审查程序无异议，但认为适用法律有错误的；

（二）执行复议裁定经高级人民法院审判委员会讨论决定的。

案例解析

陕西某担保公司与陕西某房地产公司、陕西某机械制造公司、习某某、陕西某商贸公司、梁某执行监督案【（2021）最高法执监 384 号，入库编号：（2023-17-5-203-036）】

• 基本案情

在陕西某担保公司与习某某、陕西某商贸公司、陕西某房地产公司、陕西某机械制造公司、梁某借款担保公证执行案中，西安市中级人民法院（以下简称西安中院）在执行过程中查封了被执行人陕西某房地产公司名下某商贸中心 B 座 1 层的酒店大厅及 4 层、5 层、6 层不动产。该商贸中心 4 层为商业，5 层为酒店客服部，6 层为酒店餐饮部，1 层的酒店大厅及 4 层、5 层、6 层均有独立的不动产权证书；1 层的酒店接待大厅有两部电梯可直达 5 层、6 层；另有中央空调、电梯、扶梯等设施设备为酒店经营所使用。因西安中院在处置上述资产时将 1 层酒店大厅与 4 层、5 层、6 层分开拍卖，且在拍卖上述房产时未包括中央空调、电梯、自动扶梯等设施设备。陕西某房地产公司等向西安中院提出执行异议，主张涉案标的物 1 层酒店大厅、设备与 5、6 层房产在使用上不可分割，属于一个整体，分别拍卖会严重减损其价值，要求撤销拍卖。

经西安中院执行异议、陕西省高级人民法院执行复议审查，均驳回陕西某房地产公司等的执行异议、复议请求。该公司不服，向最高人民法院申诉，最高人民法院于 2021 年 12 月 20 日作出（2021）最高法执监 384 号执行裁定，认为西安中院将使用上属于整体的房产及设施设备分为多个标的物进行强制处置，将严重减损执行财产的价值，人为增加了拍卖财产的瑕疵，直接影响潜在竞买人的竞买意愿，案涉不动产 4、5、6 层房屋两次拍卖流拍，与分开拍卖后财产存在的瑕疵有直接关联，因此撤销执行异议、执行复议裁定，撤销西安中院相关拍卖行为。

• 裁判要旨

执行程序中对于被执行人的多项财产在使用上不可分，或者分别拍卖可能严重减损拍卖标的价值的，在执行拍卖过程中应当根据标的物的实际情况采取合并拍卖方式进行处置。避免因分开拍卖人为增加拍卖财产的瑕疵，影响潜在竞买人的竞买意愿，导致流拍或不合理低价成交等严重损害拍卖物所有权人利益的情形发生。如申请人认为执行异议、复议的裁判结果均存在错误，可继续根据法律规定向人民法院申请执行监督。

103. 被执行人主张抵销权的，如何处理？

【实务要点】

被执行人主张抵销时，至少应当满足被执行人主张用以抵销的债权已经生效法律文书确定或者经申请执行人认可，且与被执行人所负债务的标的物种类、品质相同等条件。被执行人主张抵销时，应当向执行法院提出书面申请。

【要点解析】

1. 相比《民法典》中规定的抵销，执行程序中被执行人主张抵销的条件更为严格，除了与被执行人所负债务的标的物种类、品质相同的要求外，被执行人主张抵销应当以书面的方式向执行法院提出申请，由执行法院进行审查，决定是否可以抵销。

2. 法律明确规定，被执行人据以申请抵销的债权经申请执行人认可或生效法律文书确定，也即被执行人对申请执行人享有债权未取得生效法律文书确认且申请执行人不予认可的，则被执行人需通过诉讼或仲裁程序取得相应的生效法律文书。取得生效法律文书后，被执行人的抵销申请无须申请执行人同意，在没有依照法律规定或者按照债务性质不得抵销的情况外，人民法院一般会予以支持。

3. 被执行人的抵销申请满足上述条件时，人民法院还会依职权对进行抵销是否会损害第三人利益进行审查。当执行抵销会构成个别清偿、赋予普通债权优先清偿效力等损害其他债权人利益时，人民法院可能裁定不准许进行执行抵销。

4. 关于抵销顺序，如果双方当事人间对于本息的抵销顺序达成合意，在不损害其他债权人合法权益时，可以遵循双方同意的顺序抵销。如果双方无抵销顺序的合意，则应当将双方互负债务的本息计算至同一天，由本息之和较小的债务按照法定的抵充顺序，即实现债权的有关费用、利息、主债务，最后清偿加倍部分债务利息。

【法律依据】

《民法典》

第五百六十一条　债务人在履行主债务外还应当支付利息和实现债权的有关费用，其给付不足以清偿全部债务的，除当事人另有约定外，应当按照下列顺序履行：

（一）实现债权的有关费用；

（二）利息；

（三）主债务。

《执行异议和复议规定（2020）》

第十九条　当事人互负到期债务，被执行人请求抵销，请求抵销的债务符合下列情形的，除依照法律规定或者按照债务性质不得抵销的以外，人民法院应予支持：

（一）已经生效法律文书确定或者经申请执行人认可；

（二）与被执行人所负债务的标的物种类、品质相同。

案例解析

某集团有限公司与牟某某执行监督案【（2023）最高法执监437号，入库编号：（2024-17-5-203-018）】

• 基本案情

牟某某与某置业公司、某集团公司建设工程施工合同纠纷一案经贵州省六盘水市中级人民法院（以下简称六盘水中院）、贵州省高级人民法院（以下简称贵州高院）审理，于2021年11月25日作出判决："某集团公司于本判决生效之日起十五日内向牟某某支付工程款1832571.52元及利息……"判决生效后，因某集团公司未履行生效法律文书确定的义务，牟某某向六盘水中院申请强制执行。

某建筑公司与牟某某等民间借贷纠纷一案，重庆市北碚区人民法院于2017年12月15日作出（2016）渝0109民初7101号民事调解书，确认由牟某某等共同归还某建筑公司借款本金14922077元……。2022年11月8日，某建筑公司（甲方）、某集团公司（乙方）、某置业公司（丙方）签订《债权转让协议》，约定某集团公司受让某建筑公司依据（2016）渝0109民初7101号民事调解书对牟某某享有的利息债权中的930万元债权。

某集团公司向六盘水中院提出执行异议，以其受让的某建筑公司的债权主张抵销本案中的执行债务。六盘水中院裁定驳回某集团公司的异议请求。某集团公司不服，向贵州高院申请复议。贵州高院，裁定驳回某集团公司的复议申请，维持原执行裁定。某集团公司不服，向最高人民法院申诉。

最高人民法院经审查认为，申请执行人牟某某在全国各地法院已有多个作为被执行人的案件被终结本次执行程序，说明其现有财产不能清偿所有债权，部分法院还向本案的执行法院六盘水中院发送了协助执行通知书，要求冻结或扣划本案执行案款。如径行准予某集团公司以其受让的某建筑公司的债权抵销本案中的债务，违反公平清偿原则，损害牟某某的其他债权人的合法利益。故某集团公司受让的债权应属于"依照法律规定或者按照债务性质不得抵销"的债权，贵州高院和六盘水中院对其抵销请求不予支持，适用法律并无不当，驳回申诉。

• 裁判要旨

申请执行人系自然人，其在其他法院有多个作为被执行人的案件且处于终结本次执行程序状态，部分法院向执行法院发送协助执行通知，要求冻结、划扣案款。被执行人现有财产不足以清偿全部债务的，被执行人通过受让他人对申请执行人的债权主张抵销其在本执行案件中的债务，若允许，将导致其受让的普通债权获得优先受偿的结果，实质系对单个债权进行优先清偿，违反公平清偿原则，损害申请执行人和其他债权人的合法利益，故属于“依照法律规定或者按照债务性质不得抵销”的情形，不能予以支持。被执行人受让债权的清偿问题，可在后续执行分配程序中解决。

104. 如何申请法院提级执行？

【实务要点】

在申请执行时被执行人有可供执行的财产，人民法院自收到申请执行书之日起超过六个月未执行的，或执行过程中发现被执行人有可供执行的财产后六个月内执行法院对该财产未执行完结的，或执行法院自收到申请执行书之日起超过六个月未依法采取相应执行措施的，申请执行人均可以向上一级人民法院申请执行。此即为提级执行。

【要点解析】

提级执行，即一审法院管辖的执行案件，因特殊情况需要由上级人民法院执行的，可以报请上级人民法院执行；上级人民法院在特殊情况下也可以决定执行依法应由下级人民法院管辖的案件。提级执行是执行监督案件的一种方式。提级执行的启动方式有两种：一是依申请执行人申请，二是上级人民法院发现有必要依法提级执行。依申请提级执行的，在申请执行人向人民法院提交申请执行书后六个月内，人民法院未执行的，申请人可以通过书面方式向上一级人民法院申请提级执行本案件。经上一级人民法院审查后，可以责令原人民法院在一定期限内执行，也可以决定由本院执行或者指令其他人民法院执行。上级人民法院发现有必要依法提级执行的具体情形，主要是上级法院发现下级法院的执行案件长期未能执结，认为确有必要进行执行监督的，上级法院可以决定由本院执行或与下级法院共同执行。

当然，因为提级执行的相关规定仍然较为简略，各地高院就当地司法的客观情况出台了相关规定，其中江苏高院规定，除执行法院无正当理由超过6个月未执结外，执行法院未在3个月内依法采取相应执行措施也是当事人申请提级执行的事由；上海高院规定，案件执行受到当地机关或者部门的阻扰，原执行法院难以继续执行的；因主观方面的原因超过法定执行期限，经上级法院督促仍不能执结的；除具有规定的可延长执行期限情形外，超过九个月仍不能执结的；有其他特殊情况，原执行法院继续执行效果不好的，共四种应当裁定指定执行或者提级执行的情形。申请执行人可以根据执行法院所在地选择相关事由申请提级执行。

此外，高级人民法院还应当对以下四类案件提级执行：一是高级人民法院指令下级人民法院限期执结，逾期未执结需要提级执行的；二是下级人民法院报请高级人民法院提级执行，高级人民法院认为应当提级执行的；三是疑难、重大和复杂的案件，高级人民法院认为应当提级执行的；四是高级人民法院对最高人民法院函示提级执行的案件。法律规定该四类案件应为高级人民法院依职权裁定提级执行并不代表申请执行人不能“申请”提级执行。但申请执行人仍然可以通过书面方式向执行案件所在地的高级人民法院反映相关案件存在上述情形，从而达到高级人民法院提级执行的目的。

【法律依据】

《民诉法（2023）》

第二百三十七条　人民法院自收到申请执行书之日起超过六个月未执行的，申请执行人可以向上一级人民法院申请执行。上一级人民法院经审查，可以责令原人民法院在一定期限内执行，也可以决定由本院执行或者指令其他人民法院执行。

《民诉法执行程序解释（2020）》

第十条　依照民事诉讼法第二百二十六条的规定，有下列情形之一的，上一级人民法院可以根据申请执行人的申请，责令执行法院限期执行或者变更执行法院：

（一）债权人申请执行时被执行人有可供执行的财产，执行法院自收到申请执行书之日起超过六个月对该财产未执行完结的；

（二）执行过程中发现被执行人可供执行的财产，执行法院自发现财产之日起超过六个月对该财产未执行完结的；

（三）对法律文书确定的行为义务的执行，执行法院自收到申请执行书之日起超过六个月未依法采取相应执行措施的；

（四）其他有条件执行超过六个月未执行的。

《执行若干问题规定（2020）》

第七十四条　上级法院发现下级法院的执行案件（包括受委托执行的案件）在规定的期限内未能终结本次执行程序的，应当作出裁定、决定、通知而不制作的，或应当依法实施具体执行行为而不实施的，应当督促下级法院限期执行，及时作出有关裁定等法律文书，或采取相应措施。

对下级法院长期未能执结的案件，确有必要的，上级法院可以决定由本院执行或与下级法院共同执行，也可以指定本辖区其他法院执行。

《最高人民法院关于执行案件督办工作的规定（试行）》

第六条　下级法院逾期未报告工作情况或案件处理结果的，上级法院根据情况可以进行催报，也可以直接调卷审查，指定其他法院办理，或者提级执行。

《最高人民法院关于高级人民法院统一管理执行工作若干问题的规定》

第九条　高级人民法院对下级人民法院的下列案件可以裁定提级执行：

1. 高级人民法院指令下级人民法院限期执结，逾期未执结需要提级执行的；

2. 下级人民法院报请高级人民法院提级执行，高级人民法院认为应当提级执行的；

3. 疑难、重大和复杂的案件，高级人民法院认为应当提级执行的。

高级人民法院对最高人民法院函示提级执行的案件，应当裁定提级执行。

《江苏省高级人民法院审判委员会〈关于指定、提级执行工作的若干规定〉》

4. 具有下列情形之一的案件，上级法院应当裁定指定执行：

（一）有执行条件，执行法院无正当理由超过6个月未执结或未在3个月内依法采取相应执行措施，申请执行人申请指定执行的；

（二）执行法院怠于执行，经上级法院督办，在指定期间内无正当理由仍未执行完结，或有其他影响公正执行事由的；

（三）最高人民法院、省法院函示指定执行的。

《上海市高级人民法院〈关于加强本市各级法院指定执行、提级执行工作的意见（试行）〉》

一、执行案件遇有下列情形之一的，上级法院应当裁定指定执行或者提级执行：

1. 案件执行受到当地机关或者部门的阻扰，原执行法院难以继续执行的；

2. 因主观方面的原因超过法定执行期限，经上级法院督促仍不能执结的；

3. 除具有规定的可延长执行期限情形外，超过九个月仍不能执结的；

4. 有其他特殊情况，原执行法院继续执行效果不好的。

案例解析

王某某与黄某、李某借款合同纠纷执行监督案【（2023）湘12执监31号】

• 基本案情

申请执行人王某某与被执行人黄某、李某民间借贷纠纷一案，申请执行人王某某于2020年1月2日向怀化市鹤城区人民法院申请执行，怀化市鹤城区人民法院于同日立案执行。申请执行人王某某以被执行人名下有财产可供执行，但怀化市鹤城区人民法院已执行超过6个月仍未执结为由，向湖南省怀化市中级人民法院申请执行监督。湖南省怀化市中级人民法院认为，因该案执行超过6个月未能执结，申请人的申请符合法律规定，故裁定指令湖南省沅陵县人民法院执行。

• 裁判要旨

下级法院执行存在困难，符合法定情形时，申请人可向上一级人民法院申请提级执行。上一级人民法院经审查后认为符合规定的，可以裁定提级执行或指定执行。

105. 人民法院的错误执行造成申请执行人损失的，如何申请司法赔偿？

【实务要点】

人民法院实施的执行行为构成错误执行并造成申请执行人损失的，申请执行人应在执行程序终结后，向执行法院的赔偿委员会申请司法赔偿。如执行异议、复议或执行监督程序正在进行，申请人应当等前述程序终结后再向人民法院赔偿委员会申请司法赔偿。

【要点解析】

1. 对错误执行行为可申请司法赔偿

对于可以申请司法赔偿的错误执行行为，相关法律采用了列举式的规定，包括超标的执行、消极执行、执行标的错误、未履行法定义务、违法采取执行措施等十一种情形，具体有（一）执行未生效法律文书，或者明显超出生效法律文书确定的数额和范围执行的；（二）发现被执行人有可供执行的财产，但故意拖延执行、不执行，或者应当依法恢复执行而不恢复的；（三）违法执行案外人财产，或者违法将案件执行款物交付给其他当事人、案外人的；（四）对抵押、质押、留置、保留所有权等财产采取执行措施，未依法保护上述权利人优先受偿权等合法权益的；（五）对其他人民法院已经依法采取保全或者执行措施的财产违法执行的；（六）对执行中查封、扣押、冻结的财产故意不履行或者怠于履行监管职责的；（七）对不宜长期保存或者易贬值的财产采取执行措施，未及时处理或者违法处理的；（八）违法拍卖、变卖、以物抵债，或者依法应当评估而未评估，依法应当拍卖而未拍卖的；（九）违法撤销拍卖、变卖或者以物抵债的；（十）违法采取纳入失信被执行人名单、限制消费、限制出境等措施的；（十一）因违法或者过错采取执行措施或者强制措施的其他行为。

2. 申请司法赔偿的程序要求

关于司法赔偿程序的主体，因错误执行行为受到损害的申请执行人、被执行人和案外人都可以成为申请司法赔偿的主体。一般情况下，做出执行行为的人民法院是司法赔偿义务主体，申请人应当向该法院的赔偿委员会书面提出司法赔偿的申请，但是，当该执行行为由一法院委托另一法院实施时，委托法院为赔偿义务机关。

关于司法赔偿的申请时间，一般情况下，申请人应当在执行程序终结后、自其知道或者应当知道执行错误侵害其人身权、财产权之日起两年内，向执行法院的赔偿委员会申请司法赔偿。但如有（一）罚款、拘留等强制措施已被依法撤销，或者实施过程中造成人身损害的；（二）被执行的财产经诉讼程序依法确认不属于被执行人，或者人民法院生效法律文书已确认执行行为违法的；（三）自立案执行之日起超过五年，且已裁定终结本次执行程序，被执行人已无可供执行财产的；（四）在执行程序终结前可以申请赔偿的其他情形四种情况，且无其他司法救济渠道时，则可以在执行程序终结前提起。

关于执行异议、复议或者执行监督程序审查期间与司法赔偿的程序衔接，当事人认为执行行为违法时，可以通过执行异议、复议和执行监督程序救济，如该执行行为确实违法，人民法院则会出具相应的民事裁定书予以确认并撤销、变更相应违法行为。执行异议与司法赔偿既非充分也非必要，但是二者不可并行。具体包括如下三点：①未申请执行异议、复议和执行监督也可以就错误执行行为申请司法赔偿，执行异议程序并非司法赔偿的前置程序；②在司法赔偿程序中，执行异议的生效法律文书可以作为认定执行行为合法性的根据；③当事人不可以在执行异议、复议或者执行监督程序审查期间就同一执行行为申请司法赔偿，而应当等到前述程序终结后另向人民法院赔偿委员会申请司法赔偿。

【法律依据】

《涉执行司法赔偿司法解释》

第二条　公民、法人和其他组织认为有下列错误执行行为造成损害申请赔偿的，人民法院应当依法受理：

（一）执行未生效法律文书，或者明显超出生效法律文书确定的数额和范围执行的；

（二）发现被执行人有可供执行的财产，但故意拖延执行、不执行，或者应当依法恢复执行而不恢复的；

（三）违法执行案外人财产，或者违法将案件执行款物交付给其他当事人、案外人的；

（四）对抵押、质押、留置、保留所有权等财产采取执行措施，未依法保护上述权利人优先受偿权等合法权益的；

（五）对其他人民法院已经依法采取保全或者执行措施的财产违法执行的；

（六）对执行中查封、扣押、冻结的财产故意不履行或者怠于履行监管职责的；

（七）对不宜长期保存或者易贬值的财产采取执行措施，未及时处理或者违法处理的；

（八）违法拍卖、变卖、以物抵债，或者依法应当评估而未评估，依法应当拍卖而未拍卖的；

（九）违法撤销拍卖、变卖或者以物抵债的；

（十）违法采取纳入失信被执行人名单、限制消费、限制出境等措施的；

（十一）因违法或者过错采取执行措施或者强制措施的其他行为。

第四条　人民法院将查封、扣押、冻结等事项委托其他人民法院执行的，公民、法人和其他组织认为错误执行行为造成损害申请赔偿的，委托法院为赔偿义务机关。

第五条　公民、法人和其他组织申请错误执行赔偿，应当在执行程序终结后提出，终结前提出的不予受理。但有下列情形之一，且无法在相关诉讼或者执行程序中予以补救的除外：

（一）罚款、拘留等强制措施已被依法撤销，或者实施过程中造成人身损害的；

（二）被执行的财产经诉讼程序依法确认不属于被执行人，或者人民法院生效法律文书已确认执行行为违法的；

（三）自立案执行之日起超过五年，且已裁定终结本次执行程序，被执行人已无可供执行财产的；

（四）在执行程序终结前可以申请赔偿的其他情形。

赔偿请求人依据前款规定，在执行程序终结后申请赔偿的，该执行程序期间不计入赔偿请求时效。

第六条 公民、法人和其他组织在执行异议、复议或者执行监督程序审查期间，就相关执行措施或者强制措施申请赔偿的，人民法院不予受理，已经受理的予以驳回，并告知其在上述程序终结后可以依照本解释第五条的规定依法提出赔偿申请。

公民、法人和其他组织在执行程序中未就相关执行措施、强制措施提出异议、申请复议或者申请执行监督，不影响其依法申请赔偿的权利。

第七条 经执行异议、复议或者执行监督程序作出的生效法律文书，对执行行为是否合法已有认定的，该生效法律文书可以作为人民法院赔偿委员会认定执行行为合法性的根据。

赔偿请求人对执行行为的合法性提出相反主张，且提供相应证据予以证明的，人民法院赔偿委员会应当对执行行为进行合法性审查并作出认定。

第八条 根据当时有效的执行依据或者依法认定的基本事实作出的执行行为，不因下列情形而认定为错误执行：

（一）采取执行措施或者强制措施后，据以执行的判决、裁定及其他生效法律文书被撤销或者变更的；

（二）被执行人足以对抗执行的实体事由，系在执行措施完成后发生或者被依法确认的；

（三）案外人对执行标的享有足以排除执行的实体权利，系在执行措施完成后经法定程序确认的；

（四）人民法院作出准予执行行政行为的裁定并实施后，该行政行为被依法变更、撤销、确认违法或者确认无效的；

（五）根据财产登记采取执行措施后，该登记被依法确认错误的；

（六）执行依据或者基本事实嗣后改变的其他情形。

《最高人民法院关于审理司法赔偿案件适用请求时效制度若干问题的解释》

第四条 赔偿请求人以财产权受到侵犯为由，依照国家赔偿法第十八条第一项规定申请赔偿的，请求时效期间自其收到刑事诉讼程序或者执行程序终结的法律文书之日起计算，但是刑事诉讼程序或者执行程序终结之后办案机关对涉案财物尚未处理完毕的，请求时效期间自赔偿请求人知道或者应当知道其财产权受到侵犯之日起计算。

案例解析

郑某姣申请错误执行赔偿案【（2023）湘05委赔5号】

• 基本案情

1994年，阳某清、郑某姣、罗某青在黑龙江合伙采金，三人因账务结算达成《金矿账务决算有关问题处理协议书》和《机械处理协议书》，约定对采金相关款项进行结算，并由阳某清购买案涉机械设备，付清款项后，郑某姣、罗某青出示机械寄存书和不再占有机械的证明给阳某清。随后，三人对结算的款项分配无法达成一致，遂诉至法院。诉讼中，阳某清就交付案涉机械申请先予执行，并以一张固定股股金证作为保证金，该股金证显示的入股金额为50000元，一审法院予准许，做出先予执行裁定并组织实地交付机械设备。1996年1月17日，隆回法院就该案作出判决，“一、由阳某清付给郑某姣、罗某青处理机械设备款各150000元及利息。二、郑某姣赔偿阳某清机械配件款43980元，其他款19800元，两项合计63780元，该款利息从1995年8月10日开始计算至付款时止，利率按18.3‰计算。三、由郑某姣付给阳某清借款8500元。”

判决生效后，因阳某清没有履行判决确定的义务，郑某姣向隆回法院申请强制执行。执行中隆回法院查明阳某清没有执行能力，遂中止执行。2021年，隆回法院对郑某姣与阳某清合伙一案恢复执行，在数字法院系统先后网查了8次，均未发现被执行人阳某清有可供执行的财产执行。2021年10月30日，经郑某姣同意，该案作终结本次执行程序处理。

而后，本案中，郑某姣以先予执行裁定载明阳某清已向隆回法院交付了使用机械设备的保证金，但阳某清实际未缴纳保证金，而机械设备及相应机械款已不存在为由，向该院赔偿委员会提出司法赔偿申请。该赔偿委员会以穷尽所有的执行措施，已履行法定职责为由作出（2022）湘0524法赔1号不予国家赔偿决定。

郑某姣不服该决定，向湖南省邵阳市中级人民法院赔偿委员会提出申请，经邵阳中院赔偿委员会审理，认为诉讼案件中，在阳某清未支付机械设备的款项前，该机械设备并不属于阳某清个人所有，该案不符合先予执行的法定条件，以及阳某清提交的股金证载明的入股时间晚于先予执行裁定做出的时间，阳某清又已通过挂失的方式取回保证金，法院并未实际控制保证金存在过错，认定原先予执行裁定违法，直接导致郑某姣的胜诉权益长期未能得到实现，隆回法院除应赔偿郑某姣的直接财产损失。因此邵阳中院赔偿委员会作出（2023）湘05委赔5号国家赔偿决定书，决定撤销湖南省隆回县人民法院作出的（2022）湘0524法赔1号不予国家赔偿决定，赔偿郑某姣的直接财产损失及利息。

• 裁判要旨

在强制执行程序中，人民法院错误执行行为确有错误，造成被执行人责任财产流失，并因被执行人无履行能力，执行案件终结本次执行，申请人胜诉利益无法执行到位的，申请人在法定请求时效内申请错误执行的司法机关承担赔偿责任的，该机关应当赔偿其直接财产损失及利息。

106. 申请执行人是否可以通过向检察院、人大、纪委监委、巡视组等反映相关情况，提请监督等方式维护执行权益？

【实务要点】

申请强制执行受阻时，除了对拖延执行的行为向人民法院提出执行行为异议外，还可以向人民检察院、法院巡视组申请执行监督、向人大、纪委监委、巡视组反馈等多种方式反映相关情况，提请监督，以维护申请人的执行利益。

【要点解析】

向人民检察院申请监督是依据《执行监督问题规定》的相关规定，将人民法院的违法执行情况反映至人民检察院，请人民检察院依法对民事执行活动实行法律监督。申请检察执行监督有特殊的程序规定，一般情况下，如法律规定可以提出异议、复议或者提起诉讼，申请人应当先通过提出异议、复议或者提起诉讼的方式寻求救济。向法院巡视组申请监督是申请法院内部监督的一种方式，依据《司法巡查工作规定》相关规定司法巡查是上级人民法院对下级人民法院进行巡回检查的内部监督制度。司法巡查期间，巡查工作组会在被巡查法院的公告处张贴相关告示，通常会有明确的意见反馈渠道，可以通过相关渠道申请对个案中的违反情况进行监督。

向人大反馈是通过向人大信访部门反馈政府部门违法阻碍调查财产线索的相关情况，请求地方人大依据《地方人大和地方政府组织法》第五十条规定的监督权对本级人民政府的不当行为或不作为加以监督。

除上述渠道外，如执行过程中发现存在法院执行案件办理、执行工作管理问题和干警违规违法违纪问题，申请执行人还可以依据《关于对执行工作实行“一案双查”的规定》，通过向执行法院依法信访、向省长和市长信箱、人大、纪委监委反馈的方式为“一案双查”工作的启动提供线索，达到最终纠正法院错误执行、拖延执行的行为。

【法律依据】

《执行监督问题规定》

第一条　人民检察院依法对民事执行活动实行法律监督。人民法院依法接受人民检察院的法律监督。

第三条　人民检察院对人民法院执行生效民事判决、裁定、调解书、支付令、仲裁裁决以及公证债权文书等法律文书的活动实施法律监督。

第六条　当事人、利害关系人、案外人认为民事执行活动存在违法情形，向人民检察院申请监督，法律规定可以提出异议、复议或者提起诉讼，当事人、利害关系人、案外人没有提出异议、申请复议或者提起诉讼的，人民检察院不予受理，但有正当理由的除外。

当事人、利害关系人、案外人已经向人民法院提出执行异议或者申请复议，人民法院审查异议、复议期间，当事人、利害关系人、案外人又向人民检察院申请监督的，人民检察院不予受理，但申请对人民法院的异议、复议程序进行监督的除外。

《中华人民共和国地方各级人民代表大会和地方各级人民政府组织法》

第五十条　县级以上的地方各级人民代表大会常务委员会行使下列职权：

（七）监督本级人民政府、监察委员会、人民法院和人民检察院的工作，听取和审议有关专项工作报告，组织执法检查，开展专题询问等；联系本级人民代表大会代表，受理人民群众对上述机关和国家工作人员的申诉和意见；

……

（十一）撤销下一级人民代表大会及其常务委员会的不适当的决议；

（十二）撤销本级人民政府的不适当的决定和命令；

《关于对执行工作实行“一案双查”的规定》

第三条　执行工作“一案双查”线索来源主要包括：

（一）人民群众来信来访；

（二）人大代表、政协委员以及其他党政机关反映或转交；

（三）检察机关提出检察建议；

（四）司法巡查或审务督察中发现的问题；

（五）院领导、执行机构负责人等为依法履行监督管理职责重点督办事项；

（六）涉执行重大突发事件、舆情事件；

（七）办理执行复议、协调、监督等案件中发现的问题；

（八）执行指挥中心运行管理过程中发现的问题；

（九）其他途径发现的涉执行问题。

第四条　最高人民法院、高级人民法院和中级人民法院执行机构应确定专门人员组成工作组负责收集、筛选“一案双查”线索，提请执行机构主要负责人审核通过后与监察机构会商；监察机构收到涉执行举报投诉的，也可以作为“一案双查”线索与执行机构会商。

执行机构和监察机构应建立联席会议制度，共同研究确定对有关线索是否启动“一案双查”。联席会议根据工作需要，定期或不定期召开。

司法巡查或审务督察中发现的线索，由司法巡查组、审务督察组或联合检查组提出意见，提交执行机构、监察机构联席会议讨论决定是否启动“一案双查”。

第十一章

执行与破产的衔接

107. 执行案件移送破产审查的条件、程序？

【实务要点】

人民法院在执行程序中发现，作为被执行人的企业法人不能清偿到期债务，并且资产不足以清偿全部债务或者明显缺乏清偿能力，经申请执行人或被执行人申请或书面同意后，决定移送破产的，应裁定中止对该被执行人的执行，并将执行案件相关材料移送被执行人住所地法院进行破产审查。

【要点解析】

1. 适用对象。被执行人应属于企业法人。在我国现行法律制度下，只有企业法人可适用破产法律制度。个人破产制度虽已在深圳试水，但尚未推广，合伙企业等其他非法人组织目前尚不具备适用《破产法》的法律依据。

2. 申请主体和意思表示。（1）依当事人申请，我国《破产法》规定破产程序启动采取当事人申请主义，以当事人具有启动破产程序的意愿为前提，当事人主动提出申请即表明具有启动破产程序的意愿。（2）在当事人未主动申请的情况下，依据《移送破产指导意见》规定，执行法院在采取财产调查措施后，发现被执行人符合《破产法》第二条规定的情形时，应当主动询问申请执行人或被执行人是否同意将案件移送破产审查，并告知不申请破产程序的后果，任意一方书面同意即可启动执转破程序。

3. 破产原因。被执行人具有不能清偿到期债务，并且资产不足以清偿全部债务，或者明显缺乏清偿能力等情形（即符合破产原因实质条件）。在执行程序中，被执行企业法人不能清偿到期债务已经很明确，而资产不足以清偿全部债务或明显缺乏清偿能力的认定，主要依赖于强制执行的结果。如《重庆市高级人民法院关于执行程序中移送破产审查若干问题的解答》（渝高法〔2016〕58号）规定即指出，法院通过查询银行、工商、车辆登记机构、房地产登记机构等单位，以及申请执行人提供财产线索等途径，未能够查找到的被执行企业法人有可供执行的财产，可以认定该被执行人符合破产原因要件。

4. 执行法院决定移送破产审查后，审查期间，执行法院应书面通知已知执行法院中止执行，但该中止仅为扣划、拍卖等处分性措施，期间债权人仍应向执行法院对新发现财产申请采取查封、冻结等控制性执行措施，执行措施届满的应及时申请续期。

5. 执转破中破产程序的选择。《移送破产指导意见》中并未对破产程序类型予以明确，但依据第 20 条规定，该破产应做广义理解即既包含破产清算也包含破产重整、破产和解。如发现被执行人具备一定的重整价值，申请执行人可直接向执行法院申请执行转破产重整，或申请执行转破产清算，于破产审查阶段或裁定受理后也可申请清算转重整。

6. 受移送法院裁定受理后，已通过拍卖程序处置且成交裁定已送达买受人的拍卖财产，通过以物抵债偿还债务且抵债裁定已送达债权人的抵债财产，已完成转账、汇款、现金交付的执行款均不再属于被执行人财产。

7. 当事人不同意启动执转破程序。被执行人或申请执行人均不同意移送且无人申请破产的，执行法院应当依照《民诉法解释（2022）》第五百一十四条规定，按照优先权债权 > 首封债权 > 普通债权的顺序清偿。

【法律依据】

《移送破产指导意见》

2. 执行案件移送破产审查，应同时符合下列条件：

（1）被执行人为企业法人；

（2）被执行人或者有关被执行人的任何一个执行案件的申请执行人书面同意将执行案件移送破产审查；

（3）被执行人不能清偿到期债务，并且资产不足以清偿全部债务或者明显缺乏清偿能力。

3. 执行法院在执行程序中应加强对执行案件移送破产审查有关事宜的告知和征询工作。执行法院采取财产调查措施后，发现作为被执行人的企业法人符合破产法第二条规定的，应当及时询问申请执行人、被执行人是否同意将案件移送破产审查。申请执行人、被执行人均不同意移送且无人申请破产的，执行法院应当按照《最高人民法院关于适用〈中华人民共和国民事诉讼法〉的解释》第五百一十六条的规定处理，企业法人的其他已经取得执行依据的债权人申请参与分配的，人民法院不予支持。

9. 确保对被执行人财产的查封、扣押、冻结措施的连续性，执行法院决定移送后、受移送法院裁定受理破产案件之前，对被执行人的查封、扣押、冻结措施不解除。查封、扣押、冻结期限在破产审查期间届满的，申请执行人可以向执行法院申请延长期限，由执行法院负责办理。

17. 执行法院收到受移送法院受理裁定时，已通过拍卖程序处置且成交裁定已送达买受人的拍卖财产，通过以物抵债偿还债务且抵债裁定已送达债权人的抵债财产，已完成转账、汇款、现金交付的执行款，因财产所有权已经发生变动，不属于被执行人的财产，不再移交。

《破产法》

第二条　企业法人不能清偿到期债务，并且资产不足以清偿全部债务或者明显缺乏清偿能力的，依照本法规定清理债务。

企业法人有前款规定情形，或者有明显丧失清偿能力可能的，可以依照本法规定进行重整。

《民诉法解释（2022）》

第五百一十四条　当事人不同意移送破产或者被执行人住所地人民法院不受理破产案件的，执行法院就执行变价所得财产，在扣除执行费用及清偿优先受偿的债权后，对于普通债权，按照财产保全和执行中查封、扣押、冻结财产的先后顺序清偿。

《〈重庆市高级人民法院关于执行程序中移送破产审查若干问题的解答〉渝高法［2016］58号》

一、《最高人民法院关于适用〈民事诉讼法〉的解释》第五百一十三条规定设立了执行程序移送破产审查制度。在执行中，如何把握执行案件是否适用执行程序移送破产审查相关规定的认定标准？答：申请执行人未能提供被执行企业法人可供执行财产线索，且执行法院也未查找到被执行企业法人有可供执行财产；或被执行企业法人虽有可供执行财产，但可供执行财产不足清偿已知执行债权的，可以认定符合执行程序移送破产审查条件，在征得申请执行人之一或被执行人同意后，将执行案件相关材料移送被执行人住所地法院进行破产审查。

案例解析

1. 某信托股份有限公司、昆明某房地产开发有限公司执行审查类执行裁定书【（2020）最高法执监44号】

• 基本案情

云南省昆明市中级人民法院（以下简称昆明中院）在执行某信托股份有限公司（以下简称某信托公司）、云南某房地产开发有限公司（以下简称云南某房地产公司）、昆明某房地产开发有限公司（以下简称昆明某房地产公司）、某房地产开发有限公司、胡某合同纠纷一案中，异议人昆明某房地产公司对昆明中院拍卖其名下的盘国用（2013）第0021号的土地使用权及地上附着物的执行措施不服，提出书面异议称申请执行人某信托公司已经提交执行转破产申请，众多债务人也已提交执行转破产申请，目前也在破产审查过程中，法院应当先中止本案执行，待法院裁定是否受理申请人破产申请后，再裁定恢复执行或终结执行。昆明中院经审查认为异议人昆明某房地产公司虽然向法院提交了《企业执行转破产审查申请书》及相关材料申请破产，但该破产申请尚在审查阶段，法院并未裁定受理。故异议人要求中止对所查封财产评估拍卖的异议请求不能成立。异议人不服上述裁定，向云南高院申请复议。云南高院认为异议人已经根据《破产法》、《移送破产指导意见》等法律法规的相关规定，向法院提交了企业执行转破产审查申请书及相关材料申请破产，已处于破产审查阶段。且《破产法》第十九条规定："人民法院受理破产申请后，有关债务人财产的保全措施应当解除，执行程序应当中止。"裁定撤销昆明中院（2018）云 01 执异 143 号执行裁定，中止对案涉土地拍卖。申请执行人不服向最高人民法院申诉认为异议人虽已提出执转破申请，但法院尚未启动破产程序，即法院尚未正式受理其破产申请云南高院裁定中止执行属事实认定错误、法律适用错误。最高人民法院经审查认为异议人虽已提出执转破申请，但昆明中院并未作出移送破产决定，亦无相关法院作出受理异议人破产清算申请的裁定。故云南高院（2018）云执复 312 号执行裁定以本案已处于破产审查阶段为由裁定本案中止执行，属基本事实认定错误，适用法律不当，裁定撤销云南省高级人民法院（2018）云执复 312 号执行裁定，由昆明中院继续执行。

• 裁判要旨

执行法院决定移送破产审查或人民法院裁定受理破产申请的，相关执行法院应中止对被执行人执行措施。

2. 昆山某置业有限公司执行转破产重整案【（2019）苏 0583 破 2 号之四，江苏法院 2023 年度十大典型案例之九】

• 基本案情

苏州某典当有限公司（以下简称某典当公司）与昆山某置业有限公司（以下简称某置业公司）典当合同纠纷一案中，江苏省昆山市人民法院作出了（2013）昆商初字第 2757 号民事调解书，确定某置业公司需于 2014 年 12 月 31 日前清结某典当公司借款本金 800 万元、利息及综合费等。昆山法院在执行某典当公司等债权人申请执行某置业公司系列案件中，经查明被执行人名下财产情况复杂，涉及被执行案件众多，金额巨大，资产处置困难，难以执行。某置业公司目前主要资产是位于昆山开发区前进东路、青阳路西侧土地使用权及在建工程，该工程多年未能竣工备案，无具体负责人员处理相关债务。此外，某置业有限公司在江苏省内法院涉及审理及执行案件 66 件（不包含仲裁案件、外地法院案件等）。经初步统计，某置业有限公司债务金额在 2 亿元以上。2017 年 8 月 30 日，某典当公司同意将某置业公司移送破产审查。昆山法院经审查认为某置业公司债务金额巨大，其公司无法清偿债务，虽存在土地使用权及在建工程资产，但该资产涉及债务复杂难以变现，法定代表人无法联系且无其他人员负责管理财产和清偿债务，明显缺乏清偿能力。某置业公司债务形成已经多年，经过执行，债权人仍未获清偿。裁定受理被执行人破产清算申请。2022 年 1 月 18 日某置业公司管理人向昆山法院提出申请，请求昆山法院批准公司重整计划草案。昆山法院经审查认为，某置业公司破产清算阶段，管理人在征求债权人意见的情况下进行重整投资人招募，在该阶段制作重整计划草案提交债权人会议表决，并明确表决未通过但符合法律规定的情况下，管理人将提请人民法院裁定对某置业公司重整并批准重整计划草案，现管理人申请本院批准重整计划草案，程序适当。总体来看，重整计划草案有利于全体债权人。裁定批准某置业公司重整计划草案，终止重整程序。

• 裁判要旨

破产法院受理被执行人或申请执行人破产清算申请后，经审查重整程序更加有利于债权人且符合破产重整条件的，可以裁定进入破产重整程序。

108. 部分被执行人破产的，可否继续执行其他被执行人？

【实务要点】

一般情况下，存在多名被执行人的，人民法院裁定受理对部分被执行人的破产申请时，应当中止对该被执行人的执行行为，不影响继续执行其他被执行人。

【要点解析】

1. 被执行人进入破产程序时，其执行案件应当中止执行。

民事执行程序是债权人根据生效法律文书的规定，通过国家强制力强制义务人履行所负民事义务的程序，目的是实现申请人的民事权利。破产程序是在企业法人资不抵债时，由法院强制执行其全部财产，使所有债权人依法平等受偿的司法程序，适用绝对的“平等主义”原则。两个法律制度的价值截然相反，不能平行适用，因此，我国法律规定，一旦某个案件的被执行人被人民法院裁定受理破产申请，则涉及该被执行人的执行案件应当被裁定中止执行，以避免因强制执行程序造成个别清偿。

2. 部分被执行人破产的，应当继续执行其他被执行人。

我国法律规定，人民法院受理破产申请后，有关债务人财产的保全措施应当解除，执行程序应当中止。裁定对同一案件中部分被执行人中止执行的，不影响对其他被执行人的继续执行。多个被执行人之间因连带保证、共同侵权等原因对申请执行人承担连带责任时，也应当遵循前述规则，仅中止对破产的被执行人的执行。

3. 被执行人破产的，应当中止对次债务人的执行。

尽管最高人民法院已通过入库案例的形式重申不应当将次债务人直接追加为执行案件的被执行人，但法律规定了次债务人在履行通知指定期限内没有提出异议而又不履行的，法院有权裁定对其强制执行，故该次债务人为被执行人以外的被强制执行主体。

在这种特殊情况下，被执行人被裁定破产是否应当中止对次债务人的执行呢？我们认为，对于次债务人的执行程序是依附于对主债务人的执行程序，不具备独立性和可分性。次债务人未履行的债务是主债务人的对外应收账款，性质上属于主债务人的财产性权利，应当与其他财产一并通过破产程序处置。因此，被执行人破产的，应当中止对次债务人的执行。

【法律依据】

《民诉法解释（2022）》

第五百一十一条　在执行中，作为被执行人的企业法人符合企业破产法第二条第一款规定情形的，执行法院经申请执行人之一或者被执行人同意，应当裁定中止对该被执行人的执行，将执行案件相关材料移送被执行人住所地人民法院。

《破产法》

第十九条　人民法院受理破产申请后，有关债务人财产的保全措施应当解除，执行程序应当中止。

《破产法司法解释二（2020）》

第五条　破产申请受理后，有关债务人财产的执行程序未依照企业破产法第十九条的规定中止的，采取执行措施的相关单位应当依法予以纠正。依法执行回转的财产，人民法院应当认定为债务人财产。

第二十一条　破产申请受理前，债权人就债务人财产提起下列诉讼，破产申请受理时案件尚未审结的，人民法院应当中止审理：

（一）主张次债务人代替债务人直接向其偿还债务的；

（二）主张债务人的出资人、发起人和负有监督股东履行出资义务的董事、高级管理人员，或者协助抽逃出资的其他股东、董事、高级管理人员、实际控制人等直接向其承担出资不实或者抽逃出资责任的；

（三）以债务人的股东与债务人法人人格严重混同为由，主张债务人的股东直接向其偿还债务人对其所负债务的；

（四）其他就债务人财产提起的个别清偿诉讼。

债务人破产宣告后，人民法院应当依照企业破产法第四十四条的规定判决驳回债权人的诉讼请求。但是，债权人一审中变更其诉讼请求为追收的相关财产归入债务人财产的除外。

债务人破产宣告前，人民法院依据企业破产法第十二条或者第一百零八条的规定裁定驳回破产申请或者终结破产程序的，上述中止审理的案件应当依法恢复审理。

第二十二条　破产申请受理前，债权人就债务人财产向人民法院提起本规定第二十一条第一款所列诉讼，人民法院已经作出生效民事判决书或者调解书但尚未执行完毕的，破产申请受理后，相关执行行为应当依据企业破产法第十九条的规定中止，债权人应当依法向管理人申报相关债权。

《人民法院办理执行案件规范（第二版）》

121.【应当中止执行的情形】

……

裁定对部分被执行人中止执行的，不影响对同一执行案件其他被执行人的执行。

案例解析

蓝某某、某资管公司等借款合同纠纷执行监督案【（2020）最高法执监 460 号】

• 基本案情

2016 年 1 月 28 日，广州中院就某资管公司与某能源公司、蓝某某、某进出口公司、某物流公司金融借款合同纠纷，作出（2013）穗中法金民初法字第 417 号民事判决。某进出口公司、某物流公司不服该判决向广东高院提起上诉，广东高院作出二审判决，改判确认某能源公司应向某资管公司清偿借款本金 16621067.30 美元及借款利息、逾期利息；蓝某某对上述债务本息承担连带清偿责任，蓝某某在承担连带清偿责任后，有权向某能源公司追偿；某资管公司对蓝某某持有的某能源公司 2%股权的拍卖、变卖价款享有优先受偿权；某资管公司对某能源公司本案质押的三份应收账款质押合同项下的应收账款享有优先受偿权；某进出口公司与某物流公司在人民币 125000400 元的范围内对某能源公司的上述债务本息承担连带清偿责任。上述判决生效后各债务人未如期履行，经某资管公司申请，广州中院于 2019 年 6 月 14 日立案执行。

另外，广州中院于 2015 年 7 月 23 日作出裁定，受理某银行对某能源公司的破产清算申请。

被执行人蓝某某向广州中院提出书面异议，认为主债务人某能源公司在破产程序中且广州中院尚未作出破产裁定，破产清算没有完成，其不能承担的债务金额未能确定，在此情形下，执行次债务人违背法理，也会给次债务人造成不可逆的损失。蓝某某请求中止对其执行。广州中院和广东高院均作出执行裁定，认为异议不成立。后蓝某某向最高人民法院申诉，最高人民法院认为广州中院在本案中系对某能源公司中止执行，并非对其他被执行人中止执行，该院对承担连带清偿责任的债务人蓝某某进行强制执行未违反法律规定，申诉理由不成立，裁定驳回申诉。

• 裁判要旨

根据《破产法》第十九条、《民诉法解释（2022）》第五百一十三条规定，企业破产申请被受理后，执行法院中止执行的对象应是作为被执行人的企业法人。广州中院在本案中系对某能源公司中止执行，并非对其他被执行人中止执行，该院对承担连带清偿责任的债务人进行强制执行未违反法律规定。

109. 被执行人破产的，执行法院尚未发放款项是否纳入破产财产分配？

【实务要点】

被执行人破产的，尚未发放给申请执行人的拍卖款项，属于破产财产，不应继续发放给申请执行人。

【要点解析】

破产申请受理后，对被执行人执行行为应当依据《破产法》第十九条的规定中止。通常情况下，除银行存款外，对被执行人名下财产的处置流程都需要一定时间，以经评估的不动产处置流程为例，从申请处置房产到申请人收到处置款项需要经历数个月到一年多的时间不等，因此，当被执行人被裁定进入破产程序时，很可能有部分资产处置刚好处在拍卖成交之后、申请人接受处置款项之前的程序间隙，处置款项仍在执行法院处保管。近年来，对于该笔款项是否应被视为被执行人的破产财产，处理规则有所变动。早年间，最高人民法院〔2003〕民二他字第52号答复认为被执行财产“脱离债务人实际控制”则应视为已向权利人交付，故拍卖款不再属于被执行人的破产财产。2017年12月12日，最高院废止了上述答复，在《移送破产指导意见》中，以“执行款是否已完成交付”作为认定财产权利归属的标准。

因此，尚未发放给申请执行人的拍卖款项属于破产财产。

【法律依据】

《移送破产指导意见》

第十七条　执行法院收到受移送法院受理裁定时，已通过拍卖程序处置且成交裁定已送达买受人的拍卖财产，通过以物抵债偿还债务且抵债裁定已送达债权人的抵债财产，已完成转账、汇款、现金交付的执行款，因财产所有权已经发生变动，不属于被执行人的财产，不再移交。

《尚未支付执行款在破产后应否中止执行复函》

人民法院裁定受理破产申请时已经扣划到执行法院账户但尚未支付给申请人执行的款项，仍属于债务人财产，人民法院裁定受理破产申请后，执行法院应当中止对该财产的执行。执行法院收到破产管理人发送的中止执行告知函后仍继续执行的，应当根据《最高人民法院关于适用〈中华人民共和国企业破产法〉若干问题的规定（二）》第五条依法予以纠正，故同意你院审判委员会的倾向性意见，由于法律、司法解释和司法政策的变化，我院2004年12月22日作出的《关于如何理解〈最高人民法院关于破产司法解释〉第六十八条的请示的答复》（〔2003〕民二他字第52号）相应废止。

案例解析

李某某、某齿轮公司取回权纠纷民事申请再审审查案【（2021）最高法民申4575号】

• 基本案情

济源市中级人民法院作出（2014）济中民一初字第57号民事判决，判决某工程公司于判决生效后十日内偿还李某某借款1624.2万元及利息，赵某刚、赵某坚对前述借款本金及利息承担连带偿还责任。该判决生效后，李某某向济源中院申请对某工程公司所有的荥国用（2014）第33、34、35号土地评估拍卖，该院作出（2015）济中执字第58-3号执行裁定对某工程公司所有的荥国用（2014）第33、34、35号土地予以评估拍卖。2017年4月24日，郑州中院对某工程公司上述土地在郑州中院淘宝网司法拍卖网络平台进行拍卖，某实业公司以148457800元拍得上述土地。2018年12月25日，河南省高级人民法院作出（2018）豫破终1号民事裁定，裁定郑州中院受理某工程公司的破产申请，截至该日，郑州中院尚未向李某某交付执行款。后李某某以对土地拍卖款享有取回权为由诉至济源法院，一审、二审法院均认为李某某不对变价款享有取回权。二审败诉后，李某某上诉至最高人民法院。最高人民法院审理后认为，债权人无法对实现其债权过程中被执行人财产的变价款主张取回权，并且郑州中院尚未向李某某交付执行款，尚未发放的执行款仍属于某工程公司的财产，李某某主张其对尚未发放的执行款享有取回权缺乏事实和法律依据，因此，最高人民法院裁定驳回再审申请。

• 裁判要旨

根据《移送破产指导意见》第17条规定，认定执行财产权利归属的标准为“执行款是否已交付完成”。如案涉财物的变价款尚未向申请人交付，则该款项仍属于被执行人的财产。法院受理被执行人的破产申请后，债权人无权就该款项主张取回权。

110. 主债务人破产的，被执行人中的保证人利息债务是否也一并停止计算？

【实务要点】

当主债务有保证人向债权人提供保证时，主债务人被人民法院裁定破产的，主债务停止计息，保证人承担的保证债务随之停止计息。

【要点解析】

根据《破产法》第四十六条规定，主债务人破产时，所负债务的利息自破产申请受理时起停止计息。而《民法典》及《民法典担保制度解释》出台后，对保证人负担的保证债务利息是否应当随主债务计息加以明确，其背后的理论依据为保证人承担保证责任的范围不应大于主债务的范围。停止计息效力不仅及于破产程序中，而且还持续到破产程序终结后。《破产法》第一百二十四条构建了如下规则，因保证人承担的保证责任范围只是债权人在破产程序中未受清偿的部分，破产后的利息不属于破产债权，因此保证债务的利息也不在破产程序终结后恢复计算。

【法律依据】

《破产法》

第四十六条 未到期的债权，在破产申请受理时视为到期。

附利息的债权自破产申请受理时起停止计息。

第一百二十四条 破产人的保证人和其他连带债务人，在破产程序终结后，对债权人依照破产清算程序未受清偿的债权，依法继续承担清偿责任。

《民法典担保制度解释》

第二十二条 人民法院受理债务人破产案件后，债权人请求担保人承担担保责任，担保人主张担保债务自人民法院受理破产申请之日起停止计息的，人民法院对担保人的主张应予支持。

案例解析

某投资公司与某乙公司执行监督案【（2023）最高法执监317号，入库编号：（2024-17-5-203-023）】

• 基本案情

1999年2月28日，河南省信阳市中级人民法院（以下简称信阳中院）作出（1999）信中法民初字第42号民事判决：某甲公司偿还某银行贷款本金2000000元，利息466200元，本息合计2466200元，某乙公司承担连带清偿责任。2018年11月27日，该院作出（2018）豫15民再34号民事判决：某甲公司偿还某银行贷款本金3421000元，利息759575.47元，本息合计4180575.47元；某乙公司对其担保的130万元贷款本息承担连带清偿责任。之后某银行将上述债权转让给某投资公司。

2000年8月23日，信阳市浉河区人民法院作出民事裁定，受理某甲公司的破产申请。2000年10月18日，信阳中院裁定对被执行人某甲公司终结执行，由被执行人某乙公司继续承担连带清偿责任。2022年11月17日，信阳中院作出（2000）信中法执字第01号通知书：担保人某乙公司承担的利息应计算至主债务人破产申请受理之日即2000年8月23日。某投资公司对某乙公司承担的利息计算至主债务人破产申请受理之日不服提出执行异议。

信阳中院于2023年2月27日作出（2023）豫15执异8号执行裁定，驳回某投资公司的异议请求。某投资公司不服，向河南省高级人民法院（以下简称河南高院）申请复议。河南高院于2023年4月4日作出（2023）豫执复156号执行裁定，驳回某投资公司的复议请求。某投资公司不服，向最高人民法院申请执行监督。最高人民法院于2023年9月28日作出（2023）最高法执监317号执行裁定，驳回某投资公司的申诉请求。

• **裁判要旨**

《民法典》实施前主债务人破产，申请执行人对担保人申请执行的，可以参照《民法典担保制度解释》的规定，将担保人承担的利息计算至主债务人被受理破产之日。

111. 人民法院裁定受理被执行人破产申请的，建设工程价款债权人如何进行债权申报？建设工程价款债权按照什么顺位清偿？

【实务要点】

人民法院裁定受理被执行人破产申请的，无论工程项目是否竣工结算及款项支付期限是否到期，建设工程价款债权人都应当向人民法院指定的管理人进行债权申报。管理人对各项债权登记造册并作出认定后，将债权表提交第一次债权人会议核查。如债权人对债权表记载的债权有异议的，应向管理人提出。经管理人解释或调整后，异议人仍然不服的，或者管理人不予解释或调整的，异议人应当在债权人会议核查结束后十五日内向人民法院提起债权确认的诉讼。

相比强制执行程序，破产程序中有特别清偿顺序规定。一般情况下，在建设工程价款优先受偿权的客体范围内，享有优先权的建工债权应当优先于其他担保物权、共益债务、破产费用、职工工资、税费等债权、劣后于实现优先受偿权的费用清偿。

【要点解析】

1. 无论工程项目是否竣工结算及款项支付期限是否到期，建设工程价款债权人都应进行债权申报。

从工程款债权是否完全确定的角度来看，可以将工程款债权主要划分为：（1）已经生效法律文书确认的；（2）已经完成结算但未经司法、仲裁或公证程序确认的；（3）已竣工未达成结算且未经司法、仲裁程序确认的；（4）未全部完成施工任务也未达成解除合同及就已完成工程价款完成结算的。上述三类建工债权的申报流程存在显著差异，简要流程如下：

对于经生效法律文书确认的工程款债权，施工单位可以直接向管理人提交该生效法律文书进行债权申报，管理人应当进行确认。已经进入强制执行程序但未执行完毕的，应当中止执行后向管理人进行申报。

对于已经完成结算但未经司法、仲裁或公证程序确认的工程款债权，施工单位应当按管理人要求提交施工合同、各方盖章的结算书、竣工验收证明等材料，通常情况下，管理人会按照结算书所确认的数额确认建设工程价款债权及是否享有建设工程价款优先受偿权。

对于已竣工未达成结算且未经司法、仲裁程序确认的建工债权，施工单位应当按管理人要求提交施工合同、竣工验收证明、报送的竣工结算报告等材料，管理人一般会委托第三方造价咨询机构对该工程项目的造价进行审核，并对工程价款债权及是否享有建设工程价款优先受偿权进行确认。

未全部完成施工任务也未达成解除合同及就已完成工程价款完成结算的，施工单位应当按管理人要求提交施工合同、已完成工程部分的结算报告等材料，管理人一般会委托第三方造价咨询机构对该工程项目的造价进行审核，并对工程价款债权及是否享有建设工程价款优先受偿权进行确认。同时管理人会和施工单位协商确定是否由其承担续建义务及续建工程款的支付等事宜。续建部分的工程款一般按共益债务处理。

此外，根据《破产法》相关规定，诸如质保金之类的未到期债权应当在人民法院裁定受理破产申请后加速到期，故承包人申报债权时应当全额申报。如果生效法律文书的判项中未包括质保金的，应当特别注意一并申报。

关于建设工程价款优先受偿权，应当特别注意的是，承包人在申报债权时应当向管理人明确其享有优先受偿权。因为建工优先权与抵押权不同，现阶段并无登记的客观条件，且管理人并无主动查明该项优先权的法定义务，结合司法实践中，存在因承包人未申报优先权而被认定为普通债权的案例，所以承包人可能会因遗漏申报优先权而遭受巨大损失的可能性。此种情况最有可能发生在工程款债权已经被民事判决书或调解书所确认，但并未同时确认优先受偿权的时候，承包人在申报债权时应当特别予以注意。

2. 债权人对于管理人确认的债权及是否享有建设工程价款优先受偿权有异议的，应当遵循法定程序寻求救济。

如果债权人对初步审查结果提出异议，管理人将依据债权人补充证据材料的情况，按照初步审查阶段的审查步骤及审查方法，再次对债权的发生依据、性质、金额等予以审查，及时复核，若债权人对管理人的解释仍有异议的，可依法向人民法院提起诉讼。

作为债权人的施工企业，如果对于工程价款的金额或不予确认建设工程价款优先受偿权存有异议的，应当向管理人提出异议并说明理由和法律依据。如果经管理人解释或调整后，债权人仍然不服的，或者管理人不予解释或调整的，异议人应当在债权人会议核查结束后十五日内向人民法院提起债权确认的诉讼。

在案涉工程项目未经结算的情形下，如果协商不成，通常情况下，管理人直接认定的工程造价与实际造价存在差异，承包人难以认可。此时，承包人应及时向管理人提出书面异议，如对管理人的答复仍不认可、管理人不予解释或调整的，还可以在债权人会议核查结束后十五日内提起破产债权确认之诉，在诉讼中通过工程造价司法鉴定确定工程款债权金额。

主流观点认为，《破产法》的司法解释对于债权人向管理人提出异议是提起债权确认之诉的前置程序。但对于15日的起诉期限是否直接导致失权的后果，各地方法院和最高人民法院在个案的裁判中呈现出了不同的观点，鉴于上述程序性规定和争议的存在，我们建议承包人严格按照《破产法司法解释三（2020）》第八条之规定，先向管理人提出异议，再于债权人会议核查结束后15日内向人民法院提起诉讼。

3. 建设工程价款债权的清偿顺位。

鉴于破产程序与强制执行程序的价值取向不同，《破产法》及相关法律法规对于破产程序中债权清偿顺位作出了一些特别规定。在案涉工程的范围内，商品房消费者优先权 > 保交楼贷款、资金 > 实现优先受偿权的费用 > 享有优先权的工程款债权 > 其他担保物权 > 破产费用 > 共益债务 > 职工工资等 > 欠缴的税款 > 其余普通债权 > 劣后债权。在案涉工程的范围外时，如工程款债权及优先受偿权无对应的建设工程作为行使客体即虽确认享有优先受偿权但建设工程对应的房产均已销售给他人，则工程款债权作为普通债权清偿。

另外，近年来，为保障购房者的基本生存权，政府出台了保交楼的相关政策，特别规定了为支持房地产白名单项目建设提供的新增贷款、资金具有特别优先性，我们认为其主要原因在于此类资金本质上是出于保障生存权而产生的共益债务，应当优先于建设工程价款优先受偿权。

【法律依据】

《破产法》

第四十一条　人民法院受理破产申请后发生的下列费用，为破产费用：

（一）破产案件的诉讼费用；

（二）管理、变价和分配债务人财产的费用；

（三）管理人执行职务的费用、报酬和聘用工作人员的费用。

第四十二条　人民法院受理破产申请后发生的下列债务，为共益债务：

（一）因管理人或者债务人请求对方当事人履行双方均未履行完毕的合同所产生的债务；

（二）债务人财产受无因管理所产生的债务；

（三）因债务人不当得利所产生的债务；

（四）为债务人继续营业而应支付的劳动报酬和社会保险费用以及由此产生的其他债务；

（五）管理人或者相关人员执行职务致人损害所产生的债务；

（六）债务人财产致人损害所产生的债务。

第四十三条　破产费用和共益债务由债务人财产随时清偿。

债务人财产不足以清偿所有破产费用和共益债务的，先行清偿破产费用。

债务人财产不足以清偿所有破产费用或者共益债务的，按照比例清偿。

债务人财产不足以清偿破产费用的，管理人应当提请人民法院终结破产程序。人民法院应当自收到请求之日起十五日内裁定终结破产程序，并予以公告。

第五十七条　管理人收到债权申报材料后，应当登记造册，对申报的债权进行审查，并编制债权表。

债权表和债权申报材料由管理人保存，供利害关系人查阅。

第五十八条　依照本法第五十七条规定编制的债权表，应当提交第一次债权人会议核查。

债务人、债权人对债权表记载的债权无异议的，由人民法院裁定确认。

债务人、债权人对债权表记载的债权有异议的，可以向受理破产申请的人民法院提起诉讼。

《破产法司法解释二（2020）》

第三条　债务人已依法设定担保物权的特定财产，人民法院应当认定为债务人财产。

对债务人的特定财产在担保物权消灭或者实现担保物权后的剩余部分，在破产程序中可用以清偿破产费用、共益债务和其他破产债权。

第二十二条　破产申请受理前，债权人就债务人财产向人民法院提起本规定第二十一条第一款所列诉讼，人民法院已经作出生效民事判决书或者调解书但尚未执行完毕的，破产申请受理后，相关执行行为应当依据企业破产法第十九条的规定中止，债权人应当依法向管理人申报相关债权。

《破产法司法解释三（2020）》

第六条　管理人应当依照企业破产法第五十七条的规定对所申报的债权进行登记造册，详尽记载申报人的姓名、单位、代理人、申报债权额、担保情况、证据、联系方式等事项，形成债权申报登记册。

管理人应当依照企业破产法第五十七条的规定对债权的性质、数额、担保财产、是否超过诉讼时效期间、是否超过强制执行期间等情况进行审查、编制债权表并提交债权人会议核查。

债权表、债权申报登记册及债权申报材料在破产期间由管理人保管，债权人、债务人、债务人职工及其他利害关系人有权查阅。

第七条　已经生效法律文书确定的债权，管理人应当予以确认。

管理人认为债权人据以申报债权的生效法律文书确定的债权错误，或者有证据证明债权人与债务人恶意通过诉讼、仲裁或者公证机关赋予强制执行力公证文书的形式虚构债权债务的，应当依法通过审判监督程序向作出该判决、裁定、调解书的人民法院或者上一级人民法院申请撤销生效法律文书，或者向受理破产申请的人民法院申请撤销或者不予执行仲裁裁决、不予执行公证债权文书后，重新确定债权。

第八条　债务人、债权人对债权表记载的债权有异议的，应当说明理由和法律依据。经管理人解释或调整后，异议人仍然不服的，或者管理人不予解释或调整的，异议人应当在债权人会议核查结束后十五日内向人民法院提起债权确认的诉讼。当事人之间在破产申请受理前订立有仲裁条款或仲裁协议的，应当向选定的仲裁机构申请确认债权债务关系。

第九条　债务人对债权表记载的债权有异议向人民法院提起诉讼的，应将被异议债权人列为被告。债权人对债权表记载的他人债权有异议的，应将被异议债权人列为被告；债权人对债权表记载的本人债权有异议的，应将债务人列为被告。

对同一笔债权存在多个异议人，其他异议人申请参加诉讼的，应当列为共同原告。

案例解析

某工程有限公司、某材料有限公司建设工程价款优先受偿权纠纷再审审查与审判监督民事裁定书【（2020）最高法民申2592号】

• 基本案情

2016年11月2日，某材料有限公司（下称“材料公司”）被人民法院裁定破产，某工程有限公司（下称“工程公司”）作为承包人对材料公司享有工程款债权，于2017年1月3日向管理人申报该笔债权，但并未明确主张建设工程价款优先受偿权。而后，管理人将其债权认定为普通债权并不予调整，工程公司不服，向人民法院提起诉讼。一审、二审法院均未支持其主张。工程公司不服，向最高人民法院申请再审，主张根据最高人民法院［2007］执他字第11号《关于对人民法院调解书中未写明建设工程款有优先受权应如何适用法律问题的请示的复函》（以下简称11号复函）的意见，建设工程价款优先受偿权是一种法定优先权，无需当事人另外明示，申报建设工程债权即为形式优先受偿权。

最高人民法院认为，当事人依法享有工程价款优先受偿权与其依法主张工程价款优先受偿权不同，如其不主张工程价款优先受偿权，则其权利无法得到实现。当事人未明确主张自己享有建设工程价款优先受偿权的情况下，其所主张的权利仅能视为普通债权。因此，不予支持工程公司的请求，驳回再审申请。

• 裁判要旨

根据11号复函标题所载明的内容，该函所称的“无需当事人另外予以明示”系指“人民法院调解书中未写明建设工程款有优先受偿权”时，当事人可以依据调解书依法行使建设工程价款优先受偿权这一法定优先权，而无需调解书写明当事人享有工程价款优先受偿权内容。当事人依法享有工程价款优先受偿权与其依法主张工程价款优先受偿权不同，如其不主张工程价款优先受偿权，则其权利无法得到实现。建设工程价款优先受偿权涉及发包人以及其他债权人的利益，当事人向发包人行使建设工程价款优先受偿权须明确自己所主张的权利及享有优先权，以使得相对方以及其他债权人知道其主张的权利。当事人未明确主张自己享有建设工程价款优先受偿权的情况下，其所主张的权利仅能视为普通债权。

第十二章

执行外救济途径

112. 申请执行人应在何时行使债权人撤销权？

【实务要点】

被执行人恶意转移财产或放弃债权等影响债权人的债权实现的，申请执行人应在知道或应当知道上述事由之日起一年内行使撤销权。如被执行人与案外人在另案诉讼中达成调解，减损到期债权、严重影响申请执行人实现债权的，申请执行人可以自知道或应当知道该调解书内容之日起六个月内向作出该调解书的人民法院提起第三人撤销之诉。

【要点解析】

1.《民法典》就债务人实施危害债权人债权的行为，赋予了债权人向人民法院请求予以撤销的权利，该权利被称为债权人撤销权。债权人撤销权的对象主要是两类行为，一是无偿转让行为，即无偿转让、放弃债权或恶意延长到期债权的履行期限，二是有偿转让行为，即以明显不合理的低价转让财产、以明显不合理的高价受让他人财产或者为他人的债务提供担保。不合理高价和低价的认定标准为转让价格相比交易地的指导价或者市场交易价浮动超过百分之三十。

上述两种行为在建设工程领域都时常发生，比如，房建工程的发包人常为项目公司，除工程项目和土地使用权外一般无其他实质性资产，当其欠付承包人工程款时，为逃避债务，可能通过一定手段规避监管、低价转让工程项目，此时，承包人在掌握相关证据后，可以向人民法院起诉撤销该转让行为。另外，根据《九民纪要》第120条的规定，如被执行人与案外人在另案诉讼中达成调解，因被执行人与案外人的权利义务被调解书确定，导致建设工程价款债权人无法行使撤销权，并且建设工程价款债权人有证据证明调解书主文确定的债权内容部分或者全部虚假，建设工程价款债权人作为申请执行人，则可以知道该调解书内容之日起六个月内向作出该调解书的人民法院提起第三人撤销之诉。

2. 申请执行人行使债权人撤销权应当注意撤销权的法定行使期限和最长保护期限。当被执行人是以前文所述的两类民事法律行为损害债权人的利益时，根据《民法典》第五百四十一条之规定，撤销权自债权人知道或者应当知道撤销事由之日起一年内行使，自债务人的行为发生之日起五年内没有行使撤销权的，该撤销权消灭，该时限在法律上称为撤销权的除斥期间。因此，考虑到一年的除斥期间较短，申请执行人应当在知道被执行人恶意转让财产后，应尽快向人民法院提起债权人撤销权之诉。

3. 申请执行人对被执行人的调解书行使债权人撤销权，向人民法院提起第三人撤销之诉的，注意六个月的法定期限。根据《民诉法（2023）》第五十九条第三款规定，债权人行权的期限为自知道或者应当知道其民事权益受到损害之日起六个月内，但未规定最长保护期间。因此，相比债权人撤销权之诉，第三人撤销之诉的起诉期限更短，申请执行人应及时查看是否有相关的公开民事调解书并及时提起第三人撤销权之诉。与此同时，被执行人破产的债权申报中或在他案诉讼中相关民事调解书被披露的也会被视为债权人应当知道其民事权益受到损害，六个月的除斥期间随即起算，故申请执行人应当及时关注上述内容并据此提起第三人撤销权之诉。

【法律依据】

《民法典》

第五百三十八条　债务人以放弃其债权、放弃债权担保、无偿转让财产等方式无偿处分财产权益，或者恶意延长其到期债权的履行期限，影响债权人的债权实现的，债权人可以请求人民法院撤销债务人的行为。

第五百三十九条　债务人以明显不合理的低价转让财产、以明显不合理的高价受让他人财产或者为他人的债务提供担保，影响债权人的债权实现，债务人的相对人知道或者应当知道该情形的，债权人可以请求人民法院撤销债务人的行为。

第五百四十一条　撤销权自债权人知道或者应当知道撤销事由之日起一年内行使。自债务人的行为发生之日起五年内没有行使撤销权的，该撤销权消灭。

《民诉法（2023）》

第五十九条　对当事人双方的诉讼标的，第三人认为有独立请求权的，有权提起诉讼。

对当事人双方的诉讼标的，第三人虽然没有独立请求权，但案件处理结果同他有法律上的利害关系的，可以申请参加诉讼，或者由人民法院通知他参加诉讼。人民法院判决承担民事责任的第三人，有当事人的诉讼权利义务。

前两款规定的第三人，因不能归责于本人的事由未参加诉讼，但有证据证明发生法律效力的判决、裁定、调解书的部分或者全部内容错误，损害其民事权益的，可以自知道或者应当知道其民事权益受到损害之日起六个月内，向作出该判决、裁定、调解书的人民法院提起诉讼。人民法院经审理，诉讼请求成立的，应当改变或者撤销原判决、裁定、调解书；诉讼请求不成立的，驳回诉讼请求。

《民法典合同编通则司法解释》

第四十二条　对于民法典第五百三十九条规定的“明显不合理”的低价或者高价，人民法院应当按照交易当地一般经营者的判断，并参考交易时交易地的市场交易价或者物价部门指导价予以认定。

转让价格未达到交易时交易地的市场交易价或者指导价百分之七十的，一般可以认定为“明显不合理的低价”；受让价格高于交易时交易地的市场交易价或者指导价百分之三十的，一般可以认定为“明显不合理的高价”。

债务人与相对人存在亲属关系、关联关系的，不受前款规定的百分之七十、百分之三十的限制。

第四十三条　债务人以明显不合理的价格，实施互易财产、以物抵债、出租或者承租财产、知识产权许可使用等行为，影响债权人的债权实现，债务人的相对人知道或者应当知道该情形，债权人请求撤销债务人的行为的，人民法院应当依据民法典第五百三十九条的规定予以支持。

《九民纪要》

120.【债权人能否提起第三人撤销之诉】第三人撤销之诉中的第三人仅局限于《民事诉讼法》第 56 条规定的有独立请求权及无独立请求权的第三人，而且一般不包括债权人。但是，设立第三人撤销之诉的目的在于，救济第三人享有的因不能归责于本人的事由未参加诉讼但因生效裁判文书内容错误受到损害的民事权益，因此，债权人在下列情况下可以提起第三人撤销之诉：

（1）该债权是法律明确给予特殊保护的债权，如《合同法》第 286 条规定的建设工程价款优先受偿权，《海商法》第 22 条规定的船舶优先权；

（2）因债务人与他人的权利义务被生效裁判文书确定，导致债权人本来可以对《合同法》第 74 条和《企业破产法》第 31 条规定的债务人的行为享有撤销权而不能行使的；

（3）债权人有证据证明，裁判文书主文确定的债权内容部分或者全部虚假的。

债权人提起第三人撤销之诉还要符合法律和司法解释规定的其他条件。对于除此之外的其他债权，债权人原则上不得提起第三人撤销之诉。

案例解析

1. 上海某食品公司诉李某、何某某、李某某债权人撤销权纠纷案【（2018）沪 01 民终 13292 号，入库编号：（2024-07-2-078-001）】

• 基本案情

李某与何某某于 1996 年结婚，于 2016 年 8 月 23 日办理离婚登记手续并签订《自愿离婚协议书》。协议书约定：“三、男女双方共有财产分割如下：某 201 室房屋产权归女方所有；某 101 室房屋、302 室房屋产权归女方何某某和儿子李某某共同所有。四、……私人剩余借款及银行贷款本金共 204000 元，由女方何某某独自承担。”何某某于庭审中确认，上述某201室房屋于2003年登记在李某、何某某名下。

2016年2月，上海某食品公司和上海某实业公司签订《合作采购协议》一份，约定上海某食品公司代理采购上海某实业公司指定货品，上海某实业公司如不能支付货款，则公司法定代表人李某个人全额承担支付责任。同年10月7日，李某向上海某食品公司出具还款承诺书，再次确认截至2016年9月30日结欠上海某食品公司货款1929512.45元，李某承诺为上海某实业公司的共同还款人。

2017年3月24日，法院作出判决，判令上海某实业公司、李某支付上海某食品公司货款1929512.45元。后上海某食品公司申请法院强制执行，法院于2017年8月21日作出执行裁定书，因未查实上海某实业公司、李某可供执行的财产，裁定终结本次执行程序。

2017年12月14日，上海某食品公司向一审法院递交了本案民事起诉状。

一审审理中，何某某称上海某食品公司于2016年11月初就已经知道李某、何某某离婚和财产分割的事情。上海某食品公司则称何某某于2016年11月只是口头说已经离婚，但没有说过财产分割的问题。

上海市松江区人民法院于2018年7月26日作出（2017）沪0117民初21684号民事判决：驳回上海某食品公司的全部诉讼请求。上海某食品公司不服该判决，提起上诉。上海市第一中级人民法院于2019年3月5日作出（2018）沪01民终13292号民事判决，改判撤销《自愿离婚协议书》第三条“男女双方共有财产分割如下”全部条款，恢复某201室登记为李某、何某某名下。

• 裁判要旨

债务人在明知负有债务的情况下，通过离婚协议将财产转移至夫妻另一方及子女名下，债权人主张撤销该条款的，人民法院应当对债权人是否存在有效债权、离婚协议财产分割是否存在明显失衡、债务人是否无可供执行的其他财产致债权无法实现等情况进行综合认定。另外，撤销权行使期限自债权人知道或应当知道撤销事由之日起计算。其中，债务人通过离婚处分财产的，债权人知道撤销事由之日，应以债权人知道债务人离婚协议关于财产分割条款具体内容的时间作为起算点；债权人仅知晓债务人离婚事宜但并不清楚财产分割条款具体内容，也无法通过其他途径知晓的，不能认定其应当知道存在撤销的事由。

2. 某国际商贸城实业发展有限公司、青岛某建筑工程有限公司等第三人撤销之诉案【（2021）最高法民再357号】

• 基本案情

某国际商贸公司与某豪第公司等民间借贷一案，经高院终审判决确认，某国际商贸公司就借款本息对某豪第公司设定抵押担保的位于即墨区 X 号 39 套房产折价或拍卖价款享有优先权。因某豪第公司等未履行该判决确定的义务，某国际商贸公司向山东省青岛市中级人民法院申请处置抵押物，司法拍卖后因无人竞拍流拍，某国际商贸公司依法申请以物抵债。

前案强制执行期间，山东省青岛市中级人民法院作出民事调解书一份，内容为：某豪第公司偿还欠付工程款 198210673.76 元及利息，某豪第公司认可国某建筑公司对案涉工程享有建设工程价款优先受偿权。后国某建筑公司以该调解书为依据，向山东省青岛市人民法院主张优先受偿，申请扣留、提取 39 套房产的处置案款。

某国际商贸公司以某豪第公司和国某建筑公司存在“同一套人马、两块牌子”的情况，该调解书中确认优先权受偿权的部分系为对抗某国际商贸公司的抵押权而提起的虚假诉讼为由，向山东省青岛市中级人民法院提起诉讼，请求撤销前述调解书。一、二审法院均认为某国际商贸公司对案涉工程不具有独立请求权，与某豪第公司、国某建筑公司之间的建设工程法律关系没有牵连，某国际商贸公司不是针对调解书提起第三人撤销之诉的适格主体，故裁定驳回起诉。某国际商贸公司不服，向最高人民法院申请再审，最高人民法院审理后认为，某国际商贸公司作为抵押权人，与该案调解书的处理结果存在法律上的利害关系，属于无独立请求权第三人，且某国际商贸公司已经初步证明国某建筑公司与某豪第公司系关联公司，因某建筑公司在案涉工程竣工交付使用数年后起诉主张工程价款优先权，已超过法定期间，调解书内容错误，某国际商贸公司提起第三人撤销之诉主体适格，故裁定撤销一、二审裁定书，发回重审。

2022 年 7 月 19 日，山东省青岛市中级人民法院经重新审理后认为，案涉工程已经交付使用且已办理产权证，承包人国某建筑公司有权要求某豪第公司参照双方合同约定支付工程价款，故前诉不能认定为虚假诉讼。国某建筑公司在案涉工程交付使用数年后起诉主张工程价款优先权，已超过法定期间。因调解书中确认国某建筑公司享有优先受偿权与事实相悖，国某建筑公司以此要求提取拍卖确认侵害了某国际商贸公司的合法权益，故依法判决撤销调解书第四项对于国某建筑公司享有建设工程价款优先受偿权的确认。

• 裁判要旨

当发包人与承包人之间的判决书或调解书确定承包人对案涉工程享有建设工程价款优先受偿权存在错误，且该错误侵害案涉工程抵押权人的合法权益时，该抵押权人有权通过第三人撤销之诉，请求人民法院依法撤销该判决书或调解书。

113. 债权人撤销权诉讼中，债务人与第三人主张阴阳合同的，如何处理？

【实务要点】

债权人撤销权诉讼中，针对债权人请求撤销的合同，债务人与第三人主张存在阴阳合同进行抗辩的，应以实际履行的交易价格确定是否符合债权人撤销的要件。

【要点解析】

债权人主张撤销权的对象通常是债务人与第三人之间签订的房屋买卖合同和股权转让合同。这两类标的物的交易中，阴阳合同出现的频率较高，有的是为了避免大额资产交易形成的高额税费，有的是为了避免行政监管，也有的是混合了以物抵债等法律关系而形成了多份合同，即阴阳合同。

在阴阳合同中，阳合同是债务人与受让人达成的是外在表现形态为“无偿”或“低价”的交易合同，而阴合同则是一个被隐藏真实交易价格的合同。阴合同通常只存放于债务人和受让人处，除非受让人进行债权申报或因其他原因披露，否则债权人无从知晓，故债权人一般会提起针对阳合同的债权人撤销之诉，而债务人会提出阴合同抗辩，主张阳合同未实际履行，应以阴合同所列价格确定是否构成背离市场价格。此时，除非债务人提出充分的证据证明双方实际履行的是阴合同且该交易对价的合理性，否则应当将阳合同作为依据。

【法律依据】

《民法典》

第一百四十六条　行为人与相对人以虚假的意思表示实施的民事法律行为无效。

以虚假的意思表示隐藏的民事法律行为的效力，依照有关法律规定处理。

案例解析

汪某、董某某债权人撤销权纠纷再审审查与审判监督案【(2019) 川民申2699号】

• 基本案情

2012年9月30日，董某某与王某某等六人、管某某等三人签订《借款合同》，约定王某某等六人向董某某借款1200万元，管某某等三人为该借款的担保人。借款到期后，因借款人没有偿还借款，董某某向人民法院提起诉讼。经审理，人民法院作出如下判决：王某某等六人应当偿还董某某借款本金 1200 万元及利息。判决生效后，董某某向成都市中级人民法院申请强制执行。成都市中级人民法院以（2015）成执字第 324 号立案。执行中分别在 2015 年 6 月 4 日，2017 年 8 月 16 日委托某房地产造价咨询评估有限公司对案涉六套房屋进行了评估，案涉房屋的价值分别是 2331000 元（其中商业房屋为 1979500 元，车库为 351500 元），2534000 元（其中商业房屋为 2149700 元，车库为 384300 元）。

2017 年 5 月 15 日，王某某与汪某签订了《房屋买卖合同》，将王某某所有的位于某市的六套房屋一并出卖给汪某，作价 801900 元（该价格仅为评估价的 32%）并以《房屋买卖合同》约定的价格缴纳税费。

后董某某以合同价格明显不合理为由诉至法院，请求撤销【成存房买（自）第 8501 号】《房屋买卖合同》。经一、二审法院审理，均认定王某某存在以明显不合理的价格转让房屋的情况，判决撤销【成存房买（自）第 8501 号】《房屋买卖合同》。王某某和汪某不服判决，认为以应当依据阴合同确定转让价格为由，向四川省高级人民法院申请再审，四川高院以汪某主张实际交易价格为 300 万元，但未提交充分证据证明主张案涉房屋的实际交易价格为由，驳回再审申请。

• 裁判要旨

主管部门的备案合同具有公示效力，且买卖双方已按照备案合同约定的价格缴纳税费，该备案合同为优势证据。仅有阴合同，而无其他证据证明债务人与案外人的交易价格与阴合同一致的前提下，应当以阳合同为依据确定受让人支付的对价。

114. 债权人撤销权诉讼中，第三人主张补足差价能否得到支持？

【实务要点】

债权人撤销权诉讼中，未经债权人同意，原则上不得允许第三方受让人通过“补正”价格条款的方式而否定债权人之撤销权。

【要点解析】

之所以设置债权人撤销权之诉这一制度，是因其中隐含着对债务人和第三方受让人之恶意行为予以“惩戒”的立法目的。且法院的审理应围绕原告方的诉讼请求，不可“判非所请”。经法庭释明后，如果债权人自主将撤销权诉讼请求变更为债务清偿请求的，则法庭应当予以准许；如果债权人坚持债权人撤销之诉的，则法庭应尊重诉讼请求，依法撤销该不法行为。

【法律依据】

《民法典》

第五百四十条　撤销权的行使范围以债权人的债权为限。债权人行使撤销权的必要费用，由债务人负担。

第五百四十一条　撤销权自债权人知道或者应当知道撤销事由之日起一年内行使。自债务人的行为发生之日起五年内没有行使撤销权的，该撤销权消灭。

第五百四十二条　债务人影响债权人的债权实现的行为被撤销的，自始没有法律约束力。

《最高人民法院关于印发〈全国法院贯彻实施民法典工作会议纪要〉的通知》

第9条　对于民法典第五百三十九条规定的明显不合理的低价或者高价，人民法院应当以交易当地一般经营者的判断，并参考交易当时交易地的物价部门指导价或者市场交易价，结合其他相关因素综合考虑予以认定。

转让价格达不到交易时交易地的指导价或者市场交易价百分之七十的，一般可以视为明显不合理的低价；对转让价格高于当地指导价或者市场交易价百分之三十的，一般可以视为明显不合理的高价。当事人对于其所主张的交易时交易地的指导价或者市场交易价承担举证责任。

案例解析

翁某、绍兴某纺织品有限公司、梅某某等合同纠纷案【(2020）浙06民终4819号】

• 基本案情

绍兴某纺织品有限公司向绍兴市柯桥区人民法院以加工合同为由起诉吴某某、梅某某，后各方经法院组织达成（2019）浙0603民初9433号民事调解书：吴某某、梅某某支付给绍兴某纺织品有限公司加工费1588827.03元，款于2019年9月30日前付清。梅某某和翁某某的离婚协议书及《未婚声明书》均确认位于绍兴市灵芝街道天下花园某房屋为夫妻的共同财产，翁某某、梅某某于2019年10月31日将案涉房屋转让给翁某奉，虽然翁某某、翁某奉庭审中陈述交易价格为300万元，但根据该院调取的银行交易明细显示翁某奉向翁某某支付购房款300万元是通过同一笔资金循环反复转账形成的假象，真实付款金额仅为150万元。且该150万元系支付给翁某某，该房屋买卖时梅某某和翁某某已离婚，翁某奉并未向梅某某支付房款，梅某某无偿转让财产给翁某奉。绍兴某纺织品有限公司请求撤销梅某某、翁某某将房屋转让给翁某奉的行为，诉至浙江省绍兴市越城区人民法院。法院判决撤销梅某某和翁某某将二人共同所有的房屋转让给翁某奉的行为，并由翁某奉于该判决生效之日起三十日内向梅某某支付价款150万元。

• 裁判要旨

本案中绍兴某纺织品有限公司行使债权人撤销权符合法定条件，故一审判决撤销梅某某、翁某某与翁某奉之间的房屋转让行为正确。因讼争房屋已被翁某奉抵押给案外人，客观上无法恢复至原登记状态，翁某奉应向梅某某折价补偿150万元，故一审判决的判项并不存在矛盾之处。鉴于目前梅某某已被一审法院列为被执行人，故从保护债权人利益考虑，一审判决判令翁某奉将款项交纳至一审法院执行账户亦无不当。

115. 申请执行人如何提起债权人代位权诉讼？

【实务要点】

因债务人怠于行使其债权或者与该债权有关的从权利，影响债权人的到期债权实现的，申请执行人作为债权人可以向人民法院请求以自己的名义代位行使债务人对相对人的权利，但是该权利专属于债务人自身的除外。

【要点解析】

因债务人怠于行使其到期债权或与该债权有关的从权利，影响债权人的到期债权实现的，债权人可以以自己的名义提起代位权诉讼，以实现债权。代位权行使的范围以债权人的到期债权为限，该到期债权并不一定需要经过生效法律文书确认。如该到期债权未经生效法律文书确认，债权人可同时提起债权人与债务人之间的诉讼和以债务人的相对人为被告、债务人为第三人的代位权诉讼，并可申请对债务人的相对人采取保全措施。

【法律依据】

《民法典》

第五百三十六条　债权人的债权到期前，债务人的债权或者与该债权有关的从权利存在诉讼时效期间即将届满或者未及时申报破产债权等情形，影响债权人的债权实现的，债权人可以代位向债务人的相对人请求其向债务人履行、向破产管理人申报或者作出其他必要的行为。

第五百三十七条　人民法院认定代位权成立的，由债务人的相对人向债权人履行义务，债权人接受履行后，债权人与债务人、债务人与相对人之间相应的权利义务终止。债务人对相对人的债权或者与该债权有关的从权利被采取保全、执行措施，或者债务人破产的，依照相关法律的规定处理。

《最高人民法院关于印发〈全国法院贯彻实施民法典工作会议纪要〉的通知》

民法典第五百三十五条规定的“债务人怠于行使其债权或者与该债权有关的从权利，影响债权人的到期债权实现的”，是指债务人不履行其对债权人的到期债务，又不以诉讼方式或者仲裁方式向相对人主张其享有的债权或者与该债权有关的从权利，致使债权人的到期债权未能实现。相对人不认为债务人有怠于行使其债权或者与该债权有关的从权利情况的，应当承担举证责任。

《民法典合同编通则司法解释》

第三十五条　债权人依据民法典第五百三十五条的规定对债务人的相对人提起代位权诉讼的，由被告住所地人民法院管辖，但是依法应当适用专属管辖规定的除外。

债务人或者相对人以双方之间的债权债务关系订有管辖协议为由提出异议的，人民法院不予支持。

第三十六条　债权人提起代位权诉讼后，债务人或者相对人以双方之间的债权债务关系订有仲裁协议为由对法院主管提出异议的，人民法院不予支持。但是，债务人或者相对人在首次开庭前就债务人与相对人之间的债权债务关系申请仲裁的，人民法院可以依法中止代位权诉讼。

第三十七条　债权人以债务人的相对人为被告向人民法院提起代位权诉讼，未将债务人列为第三人的，人民法院应当追加债务人为第三人。

两个以上债权人以债务人的同一相对人为被告提起代位权诉讼的，人民法院可以合并审理。债务人对相对人享有的债权不足以清偿其对两个以上债权人负担的债务的，人民法院应当按照债权人享有的债权比例确定相对人的履行份额，但是法律另有规定的除外。

第三十八条　债权人向人民法院起诉债务人后，又向同一人民法院对债务人的相对人提起代位权诉讼，属于该人民法院管辖的，可以合并审理。不属于该人民法院管辖的，应当告知其向有管辖权的人民法院另行起诉；在起诉债务人的诉讼终结前，代位权诉讼应当中止。

第三十九条　在代位权诉讼中，债务人对超过债权人代位请求数额的债权部分起诉相对人，属于同一人民法院管辖的，可以合并审理。不属于同一人民法院管辖的，应当告知其向有管辖权的人民法院另行起诉；在代位权诉讼终结前，债务人对相对人的诉讼应当中止。

第四十条　代位权诉讼中，人民法院经审理认为债权人的主张不符合代位权行使条件的，应当驳回诉讼请求，但是不影响债权人根据新的事实再次起诉。

债务人的相对人仅以债权人提起代位权诉讼时债权人与债务人之间的债权债务关系未经生效法律文书确认为由，主张债权人提起的诉讼不符合代位权行使条件的，人民法院不予支持。

第四十一条　债权人提起代位权诉讼后，债务人无正当理由减免相对人的债务或者延长相对人的履行期限，相对人以此向债权人抗辩的，人民法院不予支持。

案例解析

北京某有限公司诉山东某物流有限公司买卖合同纠纷案【(2019)最高法民终6号，指导性案例167号】

• 基本案情

2012年1月20日至2013年5月29日期间，北京某有限公司与山东某物流有限公司之间签订采购合同41份，约定北京某有限公司向山东某物流有限公司销售镍铁、镍矿、精煤、冶金焦等货物。北京某有限公司提供的证据表明，山东某物流有限公司尚欠北京某有限公司147500000元。因山东某物流有限公司对宁波某公司享有到期债权且怠于行使，北京某有限公司向人民法院提起诉讼，请求宁波某公司向北京某有限公司支付货款55733807.98元或交付等值镍铁。诉讼中，宁波某公司自认其包括借款在内共欠山东某物流有限公司36369405.32元。人民法院审理后认为，山东某物流有限公司至今对该债务未以诉讼或仲裁方式向宁波某公司主张，致使北京某有限公司债权未能实现，北京某有限公司要求宁波某公司直接清偿债务用于抵偿山东某物流有限公司对宁波某公司所欠北京某有限公司的债务，人民法院遂判决宁波某公司向北京某有限公司支付款项36369405.32元。

• 裁判要旨

代位权诉讼属于债的保全制度，该制度是为防止债务人财产不当减少或者应当增加而未增加，给债权人实现债权造成障碍，而非要求债权人在债务人与次债务人之间择一选择作为履行义务的主体。代位权诉讼与对债务人的诉讼并不相同，从当事人角度看，代位权诉讼以债权人为原告、次债务人为被告，而对债务人的诉讼则以债权人为原告、债务人为被告，两者被告身份不具有同一性。从诉讼标的及诉讼请求上看，代位权诉讼虽然要求次债务人直接向债权人履行清偿义务，但针对的是债务人与次债务人之间的债权债务，而对债务人的诉讼则是要求债务人向债权人履行清偿义务，针对的是债权人与债务人之间的债权债务，两者在标的范围、法律关系等方面亦不相同。

116. 如何通过诉讼方式追究被执行人为企业法人时清算责任主体的相应责任？

【实务要点】

清算义务人是基于其与公司之间存在的特定法律关系，在公司出现解散事由时，负有在法定期限内提起清算程序、成立清算组织，并在未及时依法清算给相关权利人造成损失时承担相应责任的民事主体。清算义务人因故意或重大过失给公司或者债权人造成损失的，应当承担赔偿责任。清算组未依法履行通知和公告义务，导致债权人未及时申报债权而未获清偿，债权人可请求清算组成员对因此造成的损失承担赔偿责任。针对以上违法清算导致债权无法受偿，债权人可以选择提起清算责任诉讼维护权益。

【要点解析】

清算义务人责任实质为侵权责任，应具备侵权责任的构成要件。①违法行为：未及时成立清算组开始清算、怠于履行清算义务；②损害事实：未及时清算，导致公司财产贬值、流失、毁损或者灭失；因怠于履行清算义务，导致公司无法进行清算；③因果关系：清算义务人“未在法定期限内成立清算组开始清算”造成“公司财产贬值、流失、毁损或灭失”，导致“债权人利益受损”；“怠于履行清算义务”造成“主要财产、账册、重要文件等灭失”“无法进行清算”，导致“债权人利益受损”。

《公司法司法解释二（2020）》第十八条第二款关于有限责任公司股东清算责任的规定，其性质是因股东怠于履行清算义务致使公司无法清算所应当承担的侵权责任。“怠于履行义务”，包括怠于履行依法及时启动清算程序进行清算的义务，也包括怠于履行妥善保管公司财产、账册、重要文件等义务，但最终的落脚点在于“无法进行清算”，即由于股东等清算义务人怠于履行及时启动清算程序进行清算的义务，以及怠于履行妥善保管公司财产、账册、重要文件等义务，导致公司清算所必需的公司财产、账册、重要文件等灭失而无法进行清算。此处的“无法清算”只是一个需要由证据来证明的法律事实问题，不以启动清算程序为前提。只要债权人能够举证证明由于股东等清算义务人怠于履行义务，导致公司主要财产、账册、重要文件等灭失而无法进行清算即可。

根据2023年修订的《公司法（2023）》第二百三十二条规定，董事为公司清算义务人，应当在解散事由出现之日起十五日内组成清算组进行清算。这是清算义务人的法定义务。依照上述法律规定，自公司相应的解散事由出现之日起十五日内，如果未依法成立清算组，则即日起清算义务人就应当承担未履行法定义务的法律责任。

【法律依据】

《公司法（2023）》

第二百三十二条　公司因本法第二百二十九条第一款第一项、第二项、第四项、第五项规定而解散的，应当清算。董事为公司清算义务人，应当在解散事由出现之日起十五日内组成清算组进行清算。

清算组由董事组成，但是公司章程另有规定或者股东会决议另选他人的除外。

清算义务人未及时履行清算义务，给公司或债权人造成损失的，应当承担赔偿责任。

《公司法司法解释二（2020）》

第十八条　有限责任公司的股东、股份有限公司的董事和控股股东未在法定期限内成立清算组开始清算，导致公司财产贬值、流失、毁损或者灭失，债权人主张其在造成损失范围内对公司债务承担赔偿责任的，人民法院应依法予以支持。

有限责任公司的股东、股份有限公司的董事和控股股东因怠于履行义务，导致公司主要财产、账册、重要文件等灭失，无法进行清算，债权人主张其对公司债务承担连带清偿责任的，人民法院应依法予以支持。

上述情形系实际控制人原因造成，债权人主张实际控制人对公司债务承担相应民事责任的，人民法院应依法予以支持。

《九民纪要》

15.【因果关系抗辩】有限责任公司的股东举证证明其“怠于履行义务”的消极不作为与“公司主要财产、账册、重要文件等灭失，无法进行清算”的结果之间没有因果关系，主张其不应对公司债务承担连带清偿责任的，人民法院依法予以支持。

案例解析

上海某贸易有限公司诉蒋某某、王某某等买卖合同纠纷案【（2010）沪一中民四（商）终字第1302号，指导性案例9号】

• 基本案情

2007年6月28日，上海某贸易有限公司与某恒公司签订《钢材买卖合同》1份，约定由上海某贸易有限公司向某恒公司供应钢材，关于付款方式，每次送货，某恒公司付清该次货款总额的50%，剩余50%累计达到2,000,000元（人民币，下同）作为上海某贸易有限公司给某恒公司的垫资资金。上海某贸易有限公司按约供货后，某恒公司未能按约付清货款。被告房某某、蒋某某和王某某为某恒公司的股东，因某恒公司未进行年检，被常州市武进工商局于2008年12月25日吊销营业执照，股东未组织进行清算。因股东怠于履行清算义务，导致公司财产流失、灭失，上海某贸易有限公司的债权得不到清偿。故上海某贸易有限公司起诉至法院，请求判令某恒公司偿还货款及违约金，房某某、蒋某某和王某某对拓恒公司的债务承担连带清偿责任。

• 裁判要旨

房某某、蒋某某和王某某作为某恒公司的股东，应在某恒公司被吊销营业执照后及时组织清算。因房某某、蒋某某和王某某怠于履行清算义务，导致某恒公司的主要财产、账册等均已灭失，无法进行清算，房某某、蒋某某和王某某怠于履行清算义务的行为，违反了《公司法（2023）》及其司法解释的相关规定，应当对某恒公司的债务承担连带清偿责任。

117. 如何追究与被执行人人格混同的相应主体的责任?

【实务要点】

被执行人与其他公司存在人格混同的情形，申请执行人依法不能直接申请追加其他公司为被执行人，但可以另案提起诉讼，请求否定法人人格，要求存在人格混同的其他公司对被执行人债务承担连带责任。

【要点解析】

在适用“刺破公司面纱”否定法人人格制度方面，《变更追加当事人规定（2020）》仅规定了一人公司情形下股东与公司人格混同时可以追加股东为被执行人。因此，执行程序中，申请执行人不能以公司与股东或股东实际控制的其他公司存在人格混同为由追加该部分公司为被执行人。但如确实存在公司股东滥用公司法人独立地位和股东有限责任，逃避债务，损害公司债权人利益的，债权人可以依据《公司法（2023）》相关规定，提起诉讼要求相关公司对债务人公司的债务承担连带责任。这也是债权人实现债权的另一路径。

【法律依据】

《公司法（2023）》

第二十三条　公司股东滥用公司法人独立地位和股东有限责任，逃避债务，严重损害公司债权人利益的，应当对公司债务承担连带责任。

股东利用其控制的两个以上公司实施前款规定行为的，各公司应当对任一公司的债务承担连带责任。

只有一个股东的公司，股东不能证明公司财产独立于股东自己的财产的，应当对公司债务承担连带责任。

《九民纪要》

10.【人格混同】认定公司人格与股东人格是否存在混同，最根本的判断标准是公司是否具有独立意识和独立财产，最主要的表现是公司的财产与股东的财产是否混同且无法区分。在认定是否构成人格混同时，应当综合考虑以下因素：（1）股东无偿使用公司资金或者财产，不作财务记载的；（2）股东用公司的资金偿还股东的债务，或者将公司的资金供关联公司无偿使用，不作财务记载的；（3）公司账簿与股东账簿不分，致使公司财产与股东财产无法区分的；（4）股东自身收益与公司盈利不加区分，致使双方利益不清的；（5）公司的财产记载于股东名下，由股东占有、使用的；（6）人格混同的其他情形。

在出现人格混同的情况下，往往同时出现以下混同：公司业务和股东业务混同；公司员工与股东员工混同，特别是财务人员混同；公司住所与股东住所混同。人民法院在审理案件时，关键要审查是否构成人格混同，而不要求同时具备其他方面的混同，其他方面的混同往往只是人格混同的补强。

11.【过度支配与控制】公司控制股东对公司过度支配与控制，操纵公司的决策过程，使公司完全丧失独立性，沦为控制股东的工具或躯壳，严重损害公司债权人利益，应当否认公司人格，由滥用控制权的股东对公司债务承担连带责任。实践中常见的情形包括：（1）母子公司之间或者子公司之间进行利益输送的；（2）母子公司或者子公司之间进行交易，收益归一方，损失却由另一方承担的；（3）先从原公司抽走资金，然后再成立经营目的相同或者类似的公司，逃避原公司债务的；（4）先解散公司，再以原公司场所、设备、人员及相同或者相似的经营目的另设公司，逃避原公司债务的；（5）过度支配与控制的其他情形。

控制股东或实际控制人控制多个子公司或者关联公司，滥用控制权使多个子公司或者关联公司财产边界不清、财务混同，利益相互输送，丧失人格独立性，沦为控制股东逃避债务、非法经营，甚至违法犯罪工具的，可以综合案件事实，否认子公司或者关联公司法人人格，判令承担连带责任。

案例解析

1. 克拉玛依某环保科技有限公司、李某等买卖合同纠纷民事二审民事判决书【（2024）新02民终286号】

• 基本案情

上诉人克拉玛依某环保科技有限公司因与被上诉人李某、原审被告新疆某油田技术服务有限公司买卖合同纠纷一案，不服新疆维吾尔自治区克拉玛依市白碱滩区人民法院（2024）新0204民初603号民事判决，向新疆维吾尔自治区克拉玛依市中级人民法院提起上诉，其上诉认为“一审法院在没有查明李某是否依约分别向克拉玛依某环保科技有限公司和新疆某油田技术服务有限公司完成了相应供货义务的情况下，以关联关系和人格混同为由直接认定克拉玛依某环保科技有限公司与新疆某油田技术服务有限公司之间的债权债务关系相互混同，应当承担共同付款责任属于事实认定错误，”新疆维吾尔自治区克拉玛依市中级人民法院经审查认为：首先，根据工商登记和企业公示信息显示，新疆某油田技术服务有限公司系克拉玛依某环保科技有限公司的全资子公司，克拉玛依某环保科技有限公司的监事汪某亦系新疆某油田技术服务有限公司的法定代表人，两公司系关联公司，在组织机构上两公司董事、监事存在重合；在案涉合同履行过程中，克拉玛依某环保科技有限公司财务人员宁某又代表两公司与李某对账，并要求李某为克拉玛依某环保科技有限公司和新疆某油田技术服务有限公司分别开具发票进行结算。其次，两公司经营范围存在重合，涉案两份合同亦体现二公司业务高度重合的事实。最后，结合在案证据查实的两公司存在人员、经营范围、业务、组织机构混同，克拉玛依某环保科技有限公司的抗辩难以使人区分涉案合同货款支付的明晰责任归属，亦未提交其主张仅接收150000发票对应价值的货物的有效证据。因此，认定二公司存在财产和人格混同，需承担共同向李某付款的责任。

• 裁判要旨

公司不能证明其存在排除财产混同这一判断关联公司人格混同的实质因素，应承担举证不能的法律责任，与其关联公司一并对债务承担连带责任。

2. 某集团工程机械股份有限公司诉成都某工贸有限责任公司等买卖合同纠纷案【(2011)苏商终字第0107号，2013年最高人民法院发布第四批指导性案例之三，指导性案例15号】

• 基本案情

原告某集团工程机械股份有限公司（以下简称某集团公司）向江苏省徐州市中级人民法院提起诉讼称成都某工贸有限责任公司（以下简称某工贸公司）拖欠其货款未付，而成都某工程机械有限责任公司（以下简称某工程公司）、四川某建设工程有限公司（以下简称某建设公司）与某工贸公司人格混同，三个公司实际控制人王某以及某工贸公司股东等人个人资产与公司资产混同，均应承担连带清偿责任。某工贸公司、某工程公司、某建设公司辩称：三公司虽有关联，但不混同，不应承担连带责任。徐州中院经审查认为三公司股东均包含王某、倪某或双方关联人员；在公司人员方面，三个公司经理均为王某，财务负责人均为凌某，出纳会计均为卢某，工商手续经办人均为张某；三个公司的管理人员存在交叉任职的情形；在公司业务方面三个公司在工商行政管理部门登记的经营范围均涉及工程机械且部分重合，其中某工贸公司的经营范围被某工程公司经营范围完全覆盖，三个公司均从事相关业务，且相互之间存在共用统一格式的《销售部业务手册》《二级经销协议》、结算账户的情形；三公司对外宣传中区分不明；在公司财务方面，三个公司共用结算账户。徐州法院经审查认为，三公司应对某工贸公司对某集团公司债务承担连带责任。某工程公司、某建设公司不服向江苏省高院提起上诉，江苏省高院认为，某工贸公司、某工程公司、某建设公司三公司的股东、法定代表人或相同或具有密切关联，三公司主持生产经营管理的经理均为王某，在人事任免上存在统一调配使用的情形，其他高级管理人员存在交叉任职，且重要部门任职人员相同，构成人员混同；三公司业务存在混同，对外进行宣传时信息混同、未作区分，销售等业务中不分彼此。综上所述，三公司存在人格混同，且损害债权人利益，应当共同对某工贸公司债务承担连带责任。

• 裁判要旨

公司虽在工商登记部门登记为彼此独立的企业法人，但实际上人员混同、业务混同、财务混同，已构成人格混同，损害了债权人的利益，违背了法人制度设立的宗旨，其危害性与《公司法（2023）》第二十条规定的股东滥用公司法人独立地位和股东有限责任的情形相当。为保护债权人的合法利益，规范公司行为，各关联公司应对其中一公司债务承担连带责任。

3. 韵某某、青海某矿业有限公司执行异议之诉纠纷一案【（2019）最高法民终 1364 号】

• 基本案情

2016 年 12 月 28 日，青海某矿业有限公司诉明兴发公司、韵某某买卖合同纠纷一案，法院作出（2016）最高法民终 577 号判决，认为青海某矿业有限公司未能提交充分证据证明韵某某存在《公司法（2023）》第二十条第三款规定的滥用公司人格、逃避债务、严重损害公司债权人利益的行为，判决明兴发支付青海某矿业有限公司货款，但未予支持青海某矿业有限公司请求韵某某对明兴发公司欠付煤炭货款承担连带责任的主张。2016 年 12 月 29 日，甲公司从明兴发公司处购销煤炭，明兴发公司股东用个人银行卡接收了甲公司所支付的运费。2017 年 9 月 25 日，明兴发公司办理工商变更登记，变更为一人有限责任公司，韵某某为一人股东且担任公司法定代表人。另查明，明兴发公司没有 2017 年度的财务审计报告。在（2016）最高法民终 577 号判决执行阶段，经青海某矿业有限公司申请，执行法院裁定追加韵某某为被执行人。韵某某不服，提起案外人执行异议之诉。一审判决驳回其诉讼请求，韵某某不服，向最高院上诉，最高院审查后认为，综合以上事实，原执行法院追加其为被执行人并无不当。

• 裁判要旨

债权人因不能举证证明股东与债务人公司之间存在人格混同，法院未支持该股东与债务人公司承担连带责任。但在债权人申请法院执行债务人公司过程中，基于股东以个人账户收取公司业务往来款项、债务人公司变更为一人公司且该股东成为一人股东、债务人公司不能提供当年财务审计报告等新事实，债权人可以申请法院直接追加该股东为被执行人，若该股东不能证明其与公司财务独立的，其异议请求应当予以驳回。

118. 如何提起追究董监高、实际控制人、控股股东等损害赔偿责任的诉讼？

【实务要点】

根据法律规定，申请执行人不能在执行程序中直接申请追加董监高、实际控制人、控股股东为被执行人，但如董监高、实控人、控股股东存在过错损害公司或债权人利益时，申请执行人可以通过诉讼要求董监高、实控人、控股股东承担损害赔偿责任。

【要点解析】

1. 董监高应承担的责任

（1）对于股东出资的核查及催缴义务。《公司法（2023）》第五十一条规定：有限责任公司成立后，董事会应当对股东的出资情况进行核查，发现股东未按期足额缴纳公司章程规定的出资的，应当由公司向该股东发出书面催缴书，催缴出资。未及时履行前款规定的义务，给公司造成损失的，负有责任的董事应当承担赔偿责任。

（2）对于股东抽逃出资的连带赔偿责任。《公司法（2023）》第五十三条规定：公司成立后，股东不得抽逃出资。违反前款规定的，股东应当返还抽逃的出资；给公司造成损失的，负有责任的董事、监事、高级管理人员应当与该股东承担连带赔偿责任。

（3）对于股份公司违法财务资助的赔偿责任。《公司法（2023）》第一百六十三条规定：公司不得为他人取得本公司或者其母公司的股份提供赠予、借款、担保以及其他财务资助，公司实施员工持股计划的除外。为公司利益，经股东会决议，或者董事会按照公司章程或者股东大会的授权作出决议，公司可以为他人取得本公司或者其母公司的股份提供财务资助，但财务资助的累计总额不得超过已发行股本总额的百分之十。董事会作出决议应当经全体董事的三分之二以上通过。违反前两款规定，给公司造成损失的，负有责任的董事、监事、高级管理人员应当承担赔偿责任。

（4）对于公司违法分配利润的赔偿责任。《公司法（2023）》第二百一十一条规定：公司违反本法规定向股东分配利润的，股东应当将违反规定分配的利润退还公司；给公司造成损失的，股东及负有责任的董事、监事、高级管理人员应当承担赔偿责任。

（5）对于公司违法减资的赔偿责任。《公司法（2023）》第二百二十六条规定：违反本法规定减少注册资本的，股东应当退还其收到的资金，减免股东出资的应当恢复原状；给公司造成损失的，股东及负有责任的董事、监事、高级管理人员应当承担赔偿责任。

（6）执行职务给公司造成损失时的赔偿责任。《公司法（2023）》第一百八十八条规定：董事、监事、高级管理人员执行职务违反法律、行政法规或者公司章程的规定，给公司造成损失的，应当承担赔偿责任。

（7）执行职务发生侵权且存在故意或者重大过失时的赔偿责任。《公司法（2023）》第一百九十一条规定：董事、高级管理人员执行职务，给他人造成损害的，公司应当承担赔偿责任；董事、高级管理人员存在故意或者重大过失的，也应当承担赔偿责任。

2. 实际控制人应承担的责任

实际控制人，是指通过投资关系、协议或者其他安排，能够实际支配公司行为的人。《公司法（2023）》第二十三条，公司股东滥用公司法人独立地位和股东有限责任，逃避债务，严重损害公司债权人利益的，应当对公司债务承担连带责任。股东利用其控制的两个以上公司实施前款规定行为的，各公司应当对任一公司的债务承担连带责任。

3. 控股股东应承担的责任

控股股东，是指其出资额占有限责任公司资本总额超过百分之五十或者其持有的股份占股份有限公司股本总额超过百分之五十的股东；出资额或者持有股份的比例虽然低于百分之五十，但依其出资额或者持有的股份所享有的表决权已足以对股东会的决议产生重大影响的股东。《公司法（2023）》第一百九十二条规定，公司的控股股东、实际控制人指示董事、高级管理人员从事损害公司或者股东利益的行为的，与该董事、高级管理人员承担连带责任。

【法律依据】

《公司法（2023）》

第五十三条　公司成立后，股东不得抽逃出资。

违反前款规定的，股东应当返还抽逃的出资；给公司造成损失的，负有责任的董事、监事、高级管理人员应当与该股东承担连带赔偿责任。

第一百九十二条　公司的控股股东、实际控制人指示董事、高级管理人员从事损害公司或者股东利益的行为的，与该董事、高级管理人员承担连带责任。

第二百二十六条　违反本法规定减少注册资本的，股东应当退还其收到的资金，减免股东出资的应当恢复原状；给公司造成损失的，股东及负有责任的董事、监事、高级管理人员应当承担赔偿责任。

《公司法司法解释三（2020）》

第十四条　股东抽逃出资，公司或者其他股东请求其向公司返还出资本息、协助抽逃出资的其他股东、董事、高级管理人员或者实际控制人对此承担连带责任的，人民法院应予支持。

公司债权人请求抽逃出资的股东在抽逃出资本息范围内对公司债务不能清偿的部分承担补充赔偿责任、协助抽逃出资的其他股东、董事、高级管理人员或者实际控制人对此承担连带责任的，人民法院应予支持；抽逃出资的股东已经承担上述责任，其他债权人提出相同请求的，人民法院不予支持。

案例解析

深圳某有限公司、胡某某损害公司利益责任纠纷案【（2018）最高法民再366号】

• 基本案情

深圳某有限公司系外国法人独资的有限责任公司，股东是开曼某公司。深圳某有限公司章程规定，股东认缴注册资本额为1600万美元，公司成立后90天内股东应缴付出资300万美元，第一次出资后一年内应缴付出资1300万美元；董事会是公司最高权力机关，拥有法律赋予的最终决定权，并承担对公司决定有关经营管理和事务之总体政策的责任。开曼某公司欠缴出资5000020美元。根据另案裁判文书，开曼某公司在5000020美元范围内对深圳某有限公司某债权人承担清偿责任，经强制执行仍欠缴出资4912376.06美元，开曼某公司没有其他可供执行的财产，法院已经裁定终结该次执行程序。

某债权人起诉主张，胡某某等六名董事未尽到监督并促使开曼某公司按深圳某有限公司章程规定缴纳认缴出资的义务，因此造成了深圳某有限公司和债权人的经济损失，应对深圳某有限公司的损失承担相应的法律责任。法院经审理判决胡某某等六名董事对开曼某公司欠缴出资所造成深圳某有限公司的损失承担连带赔偿责任，赔偿责任范围为开曼某公司欠缴的注册资本4912376.06美元。

• 裁判要旨

董事负有向未履行或未全面履行出资义务的股东催缴出资的义务，这是由董事的职能定位和公司资本的重要作用决定的。根据董事会的职能定位，董事会负责公司业务经营和事务管理，董事会由董事组成，董事是公司的业务执行者和事务管理者。股东全面履行出资是公司正常经营的基础，董事监督股东履行出资是保障公司正常经营的需要。上述规定的目的是赋予董事、高管对股东增资的监管、督促义务，从而保证股东全面履行出资义务、保障公司资本充实，遂判令董事承担连带赔偿责任。

第十三章

执行与保交楼（房）的统筹

119. 商品房预售监管资金能否冻结、扣划?

【实务要点】

商品房预售资金属房地产开发企业所有，人民法院可以采取冻结措施，但应当及时通知当地住房和城乡建设主管部门。在商品房项目完成房屋所有权首次登记前，如果预售资金监管账户中存在超过监管额度的款项，人民法院可以对超过监管额度的款项采取扣划措施。在商品房项目完成所有权首次登记后或者当事人申请执行因该商品房项目而产生的工程建设进度款、材料款、设备款等债权案件，人民法院可以对监管账户内的资金采取扣划措施。

【要点解析】

1. 执行法院有权冻结被执行人名下的预售资金监管账户

商品房预售资金监管账户是预售人在竣工验收前出售其开发的商品房时，于该项目所在地的银行设立的专用账户，账户内的资金属于债务人房开企业责任财产的范围，人民法院可以依法采取冻结措施。为了强化善意文明执行理念，避免因冻结预售资金监管账户内的款项导致施工单位工程进度款无法拨付到位，商品房项目建设停止，影响项目竣工交付，损害购房人合法权益,《确保预售资金用于项目建设通知》要求冻结商品房预售资金监管账户的执行法院应当及时通知当地住房和城乡建设主管部门。

2. 执行法院有权冻结在第三人名下而实际为被执行人所有的预售监管资金

实务中，为加强监管，部分房地产开发预售资金实际缴存于第三人名下的银行账户内，根据《民事执行查扣冻规定（2020）》第二条、第十三条的规定，对第三人占有的或对第三人为被执行人的利益占有的被执行人的财产，人民法院可以查封、扣押、冻结。故对于缴存于第三人名下的预售资金但实际为开发企业所有的，执行法院有权冻结。

3. 执行法院扣划预售账户内的资金需满足一定的条件

《城市房地产管理法》第四十五条规定，商品房预售所得款项，必须用于有关的工程建设。《确保预售资金用于项目建设通知》规定，除非申请执行人申请执行因建设该商品房项目而产生的工程建设进度款、材料款、设备款等债权案件，否则在案涉商品房项目完成不动产首次登记前，对于预售账户中监管额度内的款项，执行法院无权采取扣划措施。也就是说，该款项应用于购买该项目建设必需的建筑材料、设备和支付项目建设的施工进度款等，不得挪作他用。

4. 住房和城乡建设主管部门批准使用预售账户款项的条件和违规审批用款的后果

按照《确保预售资金用于项目建设通知》的规定，申请执行人申请执行法院冻结预售账户后，房地产开发企业、商品房建设工程款债权人、材料款债权人、租赁设备款债权人等请求以预售资金监管账户资金支付工程建设进度款、材料款、设备款等项目建设所需资金，或者购房人因购房合同解除申请退还购房款，经项目所在地住房和城乡建设主管部门审核同意的，商业银行将按照住建部门的审批对外支付被冻结预售账户内的资金并将付款情况向执行法院报告。住建部门如未尽监督审查义务即违规批准了已被申请执行人冻结的预售账户资金，导致资金被挪作他用，损害了申请执行人权利的，依法应承担相应责任。

【法律依据】

《中华人民共和国城市房地产管理法》

第四十五条　第三款

商品房预售所得款项，必须用于有关的工程建设。

《确保预售资金用于项目建设通知》

一、商品房预售资金监管是商品房预售制度的重要内容，是保障房地产项目建设、维护购房者权益的重要举措。人民法院冻结预售资金监管账户的，应当及时通知当地住房和城乡建设主管部门。

人民法院对预售资金监管账户采取保全、执行措施时要强化善意文明执行理念，坚持比例原则，切实避免因人民法院保全、执行预售资金监管账户内的款项导致施工单位工程进度款无法拨付到位,商品房项目建设停止,影响项目竣工交付,损害广大购房人合法权益。

除当事人申请执行因建设该商品房项目而产生的工程建设进度款、材料款、设备款等债权案件之外，在商品房项目完成房屋所有权首次登记前，对于预售资金监管账户中监管额度内的款项，人民法院不得采取扣划措施。

二、商品房预售资金监管账户被人民法院冻结后，房地产开发企业、商品房建设工程款债权人、材料款债权人、租赁设备款债权人等请求以预售资金监管账户资金支付工程建设进度款、材料款、设备款等项目建设所需资金，或者购房人因购房合同解除申请退还购房款，经项目所在地住房和城乡建设主管部门审核同意的，商业银行应当及时支付，并将付款情况及时向人民法院报告。

住房和城乡建设主管部门应当依法妥善处理房地产开发企业等主体的资金使用申请，未尽监督审查义务违规批准用款申请，导致资金挪作他用，损害保全申请人或者执行申请人权利的，依法承担相应责任。

三、开设监管账户的商业银行接到人民法院冻结预售资金监管账户指令时，应当立即办理冻结手续。

商业银行对于不符合资金使用要求和审批手续的资金使用申请，不予办理支付、转账手续。商业银行违反法律规定或合同约定支付、转账的，依法承担相应责任。

《民事执行查扣冻规定（2020）》

第二条　……对于第三人占有的动产或者登记在第三人名下的不动产、特定动产及其他财产权，第三人书面确认该财产属于被执行人的，人民法院可以查封、扣押、冻结。

第十三条　对第三人为被执行人的利益占有的被执行人的财产，人民法院可以查封、扣押、冻结；该财产被指定给第三人继续保管的，第三人不得将其交付给被执行人。

案例解析

1. 江苏某集团有限公司与某置业有限公司等执行复议案【(2021)苏执异7、8、9号,(2022)最高法执复1号、52号、53号,入库编号:2024-17-5-202-003】

• 基本案情

江苏高院在审理江苏某集团有限公司与某置业有限公司等股权转让纠纷一案过程中，依照江苏某集团有限公司申请，对某置业有限公司等采取诉讼保全，查封了担保人盐城某公司名下的五个银行账户资金。盐城市某建设局、某银行盐城分行、某银行盐都支行以案涉账户系商品房预售资金监管账户为由，向江苏高院提出异议。2021年11月15日，江苏高院作出（2021）苏执异7、8、9号执行裁定：变更财产保全措施为：1. 冻结盐城某公司在某银行盐城分行（796*）账户中除对应工程进度款、工人工资、购置建材和设备、法定税费等属重点监管范围以外的资金人民币9900万元；2. 冻结盐城某公司在某银行盐城分行（973*）账户中除对应工程进度款、工人工资、购置建材和设备、法定税费等属重点监管范围以外的资金人民币8723万元；3. 冻结盐城某公司在某银行盐城分行（700*）账户中除对应工程进度款、工人工资、购置建材和设备、法定税费等属重点监管范围以外的资金人民币3900万元；4. 冻结盐城某公司在某银行盐城分行（680*）账户、在某银行盐都支行（612*）账户中除对应工程进度款、工人工资、购置建材和设备、法定税费等属重点监管范围以外的资金人民币4200万元。江苏某集团有限公司不服，向最高院申请复议，最高院维持江苏高院执行裁定。

• 裁判要旨

依照工作职责或合同约定，对房地产开发项目所涉商品房预售资金负有监管职责的行政机关以及银行，对人民法院就商品房预售资金账户内资金采取的执行措施有异议的，可以作为利害关系人提出执行行为异议。商品房预售资金账户内资金可用于对应工程进度款、工人工资、购置建材和设备等。

2. 临清某公司与许某执行异议案【(2022)鲁 1581 执异 139 号，入库编号：2024-17-5-201-004】

• 基本案情

许某与临清某公司等房屋拆迁合同及侵权纠纷一案，临清法院作出（2021）鲁 1581 民初 4475 号民事判决，判令临清某公司对临清市某村民委员会赔偿原告许某 1251127.75 元的债务承担连带责任。该判决送达后，许某向聊城中院提起上诉，该院经审理于 2022 年 8 月 9 日作出（2022）鲁 15 民终 2185 号民事判决，判令：驳回上诉，维持原判。执行过程中，临清法院于 2022 年 11 月 4 日冻结了临清某公司名下预售资金监管账户。临清某公司对此提出执行异议，主张该账户系不得执行的专用账户，临清法院认为除非法律、司法解释明确规定不得查扣冻，否则异议人临清某公司的主张不得冻结属于没有法律依据，于是驳回临清某公司异议请求，临清某公司未再复议。

• 裁判要旨

商品房预售资金监管账户是预售人在竣工验收前出售其开发的商品房时，于该项目所在地的银行设立的专用账户，人民法院可以依法冻结商品房预售资金监管账户。

3. 某银行违规划扣预售资金返还案【广东省高级人民法院 2023 年 12 月 20 日发布服务保障金融高质量发展典型案例】

• 基本案情

某银行出借 6 亿元给某房地产公司用于某楼盘项目建设。此后，某房地产开发公司未按约定履行还款义务，某银行认为某房地产开发公司偿债能力严重不足，宣告借款提前到期，并从某房地产开发公司于其处开设的 11 个账户（其中包括 10 个监控账户）内划走资金共 6.1 亿元。后经相关部门协调，某银行陆续将扣划资金用以支付某房地产开发公司欠付的工程款或直接退还。某银行起诉请求某房地产开发公司偿还剩余贷款本金 2.4 亿元及利息。某房地产开发公司反诉请求某银行返还其扣划的监控账户资金，并支付资金占用费。佛山市三水区人民法院判决认为，商品房预售资金非经监管部门批准不能挪作他用，更不能由银行擅自扣划用以清偿债务。擅自扣划的，应予返还并支付资金占用费。故判决某银行向某房地产开发公司返还违规扣划的商品房预售资金，并支付资金占用费。某银行不服提起上诉，佛山市中级人民法院经审理，判决驳回上诉，维持原判。

• 裁判要旨

银行明知监管账户的资金为预售商品房所得款，仍然违规扣划用以清偿到期债务，违反法律法规的规定，严重损害工程建设单位权益，导致在建项目陷入停滞。若导致无法按期交付房屋，将损害购房者权益，引发涉稳涉众风险。人民法院应当坚持以人民为中心，妥善审理涉保交楼金融纠纷案件，依法认定未经批准扣划监管账户资金的行为无效，引导金融机构合规经营，保障问题楼盘复工复产，促进金融行业与房地产行业良性循环，共同发展。

120. 为支持房地产白名单项目建设施工提供的新增贷款、发放的并购贷款等账户及其资金能否冻结、扣划？

【实务要点】

对金融机构为支持白名单项目建设施工提供的新增贷款、发放的并购贷款等账户及其资金，人民法院原则上不得因本项目续建工作之外的原因采取冻结、扣划措施。当事人或协助执行人以账户资金属于白名单项目融资支持资金或建设工程属于利用融资支持资金的新建部分为由提出异议的，经审查异议理由成立的，已经采取冻结、查封措施的，予以解除。

【要点解析】

1. 为支持房地产白名单项目，法院原则上不得因本项目续建原因外的事由，冻结、扣划白名单项目后续保交付的贷款账户及其资金。

为支持房地产白名单项目继续建设施工，确保交楼（房），针对金融机构为白名单项目提供的、以确保项目交付为目标的新增贷款、并购贷款等专用账户及其中的资金，人民法院原则上不得因除项目续建以外的其他理由而采取冻结或扣划措施。此举实质上是为了确保为白名单项目追加的融资资金专用于项目建设施工，确保项目建成交付。

2. 白名单项目前期设定的抵押权效力不涉及复工后续建部分

依据《民法典》第四百一十七条，《民法典担保制度解释》第五十一条，在复工续建前，已存在土地使用权或在建工程的抵押登记，其抵押权人无权对复工续建部分行使抵押权。与此同时，金融机构向白名单项目提供确保建设项目交付的新增贷款时，可就项目复工后继续建设的部分设定抵押权，以实现优先受偿。

3. 当地房地产融资协调机制以及白名单项目

按照《住房城乡建设部金融监管总局关于建立城市房地产融资协调机制的通知》的规定，当地房地产融资协调机制，是指指导各地级及以上城市建立由城市政府分管住房城乡建设的负责同志担任组长，属地住房城乡建设部门、金融监管总局派出机构等为成员单位的临时组织。而全国各地白名单建设项目的产生，也来源于当地房地产融资协调机制。协调机制根据房地产项目的开发建设情况及项目开发企业资质、信用、财务等情况，按照公平公正原则，提出可以给予融资支持的房地产项目名单，向本行政区域内金融机构推送。例如河南省住房和城乡建设厅、河南省人民政府国有资产监督管理委员会等多个政府部门联合发布等《关于进一步促进房地产市场平稳健康发展的若干措施》，规定要充分发挥城市房地产融资协调机制作用，完善“一项目一方案一专班一银行一审计”机制，推动更多符合条件的在建已售难交付商品住宅项目进入“白名单”，加大“白名单”项目贷款投放力度，力争“白名单”项目融资满足率不低于 70%，其余还有多地地方人民政府联合多部门发布相关类似政策文件。

【法律依据】

《民法典》

第四百一十七条　建设用地使用权抵押后，该土地上新增的建筑物不属于抵押财产。该建设用地使用权实现抵押权时，应当将该土地上新增的建筑物与建设用地使用权一并处分。但是，新增建筑物所得的价款，抵押权人无权优先受偿。

《民法典担保制度解释》

第五十一条　当事人仅以建设用地使用权抵押，债权人主张抵押权的效力及于土地上已有的建筑物以及正在建造的建筑物已完成部分的，人民法院应予支持。债权人主张抵押权的效力及于正在建造的建筑物的续建部分以及新增建筑物的，人民法院不予支持……

《住房城乡建设部金融监管总局关于建立城市房地产融资协调机制的通知》

一、建立城市房地产融资协调机制

指导各地级及以上城市建立由城市政府分管住房城乡建设的负责同志担任组长，属地住房城乡建设部门、金融监管总局派出机构等为成员单位的房地产融资协调机制（以下简称协调机制）。协调机制要明确工作分工，强化统筹谋划，细化政策措施，将各项工作做实做细。定期组织各方会商，及时研判本地房地产市场形势和房地产融资需求，协调解决房地产融资中存在的困难和问题。搭建政银企沟通平台，推动房地产开发企业和金融机构精准对接。保障金融机构合法权益，指导金融机构与房地产开发企业平等协商，按照市场化、法治化原则自主决策和实施。

二、筛选确定支持对象

协调机制根据房地产项目的开发建设情况及项目开发企业资质、信用、财务等情况，按照公平公正原则，提出可以给予融资支持的房地产项目名单，向本行政区域内金融机构推送。同时，对存在重大违法违规行为、逃废金融债务等问题的房地产开发企业和项目，要提示金融机构审慎开展授信……

POSTSCRIPT
后记

针对建筑业当前非常关切的建设工程价款回款难问题，上海市建纬律师事务所特别组建了“应对当前经济下行工程款回款难”研究课题组，由建纬研究院朱树英院长担任课题组总负责人，由高级合伙人顾增平律师担任课题组执行负责人，组织总分所60余名专业律师对该课题进行研究。

《让工程回款不再难——建设工程价款债权执行实务120问》(以下简称本书)是该课题组研究成果之一。本书有效回应了建筑业当前非常关切的建设工程价款债权执行难的迫切法治需求。本书编写组成员在三个月的时间里，全身心地投入到本书编著工作，查阅了大量的法律法规、司法解释、司法文件和法院批复，收集了各级人民法院的裁判案例和建工债权执行案例。每一个法条的引用，每一个案例的分析，都经过了反复地斟酌和考证。历经四次勘误、修改、校对，力求内容的准确与完善，最终形成了近32万字的执行实务问答120问；收录的法律法规、司法解释、各地方司法文件、法院批复115部，10万余字；汇总的人民法院案例库建工债权执行案例100件，近30万字。本书得以顺利出版，要特别感谢朱树英老师，他对本书高度重视，亲自担任课题组总负责人和本书的主编；要特别感谢邵万权主任为本书作序；要特别感谢韩如波副主任、宋仲春副主任、魏来律师给予本书编著大力的支持；要特别感谢参与本书编写的吕尚、杨启之、陈子睿、林柏杨、赵伟锋、唐亮、高翔等同事们，他们近三个月来不辞辛劳，加班加点，才得以在第一时间编著形成了本书。要特别感谢部分建企总法专家，他们对本书提出了很多非常中肯的建议和意见。要特别感谢本书出版社的领导和编辑，他们为本书的编纂过程及书名等提供了极具价值的见解与建议！

课题组丁涛、车丽、王峰、王勇、刘畅、孙啸东、孙静、任佳媛、成聪慧、李靖祺、李金芳、张雅伦、张伟、陈紫媛、杨成、赵美涵、郑萍、周婵、俞娟、郝运、哈晓玲、夏晶、袁健、曹镜镜、殷俊、黄超宇、德慧等律师多次参与本书编著的研讨，一并表示感谢。

回顾这本书的创作历程，我们收获的不仅仅是一本专业书籍，更是一种团队合作的精神和对专业的执着追求。在未来的日子里，我们将持续关注建设工程价款债权执行重点、难点，秉持“超前、务实、至诚、优质”的服务理念，共同为建设工程价款债权执行贡献力量，让工程回款不再难！我们也深知，这本书还有很多不足之处，欢迎广大读者提出批评和建议，我们将不断改进和完善。

2024 年 9 月 22 日